智识塔

人工智能伦理译丛

译丛主编 杜严勇

机器人伦理学2.0

从自动驾驶汽车到人工智能

【英】帕特里克·林 瑞安·詹金斯 基思·阿布尼◎主编

毛延生 刘宇晗 田 野◎译

上海交通大学出版社
SHANGHAI JIAO TONG UNIVERSITY PRESS

内容提要

本书为人工智能伦理译丛之一。旨在为该领域的最新研究创建一个一站式的权威资源展示平台,吸纳散见于学术论著、媒体报道、各类报告、网站平台以及其他渠道的相关成果。全书包括四个部分:第一部分讨论机器人技术中与责任相关的编程和法律问题;第二部分重点讨论信任、欺骗与其他人机互动问题;第三部分重点讨论机器人技术中具体而有争议的应用型案例,主题涵盖情爱与战争;第四部分讨论更为遥远、更具前瞻性的机器人应用问题,特别关注人工智能(AI)中的伦理问题。

图书在版编目(CIP)数据

机器人伦理学2.0:从自动驾驶汽车到人工智能/杜严勇主编;毛延生,刘宇晗,田野译.—上海:上海交通大学出版社,2023.6

书名原文:Robot Ethics 2.0:From Autonomous Cars to Artificial Intelligence

ISBN 978-7-313-28359-7

Ⅰ.①机… Ⅱ.①杜… ②毛… ③刘… ④田… Ⅲ.①机器人—伦理学—研究 Ⅳ.①TP242-05

中国国家版本馆CIP数据核字(2023)第043296号

机器人伦理学2.0:从自动驾驶汽车到人工智能
JIQIREN LUNLIXUE 2.0:CONG ZIDONG JIASHI QICHE DAO RENGONG ZHINENG

译丛主编:杜严勇
主　　编:[英]帕特里克·林,瑞安·詹金斯,基思·阿布尼
译　　者:毛延生　刘宇晗　田　野
出版发行:上海交通大学出版社
地　　址:上海市番禺路951号
邮政编码:200030
电　　话:021-64071208
印　　制:上海锦佳印刷有限公司
经　　销:全国新华书店
开　　本:710 mm×1000 mm　1/16
印　　张:30.25
字　　数:391千字
版　　次:2023年6月第1版
印　　次:2023年6月第1次印刷
书　　号:ISBN 978-7-313-28359-7
定　　价:88.00元

译丛前言 | Foreword

关于人工智能伦理研究的重要性，似乎不需要再多费笔墨了，现在的问题是如何分析并解决现实与将来的伦理问题。虽然这个话题目前是学术界与社会公众关注的焦点之一，但由于具体的伦理问题受到普遍关注的时间并不长，理论研究与社会宣传都有很多工作需要开展。同时，伦理问题对文化环境的高度依赖性，以及人工智能技术的发展与应用的不确定性等多种因素，又进一步增强了问题的复杂性。

为了进一步做好人工智能伦理研究与宣传工作，引进与翻译一些代表性的学术著作显然是必要的。我们只有站在巨人的肩上，才能看得更远。因此，我们组织翻译了一批较新的且具有一定代表性的人工智能伦理著作，组成“人工智能伦理译丛”出版。本丛书的原著作者都是西方学者，他们很自然地从西方文化与西方人的思维方式出发来探讨人工智能伦理问题，其中哪些思想值得我们参考借鉴，哪些需要批判质疑，相信读者会给出自己公正的评判。

感谢本丛书翻译团队的各位老师。学术翻译是一项费心费力的工作，从事过这方面工作的老师都知道个中滋味。特别感谢哈尔滨工程大学外国语学院的毛延生教授、周薇薇副教授团队，他们专业的水平以及对学术翻译的热情令人敬佩。

上海交通大学出版社对本丛书的出版给予大力支持，特别是崔霞老师、蔡丹丹老师、马丽娟老师等对丛书的出版做了大量艰苦细致的工作，令我深受感动。上海交通大学出版社的编辑团队对丛书的译稿进行了专业的润色修改，使丛书在保证原有的学术内容的同时，又极大地增强了通俗性与可读性，这是我完全赞同的。

本批著作共五本，是“人工智能伦理译丛”的第一辑。目前，我们已经着手进行第二辑著作的选择与翻译工作，敬请期待。恳请各位专家、读者对本丛书各方面的工作提出宝贵意见，帮助我们把这套书做得更好。

本丛书是 2020 年国家社科基金重大项目“人工智能伦理风险防范研究”（项目编号：20&ZD041）的阶段性成果。本丛书获得中央高校基本科研业务费专项资金资助，特此致谢！

杜严勇

2022 年 12 月

前言 | Foreword

作为一种改变游戏规则的技术，机器人学自然会在社会上一石激起千层浪，甚至可能还会引发海啸般的影响。因此，特别是在过去几年间“机器人伦理学”（专门研究机器人技术所引发的伦理、法律与政策影响的学科）已然引起了政界、业界与大众的广泛关注，这一点并不足为奇。

作为编者，2012 年我们汇聚并编辑了第一本关于机器人伦理学的综合性论著（Lin et al., 2012），随后所引发的系列关注汹涌而至，例如停止杀人机器人运动（2013）与反对情爱机器人运动（2015）。而我们在第一本书中所讨论的不止上述两种机器人，新型机器人及其全新的应用领域为机器人伦理学论辩引入了全新的维度。

例如，近年来自动驾驶汽车已经数次登上新闻媒体头条。2016 年，一辆以自动驾驶模式运行的特斯拉汽车撞上了一辆它未能及时发现的卡车，导致特斯拉司机当场殒命。据报道，事发原因在于司机没有按照他所同意的方式监测汽车驾驶。相应地，有关汽车制造商是否负有任何责任的争议不绝于耳，主要围绕两点展开：第一，特斯拉司机知情同意书的知情程度、预期偏离与人机互动设计问题；第二，在公共交通道路上进行自动驾驶汽车的验收测试是否合乎道德的问题，即便目前这样做并非违法（Lin, 2016a）。

与此同时，尽管这些现有问题仍旧悬而未决（Mitchell and Wilson, 2016），并且相关事故报道时常见诸媒体，其他公司还是在积极计划推出自动驾驶汽车。作为第一批广泛融入社会的机器人，自动驾驶汽车可能会为其他社交机器人技术定下基调。尤其是出了问题的时候更是如此。因此，本书当中我们将把自动驾驶汽车作为一个至关重要的案例贯穿始终。(之前，我们并没有怎么讨论自动驾驶汽车。即便在五年之前，它也并不是那么具有现实感，同时这也证明了机器人技术的发展可谓火然泉达。)

最近新闻中报道的其他机器人也导致了类似的令人不安的问题。在一次枪战对峙当中，达拉斯警察局把一个地面机器人改装成了一个移动炸弹，炸死了这个危险的嫌疑人。撇开警察的军事化问题不谈，即使法律对此三缄其口(Lin, 2016b)，民众对机器人作为执法武器的全新用法仍旧持有道德与政策维度的层层隐忧。

例如，机器人所提供的距离感与安全性增强是否意味着警察在使用致命武力之前需要更多理据？对于官员们来说机器人风险较小，这是否会更多地鼓励他们使用武力，而不再选择和平协商这一相对较难的工作方式？在具备使用致命武力条件的情况下，嫌犯如何丧命还重要吗？例如，轰炸是一种残忍的或异常的举措吗？这对于思考那些将在不久的将来出现于警力调度、公共安全、军用机器人等领域的问题及其隐忧具有一定的启示作用。

在道德、法律和政策方面还有许许多多更具挑战性的实例。因此，鉴于之前我们提出的问题及其讨论在不断演变，加之全新的讨论不断拓展并融入其中，现在是时候大刀阔斧地更新以往的研究工作了，因为我们进入了论辩的新时代——机器人伦理学 2.0。

与我们的第一本书一样，本书旨在为该领域的最新研究创建一个一站式的权威资源展示平台，吸纳散见于学术论著、媒体报道、各类报告、网站平台以及其他渠道的相关成果。同样，我们也不会预设读者对于机器人学或伦理学有太多的了解，这可以助力决策者、普通民众以及学术界参与本书的相关讨论。

但是，本书与上一本书的明显区别在于，我们希望如实地反映机器人伦理学研究者与日俱增的多样性特点。几年前，只有少数专家撰文讨论这个问题;现如今,这个领域可谓新老学者交相辉映,视角显豁,甚至还有更多的社会政治地理学元素融入其中。

为什么选择伦理学?

不是每个对机器人感兴趣的人都对道德评价甚高,也不是每个人都欣赏技术开发人员的社会责任感。即使伤害可以预防与避免,他们通常也还是乐于让市场和法庭的无形之手来解决任何问题。在扫清创新障碍并提升自由市场效率的同时,伦理学对于机器人技术来说也很重要。

通常来说,讨论机器人伦理学问题时常见的一个反应就是机器人带来的诸多好处超过了相应的社会风险。因此,当我们分心于伦理维度之时,这些好处就会姗姗来迟。以自动驾驶汽车为例,把时间花在伦理学思考上就意味着花在技术开发与应用之上的时间随之减少,或者至少会引发民众对该产品的怀疑与抵制。实际上,这就导致年复一年地有成千上万的人殒命于公路之上,而自动驾驶汽车本可以拯救这些人免遭厄运——或者说有人持如是观点(Knight, 2015)。再举一个例子,从理论上讲,如果基于伦理维度考虑而暂停或禁止军事"杀人机器人"的论断真正实现,那么我们的士兵和无辜平民在交火中将继续毫无必要地死于非命。机器人本可以做得更完善、更安全。

但是,这一推理思路并不现实,往往欲速则不达。首先,并非所有的伦理问题都可以数学化,可不只是计算下净收益或净损失那么简单。权利、义务和其他因素可能很难量化抑或充分说明。关注伦理元素也并不一定意味着减缓技术发展。相反,它可以通过避免困扰新技术勃发的"第一代"问题来扫清障碍。不管怎样,预防措施有时确有必要。这在存在诸如无辜死亡之类的高度风险情况下尤为如此。

很难想象现实世界存在因为收益如此诱人而忽略伦理维度的例子。例如,我们可以像推广自动驾驶汽车一样,迅速将抗癌药物推向市场,这样每年可能挽救数万条人命。然而,生物伦理学家和研究人员一致认为,仓促地开发抗癌药物可能会在不当治疗上浪费金钱,而有欠充分测试的疗法可能会夺去患者的生命。学界一致认为,对照临床试验和人体试验确有必要,并且我们不应该忽视这些试验中的危险信号或试图完全放弃上述试验。

仅仅遵守法律也是不够的。显然,法律与伦理之间经常互有重叠,但二者并非同质无别。合乎法律的东西可能不合伦理,比如日常生活中的谎言、通奸,还有在我们不堪的历史中存在的奴隶制。同样,在某些司法管辖区域之内,合乎伦理的事情可能却不合法,比如毒品、酒精与赌博,或者为了避免交通事故而驾车逾越了双黄线。

因此,最低限度地遵守法律仍然可能导致技术开发人员或业界在至关重要的公众舆论"法庭"上败诉。这甚至不能确保在真正的法庭上胜诉,因为法官或陪审团在分配责任和确定是否达到应有的谨慎方面还存有一定的空间。特别是对于新兴技术而言,配套的法律与政策可能根本还不存在,因此我们需要依靠伦理原则(第一原则)来提供指导。

我们也无意将其看作是一个全面的机器人伦理学或技术伦理学的广义论点,而只是将其作为一个简单的例子说明主题。忽视伦理元素可能会带来其他严重的后果。例如,如果技术开发人员或业界未能主动采取行动,那么责权标准划定就需要请监管机构和其他部门予以关注并出手处理。

此外,这种漠视可能会给开发商或业界带来不道德以及逃避职业责任的污名。人工智能先驱赫伯特·西蒙(Herbert Simon)解释说:"我认为每一位研究人员都有责任评估其试图研发的产品可能产生的社会后果,并且广而告之。"(1991: 274)

杰出的科学家马丁·里斯(Martin Rees)勋爵同样写道:"科学家当然有特殊的责任。正是他们的思想构成了新技术的基础。他们不应该对自己思想的成果漠不关心。"(Rees, 2006)当下,这并不意味着科学家和工程师需要解决与其创新有关的所有问题。但是,如果他们不愿意参与其中的话,至少他们应该支持这些讨论,就像你们(本书的读者)正在做的这样。

全书架构

全书包括四个部分,各个部分均是基于全新材料精心裁制而成六章。为了帮助读者管窥主体内容,每个部分前面都有一个引言,简要介绍了该部分的主题和章节。

在第一部分,我们将讨论机器人技术中与责任相关的编程和法律问题;这或许是最紧迫,也是最自然的讨论起点。最后,我们以贯穿本书大部分实际讨论的哲学反思来结束。

在第二部分,我们将发现编程不仅仅是关于合法性与伦理性的问题;有责任感的机器人设计也必须将人类的心理维度纳入考察视野中来。因此,本部分重点讨论信任、欺骗与其他人机互动问题。

在第三部分,我们重点讨论机器人技术中具体而有争议的应用型案例,主题涵盖情爱与战争。正如我们在前面几章中引用自动驾驶汽车作为案例分析一样,机器人学中的每个用例似乎都为更广泛的领域提供了普适性的经验与教训。

在第四部分,我们讨论更为遥远,也是更具前瞻性的机器人应用问题。我们特别关注人工智能(AI)中的伦理问题,因为人工智能将是驱动多种机器人的“大脑”。全书最后给出一个全新而罕见的监狱采访,受访人可谓是世界上最臭名昭著的反技术专家——泰德·卡钦斯基(Ted Kaczynski)——也被称为炸弹客。此处,我们的目的不是支持或以其他方式为他的暴力行为辩护,而是旨在理解可能助长针对机器人学的强烈抵制的对象外延。

全书聚焦伦理问题,当然存在意犹未尽之处。我们基本上没有讨论机器人技术所承诺的抑或为人所铭记的许多优点,对于这一点请参考其他文献(Lin, 2012)。但是,伦理维度是机器人发展问题的重要组成部分,尤其在它推动全新的法律、法规与政策出台之时尤为如此——虽然伦理学常常被机器人学的炒作与前景所掩盖,但是它仍然影响着机器人技术在未来社会中的发展与走向。

致谢

我们希望读者乐享阅读本书的同时，更能发现其对徜徉于机器人伦理学这一陌生领域的导引之用。我们不但感谢您——读者们——对本书的兴趣，更要向那些一路走来提供各种帮助的热心人表达谢意。感谢牛津大学出版社的编辑彼得·奥林(Peter Ohlin)、埃达·布伦斯坦(Ada Brunstein)和安德鲁·沃德(Andrew Ward)，谢谢他们对于本书不可或缺的投入与热情的支持。感谢加州理工州立大学著名机器人技术专家乔治·贝基(George Bekey)教授，是他促动我们先期踏足机器人伦理学领域。我们的编辑助理团队钻研而敬业，他们是：布琳·查普曼(Brynn Chapman)、莫妮卡·查韦斯-马丁内斯(Monica Chavez-Martinez)、杰里米·埃贝雅明(Jeremy Ebneyamin)、加勒特·戈夫(Garrett Goff)、雷吉娜·赫尔利(Regina Hurley)、安娜丽西娅·路易斯(Annalicia Luis)、洛伦佐·内里奇欧(Lorenzo Nericcio)、特里斯坦·诺亚克(Tristan Noack)、利昂娜·拉贾伊(Leona Rajaee)和科迪·史密斯(Cody Smith)。特别感谢乔丹·罗利(Jordan Rowley)和杰西卡·萨维尔(Jessica Savell)一路鼎力相助，有求必应。当然，我们也要感谢本书的各个章节的作者撰文支持。最后，感谢为本书出版提供资助的各个组织：加州州立理工大学文理学院和哲学系、斯坦福大学汽车研究中心(CARS)、戴姆勒和奔驰基金会以及美国国家科学基金会(项目号 1522240)，否则本书不可能出版与发行。书中的任何观点、发现、结论或建议均属各个章节作者的个人观点，与上述组织或个人无关。

谢谢大家！

帕特里克·林(Patrick Lin)博士

瑞安·詹金斯(Ryan Jenkins)博士

基思·阿布尼(Keith Abney)准博士

目录 | Contents

第 1 部分　道德与法律责任

引言 / 2
第 1 章　自动驾驶汽车与道德不确定性 / 5
第 2 章　自动驾驶汽车的伦理设定 / 23
第 3 章　混合系统中的自主性与责任：以自动驾驶汽车为例 / 42
第 4 章　驾驶员身份归因：自动驾驶汽车事故中理性驾驶员标准的应用 / 60
第 5 章　机器人技术的责任：当下与前景 / 77
第 6 章　专业的洞察力、真实性与自动化反例 / 95

第 2 部分　信任与人机互动

引言 / 112
第 7 章　机器人会在乎吗？一切尽在动作中 / 116
第 8 章　自闭症儿童的机器人朋友：垄断货币还是假币？ / 135
第 9 章　儿科机器人学与伦理学：机器人已经准备好见你了，但它应该被信任吗？ / 152
第 10 章　信任与人机互动 / 170
第 11 章　出自雄辩之口的善意谎言：机器人为何(如何)欺骗 / 187

第 12 章　“约翰尼是谁?”人机互动、整合与政策中的拟人框架 / 205

第 3 部分　多元应用:从爱情到战争

引言 / 226
第 13 章　情爱机器人技术:人机之间的情爱关系 / 230
第 14 章　丘奇-图灵恋人 / 253
第 15 章　物联网与伦理关怀的双层架构 / 271
第 16 章　工程道德推理器面临的挑战:机遇与境遇 / 289
第 17 章　当机器人应该做错事的时候 / 306
第 18 章　军用机器人与武装战斗的可能性 / 325

第 4 部分　人工智能与机器人伦理学展望

引言 / 344
第 19 章　人造生物的道德地位检验:或者说“我要问你一些问题……” / 348
第 20 章　人造身份 / 365
第 21 章　超乎伦理的超级智能 / 383
第 22 章　人工智能与自主学习机器人的伦理学维度 / 403
第 23 章　机器人与空间伦理学 / 422
第 24 章　机器人上的炸弹客:人类目的驱动的技术哲学之需 / 442

附录　编著者简介 / 462
索引 / 468

道德与法律责任

引言

一谈到对于机器人的担忧，我们通常首先担心的是它们可能对身体造成的伤害。当然，隐私与信息安全也同样让人忧心忡忡，但是它们并不像机器失控景象那样让人抓狂。（鉴于有关机器人技术中的隐私与网络安全方面的文献已经非常全面，我们在本书中不会过多地涉及这些问题，而是重点将笔墨放在伦理学视角下的新兴领域之上。）

当涉及编程错误和其他意外事件时，机器人带来的风险远远高于单纯的软件。机器人是软件，并且有时具备人工智能属性——在物理空间中具有传感器和移动部件，所以发生的碰撞也是实实在在的。现如今，自动驾驶汽车已经因车祸而夺命，机器人武器因故障而杀人。更有甚者，有些机器人就是被专门设计用来杀人的武器。这些都是极端的例子，因为并不是所有的机器人都会造成人员伤亡；但是移动的物理部件通常隐匿着带来有意或无意伤害的可能性。

诚如我们在前言中所提到的那样，全书将始终把自动驾驶汽车作为一个主要的研究案例，特别是在本书的开端尤为如此。自动驾驶汽车代表了第一批大规模融入人类生活的机器人，因此其将为社会上其他机器人技术定下基调。自动驾驶汽车还对人机互动设计、心理学、信任、法律、社会政治系统（诸如商业、基础设施、社区和交通服务）以及许多其他问题提出了挑战。这就使得自动驾驶汽车成为思考各种伦理问题的一个动态平台。本书有关自动驾驶汽车的讨论也同样适用于其他类型的机器人。因此，本书中的自动驾驶汽车只是一个实用的案例，绝无限制相关讨论的外延之意。

技术开发人员应该努力实现无错编程，尽管这对于大多数机器人的复杂系统来说近乎是煎水作冰。但是，由于相对简单的日常技术在特定环境中时时失灵，机器人技术则让人充满期待。因此，机器人伦理学并没有教导程序员尽可能勤奋工作，因为这一点已经是不争的基本前提。

更具挑战性的是，即使没有编程错误，那么应该如何编程控制机器人仍然是一个很大的问题。让一台机器人合法合规就够了吗？例如，在飘忽不定抑或“无望取胜”的情况下，机器人应该如何做出判断？（可以肯定的是，像这样的机器人需要两害相权取其轻的案例可能很少见，但正是这种罕见性能让其成为备受关注的新闻头条和诉讼焦点。）鉴于机器学习中出现的紧急或不可预测的行为，一旦发生事故，如何做到责有攸归？

顺便说一句，事故还是会以物理形式继续发生。以自动驾驶汽车为例，即使它装有未来所能提供的最优质（或最完美）的传感器、软件和硬件，发生车祸的风险仍然存在。例如，当两辆汽车同向并行或会车的时候，有一个短暂的时间窗口，此间如果其中一辆车突然转向自动驾驶汽车，后者将无法避免事故或者不得不猛然转向。不管怎样，传感器、软件和硬件都存在瑕疵。在操作过程中传感器可能损坏，并且目前它无法透视固体物件。比如说，自动驾驶汽车仍然无法预测一个突然从一辆停着的卡车后面出现的孩子，因为这超出了它的侦测感知范围。

这一部分我们首先从维克拉姆·巴尔加瓦（Vikram Bhargava）和金泰浣（Tae Wan Kim）合作撰写的一章开始，两位学者阐述了机器人伦理学中的一个核心问题：在没有法律指导的情况下，机器人应该遵循哪种伦理学方法或理论予以编程？不同的方法可以产生不同的结果，包括车祸致死事件，所以这是一个非常严肃的问题。两位作者并没有像本书其他作者那样倡导某一种特定的理论，而是给我们提供了一种在伦理学理论之间进行选择的方法。

接下来在第 2 章中，杰森·米勒（Jason Millar）进一步强调了机器人可能需要做决定的观点。在这件事上,机器人可能尚有选择的余地。但是,对于最重要的选择,他建议用户而非技术开发人员才应该是引导这些决定的最佳人选——从一开始就设定机器人应该遵循什么样的伦理或行为规范。这就开始将责任让渡到用户本人身上。

在第 3 章中,伍尔夫·洛(Wulf Loh)和雅尼娜·洛(Janina Loh)提出了一个通透的分析性定义,说明了用户应该在机器人的行为中发挥相应的作用。他们认为,对于自动驾驶汽车而言,相关责任应该由工程师、驾驶员和自动驾驶系统本身三者之间分担。但是,一旦涉及伦理困境,比如众所周知的"电车难题",驾驶员或使用者最终应该为这些结果承担责任。

撇开哲学思辨不谈,法律往往是责任问题最重要的仲裁者。仅仅感到内疚是一回事,但是被法官或陪审团定罪则意味完全不同。在第 4 章中,杰弗里·K.格尼(Jeffrey K. Gurney)在讨论责任与法律时,把话题重新带回到了这些实际性法律问题上。他认为,技术开发人员应被视为自动驾驶汽车的驾驶员,而不是方向盘后面的使用者或操作员(如果有方向盘的话),因此应该对汽车造成的伤害承担法律责任。显然,这与前几章作者的论点截然相反。

在第 5 章中,特雷弗·N.怀特(Trevor N. White)和塞思·D.鲍姆(Seth D. Baum)继续讨论责任法问题,同时做了展望。他们认为,短期之内现有的责任法足以应对机器人领域的相关案件。但是,如果机器人变得愈加复杂与智能,而且可以说更加"人性化"——如果机器人能够造成重大灾难——那么现有的法律框架是不够的。

最后,第 6 章是大卫·佐勒(David Zoller)撰写的颇具哲思的一章。技术依赖性不仅具有现实风险,它还可能影响我们与现实的关系。佐勒解释道:诸如驾驶等技能的自动化意味着我们认识世界中人类生活弥足珍贵的方方面面能力的退化。那么,我们对自己保持"真实"的伦理责任何在?实际上,这个问题贯穿于本书的所有章节,甚至超出其外——因为机器人正是为了实现自动化或取代人类的各项技能而应运而生的。

第1章
自动驾驶汽车与道德不确定性

维克拉姆·巴尔加瓦，金泰浣

自动驾驶汽车已经不再是谋虚逐妄的幻想，它们已然在我们的公路驰骋同行。包括通用、日产、奔驰、丰田、雷克萨斯、现代、特斯拉、优步和大众在内的大型公司均在研发自动驾驶汽车。科技巨头谷歌在报告中声称，研发自动驾驶汽车是其五大重头商业项目之一（Urmson, 2014）。鉴于自动驾驶汽车的时代已经到来，因此它不但不会消失，而且可能会大行其道（Fagnant and Kockelman, 2013; Goodall, 2014a, 2014b）。

随着道路上自动驾驶汽车的数量与日俱增，几个明显的哲学问题也随之而来（Lin, 2015）：

> 撞车：假设一辆大型自动驾驶汽车要撞车了（可能是因为撞到了一块冰），而且它正迎面撞向一辆载有五名乘客的小客车。如果它迎面撞上那辆小客车，五名乘客将全部丧生。然而，自动驾驶车辆意识到，它正在接近一个交叉路口，在与小客车相撞的路上，它可以通过这样一种方式转弯：首先撞上一辆小跑车，从而减少对小客车的伤害。这将保证小客车的五名乘客幸免于难。但不幸的是，它会撞死跑车上的那个人。那么，是否应将自动驾驶车辆程序设置为优先撞上跑车呢？

这种情况非常类似于著名的电车难题(Foot, 1967; Thomson, 1976)。[1] 同时,这也提出了一个自动驾驶汽车所特有的多学科问题,涵盖道德哲学、法律和公共政策维度。问题在于,谁应该为自动驾驶车辆设定相应的伦理标准——驾驶员、消费者、乘客、制造商、程序员还是政客(Lin, 2015; Millar, 2014)?[2] 即便我们解决了这个问题,还会出现另外一个问题:

> 道德不确定性的问题:当有权选择自动驾驶汽车伦理规范的人处于道德不确定性之下的时候,应该如何设定自动驾驶汽车所采取的行动程序呢?

概而言之,当个体能够接触到所有(或大部分)相关的非道德事实(包括但不限于经验性和法律性事实),但仍不能确定道德对她[3]的要求之时,她就存在道德上的不确定性。本章旨在探讨车祸场景中最终被选为做决定的个体如何在遭遇道德不确定性的情况下做出适当的决定。为了便于说明问题,本章中我们将此人假设为程序员。

决策往往伴随着不确定性。事实上,关于不确定性条件下理性决策的文献可谓浩如烟海(De Groot, 2004; Raiffa, 1997)。然而,这些文献主要聚焦于经验上的不确定性,道德不确定性却很少受到学术界的关注。随着自动驾驶汽车的兴起,解决道德不确定性的问题就显得格外紧迫。本章的主要目的在于适当地探讨道德不确定性的问题,因为它与自动驾驶汽车休戚相关,并尝试提出可能的宏观解决办法。在 1.1 中,我们重申道德不确定性的重要性,并做了一些简短

① 帕特里克·林(2014, 2015)是第一批研究自动驾驶汽车语境下"电车难题"价值的学者之一。

② 还有一些重要的道德问题,本章没有涉及。例如,在决定自动驾驶汽车的碰撞程序时,是否应考虑车中乘客的年龄?谁应该为自动驾驶汽车造成的事故负责?是否可以赋予自动驾驶汽车法人资格?社会应该采用哪些责任规则来监管自动驾驶汽车?(Douma and Palodichuk, 2012; Gurney, 2013)关于涉及机器人的一般伦理问题,见努尔巴赫什(Nourbakhsh)(2013),林(Lin)阿布尼(Abney)和贝基(Bekey)(2012)以及沃勒克(Wallach)和艾伦(Allen)(2009)。

③ 本书所有指人的第三人称都用"她",原文如此。

评论。在1.2中，我们批判性地给出了两个解决道德不确定性问题的提议。在1.3中，我们讨论了一个自认为前景不错的解决方案，即哲学家安德鲁·塞皮尔利(Andrew Sepielli)所提供的解决方案。在1.4中，我们针对这一解决方案予以论证。1.5总结全文。

1.1 理据与前提

让我们再次回到撞车场景之中。假设泰根(Tegan)是一名负责在该场景中设定适当行动方案的程序员，她认为她应该设定自动驾驶汽车在开向小客车的途中撞向小跑车，其理据带有结果论色彩，即小跑车上的乘客人数少于小客车的。同时，她也犹豫不决，因为回忆起自己的伦理学教授曾讲过的道义论主张认为这样来做就是大错特错[①]——这将把驾驶小跑车的司机降格为一个纯粹的手段，这在道德上根本说不过去。然而对于老师之前的指导，泰根并没有往心里去，而是赋予(主观概率)90%的信度，认为自己应该设定这辆自动驾驶汽车首先撞上小跑车。相比之下，她仅赋予符合老师观点的看法(即不应该设定自动驾驶汽车撞上那辆小跑车)10%的信度。[②] 从泰根自己的视角来看，她应该如何设定一辆自动驾驶汽车以便处理类似的车祸场景呢？泰根当下面临的就是道德不确定性问题。

警告：自动驾驶汽车将面临的任何实际驾驶状况可能都比前面假设的场景更为复杂。尽管如此，这个虚拟场景仍包含了各种相关因素，足以满足我们当前讨论的需要。对于泰根而言，道德论点是规范型不确定性的根源。但值得注意的是，其他类型的社会规范(例如法律、文化、宗教)也可能发挥类似的作用，造成规定型不确定性。此外，当下泰根只是面临两个自相矛盾、顾此失彼的选择，而许多决策者可能同时面临多个难于取舍观点的纠缠。尽管我们讨论的一些框

① 例如，卡内基梅隆大学机器人研究所开设了一门“伦理学与机器人学”课程。
② 这里我们模仿了麦卡斯基尔(MacAskill)(2016)研究中的一个案例。

架原则上可以容纳两个以上自相矛盾观点的场景，但为了简洁起见，我们所讨论的场景中只包含两个自相矛盾的观点。

道德不确定性的问题主要源于以下几个条件：第一，与泰根的决定相对应的两个规范性命题——“我应该让自动驾驶汽车撞上跑车”和“我不应该让自动驾驶汽车撞上跑车”互相矛盾；第二，泰根的信度赋值分为两个命题——她不确定这两个命题的真假归属（Sepielli 2009）。[①] 换言之，即使泰根对一系列经验性事实持肯定态度，她可能仍然无法确定这些事实对于自己处理这个两难困境有何启示（Sepielli，2009）。

我们承认，除非在经验不确定性中提供一个合理的决策框架（e.g.，Hare，2012），否则撞车问题的解决方案远难完善。目前，假设我们所讨论的解决方案与经验不确定性条件中的最佳决策完全一致，那么这一假设的证伪也是一个非常有前景的研究途径。[②]

泰根需要一个元规范框架以便裁决道德理论的规范性规定之间的鬻矛誉盾关系。在本章中，我们论证了这样一个框架的重要性，并倡导机器人伦理学研究领域的学者增加对道德不确定性问题的关注。然而，值得一提的是，一些读者心中可能潜藏着这样一种想法——道德不确定性概念本身就是一种误导。具体来说，一些读者可能会认为：在两个首尾乖互的道德论点中，只有一个具有正确性。因此，从一开始就不存在不确定性，那么问题也不言而喻。例如，如果“一个人永远都不应把另一个人当作纯粹的手段”这样的说法在道德上能站得住脚，那么泰根就不应该设定自动驾驶汽车首先选择撞上跑车。

从客观原因或客观“应该”的道义角度来看，可能不存在道德不

① 正如后文所示，我们对安德鲁·塞皮耶利在道德不确定性方面付出的诸多努力深表感激。

② 有人可能会认为，技术进步很快就能将经验层面的不确定性降至最低。但是，这无异于痴人说梦。现有的机器人距离完全消除或解释可能的经验不确定性还差得远。我们感谢卡内基梅隆大学机器人学教授伊拉·努尔巴赫什（Illah Nourbakhsh）对我们的启发。

确定性(Harman, 2015)。对此,我们持认同的态度。此外,我们并不否认找出客观正确答案的重要性,假设存在这样的一个答案——伦理道德并非相对而言。但必须指出的是,前文关注的核心问题与我们所论证的观点并无二致。尽管程序员应该努力确保答案具有客观上的正确性,但这并不能剔除这样一个事实——在获得客观正确的答案之前,可能必须做出决定。在上述情况中,泰根不能纯粹基于客观原因而做出决策,因为她的信念状态已经饱受道德不确定性的困扰。然而,她仍需要决定如何编定自动驾驶汽车的程序。现实情况是,泰根只能根据自己对于某种道德观念的信仰程度——基于她对客观"应该"的认同程度(Sepielli, 2009)——而做出决定。因此,泰根应该基于自身对相关规范性规定的信服程度做出最佳决策。从这个意义上讲,泰根需要一个额外的决策框架,一个不是为了客观原因或客观"应该"而设计的框架。换言之,泰根需要一个缘起于她自身不确定的规范性信念,而又能帮助她做出更加合适与理性的决策的框架。

1.2 两种可能性

我们现在来考虑一下(并最终拒绝)在道德不确定性中通向决策的两个方案。第一个方案持"持续深思"(Continue Deliberating)的观点,建议泰根当下并不应做出任何决策。相反,她应该深思熟虑,直到她搞清楚道德维度的相关要求。对此,我们持赞同立场。事实上,我们也认为程序员应该尽其所能继续厘清道德维度。但是,我们相信在某些情况下程序员可能没有足够的时间或资源来深思熟虑,他们必须即刻制定行动方案。泰根可能会考虑一段时间,但不能把所有的时间和精力都用在车祸场景中的决策之上。她必须尽快给出决策方案才行。

或许更为重要的是,在某些境况下继续深思熟虑实际上是针对程序员不确定性选择而做出的一种决策。例如，如果泰根没有选择设定自动驾驶汽车首先撞向跑车，她实际上是在遵守某条道德准则的约束。换言之，如果她决定不设定自动驾驶汽车首先撞向跑车，她实际上就是拒绝了结果论开具的“处方”，并允许更多乘客丧命。不作为往往是一种选择，也通常是现状下的选择。“持续深思”的观点无法有理有据地解释现有事态就是最优解的原因。

第二个方案称为“个人偏爱论”(My Favorite Theory)——最初是一种对道德不确定性的诱人回应(Gustafsson and Torpman，2014)。也就是说，按照你认为最可能正确的规范性论证来给出决策即可。例如，如果泰根认为应该让汽车撞上跑车的结果论思路是最现实的，那么她应该据此设定自动驾驶汽车的行车轨迹。但是，这一观点也存在一些瑕疵，因为对其进行的分析将产生一个重要的条件，而任何针对道德不确定性问题的适当解决方案都必须满足该条件。通过考虑经验不确定性中同样存在的问题，我们可以更好地理解这一点(Sepielli，2009)。让我们来看福特平托车(Ford Pinto)真实案例的一个假设变例：

> 平托车：福特的首席执行官正在决定是否授权出售公司最近设计的一款掀背车——平托。她不确定该如何行动，因为凭借经验无法确定平托车的油箱将对驾驶员和乘客的生命安全产生何种影响。在阅读了一份碰撞测试报告之后，她认为平托车的油箱有20%的可能会破裂。如果发生汽车追尾，那么就会引发潜在的致命性火灾。同时，她还有80%的把握认为不会出现这样的问题。她认为自己应该做最有把握的事——深信油箱不会有任何问题——于是她批准了平托车的销售。

这个案例中，显然这位首席执行官做出了一个糟糕的决定。我们做事必须考虑后果，而不能简单地比较20%和80%哪个概率更高。当然，汽车设计不可能十全十美，但20%的危及生命的故障概率显然太高。这位首席执行官未能通过各自的概率来权衡这些行动的后果。如果她当初能考虑到后果以及相应的代价,那么就没理由授权出售平托车了。类似的问题也适用于道德领域——必须考虑到道德价值的分量。

例如,回到之前泰根面临的境况:即使她认为"我应该让自动驾驶汽车撞上跑车"这种观点很可能是对的,但如果一种与之相反的主张"我不应该让自动驾驶汽车撞上跑车"也是正确的,那么这将会是一个非常严重的错误,因为仅仅把某人当作手段的做法在道义上是严重的失德行为。换言之,尽管泰根觉得老师的观点不对,但她认识到如果老师的观点是正确的,而她仍然设定让自动驾驶汽车首先撞上跑车,那么自己将犯下严重的道义错误。

因此,一套充分的解决道德不确定性问题的方案必须考虑到与特定规范性命题相关的道德价值观,并按其各自的概率进行加权,而不是仅仅讨论相关规范性命题的真假。换种说法来讲,面对道德不确定性,程序员必须对冲道德价值更大的观点。程序员在面对道德不确定性时必须放大道德价值来对冲或者满足一个条件,我们称之为"期望道德价值条件",我们通过如下方式将其应用于程序员身上:

> 期望道德价值条件:在道德不确定性情况下,对编程问题的任何适当解决方案都必须提供相应的资源,以便程序员根据它们相关的概率来权衡道德维度的伤害(利益)以及是非对错的程度。[①]

① 我们支持的解决方案类似于布莱士·帕斯卡(Blaise Pascal)为了说明一个人为什么应该相信上帝而提出的著名的帕斯卡的赌注(Pascal's Wager)。帕斯卡说:"要么上帝存在,要么他不存在。但是我们应该倾向于哪种观点呢? ……让我们权衡一下'上帝存在论'的得与失。我们来评估以下两种情况:如果你赢了,你就赢得了一切;如果你输了,你什么也没失去。那就不要犹豫了;赌他确实存在。"(1670:§233)我们认识到,尽管有学者认为帕斯卡的赌注在逻辑上说得过去(Hájek, 2012; Mackie, 1982; Rescher, 1985),但许多人都认为帕斯卡的赌注存在问题(Duff, 1986)。无论如何,我们在这里并不是要介入一场关于上帝是否存在的辩论。但是我们确实认为,帕斯卡赌注的见解经过适当的修改后,可以有效地应用于道德不确定性下的编程问题。

道德不确定性满足了这个条件以后,程序员很可能会按照自己认为不太可能的规范性观点行事,因为这种小概率的规范性观点具有重大的道德价值。但是,我们已经实现了自我超越。进行这种归因要求我们能够比较不同道德观点或道德理论中的道德价值。至于如何才能有意义地做到这一点,目前尚不明确。在下一节中,我们将介绍一种比较不同道德观点中道德价值的优势方法。

1.3 期望道德价值法(An Expected Moral Value Approach)

假设泰根确信权衡道德价值的重要性,并决定使用期望道德价值法来权衡道德价值。[①] 换言之,泰根必须找出两个彼此矛盾行为的期望道德价值,并选择具有较高期望道德价值的选项。但是,她很快意识到自己面临着一个严峻的问题。

泰根可能对结果论视阈下善行的重要性——拯救小客车里的五条人命——有一定的认识;她也可能对道义论视阈下恶行的严重性——把另一个人(即跑车里的人)当作纯粹的手段——有某种理解。不过,令人不安的是她可能不知道如何在两者之间进行权衡。结果论与道义论视阈下的道德价值是否可以相提并论尚不清楚。这也被称为"跨理论价值比较问题"(Problem of Inter-theoretic Value Comparisons,简称 PIVC)(Lockhart, 2000; Sepielli, 2006, 2009, 2013; MacAskill, 2016)。

"跨理论价值比较问题"认为,道德对冲需要比较不同规范性观点中的道德价值。至于能否做到这一点,目前尚不清楚。例如,我们不知道泰根会如何对尽可能拯救生命的结果论和将某人当作纯粹手

① 塞皮耶利考虑的场景与泰根所处的场景非常相似。他指出:"一些结果论者可能会说,杀一个人救五个人比放过这个人而让另外五个人死掉要好。道义论的观点可能与此大相径庭。但是,结果论并没有以某种方式编码来比较自身与道义论在这两种行为之间的价值差异。"(2009: 12)

段的恶性道义论进行价值比较。结果论和道义论观点本身都没有指出如何进行理论之间的比较。任何遵循适当的期望值的相应方案都必须解释它将如何处理这个问题。[①]

虽然"跨理论价值比较问题"非常棘手,但我们认为这完全可以克服。我们发现塞皮耶利(Sepielli)的系列研究(2006, 2009, 2010, 2012, 2013)对此大有帮助。值得注意的是,塞皮耶利指出,两个事物不能在同组描述范畴下进行比较并不意味着对它们重新描述后在类比范畴下也无法进行比较。塞皮耶利细致入微的研究比我们在下文阐述的三个步骤更加复杂。尽管如此,这三个步骤构成了他所说的"背景排名法"的精髓,对我们的研究也是助力颇多。[②] 使用"背景排名法"解决跨理论价值比较问题的核心要义十分简单,但具体执行可能需要躬身实践,这与使用其他理性决策工具如出一辙。

步骤一:第一步涉及考虑两个道德上类似的行为——设定自动驾驶汽车撞上跑车。第一个类比应该是这样的:如果道德类比为真,那就意味着撞上跑车总比不撞上跑车要好。第二个类比应该是这样的:如果道德类比为真,那就意味着不撞上跑车比撞上跑车要好。假设撞向跑车的第一个类比是向一个高效的、能够最大限度拯救生命的慈善机构捐款,而不是捐向一个效率低很多的、能够挽救的生命更少的慈善机构。(这种类比符合结果论的主张。从严格意义上讲,这是一个尽可能挽救生命的决定。)暂且将其称为"慈善类比"。假设第二个与撞向跑车的类比是一位医生杀死一位健康的病人,这样她就

---

① 哲学家泰德·洛克哈特(Ted Lockhart)提出了一个旨在对冲并声称避免跨理论价值比较问题的提案。洛克哈特的观点要求人们最大化"期望道德正义(expected moral rightness)"(Lockhart, 2000: 27; Sepielli, 2006)。因此,这不仅说明了某一特定道德理论正确的概率,而且也说明了该理论的道德权重(价值或程度)。洛克哈特观点中一个明显的瑕疵在于它认为道德理论在任何情况下都具有同等的正确性(Sepielli, 2006: 602)。有关更详细的批评洛克哈特立场的文献,请参考塞皮耶利(2006, 2013)。

② 我们用来解释这三个步骤的例子也与塞皮耶利(2009)研究中的一个例子密切相关。值得注意的是,塞皮耶利并没有像我们一样把他的分析细化成具体几个步骤。我们提供这些步骤是希望读者能准确捕捉到塞皮耶利的重要见解,同时也允许应用于现实中。

可以取出病人的器官，并将它们分配给其他五个急需器官的病人。(在这种情况下，这种类比符合道义论的主张，即不把一个人仅仅当作手段。)我们将其称为“器官摘取类比”。请注意，执行这一步骤可能需要一些道德想象力(Werhane, 1999)以及类比推理的技巧，甚至可能要对关于某个问题的道德文献说法有所了解。

步骤二：确定当事人对以下两个互斥命题的信任程度：“我应该让自动驾驶汽车撞上跑车”和“我不应该让自动驾驶汽车撞上跑车”。如前所述，泰根对第一个命题的信任度高达 0.9，而对第二个命题仅有 0.1。

步骤三：第三步是在假设步骤一中每个类比都成立的情况下，确定第二步中的两个命题在道德价值大小上的相对差异。假设“慈善类比”是正确的，让我们将是否设定自动驾驶汽车撞上跑车之间的道德价值差异称为“W”。然后在“器官摘取类比”是正确的前提下，假设对自动驾驶汽车进行编程让其撞上跑车与不这样做之间的道德价值差异为“50W”(即“器官摘取类比”道德价值差异是“慈善类比”道德价值差异的 50 倍)。

请记住，泰根可以做到这一点，因为她对于两个命题之间道德价值大小相对差异的看法(在每个类比成立的条件下)可以独立于她对“我应该让自动驾驶汽车撞上跑车”和“我不应该让自动驾驶汽车撞上跑车”这两个相互排斥的主张的信念。正如塞皮耶利所言，“一组行动在某组描述下排名的不确定性绝不排除同组行动在其他描述下排名的确定性……任何行动均可描述，这一点赋予了相关研究广阔的回旋余地”(2009：23)。人们可以通过类比推理进行这种比较，这是“背景排名法”的一个重要特点。

人们可能会怀疑“50”(50W)是从哪里来的，这很正常。诚然，我们以一种特别的方式将这一信念归咎于泰根。然而，正如我们所指出的那样，鉴于泰根的不确定性来自是否设定汽车首先撞上跑车的决定，我们认为泰根对于我们所引入的互斥性类比的理解可能是准确的，这确实具有可信度。

上述三个步骤抓住了“背景排名法”的实质。现在我们可以进行期望道德价值的计算了：

(1) 泰根对“我应该设定自主驾驶汽车撞上跑车”这一命题的信任度[插入值]×在“慈善类比”成立的条件下，设定自动驾驶汽车撞向跑车与不这样做之间道德价值大小的差异[插入值]。

(2) 泰根对“我不应该设定自主驾驶汽车撞上跑车”这一命题的信任度[插入值]×在“器官摘取类比”成立的条件下，设定自动驾驶汽车撞向跑车与不这样做之间道德价值大小的差异[插入值]。

即

(1) $(0.9)(W)=0.9W$

(2) $(0.1)(50W)=5W$

最后，为了确定泰根应该如何决策，我们只需计算设定自动驾驶汽车撞向跑车的期望值($0.9W$)与相反情况($5W$)的期望值之差。当值为正数时，她应该设定自动驾驶汽车撞向跑车；而当值为负数时，她就不应该这么做。(如果差值为零，她有理由选择其中任意一个。)鉴于 $0.9W-5W$ 为负值($-4.1W$)，因此从泰根的角度来看，合适的决策应该是“我不应该设定自动驾驶汽车撞向跑车”。

我们知道，前面刚刚给出的提议存有瑕疵(有些读者可能认为是很严重的问题)。例如，一些读者可能会发现，让人十分反感的是这种算法并不总是帮助当事人避免取得直观上认定为错误的结果。这种不合时宜的特征是任何包含主观输入因素的理性决策程序所固有的顽疾。然而，需要注意的是，我们并非宣称期望道德价值法可以从客观理性的角度保证道德真理。我们只想表明，当决策者必须在她当前的道德状态下做出决策之时，期望道德价值法可以提供理性的决策指导。

或许最令人担忧的是，期望道德价值法可能会让一些人觉得是在乞题。也就是说，有些读者可能会认为这预设了结果论的真理。

但这并非实情，原因有二。首先，这种担心背后的一个假设是，支持“数字很重要”的观点一定符合结果论的主张。这个假设是站不住脚的。例如，在电车难题当中，康德主义者可以一以贯之地选择拯救更多的生命，因为她相信这样做是她在道义方面恪尽职守的最优解(Hsieh, Strudler, and Wasserman 2006)。同样，我们所捍卫的程序采用期望道德价值法的这一事实并不意味着它遵循结果论。它也可以在道义论的基础上进行辩护。

究其根本，我们所捍卫的算法具有元规范解释属性，它漠视任何特定一阶道德理论的真值。这就让我们看到了第二个原因——为什么对乞题的担忧不是问题。

我们所捍卫的方法关注程序员在考虑所有方面后应该做什么——程序员最有理由去做的事情。这种对实践理性(practical rationality)的通盘考虑包含了各种类型的理由，而不仅限于道德层面。

影响人们最有理由去做事的因素有很多：自私、主体关系、道德正义、享乐主义，等等。道德理由支持 Φ-ing 这一事实，并不能回答 Φ-ing 是否是个体在考虑所有方面后应该做的事情。正如德里克·帕菲特(Derek Parfit)所指出的那样：

> 当追问某些事实是否给了我们道德上决定性理由而不以某种方式行事时，我们其实是在探寻这些事实是否足以定性这种行为的对错。然后，我们可以进一步追问：这些在道德上具有决定性的理由是否超过任何冲突的非道德性理由，从而在所有事情上都具有决定性。(2017)

实践理性要求人们去做什么将取决于一系列规范性因素，包括但不仅限于道德层面。如果我们声称期望道德价值法为程序员提供了道德层面决定性的指导，那确实会令人担忧，而且可能会引发乞题。但这不是我们正在做的事情。我们关心的是帮助程序员确定权衡理性(balance of reasons)支持做什么——程序员最有理由去做的事情——而这种对实践理性的判断取决于一系列不同的原因(Sepielli, 2009)。

总而言之,实践理性对程序员的要求不同于程序员眼睛里的错事,甚至也不同于程序员最有道德理由去做的事情。我们提供的期望道德价值法可以帮助程序员推理自己的道德信念,而这本身并不是一种道德判断。(当然,程序员在考虑所有方面后应该做的事情可能与其最有道德理由去做的事情相吻合。)我们捍卫的期望道德价值法可以帮助程序员弄清楚权衡理性支持做什么,她在考虑所有方面后有最充分的理由去做的事情。[①]

1.4 简短的道德辩护与道德异议余论

虽然期望道德价值法本身涉及实践理性,但是我们认为:可能存在很好的独立道德理由,支持程序员在道德不确定性面前使用这样的程序。第一个理由是,期望道德价值法可以帮助程序员避免以道德上冷酷无情或漠不关心的方式行事(或者至少将道德冷漠的影响降至最低)。如果程序员使用了期望道德价值程序,但却做出了不道德的选择,那么比起没有使用这一程序就做出了不道德的选择来说,她的责任要小一些。这是因为使用该程序彰显了当事人对道德重要性的考量。

如果泰根在道德不确定性的控制下未能使用期望道德价值法,那么她对于他人受伤害的风险增加就会表现得冷酷无情。[②] 正如大卫·伊诺克(David Enoch)所言:"如果我有办法把自己不公正对待他人的风险降到最低,并且没有其他相关代价……我为什么不把这种风险降到最低呢?"(2014: 241)。面对道德不确定性时,一个程序员如果仅凭灵光一现就做出决策,那么她的行为难免鲁莽。使用期望道德价值法则可以降低不公正对待他人的风险。

---

① 我们感谢苏内尔·贝迪(Suneal Bedi)开展的有关本节所及问题的有益讨论。
② 大卫·伊诺克(2014)解释了为什么一个人应该在道德决策方面遵从道德专家的意见。

在道德不确定的情况下，使用期望道德价值法进行决策的第二个道德理由在于它可以彰显程序员谦逊的美德(Snow, 1995)。事实上，正如大多数职业伦理学家所承认的那样，道德问题非常复杂。一个受道德不确定性控制且坚持使用“个人偏爱论”方法的程序员没能对道德决策的难度予以充分尊重，因此展现出一种智力沙文主义(intellectual chauvinism)。凯伦·琼斯(Karen Jones)的评论似乎很贴切：“如果知道犯下道德错误非常糟糕，还假设这是支持自己动手的方法，那就需要惊人的傲慢。”(1999: 66-67)程序员必须考虑到她对自己所秉持的道德信念的理解可能有误，这样就在决策过程中融入了一种谦逊的元素。

有些人可能会担心，使用期望道德价值法的程序员是在损害自己的诚正之心(integrity)(Sepielli，即将出版)，据此认为遵循这种方法的程序员通常必须按照她认为不太可能是正确的规范性观点行事，而按照一个自己认为不太可能正确的理论行事就会损害自己的诚正之心。虽然这种思路确实十分诱人，但却没有抓住重点。正直的价值必须与其他道德价值一起予以考虑。而如何处理正直价值的重要性这一问题又可能让人陷入道德不确定性之中。因此，与其说诚正问题是一个反对意见，倒不如说它是程序员在一系列道德不确定问题中必须包含的另一个考量。

另一个反对程序员使用期望道德价值法的理由是，程序员会放弃一些具有重要道德意义的东西(如道德理解)。例如，艾莉森·希尔斯(Alison Hills)(2009)声称，仅仅做出正确的道德判断还远远不够；个体必须获得道德理解。[①] 她认为，即使将正确行动的理由背诵得滚瓜烂熟也不行。相反，她声称：个体必须培养理解力——大体上相当于综合道德概念——并具备在其他类似环境中应用这些概念的

① 希尔斯说：“道德理解之所以重要，不仅是因为它是正确或可靠行事的一种手段，尽管它确实如此；也不仅是因为它与当事人(agent)的性格评估有关；(更是因为)它对于做出正确的行为至关重要。”(2009: 119)

能力。显然,一个把自己的信念和相关的规范性信仰输入期望道德价值法之中的程序员缺乏希尔斯所要求的那种道德理解。

但是,这种反对意见没有抓住重点。首先,虽然期望道德价值法输出的最终结果可能并非程序员的初衷,但正是程序员自己决定了使用这一算法,进而迫使她考虑潜在的错误决定可能会带来的道德影响——牢记这点很重要。其次,这的确是培养道德理解、充分行使自主权、履行真正道德观所要求的行为的理想情况。我们同意伊诺克的观点,他恰如其分地指出:

> 因此,仅仅为了道德自治与理解的价值而容忍更大的不公正对待他人的风险,纯属自欺欺人,实际上甚至可能自相矛盾。如果一个人仅仅为了提高她(或其他任何人)的道德理解力(即独立于周围有更多具备道德理解力的人的所谓工具性回报)而愿意容忍更大的风险,去执行不被允许的行为,那么她将做出错误的行为。此外,她将表现出严重的道德理解不足(关于道德理解的价值以及其他方面)。(2014: 249)

我们可以想象,如果一个自己做出决定并以某种不公正对待他人的方式行事的程序员,被遭遇不公正对待的人质问"为什么不尝试降低不公正对待他人的风险",她回答说:"好吧,我是想行使个人自主权并努力提高自己的道德理解。"她的这种解释听起来是多么荒谬。[①] 鉴于程序员确实有办法降低自己不公正对待他人的风险,这一回应对遭遇不公正对待的人而言显然是一种冒犯。

1.5 结语

在本章中,我们旨在表明程序员(或任何将对自动驾驶汽车的伦

① 对希尔斯(2009)观点的这种反对缘于伊诺克(2014)的研究。伊诺克认为个人对于道德专家的道德指导不应置若罔闻。

理标准做出选择的人)可能会面临处于道德不确定性中的情况,并需要一种方法来帮助其决定如何采取适当的行动。我们讨论了应对这种不确定性的三种方案:持续深思论、个人偏爱论以及一种特殊的期望道德价值法。针对为什么程序员在遭遇道德不确定性时有理由采用第三种程序,我们提供了一些道德层面的论证并予以解释。

虽然关于如何在编程环境中解决道德不确定性还有许多问题有待商榷,但是本章的目的在于为面临道德不确定性的程序员应该如何恰当决策提供些许参考。本文权作引玉之砖,希望能够引导机器人伦理学领域的学者更多地关注处于道德不确定性困境中的程序员所需要的指导。

参考文献

De Groot, Morris H. 2004. *Optimal Statistical Decisions*. New York: Wiley-Interscience.

Douma, Frank and Sarah A. Palodichuk. 2012. "Criminal Liability Issues Created by Autonomous Vehicles." *Santa Clara Law Review* 52: 1157 - 1169.

Duff, Anthony. 1986. "Pascal's Wager and Infinite Utilities." *Analysis* 46: 107 - 109.

Enoch, David. 2014. "A Defense of Moral Deference." *Journal of Philosophy* 111: 229 - 258.

Fagnant, Daniel and Kara M. Kockelman. 2013. *Preparing a Nation for Autonomous Vehicles: Opportunities, Barriers and Policy Recommendations*. Washington, DC: Eno Center for Transportation.

Foot, Philippa. 1967. "The Problem of Abortion and the Doctrine of Double Effect." *Oxford Review* 5: 5 - 15.

Goodall, Noah J. 2014a. "Ethical Decision Making During Automated Vehicle Crashes." *Transportation Research Record: Journal of the Transportation Research Board*, 58 - 65.

Goodall, Noah J. 2014b. "Vehicle Automation and the Duty to Act." *Proceedings of the 21st World Congress on Intelligent Transport Systems*. Detroit.

Gurney, Jeffrey K. 2013. "Sue My Car Not Me: Products Liability and Accidents Involving Autonomous Vehicles." *Journal of Law, Technology & Policy* 2: 247 - 277.

Gustafsson, John. E. and Olle Torpman. 2014. "In Defence of My Favourite

Theory." *Pacific Philosophical Quarterly* 95: 159 - 174.

Hájek, Alan. 2012. "Pascal's Wager." *Stanford Encyclopedia of Philosophy*. http://plato.stanford.edu/entries/pascal-wager/.

Hare, Caspar. 2012. "Obligations to Merely Statistical People." *Journal of Philosophy* 109: 378 - 390.

Harman, Elizabeth. 2015. "The Irrelevance of Moral Uncertainty." In *Oxford Studies in Metaethics*, vol. 10, edited by Luss-Shafer Laundau, 53 - 79. New York: Oxford University Press.

Hills, Alison. 2009. "Moral Testimony and Moral Epistemology." *Ethics* 120: 94 - 127.

Hsieh, Nien-ĥe, Alan Strudler, and David Wasserman. 2006. "The Numbers Problem." *Philosophy & Public Affairs* 34: 352 - 372.

Jones, Karen. 1999. "Second-Hand Moral Knowledge." *Journal of Philosophy* 96: 55 - 78.

Lin, Patrick. 2014. "The Robot Car of Tomorrow May Just Be Programmed to Hit You."*Wired*, May6. http://www.wired.com/2014/05/the-robot-car-of-tomorrowmight-just-be-programmed-to-hit-you/.

Lin, Patrick. 2015. "Why Ethics Matters for Autonomous Cars." In *Autonomes Fahren*, edited by M. Maurer, C. Gerdes, B. Lenz, and H. Winner, 70 - 85. Berlin: Springer.

Lin, Patrick, Keith Abney, and George A. Bekey, eds. 2012. *Robot Ethics: The Ethical and Social Implications of Robotics*. Cambridge, MA: MIT Press.

Lockhart, Ted. 2000. *Moral Uncertainty and Its Consequences*. New York: Oxford University Press.

MacAskill, William. 2016. "Normative Uncertainty as a Voting Problem." *Mind*.

Mackie, J. L. 1982. *The Miracle of Theism*. New York: Oxford University Press.

Millar, Jason. 2014. "You Should Have a Say in Your Robot Car's Code of Ethics." *Wired*, September 2. http://www.wired.com/2014/09/set-the-ethics-robot-car/.

Nourbakhsh, Illah R. 2013. *Robot Futures*. Cambridge, MA: MIT Press.

Parfit, Derek. 2017. *On What Matters*, part 3. Oxford University Press.

Pascal, Blaise. (1670) 1966. *Pensées*. Translated by A. K. Krailsheimer. Reprint, Baltimore: Penguin Books.

Raiffa, Howard. 1997. *Decision Analysis: Introductory Lectures on Choices under Uncertainty*. New York: McGraw-Hill College.

Rescher, Nicholas. 1985. *Pascal's Wager*. South Bend, IN: Notre Dame University.

Sepielli, Andrew. 2006. "Review of Ted Lockhart's *Moral Uncertainty and Its*

Consequences." *Ethics* 116: 601 – 604.

Sepielli, Andrew. 2009. "What to Do When You Don't Know What to Do." In *Oxford Studies in Metaethics*, vol. 4, edited by Russ-Shafer Laundau, 5 – 28. New York: Oxford University Press.

Sepielli, Andrew. 2010. "Along an Imperfectly-Lighted Path: Practical Rationality and Normative Uncertainty." PhD dissertation, Rutgers University.

Sepielli, Andrew. 2012. "Normative Uncertainty for Non-Cognitivists." *Philosophical Studies* 160: 191 – 207.

Sepielli, Andrew. 2013. "What to Do When You Don't Know What to Do When You Don't Know What to Do …," *Nous* 47: 521 – 544.

Sepielli, Andrew. Forthcoming. "Moral Uncertainty." In *Routledge Handbook of Moral Epistemology*, edited by Karen Jones. Abingdon: Routledge.

Snow, Nancy E. 1995. "Humility." *Journal of Value Inquiry* 29: 203 – 216.

Thomson, Judith Jarvis. 1976. "Killing, Letting Die, and the Trolley Problem." *Monist* 59: 204 – 217.

Urmson, Chris. 2014. "Just Press Go: Designing a Self-driving Vehicle." Google Official Blog, May 27. http://googleblog.blogspot.com/2014/05/just-press-go-designing self-driving.html.

Wallach, Wendell and Colin Allen. 2009. *Moral Machines: Teaching Robots Right from Wrong*. New York: Oxford University Press.

Werhane, Patricia. 1999. *Moral Imagination and Management Decision-Making*. New York: Oxford University Press.

第 2 章

自动驾驶汽车的伦理设定

杰森·米勒

> 这是一辆独一无二的汽车……它是全世界最迅捷、最安全、最结实的汽车。它也是彻彻底底的节能型汽车，并且完全由微处理器操作，这使得它几乎不可能卷入任何类型的事故或碰撞当中。当然，如果驾驶员有意为之，那就要另当别论了。
>
> ——(美国)全国广播公司(NBC)电视剧《霹雳游侠》(1982)中的戴文·迈尔斯(Devon Miles)

以上节选出自迈克尔·奈特(Michael Knight)[①]对奈特工业 2000(又称 KITT)的介绍，这款车可谓是娱乐史上最令人难忘的自动驾驶汽车之一。除了具有巨大的娱乐价值之外，20 世纪 80 年代标志性的电视节目《霹雳游侠》还在假定自动驾驶汽车设计过程中所必需的伦理考量方面，具有惊人的先见之明。这句引文很好地突出了其中的一些要点：设计过程中存在价值权衡，因为比起私密性和可信度等价值标准，KITT 的设计师更加看重安全、速度、强劲和油耗。他们看好(也许是过度看好)自动化技术，认为它有能力消除交通事故或者碰撞(Jones, 2014)。他们还设计出非常细化的选项，阐明谁来负责避免出现这样的事故或者碰撞：默认情况下，责任划归于 KITT，但是

① 美剧《霹雳游侠》的主角。——译者注

驾驶员可以随时介入其中。

我们现在正与越来越多的自动驾驶设备共享道路与航线。换言之，现在与我们共享道路和航线的是那些能够在复杂的、不可预测的环境中运行的设备，而且它们无需人类直接输入命令。当今，自动驾驶设备的设计师们正在努力解决其在设计工作中所遇到的伦理困境，这些困境与好莱坞作家所设想的如出一辙。在设计自动驾驶设备的过程中，我们应该如何权衡诸多相互冲突的价值观呢？在什么情况下应该交由设备进行控制？在什么情况下应该让驾驶员/飞行员进行掌管？我们应该如何厘定两者之间的界限？还有，谁应该回答这些问题：工程师、驾驶员/飞行员、立法者还是伦理学家？

想要设计自动驾驶设备，至少需要回答上述几个具有挑战性的伦理设计问题，并将答案嵌入设备之中（Verbeek，2011；Latour，1992）。认识到自动驾驶设备的伦理和管控影响的哲学家、工程师、决策者和律师，现在正在提出这些设计层面的问题，以确保技术设计良好（Millar，2016；Millar and Kerr，2016；Pan，Thornton，and Gerdes，2016；Millar，2015b；Goodall，2014；Lin，2013；Wu，2013）。如果这些具有挑战性的设计问题的答案源自设计过程的哲学思辨性、外显性与前瞻性，那么真可谓十全十美。

本章主要讨论自动驾驶汽车的伦理设定，并就其设计而提出相应问题。我之所以将自动驾驶汽车作为自动驾驶设备的典范，是因为自动驾驶汽车已经进入了成熟的发展阶段。许多自动功能已经进军汽车消费市场——自适应巡航控制、停车辅助、行人保护辅助（Casey，2014）等等。不过，随着自动驾驶飞机（即所谓的无人机）愈加普遍，日趋复杂，本章概述的许多伦理问题也将适用于它们的设计过程。

在本章伊始，我首先界定了术语“伦理设定”的内涵。然后，我对目前嵌于车辆之中以及一些被提及或可预见的伦理设定进行概述。在此背景下，还讨论了针对每种伦理设定而形成的伦理考量。描绘了伦理设定和随之而来的相关伦理问题之后，我提出了三个问题——必须由那些为自动驾驶汽车设计伦理设定的人来予以回答。最后，我提到了一些考量因素，这些可能会帮助工程师、设计师和政策制定者回答上述问题。

2.1 什么是伦理设定？

为了更好地了解当下或未来自动驾驶汽车中的伦理设定类型，请考虑以下思想实验，我们暂且称其为“头盔难题”——最初由诺厄·古多尔(Noah Goodall, 2014)提出，后由帕特里克·林(Patrick Lin, 2014b)加以进一步阐述：

> 一辆自动驾驶汽车即将发生撞车事故。它可以转向两个碰撞目标当中的任意一个：要么是戴头盔的摩托车驾驶员，要么是不戴头盔的摩托车驾驶员。那么，哪种对该车进行编程的方法才是正确的呢？

“头盔难题”提出了一个典型的伦理问题，因为回答这一问题需要你做出价值判断。在这种情况中，你可能会选择“将整体伤害降至最低”的观点，并争辩说汽车应该转向戴头盔的摩托车驾驶员，因为他在车祸中幸存的几率更大。或者，你可以选择看重“负责任的行为(即戴头盔)”的观点，据此认为汽车应该避开戴头盔的摩托车驾驶员，转而撞向没戴头盔的摩托车驾驶员。

现在想象一下：假如你是一位工程师，正面临着设计自动驾驶汽车的任务。鉴于上述伦理困境完全可被预见，你工作的部分内容就是要对汽车进行编程，使其在必须做出类似价值判断的驾驶情况中做出某种反应。换言之，设计自动驾驶汽车的部分工作涉及将价值判断(即应对伦理困境的答案)编程到汽车当中(Millar, 2015b; Verbeek, 2011; Latour, 1992)。一旦将某个答案编程到汽车当中，比如这个答案是通过避开戴头盔的摩托车驾驶员而看重“负责任的行为”的观点，你就把这一伦理决策具化为嵌入于技术之中的伦理设定：你的自动驾驶汽车将在类似“头盔难题”的情况下，自动转向不戴头盔的摩托车驾驶员。

决定自动驾驶汽车对“头盔难题”做出反应的伦理设定可被工程师严格固定（或作为机器学习算法的结果）。在这种情况下，汽车将被编程为总是转向某一个方向；或者汽车的转向并不固定，此时车主（或其他人）可以选择设定汽车的反应模式。

这样界定下来，伦理设定是自动驾驶汽车必有的一个特征。事实上，它们也是大多数技术必备的特征之一。哲学家们认识到如下事实已有一段时间：设计技术必然会有意或无意地将应对伦理问题的答案嵌入于这些技术当中（Verbeek，2011；Ihde，2001；Latour，1992；Winner，1986）。自动驾驶汽车将越来越多地承担起许多传统上要求人类驾驶员掌握的驾驶功能，包括在充满不确定性、混乱性与危险性的操作环境中具化为导航的所有伦理决策。因此，设计自动驾驶汽车需要我们将算法嵌入那些自动制定复杂伦理决策的车辆之中（Millar，2015a，2015b，2016）。尽管将复杂伦理决策委托给机器制定的前景在伦理上似乎有些瑕疵，但在许多情况下，我们都有充分的理由照章行事，特别是当它允准我们获得自动化技术所承诺的诸多好处之时（Millar and Kerr，2016）更是如此。因此，决定这些伦理决策（例如，这样或那样的转向）的性质与结果的伦理设定也将成为未来自动驾驶汽车必有的一大特征。

越来越多的文献开始关注自动驾驶汽车给伦理学家、工程师、律师和政策制定者带来的诸多伦理挑战。在下一节中，我对其中涉及的许多问题进行了简要描述（肯定不具备穷尽性），每一个描述都给出了相应的单个或多个伦理设定。这些伦理设定可以——而且在很多情况下必须——被设计到能够实现基本功能自动化的车辆之中。

2.2 伦理设定的文献图谱概述

2.2.1 碰撞管理设定

迄今为止，在有关自动驾驶汽车涉及的伦理问题的讨论当中，对于碰撞管理的讨论最为广泛；它是新兴的围绕自动驾驶汽车的伦理和治理论辩中的典范。对此最可能的解释是：自动驾驶汽车具化了哲学家们所创造的最著名的伦理思想实验之一：电车难题(Foot, 1967)。在其最流行的版本中(Thomson, 1976)，“电车难题”要求我们想象一辆失控的电车正驶向五个站在轨道上而且毫不知情的人。然而，碰巧你站在一个开关旁边，如果拉动这个开关，电车就会驶上一条平行的轨道，上面只有一个毫无防备的人。你没有办法警告任何一条轨道上的人。让电车继续直行，无疑会杀死这五个人；然而如果拉动开关，电车只会撞死一个人。现在的难题是：你是否应该拉动开关让电车改道?

作为一个哲学思想实验，被设计出来的“电车难题”是为了探究各种伦理直觉与概念(Foot, 1967)。全方位解读围绕“电车难题”持续开展的哲学辩论远远超出本章的讨论范围。然而，与该难题相关的两点事实对于设计工作都有所启示。首先，在自动驾驶汽车的背景下，“电车难题”只要代表一个碰撞管理问题，它就会成为一个真正的设计问题。简言之，人们可以设想到一辆自动驾驶汽车会遇到很多驾驶场景，其中很多伦理特征都与“电车难题”中的大同小异。因此，自动驾驶汽车的设计必须考虑如何应对这些情况。例如，前面讨论的“头盔难题”是一个类似“电车难题”的碰撞管理问题。它描述了一种选择“奖赏戴头盔的行为”还是“将整体伤害降至最低”的价值权衡。“头盔难题”将我们的注意力集中在一种设计层面的问题。为了将自动驾驶汽车推向市场并使其很好地适应真实的社会环境，这些问题无疑需要被解决。

其次,围绕原始的和其他类似的“电车难题”的哲学辩论仍旧不绝于耳。也就是说,这些问题仍然悬而未决。这可能会令一些读者感到惊讶,因为最初的“电车难题”提供了这样一种可能:我们只需拉动开关,就可以轻而易举地多拯救四条人命。从直觉上讲,这是一个让人无法抗拒的选择。研究一再表明,关于最初的“电车难题”,大多数人都认为拉动开关是正确的决定(Greene, 2010)。尽管大多数人都对此表示赞同,但伦理困境并不是那么容易就服从多数人所提出的解决方案。用来证明为什么多数意见无法建立伦理规范的一个标准案例就是人类的奴隶制。当被问及时,大多数人都会同意如下观点:即使多数意见表明奴隶制是可以接受的,但奴役人类在伦理上仍然是不被允许的。行动的对错似乎与同意该行动的人数多寡没有关系。因此,呼吁通过多拯救四条生命来解决最初的“电车难题”,只不过是一种带有功利主义倾向的解决办法,其目标是将幸福最大化,同时痛苦最小化。这并不一定等同于已经找到了解决伦理困境的客观正确答案。

“电车难题”仍然是一个公开的哲学辩题,部分原因在于彼此竞争的伦理理论具有很强的论证吸引力,例如德性伦理学和道义论,它们不只关注如何通过最大化/最小化的方法解决问题的策略。此外,这种现实还源于许多伦理困境中普遍存在的一种不同寻常的特征——与其他诸如怎样最好地设计一座桥梁等问题中存在的分歧不同,伦理困境中的选项往往很难相互比较。再以“头盔难题”为例,此间我们需要权衡“奖赏戴头盔”(将汽车转向不戴头盔的人)与“将整体伤害降至最低”(将汽车转向戴头盔的人)这两种选项。我们该如何比较呢?在这类被称为困难案例的情况下,似乎任何一个选项都可以被证明是更好的选择,但仅在一组专门适用于该选项的标准方面可以看作是最优解(Chang, 2002, 2012)。我们可能会为“避开戴头盔的人”这一行为辩护,因为“奖赏负责任的行为”更加合适。但在这样做的过程中,我们并未事先证实自己的选择就是更好的选择

(Chang, 2002)。这也体现在我们同样可以有理有据地证明选择另一个选项具有合理性。因此,很难找到解决困难案例的办法。面临困难案例时做出决策的个体有理由这样或那样做,但是个体的理由不应被误认为是解决问题的通用方案。

为碰撞管理构思伦理设定在伦理上可能具有一定的挑战性,因为许多此类案例往往是高度个性化的。例如,思考另一个被称为"隧道难题"的思想实验(Millar 2015b):

> 你乘坐一辆自动驾驶汽车沿着一条狭窄的山路行驶,此时正迅速接近一个隧道的入口。突然,一个小孩误打误撞地跑到了道路上。没有时间做到安全刹车来避免撞上小孩,小孩很可能在碰撞中丧生。然而,无论把汽车转向哪个方向,都会导致汽车撞上隧道壁,很可能会导致你死亡。

正如困难案例中的典型情况一样,"隧道难题"中的两个选项很难相互比较——客观上并不存在更好的选项。此外,"隧道难题"将你置身于车内,因而令此类困难案例变得高度个性化。"隧道难题"的个性化特质与其他在具有伦理挑战性环境中(例如医疗保健环境)常见的临终决定具有相同的伦理特征(Millar, 2015b)。在医疗伦理学中,通常不允许医生代表患者(我们暂且称她谢莉)做出重要决定,不管结果是否有利于谢莉本人(Jonsen, 2008)。相反,医护人员在做出有关谢莉的护理决定之前,必须征求她的知情同意。将"隧道难题"模拟成汽车乘客的临终决定表明:正如医生通常并不具备伦理权威来代表谢莉做出重要的临终决定一样,工程师也不具备伦理权威来代表驾驶员/乘客做出某些决定(Millar, 2015b)。更确切地说,在风险很高的困难案例当中,工程师似乎并不具备伦理权威代表用户做出伦理决策。

因此,工程师在将伦理设定嵌入汽车使其应对困难案例的过程中,如果既没有直接征求用户输入指令,也没有提前采用适当的方式将汽车在这种情况下的行为偏好告知用户，那么我们就会见识到“公说公有理，婆说婆有理”的各种争议。换句话说，当工程师不尊重用户的主体性时，我们可以预料到用户的集体反对，因为尊重用户的主体性是工程师的伦理义务之一(Millar, 2015b)。

为了验证这一假设，《开源机器人伦理学新方案》(ORi, 2014a, 2014b)开展了一次民意调查，向参与者介绍了“隧道难题”并询问他们：① 汽车应该如何反应？② 谁来决定汽车的反应模式？36%的参与者表示他们倾向于让汽车转向墙壁，从而拯救小孩；而64%的参与者表示他们更愿意拯救自己，而牺牲小孩。在回答第二个问题时，44%的参与者表示应该由乘客决定汽车如何反应；而33%的参与者表示这一决定权应交由立法者。只有12%的参与者表示应该由汽车制造商做出相应决定。这些结果似乎表明：人们至少不喜欢工程师代表他们做出高风险的伦理决策。

《开源机器人伦理学新方案》的调查结果应该不会特别令人惊讶。个人主体性是西方伦理学公认的伦理规范，部分原因在于我们的伦理直觉似乎与涉及高度个人化的困难案例中的主体性概念别无二致(Greene, 2010)。

尽管在某些情况下有充分的理由限制工程师的决策权，但在许多涉及碰撞管理的困难案例当中，征求用户输入指令显然不切实际。而且，有时这也会衍生出新的伦理问题。

试着想象一辆自动驾驶汽车，它能够调节伦理设定并被设计用于解决“隧道难题”。在实际的“隧道难题”当中，用户根本无法在检测到即将发生碰撞和发生碰撞之间短暂的间隔内完成指令输入。为了解决这一问题，人们可以设计伦理设定，并收集用户的指令输入，以此作为用户在购买自动驾驶汽车时遵循的“设置”程序。但是，要求用户亲自为一系列可预见的伦理困境输入伦理设定，对于用户而言，这可能是很重的负担，并且也可能会给制造商带来不必要的负担，因为他们需要教会用户所有相关功能，并依据知情同意程序征求他们输入指令。可以肯定的是,用户直接输入指令并非总是支持用户自主性的最佳方式。

此外,为了探索伦理原则并且提议规范,“头盔难题”和“隧道难题”这样的思想实验过度简化了驾驶环境。从真正意义上讲,它们是哲学家们的实验室。但是,正如科学实验的结果并不总是能够顺利地转化到“现实世界”一样,哲学家们的思想实验在“实验室”里很清晰地阐明了规范性原则,但在实践中也有其局限性。如果主体与伤害之间的比例相对明确(假定为一比一),那么对个人主体性的伦理诉求可能会很有效。但是,当两个或更多人乘坐自动驾驶汽车之时,我们应该如何设计以便应对碰撞管理问题呢?回想一下,从伦理的角度来看,这两名乘客可能在如何最好地应对碰撞方面存在合理的分歧——这正是困难案例所固有的后果。因此,即使我们同意每个乘客都具有伦理权威来决定自己的命运,在这些情况下,我们应该尊重哪些乘客的主体性呢?如果道路上的行人是因为路标混乱或交通灯故障而出现在那里,那么会发生什么情况呢?在哪种情况中,尊重其主体性的要求突然进入了伦理范畴呢?这些复杂的情况似乎需要一些解决方案,而不仅仅是简单地将其诉诸个人主体性就一了百了。

在这些情况下,如果认识到“应该尊重参与高风险冲突的多方主体性”这一伦理要求,我们可能会考虑在基于人群的决策中使用的知情同意模式,即牺牲个人主体性换取集体利益的决策(Lin, 2014a)。根据《开源机器人伦理学新方案》(ORi, 2014a, 2014b)的数据,用户可能会赞同监管碰撞管理系统。在前面讨论的同一项研究当中,33%的参与者表示他们认为立法者应该就“隧道难题”做出决定,并通过呼吁公开、透明及民主的原则来证明其偏好具有合理性(ORi, 2014b)。他们的回答表明:监管某些伦理设定可以提供支持基于人群的知情同意模式所需的合法性(ORi, 2014b)。只要事先将这些汽车的设计行为向人们交待清楚,人们就可以针对是否乘坐自动驾驶汽车做出知情决策。

碰撞管理的伦理设定也提出了另一个对伦理和法律都有影响的重大挑战。根据林(2014a),自动驾驶汽车的伦理设定可以在法律和伦理上被合理地解释为目标算法。在"头盔难题"所反映的情况中,被设定用来将整体伤害降至最低的自动驾驶汽车可以被解释为一种有意针对戴头盔的摩托车驾驶员的算法。由于碰撞管理的伦理设定所涉及的一些决策,早在碰撞发生之前就已经决定了碰撞结果,因此它们与驾驶员在碰撞发生前的瞬间做出的仓促决定大相径庭。从这个角度看,伦理设定可以被解释为由设定者故意造成的伤害,可能导致这个人对碰撞的特定结果承担伦理和法律责任。此外,林(2014a)认为,由用户控制的可变伦理设定能够把责任"踢"给用户,从而为制造商提供一条逃避责任的途径。之后,将由用户承担碰撞结果连带的法律责任。

再次可见,监管可以帮助处理最后一组问题。监管可变的伦理设定可以在法律和伦理上保护制造商和用户。然后,他们各自被合法地赋予责任设计和制定可变的伦理设定,从而应对各种困难案例。

2.2.2 管理全系统利益分配的设定

自动驾驶汽车正在取代人工驾驶车辆,随着其在道路交通和航空领域的普及,自动驾驶汽车在整个自动驾驶汽车系统中相互通信的次数将越来越频繁(Nelson, 2014),从而为全系统利益的自动分配创造机会。

决定这种利益分配的算法可以基于嵌入系统和个别车辆中的伦理设定的组合。管理这些设定的规则可以有多种不同的伦理表现形式。系统可以被设计用来奖励富人,允许他们在支付一定费用的前提下,将自己汽车的速度设定得更快。在这一系统中,你付的钱越多,你到达目的地的速度就越快。当然,这意味着无法支付此类费用的人到达目的地的平均速度会更慢。其他替代方案可以考虑奖励利他主义行为。例如,向那些将时间奉献给慈善机构或在家中用电少的个人提供“速度积分”。同样,可以给个人记过,作为对于不良行为的征税方式,比如整天开着灯或在缺水时期浇灌草坪。一些车辆可能被设定为沿着不常用的路线行驶,即使它们并非最优路径;或者,可能迫使乘客路经某些商店,从而完成广告植入。人们可以想象许多不同的全系统利益分配方案。

尽管这些红利都是推测出来的,但它们完全可被预见。在任意情况下,系统内部分配利益与损害的设计规则都需要与下列事宜相关的决策:哪些价值观将予优先考虑?提供哪种相应的伦理设定?以及授权哪些人登录?

2.2.3 性能设定

就像现在的汽车一样,不同制造商、不同型号的自动驾驶汽车在其特定的固定性能设定方面也有所不同。但是,它们也可以被设计为具备可变性的性能设定,从而改变单个车辆的驾驶状况,同时保持起码的安全水平。

斯坦福大学的工程师们最近完成了一项研究。该研究描述了一种可变的伦理设定,被设计用来控制自动驾驶汽车的目标接近和回避算法(Pan, Thornton, and Gerdes, 2016)。他们使用了一个有伦理依据的设计过程来创建一种算法——当汽车绕过道路上一个静止的物体之时,该算法可以控制汽车与该物体之间的距离。该算法还允许工程师改变汽车与路缘之间保持的最小距离。这一性能设定可用于设定乘客的舒适度,有些乘客更喜欢与路缘和道路上的物体保持或多或少的超车距离。

同样,根据他们的偏好,个体乘客也可以选择让其车辆以更快或更慢的速度转弯、选择更强劲或更温和的制动特性、改变与其他车辆之间的车距或者改变加速曲线。

出于若干种原因的考虑,性能设定应该被视为伦理设定。首先,改变性能特征可能会导致乘客对于整个系统的信任程度产生积极或消极的影响。在谷歌的一个自动驾驶汽车宣传视频当中,一位乘客评论道:与她丈夫的汽车相比,她更喜欢自动驾驶汽车的转弯特性(Google, 2014)。假设人们更有可能采用值得信赖的技术,那么建造值得信赖的自动驾驶汽车就十分重要。这就意味着这个系统越值得信赖,这项技术就越能造福社会。

其次,性能设定会对环境产生直接影响。正如我们最近在大众汽车的排放丑闻中所见识的那样,更改控制排放的软件设置可能会对环境造成严重的负面影响(Hotten, 2015)。

一般来说,车辆的环境状况会随着车辆加速、行驶速度加快以及刹车和转弯力度增加而发生变化,部分原因在于燃油消耗量的增加(无论是电力还是燃气),同时也是因为部件磨损得更快因而需要维护或更换。最后,性能设定将会改变系统的整体安全水平。与许多慢速行驶的汽车相比,快速行驶的汽车代表了一种更加危险的系统。必须为自动驾驶汽车制定单个车辆性能的最低安全标准。在设计车辆的过程中可以略微大胆一些,但必须在可接受的范围之内。

2.2.4 数据收集与管理设定

随着自主功能数量的增加,对数据收集和管理设定的需求也有所增加。正如脸书(Facebook)等数据驱动型互联网应用程序需要隐私设置来帮助平衡企业和用户的需求一样,需要数据的自动化技术也需要用户/乘客决定他们在系统中的数据如何被采集、使用(Calo, 2012)。自动驾驶汽车将配备各种传感器、摄像头、全球定位系统、用户指令输入系统、用户设定(当然包括伦理设定)系统、数据记录功能、通信功能(如 Wi-Fi)和乘客信息系统。所有这些数据都将受到隐私问题的影响,而自动驾驶汽车需要将固定和可变的伦理设定结合在一起,才能很好地处理这一问题。

讨论隐私问题的文献可谓汗牛充栋,许多讨论与机器人学和自动化技术相关(e.g., Hartzog, 2015; Selinger, 2014; Kerr, 2013;

Calo，2012)。由于篇幅所限，我只好把这些丰富且发人深省的资料留给读者去自行探索。

2.3 伦理设定的初步分类

上一节中概述的各种伦理设定以及相应的伦理问题为伦理设定的初步分类奠定了基础。随着自动化技术的改进和发展，设计室中会涌现出全新的伦理问题，而且每一个都需要个性化的答案。因此，新的伦理设定将应运而生。

尽管如此，上述讨论还是提供了足够的内容从而为与各伦理设定相关的三个重要伦理设计问题提供讨论的框架。

(1) 对于这种伦理设定，可接受的设定点或设定点的范围是什么?

(2) 这种伦理设定应该是固定的还是可变的?

(3) 谁具备伦理权威来回答(1)和(2)两个问题?

当问题以这种方式表达时，我们需要先回答问题(3)，然后才能回答问题(1)和问题(2)(Millar，2015b)。本节中的伦理设定分类法旨在为更全面地回答这三个问题提供一些初步参考。

2.3.1 高风险伦理设定 vs.低风险伦理设定

从前面的讨论当中，我们可以根据结果确定两类伦理设定：一类涉及风险相对较高的结果，一类涉及风险相对较低的结果。碰撞管理设定通常涉及高风险的结果，特别是当人们可能因碰撞而受伤时尤为如此。为应对“头盔难题”和“隧道难题”等场景而设计的伦理设定是高风险伦理设定的典型范例。其他的可能包括一些为分配全系统货物(例如，更快到达目的地的能力)而设计的伦理设定。我们来看一种系统性的分配模式——它歧视某些没有能力支付“速度积分”的社会经济群体。我们可以将其视为一种高风险的伦理设定，它有失公允地强化了社会不平等的模式(Golub, Marcantonio, and Sanchez, 2013)。

相比而言,低风险的伦理设定带来的伤害和收益往往较小。气候控制设定会导致燃油消耗略微增加,但也会增加乘客的舒适度。某些碰撞管理设定能够将碰撞的速度降至很低,从而将对人(或财产)造成伤害的可能性降到很低甚至为零,或者将伤害转移到松鼠等动物上(松鼠,对不起!),也可以将其视为具有低风险性。在这些情况下,无论是伤害还是收益都不足以使其位列高风险级别。

一般来说,在所有其他条件都相同的情况下,问题(3)在低风险伦理设定中并不那么紧迫。这就简化了问题(1)和(2)。低风险伦理设定可以是固定的,也可以是可变的,可以仅限制造商才有权限访问,也可以是车辆中的任何乘客都可以开源使用,而这不会引起任何重大的伦理问题。在设计低风险的伦理设定之时,工程师没有任何紧要的伦理义务来担心用户/乘客的主体性。因此,并没有明显的伦理上的紧迫问题需要监管者参与解决如何应对低风险伦理设定的问题。

另一方面,对于高风险的伦理设定而言,问题(3)具有全新的紧迫性,特别是考虑到围绕高风险碰撞管理设定的讨论。工程师通常并不具备伦理权威来代表用户/乘客回答高风险的伦理问题。因此,在高风险伦理设定的背景下回答问题(3)需要在设计室进行额外的伦理分析,并且可能需要监管部门或用户/乘客输入指令。

2.3.2 基于专业知识的伦理设定 vs 不基于专业知识的伦理设定

前面的讨论让我们能够根据可用于解决潜在问题的知识辨别两类伦理设定。无论是高风险还是低风险,许多伦理设定都会涉及伦理问题——这些问题则完全属于特定的专业知识领域,比如工程专业知识。在这种情况下,“那些人类专家衡量结果所依据的一套标准可以作为客观的衡量标准，设计者据此来衡量基于专家授权的特定实例”(Millar, 2015a)。例如，可以将允许乘客改变车辆性能特征的可变型伦理设定限制在其范围之内，从而确保车辆始终与其他车辆保持安全车距。计算安全车距完全取决于工程师的专业知识。诸如此类可以通过基于专业知识的客观判断从伦理设定的根源回答这一问题，而且该问题属于特定的专业领域的，则工程师(或任何拥有相关专业知识的专家)往往具有回答这一问题的伦理权威。因此，无论这一设定是高风险还是低风险，都不存在明显的伦理上的必要性要让用户在基于专业知识的伦理设定中输入指令。尽管可能存有例外，但是相关知识领域的专家通常具有伦理权威回答这些问题，并将这些答案嵌入技术之中(Millar, 2015a)。

诸如“头盔难题”和“隧道难题”所描述的困难案例并非那么容易就能屈服于专业知识。如前所述，困难案例之所以困难，就是因为没有客观的手段来比较各种选项并得出答案(Chang, 2002, 2012)。因此，在设计不基于专业知识的伦理设定时，特别是在设计那些涉及高风险结果的伦理设定时，就存在一种伦理上的必要性，当只牵涉一个人的自主权时，寻求该用户/乘客输入指令；或是当基于人群的决策可能满足一个强大的知情同意模式的要求时，寻求管理者输入指令(Millar, 2014, 2015b)。

这种区别的一个好处就是进一步消除了设计室不必要的负担。否则，这种负担会因为关注个人用户自主权而强加给工程师或监管者。在设计基于专业知识的伦理设定之时，由于存在相对客观的衡量标准，工程师可以重掌他们传统的决策权。

当然，这些都不能简化自动化伦理决策中的伦理问题。自动驾驶汽车及其引发的伦理问题极其复杂。但是，如果我们要改变对设计和制造伦理的看法，并适当地应对蓬勃发展的自动驾驶汽车行业，那么我们需要对这些问题进行深思熟虑。这种思维转变部分上要求我们在需要复杂性的地方欣然接受伦理和监管的复杂性。

2.4 结语：需要一个将伦理设定的伦理学考虑在内的前瞻性设计过程

学界目前已经提出了各种设计方法来解决将伦理维度（如本章讨论的那些）嵌入设计、制作与控制机器人和人工智能的伦理中的需求。一些方法关注该类技术所涉及的诸多价值观维度（Verbeek，2011；Friedman and Kahn，2007）；而一些方法建议在设计团队中引入伦理学家（Van Wynsberghe，2013；Van Wynsberghe and Robbins，2013）；还有一些方法侧重于工程团队的伦理能力建设（Millar，2016）；更有一些方法专注于通过一系列类比来对机器人系统进行有趣的建模（Jones and Millar，2016）。本章所概述的伦理学考量将很好地适用于这些工程和设计方法中的任意一种，并有助于为相应的治理探讨提供参考。显而易见的是，为了应对自动驾驶汽车所带来的独特伦理挑战，必须参照具有前瞻性的伦理学理据，采取全新的设计、制造和治理方法。唯有如此，才能通过研发出更好地融入社会结构的技术，提高设计的质量。我相信，类似的研究将为成功地完成这些令人振奋的设计任务铺平道路。

参考文献

Calo，Ryan. 2012. "Robots and Privacy." In *Robot Ethics*，edited by Patrick Lin，George Bekey，and Keith Abney，187 - 202. Cambridge，MA：MIT Press.

Casey，Michael. 2014. "Want a Self-Driving Car? Look on the Driveway." *Fortune*，December 6. http://fortune.com/2014/12/06/autonomous-vehicle-revolution/.

Chang，Ruth. 2002. "The Possibility of Parity." *Ethics* 112：659 - 688.

Chang，Ruth. 2012. "Are Hard Choices Cases of Incomparability?" *Philosophical Issues* 22：106 - 126.

Foot，Philippa. 1967. "The Problem of Abortion and the Doctrine of the Double Effect in Virtues and Vices." *Oxford Review* 5：5 - 15.

Friedman，Batya and Peter H. Kahn. 2007. "Human Values，Ethics，and Design." In *The Human - Computer Interaction Handbook：Fundamentals，Evolving*

Technologies and Emerging Applications, 2d ed., edited by A. Sears and J. A. Jacko, 1241 - 1266. New York: Taylor & Francis Group.

Golub, Aaron, Richard A. Marcantonio, and Thomas W. Sanchez. 2013. "Race, Space, and Struggles for Mobility: Transportation Impacts on African Americans in Oakland and the East Bay." *Urban Geography* 34: 699 - 728.

Goodall, Noah J. 2014. "Ethical Decision Making During Automated Vehicle Crashes." *Transportation Research Record: Journal of the Transportation Research Board* 2424: 58 - 65.

Google. 2014. "A First Drive." YouTube, May 27. https://www.youtube.com/watch? v=CqSDWoAhvLU.

Greene, Joshua. 2010. "Multi-System Moral Psychology." In *The Oxford Handbook of Moral Psychology*, edited by John M. Doris, 47 - 71. Oxford: Oxford University Press.

Hartzog, Woodrow. 2015. "Unfair and Deceptive Robots." *Maryland Law Review* 74, 758 - 829.

Hotten, Russell. 2015. "Volkswagen: The Scandal Explained." *BBC News*, December 10. http://www.bbc.com/news/business-34324772.

Ihde, Don. 2001. *Bodies in Technology*. Minneapolis: University of Minnesota Press.

Jones, Meg L. 2014. "The Law & the Loop." IEEE International Symposium on Ethics in Engineering, Science and Technology, 2014.

Jones, Meg L. and Jason Millar. 2016. "Hacking Analogies in the Regulation of Robotics." In *The Oxford Handbook of the Law and Regulation of Technology*, edited by Roger Brownsword, Eloise Scotford, and Karen Yeung. Oxford: Oxford University Press.

Jonsen, Albert R. 2008. *A Short History of Medical Ethics*. Oxford: Oxford University Press.

Kerr, Ian. 2013. "Prediction, Presumption, Preemption: The Path of Law after the Computational Turn." In *Privacy, Due Process and the Computational Turn: The Philosophy of Law Meets the Philosophy of Technology*, edited by M. Hildebrandt and E. De Vries, 91 - 120. London: Routledge.

Latour, Bruno. 1992. "Where Are the Missing Masses? The Sociology of a Few Mundane Artefacts." In *Shaping Technology/Building Society: Studies in Sociotechnical Change*, edited by Wiebe Bijker, and John Law, 225 - 258. Cambridge, MA: MIT Press.

Lin, Patrick. 2013. "The Ethics of Autonomous Cars." *Atlantic*, October 8. http://www.theatlantic.com/technology/archive/2013/10/the-ethics-of-autonomous-cars/280360/.

Lin, Patrick. 2014a. "Here's a Terrible Idea: Robot Cars with Adjustable Ethics Settings." *Wired*, August 18. http://www.wired.com/2014/08/heres-a-terrible-idea-robotcars-with-adjustable-ethics-settings/.

Lin, Patrick. 2014b. "The Robot Car of Tomorrow May Just Be Programmed to Hit You." *Wired*, May 6. http://www.wired.com/2014/05/the-robot-car-of-tomorrowmight-just-be-programmed-to-hit-you/.

Millar, Jason. 2014. "You Should Have a Say in Your Robot Car's Code of Ethics." *Wired*, September 2. http://www.wired.com/2014/09/set-the-ethics-robot-car/.

Millar, Jason. 2015a. "Technological Moral Proxies and the Ethical Limits of Automating Decision-Making in Robotics and Artificial Intelligence." PhD dissertation, Queen's University.

Millar, Jason. 2015b. "Technology as Moral Proxy: Autonomy and Paternalism by Design." *IEEE Technology & Society* 34(2): 47 - 55.

Millar, Jason. 2016. "An Ethics Evaluation Tool for Automating Ethical Decision-Making in Robots and Self-Driving Cars." *Applied Artificial Intelligence* 30(8): 787 - 809.

Millar, Jason and Ian Kerr. 2016. "Delegation, Relinquishment and Responsibility: The Prospect of Expert Robots." In *Robot Law*, edited by Ryan Calo, A. Michael Froomkin, and Ian Kerr, 102 - 127. Cheltenham: Edward Elgar.

NBC. 1982. *Knight Rider*, Episode 1: "The Knight of the Phoenix."

Nelson, Jacqueline. 2014. "The Rise of the Connected Car Puts the Web Behind the Wheel." *Globe and Mail*, July 30. http://www.theglobeandmail.com/report-onbusiness/companies-race-to-bring-the-web-behind-the-wheel/article19853771/.

ORi. 2014a. "If Death by Autonomous Car Is Unavoidable, Who Should Die? Reader Poll Results." Robohub.org, June 23. http://robohub.org/if-a-death-by-anautonomous-car-is-unavoidable-who-should-die-results-from-our-reader-poll/.

ORi. 2014b. "My (Autonomous) Car, My Safety: Results from Our Reader Poll." Robohub.org, June 30. http://robohub.org/my-autonomous-car-my-safety-resultsfrom-our-reader-poll/.

Pan, Selina, Sarah Thornton, and Christian J. Gerdes. 2016. "Prescriptive and Proscriptive Moral Regulation for Autonomous Vehicles in Approach and Avoidance." *IEEE International Symposium on Ethics in Engineering, Science and Technology, 2016*.

Selinger, Evan. 2014. "Why We Should Be Careful about Adopting Social

Robots." *Forbes*, July 17. http://www.forbes.com/sites/privacynotice/2014/07/17/why-we-should-be-careful-about-adopting-social-robots.

Thomson, Judith Jarvis. 1976. "Killing, Letting Die, and the Trolley Problem." *Monist* 59: 204 - 217.

Van Wynsberghe, Aimee. 2013. "Designing Robots for Care: Care Centered ValueSensitive Design." *Science and Engineering Ethics* 19: 407 - 433.

Van Wynsberghe, Aimee and Scott Robbins. 2013. "Ethicist as Designer: A Pragmatic Approach to Ethics in the Lab." *Science and Engineering Ethics* 20: 947 - 961.

Verbeek, Peter-Paul. 2011. *Moralizing Technology: Understanding and Designing the Morality of Things*. Chicago: University of Chicago Press.

Winner, Langdon. 1986. *The Whale and the Reactor: A Search for Limits in an Age of High Technology*. Chicago: University of Chicago Press.

Wu, Stephen S. 2013. "Risk Management in Commercializing Robots." *We Robot 2013 Proceedings*. http://www.academia.edu/8691419/Risk_Management_in_ Commercializing_Robots.

第 3 章

混合系统中的自主性与责任：以自动驾驶汽车为例

伍尔夫·洛，雅尼娜·洛

自动驾驶汽车引发了一系列有趣的伦理问题。不过，这些问题并不总是关注出了问题该由谁来负责（Lin, 2015）。相反，我们可以追问：在大街上发生的某些情况当中，谁应该做出相关的道德决策呢？如何在车辆当前的乘员、车主、汽车的工程师/研发人员，甚至可能是操控车辆本身的人工系统之间相应地分配责任呢？假设在道德相关意义上讲，人工系统具有自主性，那么是否应该相信它能做出道德决策呢？（Floridi and Sanders, 2004; Wallach and Allen, 2009; Misselhorn, 2013）如果它能的话，那么与责任问题相关的道德自主性的划归标准何在？人工系统会在道德层面做出错误的决策吗？更重要的是，它应该有决策能力吗？在这种情况下，我们又应该如何让它面对自身责任呢？

另一方面，我们可能会倾向于将与道德相关的决策权交由系统中的人来负责——驾驶员、车主和工程师。但如果是这样的话，是否应该存在某种层级制度以及担负最终责任的道德主体呢？或者我们能否设想一种责任网络——此间，责任由不同主体分担呢？（Hubig, 2008; Knoll, 2008; Rammert, 2004; Weyer, 2005）这种网络看起来会是什么样子呢？这里的责任问题真的是道德责任而不是法律责任吗？毕竟，这个问题初步来看完全是一个涉及交通法规的问题。如果我们认为：与人类驾驶员不同，自动驾驶系统开得太快或者过于鲁莽不是因为醉酒或出现其他障碍，那么事故似乎超出了人工驾驶员的认责范围，并引发法律责任和义务问题，而不是道义担当问题。

但是，即便在标准路面情况下也是如此——也可能存在自动驾驶汽车必须在"伤害车内乘客"和"伤害车外他人"(其他汽车驾驶员、行人等)之间做出抉择的情况。这些例子的构造与"电车难题"十分类似(Foot，1967；Hevelke and Nida-Rümelin，2015)，后者引发了非常多元的道德思辨。

为了研究人工系统的责任和自主性问题，我们在3.1中简要概述了传统的"责任"概念。在3.2中，通过将其与人工系统的具体情况进行对比，我们最终拒绝了让任何类型的自主人工能动者[①]以及自动驾驶汽车承担全面道德责任的想法。然而，我们原则上不会否认它们根据自身自主程度和认知能力的高低承担部分责任。这将导致在工程师、驾驶员和人工系统自身构成的"责任网络"(Neuhäuser，2015)中形成责任分配的概念，对此我们将在3.3中予以介绍。为了评估这一概念，我们探讨了关于自动驾驶汽车的人机混合系统的概念，并得出结论——由汽车和操作员/驾驶员组成的单元是由这样一种混合系统所组成的——该系统能够承担与责任网络中其他行为者的责任不同的共同责任。在3.4中，我们讨论了某些类似于"电车难题"(Foot，1967)的道德困境。鉴于其具备卓越的计算能力和反应能力，混合系统可能需要面对这些情况。如果在不久的将来，人工系统不能承担此类情况中的道德责任，我们推断：只要混合系统中有类似于自动驾驶汽车中驾驶员的存在，驾驶员就必须承担决策责任，做出交通规则未能涵盖且与道德相关的决策。由于在这种情况中没有时间去考虑这些问题，驾驶员必须事先通过某种人机界面表达自

① 当前一些理论认为，人工智能已具有一定的独立于人类指令自主行动的能力，是能动者而非受动者。——编者注

己的道德信念。

3.1 “责任”的传统概念

机器人技术和人工智能的快速发展可能会对承担传统上为人类主体保留的角色带来巨大的挑战;并且自主性、主体性和责任等概念有朝一日可能也会适用于人工系统。为了评估这些可能的转变,我们给出了“责任”一词的最简定义作为我们讨论的起点,该定义只包括该词基本的词源方面。对使得主体负责的必要条件进行考查(Sombetzki, 2014: 42-62)将得出人工系统在未来也可能满足的责任定义。

责任是一种系统化、组织化的工具,从而澄清那些令相关主体感到困惑的复杂情况。在这些情况下,对责任与罪行的传统划分常常无法满足新的需求(Lenk and Maring, 1995: 242-247)。如果划分得当,它就可以解释充满挑战的层级设置、参与方数量的不确定性以及巨大的时空维度;并且它还可以把诸如“职责”之类的传统概念增补其中。

一项详细的词源学研究(Sombetzki, 2014: 33-41)表明,“责任”一词首先意味着“对某事负责的状态或事实”。它是交代个人行为的能力(Duff, 1998: 290; Kallen, 1942: 351)。其次,“责任”是一个规范性概念。换言之,它不仅仅只是描述和表示因果关系。当我们称太阳对融化蜡烛负责时,“负责”一词的使用带有隐喻的色彩,因为太阳无法解释自己的行为。另一方面,在指控某人对杀害他人负责时,我们通常不是为了陈述一种纯粹的事实。事实上,我们希望被指控的谋杀者老实交代并承认其罪行(Werner, 2006: 542)。最后,“责任”意味着相关责任主体特定的心理动机构成。我们认为,她作为一个自主的人应该负有责任,具体体现于其判断、反思等若干能力当中(Sombetzki, 2014: 39-41)。

这种从词源上界定“责任”的最简定义牵涉了五种关系要素,我们将通过下面的示例加以说明：① 个人主体或集体主体是责任的承担者(由谁负责?)；② 主体对某一客体或事项负有前瞻性或追溯性责任(主体 x 对什么事负责?)；③ 主体对私人或官方权威负责(主体 x 对谁负责?)，并对私人或官方受事人或接收者负责；④ 受事人是在相关背景下谈论责任的缘由；⑤ 官方或非官方的规范性标准界定了主体 x 承担责任的条件。它们限制了需要承担责任的行为范畴，从而区分出道德、政治、法律、经济及其他责任。或者说得更准确些，它们区分出了责任的辖域。[①]

例如，一个小偷(个人主体)对被盗的书(追溯对象)负有责任——或者更确切地说——这名小偷对盗窃(已经发生的一系列行为)负责。根据刑法(界定法律或刑事责任的规范性标准)，该主体对法官(官方权威)和书的所有者(官方受事人/接受人)负责(Sombetzki, 2014: 63－132)。

根据责任的这一最简定义，我们可以清楚地看到：某人需要具备一系列的能力才能被称为负有责任。我们现在讨论的主体需要：① 能够沟通；② 能够采取行动，即具备所要求的自主形式，包括(2.1) 后果意识(知识)、(2.2) 背景意识(历史性)、(2.3) 人格性、(2.4) 影响范围。最后，要说某人负有责任，此人须(3) 有能力做出判断。这种能力包括(3.1) 若干认知能力，如反思和理性，以及(3.2) 人际交往机构，如对他人的承诺、信任和依赖(Sombetzki, 2014: 43－62)。

至于将责任划分于人工系统(本章中的自动驾驶系统)的可能性，重要的是要考虑到这三组能力(沟通、自主和判断)以及随之而来的能力划分可以循序而行。由于沟通能力因人而异，比如说某人在特定情况下采取行动的能力大小、自主性高低、合理性多少等等，必须根据上述先决条件逐步划分责任(Nida-Rümelin, 2007: 63; Wallace, 1994: 157)。责任划分并非是一个“要么全有，要么全无”的

① 在本章中，我们主要关注的是道德责任。

简单二元切分，而是一个程度问题。

3.2 人工系统的自主性与责任划分

在探讨如何将机器人理解为“人工道德智能体”（AMA）之时，沃勒克（Wallach）和艾伦（Allen）将道德主体能力界定为一个具有两个条件的渐进概念：“自主性和价值敏感性”（2009：25）。尽管人类是道德行为能力的黄金标准，但从“操作性”层面来看，一些机器也可能被称为道德主体，例如自动驾驶仪或人工系统 Kismet[一种可以模仿情绪的机器人头，由麻省理工学院的机器人专家辛西娅·布雷齐尔（Cynthia Breazeal）在 20 世纪 90 年代末设计，后面我们会详细介绍]。与锤子等非机械工具相比，它们更具自主性，同时对于道德相关事实更加敏感。但是这些能力（自主性和道德敏感性）仍然“完全在[该]工具的设计者和用户的控制范围内”（Wallach and Allen，2009：26）。从这个意义上讲，它们是“设计者价值观的直接延伸”（Wallach and Allen，2009：30）。极少数人工系统已经具备“功能性”的道德行为能力，例如医疗伦理专家系统 MedEthEx——医护人员的伦理顾问（Anderson et al. 2006）。功能性道德意味着所讨论的人工系统与操作性 AMA 相比，更具自主性和（或）价值敏感性，因为功能性道德机器“自身具有评估和应对道德挑战的能力”（Wallach and Allen，2009：9）。

沃勒克和艾伦关于渐进式能力的概念建立在其功能对等的方法之上：“就像计算机系统可以在不具备情绪的情况下表现情绪一样，计算机系统或许可以在不具备人类理解能力的情况下像理解符号的意义一样运行”（Wallach and Allen，2009：69）。

有了这种功能对等的概念，沃勒克和艾伦支持一种弱式版本的人工智能“弱式 AI”（Searle，1980），旨在模拟人工系统中的某些能力，而不是建造一种方方面面都具备与人类相同的全面智能、意识和自主性的人工系统(强式AI,被错误地归因于图灵1950)。根据沃勒克和艾伦的观点,一个理解自主性的强式AI并不是AMA的必要条件。相反,他们关注功能对等条件和行为划分。功能对等是指某些特定现象被视为"似乎"是对应了某些认知、情感或其他特定能力。[①]在强式AI意义上,人工系统能否变得智能化并具备意识性或自主性的问题被下列问题所取代:其所展示的能力在多大程度上能够与其在道德评估(此例中,指责任这一概念)中所发挥的功能相对应。例如,任何人工系统的推理或自主性能力只有在其充当为该系统分配责任的先决条件时才会经受审查。

然而,功能对等仅止步于此。尽管就某些类型的自主性而言,功能性道德和完整的道德主体之间的界限较为模糊。但在眼下,很难彻底了解人工系统如何获得与真正的人类能力相当的功能从而为自己设定"二阶意志"(Frankfurt, 1971: 10),并作为"有效要求的自证之源"(Rawls, 2001: 23),或者反思自己的道德前提与道德原则。

在解决这些问题之时,回顾一下达沃尔(Darwall)对"自主性"四种不同用法的区分,可能会有所帮助:"个人自主""道德自主""理性自主"和"主体自主"(Darwall, 2006: 265)。个人自主是上述能力中形成个人价值观、目标和最终目的的部分,而道德自主是指反思自己道德原则或伦理信念的可能性。这两种形式的自主性可能在很长一段时间内都为人类所专有。另一方面,理性自主对人工能动者而言似乎同样具有现实性。对于达沃尔来说,理性自主的基础仅仅是基于"最重要的理由"的行动(2006: 265)。这些原因可以通过算法和相应的外部数据以功能对等的方式得以充分表征。然而,更重要的是将主体自主性划分于人工系统当中的可能性,因为这种自主形式包

① 从技术上讲,这一点也适用于人类,更适用于动物(Nagel, 1974)。总体来说,我们初步愿意将推理、意识和自由意志等能力赋予其他个体。然而,无法保证这一假设真的成立(Coeckerbergh, 2014: 63)。

括将某一行为识别为“真正的行动”——不完全由外部因素决定。这可能在功能上表现为人工系统在没有外部刺激的情况下改变内部状态的能力。

如何在计算层面描述这种自主改变内部状态的能力呢?在这里,我们可以区分三种不同类型的算法方案(Sombetzki, 2016),从而不仅对自主性的功能对等给出一些解释,而且还对区分操作性责任与功能性责任之间的差异有所启发。虽然当经过相同的状态序列时,在给定特定输入的情况下,已定算法和确定性算法的输出是相同的。首先,有可能在非功能性和非操作性领域中定位主要基于确定性算法运行的机器。它们仍然是机器,但几乎更接近非机械性工具,而并非操作性工具。然后,可以使用主要基于已定(但非确定性)算法运行的人工系统来达到操作层。最后,主要由待定(因而是非确定性的)算法构建的人工系统将被置于功能领域。让我们考虑几个例子来阐述这一点。

沃勒克和艾伦界定为操作性 AMA 的人工系统 Kismet 具有基本的沟通能力(1),因为它可以发出简单的声音,说一些简单的词语。判断力(3)——如果有人愿意称 Kismet 的行为合理的话——在它针对非常简单问题的回答中几乎无法辨认这种判断力。然而,得益于自身有限的判断能力,最低程度的——但在其狭隘性中可能更可靠(因为不可操纵)——信度(3.2)可能得到保证,因为在其有限范围内,Kismet 具有很好的可预测性。将 Kismet 视为一种具备可操作性与责任的人工系统的最大挑战显然在于其自主性(2),因为 Kismet 的知识面(2.1)、历史性(2.2)、人格性(2.3)和影响力(2.4)都非常有限。在其基本的移动能力当中,Kismet 可以自主地移动它的耳朵、眼睛、嘴唇和头部,并对声音等外部刺激做出反应。总而言之,正如沃勒克和艾伦(2009)所说,Kismet 仍然完全处于操作者和用户的控制之下。它不会人为地学习,并且其算法只能输出确定性结果。称 Kismet 负有责任可能类似于认为婴儿或某些动物负有责任一样。然而,与锤子敲击拇指或太阳融化蜡烛不同（作为从隐喻角度理解责任划分的示例），Kismet 可能像婴儿和动物一样，为将责任划分给像它这样的人工系统开辟了辩论空间——尽管这种辩论空间看起来很小。

Cog，第一个因其涉身性而能与周围环境互动的机器人，可谓弱式功能责任主体的示例。因为较之 Kismet，它的沟通力（1）及判断力（3）都有所提高。更重要的是，Cog 整体的自主性（2）得到了发展，因为它包括了一种"无监督学习算法"（Brooks et al.，1999：70）。例如，在无数次尝试通过轻轻推动玩具汽车使其向前移动之后，Cog 意识到只有从前面或后面而不是从侧面推动汽车，汽车才会移动。Cog 并没有被编程来以这种方式解决任务，而是从经验中学习。也许它有限的学习能力允许我们把它理解为一个弱式功能主体，或者至少是一个非常有力的案例来说明操作性责任的划分情况。认为 Cog 负有责任可能类似于（从解释的角度看）将责任划分给一个非常年幼的孩子。鉴于这些反思，之前提到的、被沃勒克和艾伦认定为罕见的功能性 AMA 案例的医疗咨询系统 MedEthEx，可能确实是一个比 Cog 更好的功能性责任主体的案例，因为它的判断力（3）及知识面（2.1）和整体的自主性（2）都得到了极大的提高。

借助这些示例，我们现在可以将自动驾驶系统识别为操作性而非功能性的人工能动者。尽管它们的沟通力（1）和判断力（3）与 Cog 一样发达，甚至高于后者。但是，由于缺乏学习和待定（非确定性）算法，它们整体的自主性（2）仍然严重受限。鉴于第一个结论，与自动驾驶系统相关的责任必须通过责任网络分配，而不能主要划分给人工系统本身。自动驾驶系统无法为其行为承担全部（甚至只是主要的）道德和法律责任，因为它们不是功能意义上的人工道德主体。目前，它们不会取代操作性道德标准。因此，我们必须在责任网络中的其他地方寻找（道德）责任问题的答案。

在用沃勒克和艾伦的功能对等方法补充达沃尔的四种自主性之时，出于本章的目的考虑，我们在完整的（人类）主体和人工（即操作性和功能性)主体之间划出了一条清晰的界限。人类主体完全具备四种自主性,而智能机器在不久的将来可能仅能以功能对等的方式拥有理性和主体自主性。就某些责任领域而言,一个人工系统只要符合这一功能性道德标准,就可以被称为自主系统。

3.3 作为责任网络一部分的混合系统

如果自动驾驶汽车本身不能成为相关道德情境中唯一的责任主体——正如我们在上一节中所论证的那样——那么我们必须确定其他能够承担这一职责的主体。在一个由程序员、制造商、工程师、操作员、人工系统等组成的责任网络当中,由人类操作员和人工驾驶系统组成的混合系统似乎是下一个顺势而为的选择。在这种集体责任的特殊情况下,我们必须共同承担责任(Sombetzki, 2014)。因为在当前情况下,任何拥有被称为负有责任的能力的一方(即便程度较小),都要被称为负有部分责任。然而,在人机互动的情况下,初步看来,我们并不清楚可以将谁确定为责任主体。如果没有人工系统的参与,传统的答案只会把人类看作是(个人或集体)负有责任的主体。但正如我们在上一节中所讨论的那样,一些复杂的人工系统可能以一种功能对等的方式拥有某些能力,这样它们就可能达到操作性或功能性道德,从而至少承担部分责任份额。由于我们不能将全部责任单独划分给人工能动者,所以我们可以考虑在驾驶员和自动驾驶汽车组成的混合系统中分配责任。

总的来说,混合系统是人机互动的一个特殊例子,其特点是具有一套彼此协作的子系统,它们(1) 彼此边界清晰可分(Knoll, 2008),(2) 但仍然是自主的(Hubig, 2008: 10),并且(3) 由截然不同的主体组成(Sombetzki, 2016; Weyer, 2005: 9)。

从第三个先决条件开始,主体之间的绝对差异意味着在人机互动中,特别是在不同程度的自主性方面,它们行为能力的性质有所不同。第二个先决条件关注不同子系统的自主性。在上一节中，我们讨论了人工能动者的自主性和责任，并得出结论——它们可以拥有功能对等的自主性，尽管在不久的将来，它们可能无法达到相关的“功能性道德”水准，更不用说人类特有的“完全”自主性了。

关于第一个标准，它从自主性的先决条件出发，即单个子系统之间彼此清晰可分。然而，它们共同形成了一个新的主体，一个由共同目标构成的“多元主体”(Gilbert，1990：7)。这一目标是被理解为一种多元主体的混合系统中的各子系统之间的共同知识，这意味着所有主体都形成了成为这个多元主体的一部分并追求共同目标的意图。在“道德上负责的人工能动者作为混合系统的一部分”的情况下，这也可以通过功能性方式得以实现，即通过算法约束与条件设定。从这个意义上讲，自动驾驶汽车“知道”从 A 地安全到达 B 地是属于共同目标，并且它会据此生成意图和子计划(Bratman，1999：121)。我们稍后将再回到这一点。

自动驾驶系统满足了混合系统的给定先决条件，因为它们由一组互相协作但彼此界限分明的子系统组成——这些子系统完全独立：汽车和驾驶员。每个子系统至少在操作层面具备自主性，它们共同组成一个多元主体，其共同目标是以最有效的方式从 A 地安全到达 B 地。这种混合系统可以是包括制造商和程序员等其他参与者在内的责任网络的一部分。在下一节中，我们将评估将道德责任划分给这一混合系统的可能性。

3.4 自动驾驶系统与操作员的责任划分

在全自动驾驶领域当中，全自动驾驶汽车只可能牵扯少数与道德相关的情况。[1] 假设它始终保持正常的驾驶仪程——始终遵守交

[1] 在本节中，我们仅专注于全自动驾驶系统。

通规则，从不超速或紧跟另一车辆行驶，也从不以任何其他方式鲁莽行驶——属于汽车责任范围内的意外似乎主要归因于设计错误、材料缺陷、硬件和软件不足、编程或施工失误等(Lin，2016)。这些主要归属制造商的法律责任问题——或者在极少数情况下——可能是特定工程师或程序员的道德和法律责任疏忽所导致的问题。然而，正如自动驾驶汽车的相关文献所示，我们可以设想特殊的事故情况——在这种情况下，汽车能够在几毫秒内计算出可能的结果，并按既定计划采取行动(Goodall，2014；Hevelke and Nida-Rümelin，2015；Lin，2015)。例如，三名小学生可能会突然从汽车前面的街道上跳出来(他们可能是在追球)。可以据此评估：汽车不能及时刹车从而避免致命的碰撞。然而，它可能会向左转向迎面而来的车辆并撞上一辆大卡车，或者向右转冲出桥的栏杆跌入峡谷。虽然在第一种情况下，汽车可能会撞死孩子或将他们撞成重伤，但在第二种和第三种情况当中，它几乎肯定会让驾驶员丧命。

这些场景与“电车难题”十分相似(Foot，1967)，因为它们通常需要一个具有重大道德意义的决定(牵扯至少一人的死亡或重伤)、选择作为或不作为所带来的责任问题(不应对这些问题很可能会引起汽车做出正常的反应，例如，刹车从而选择其中的一个选项)，以及尚有足够的时间事先考虑预期结果。这就是这种类型的困境(即自动驾驶汽车有时间和能力彻底评估情况并按计划做出反应)与当下同样的困境(人类驾驶员主要依靠条件反射做出反应)之间的根本区别(Lin，2015)。然而，最重要的是，这些困境似乎没有正确的答案，这也是菲莉帕·富特(Philippa Foot)当初提出“电车难题”的缘起。

例如，众所周知，很难像古典功利主义那样计算所有相关人员的效用函数，并推广具有最高净效用的结果。在这种情况下，一辆普通的自动驾驶汽车需要考虑太多的因素：有多少人会受伤呢？受伤的可能性有多大呢？受伤的程度有多么严重呢？之后潜在的生活质量还剩下几成呢？又给多少亲属带来悲痛呢？悲痛的程度有多深呢？

等等不一而足。当我们考虑到8岁的小女孩可能已经病入膏肓，而80岁的老奶奶还可以幸福地再活20年之时，是否为了救这个小女孩而碾过老奶奶就不再是一个可以当机立断的决定。此外，一些选择会设置不正当的激励措施，好比汽车总是撞上戴头盔的摩托车驾驶员而不是没戴头盔的驾驶员（Goodall, 2014）。如果这一点成为共识，可能会导致驾驶员更加频繁地不戴头盔出门，从而使街道本质上变得更加不安全，而不是与之相反。

抛开所有这些担忧不谈，似乎一种主要的异议反对这种结果主义的计算方式，正如约翰·陶雷克（John Taurek）的著名论点所言：在其他条件相同的情况下，尚不清楚这些数字是否应该算数，因为"痛苦不是以这种方式相加而出的"（1977：308）。在这些情况中，风险在于某人失去对他而言具有重大价值的东西（生命或肢体）。因此，公正地把损失累加起来毫无意义可言："他的损失对我来说的意味仅仅（或主要）取决于这种损失对他而言意味着什么。对我来说，重要的是个人的损失对他的影响，而不是纯粹的个人损失。"（Taurek, 1977：307）

如果我们是对的话，即迄今为止没人能为应对这些困境提供正确的答案（能满足我们所有典型的道德直觉）——以及关于这些案例持续的哲学讨论是一个很好的迹象，表明问题尚未解决（Lin, 2014）——我们必须重新提议让汽车公司代替驾驶员（或乘客）做出这一决定。这样的建议相当于承认制造商作为应对这些困境的道德权威。然而，根据约瑟夫·拉斯（Joseph Raz）的观点，为了成为受其约束个体（即驾驶员/乘客）的合法权威，该权威必须为他们提供"独立于内容之外的理由"来遵守其指令（1986：35）。更重要的是，这些理由必须帮助"被约束的主体更好地遵守约束他们的理由"（53）。在本例中，就是驾驶员基于各种信念和愿望（其中一些与道德相关）的意图。

由于——正如我们已经得出的结论——没有就所讨论的道德信

念达成普遍共识，所以制造商很可能无法帮助那些受其指令约束的个体来更好地从自己已有的道德信念意义上遵守约束他们的理由。这是因为权威根本不知道某些主体持有的道德信念。因此，它的道德权威不可能被认定具备合法性。[①] 如果这是真的话，那么汽车公司将自动驾驶汽车的固定反应叠加在驾驶员/乘客身上就是大错特错，尽管这可能不会改变公司的法律责任（在责任的意义上）（Lin，2014）。由于责任的分配不具备排他性（参见 3.1），将不同程度的道德、法律、政治以及其他类型的责任划分给不同的主体，最好基于一个责任网络（我们在这里仅对其进行了粗略勾画）来予以表达。

就责任网络而言，如果制造商负责回答这些道德问题，那么他们就会肆意凌驾于驾驶员的道德和个人自主性之上。工程师和程序员需要负责正常驾驶程序，因为手动驾驶汽车的工程师和程序员就是在负责汽车的正常运行和安全。只要我们能给自动驾驶汽车指派一名驾驶员，即便她可能压根就不开车，她也必须对与汽车操作相关的道德决策负责。这样来看，自动驾驶的火车将是另外一回事，因为车上没有明确指派一名道德信念具有权威性的驾驶员。

正如我们在上一节中所讨论的那样，自动驾驶汽车构成了一个混合系统，因为它构成了一个具有共同目标并且承担共同责任的多元主体。在该混合系统当中，共同的道德责任由人工系统和操作员分担，使得汽车本身——取决于其自主程度和道德敏感水平——暂

---

① 由于本章的重点是道德责任（即道德权威），因此我们无法深入阐释政治权威的细节。然而，这一结论可能以同样的方式适用于作为权威的法律体系，其（道德）合法性受到质疑。同制造商一样，国家机构不可能了解主体的道德信念，因此也无权就这些"电车难题"发布法律指令。

另一方面，政治权威合法化方式多种多样，特别是如果它的指令是基于知情同意的合法民主程序的结果之上的话，在公开审议之后，每个人都可以表达担忧并形成意见。例如，人们可以声称，在"政治环境"（Waldron，1999：7）中，基于平等尊重所有人的民主决策胜过个体的道德自主性，因为——不然的话——其他所有人的实际推理能力将被忽略或降低权重（Christiano，1996：88）。此外，通过参与政治审议与行动，个体是在参与形成对政治共同体的道德自我理解并且行使自身的政治自主性，这是道德自主性的社会方面（Habermas，1998：134）。

时主要负责维持安全的标准驾驶操作。然而，只要自动驾驶汽车中存有类似于驾驶员的存在——作为混合系统的一部分——她就必须对于交通规则未能涵盖的并与道德相关的决策负起责任。就像一个人在日常生活中必须做出的任何道德决策一样，通常情况下她并不知情，因此无法在知情同意的基础上做出决策。然而，由于没有任何权威事先知道她的道德信念，因此也无法事先帮助她更好地遵守已经拥有的行动理据。在这种情况下，忽视她的道德和个人自主性而将这些决定委托给制造商(在责任网络的框架内主要负责确保安全的工作流程、遵守交通法规、一般的主动和被动安全等等)，将是一种彻头彻脑的家长式作风(Dworkin，2016)。

在这方面，我们选择了一种非结果主义的伦理方法来应对上述的两难困境。这种方法认真考虑了驾驶员的道德自主性和个人自主性，因此也认真考虑了第3.1节中提到的个体责任能力。由于汽车本身很可能在很长一段时间之内无法达到完整的道德水准，因此不能完全承担道德责任。除非得到后续通知，仍须由人类主体(无论是驾驶员还是整个社会)做出这些决策。然而，随着人工系统越来越具有功能性道德属性，它们将越来越能够按照道德责任主体的道德原则行事，从而一步一步地将这些原则更好地应用于实际路况之中。

只要公众对于如何应对这些困境的讨论尚未达成可以作为实际立法决策依据的知情共识，这些决策的责任就还落在驾驶员的肩上。由于这些进退两难的困境不允许即时做出决定，因此驾驶员必须事先有所考虑。这就意味着驾驶员必须填写某种道德档案——可能是以调查问卷的形式，也可能是像如今的电子设备一样的设置程序。为了方便起见，似乎可以将这些道德设置保存在某种电子识别设备之上——如电子钥匙或驾驶员的智能手机——前提是数据安全问题能够得到保障。从这些结论可以看出：汽车制造商，尤其是从事自动驾驶机制编程的IT部门，必须接受一些道德培训以识别潜在的道德纰漏，并且研发出高信度界面来辨别驾驶员的道德原则与信念。另一方面，为了提高对于这些道德两难困境的认识，并让驾驶员为选择他们所承担的道德责任（这些选择可能会对他们自己、同行乘客和其他交通参与者产生巨大影响）做好准备，这或许需要一场广义上的全社会大讨论。

3.5 结语

基于对传统意义上“责任”的语源学定义，我们认为自动驾驶汽车在不久的将来不能完全依靠自己做出道德决策。即便它具有被追究责任的必要能力（沟通力、整体自主性和判断力），也不清楚它应该遵循哪种规范性标准（在道德原则的意义上）。相反，责任被分配到由工程师、程序员、车主、驾驶员和人工驾驶系统组成的责任网络当中。然而，在与道德相关的困境之中，只有直接参与的主体（即作为混合系统的驾驶系统和驾驶员）才能对这些情况进行道德评估并做出相应的反应。否则，他们的自主性将会受到损害。由于人工系统缺乏道德自主性和个人自主性，因此无法在某些困境情况下做出相应的道德决策——决策权将暂时由驾驶员保留。把它们留给制造商会导致他们肆意凌驾于驾驶员的道德自主性和个人自主性之上。除此之外，是否有人会购买这样的汽车也值得怀疑。另一方面，责任网络的工程综合体（设计师、工程师、程序员）的责任在于提供一个界面，保证驾驶员最终抉择汽车应该如何应对这些两难困境。

从本质上讲，我们是在针对自动驾驶可能在道德维度上所面临的挑战提出一种非结果主义的回应。因此，在由汽车和驾驶员构成的混合系统当中，作为汽车所有行为来源的驾驶员是主要的道德主体。虽然汽车负责选择正确的路线、始终以安全的速度行驶、不惜一切代价防止事故发生等等，但是驾驶员对于汽车在进退两难困境中做出的回避决策负有道德责任。由于在这种情况下无法评估驾驶员的道德原则与信念，因此必须事先予以确定。这可能需要进行快速的口头问卷调查，就像现在的设置程序一样。

参考文献

Anderson, Susan, Michael Anderson, and Chris Armen. 2006. "MedEthEx: A Prototype Medical Ethics Advisor." In *Proceedings of the Eighteenth Conference on Innovative Applications of Artificial Intelligence*, 1759 - 1765. https://www.aaai.org/Papers/AAAI/2006/AAAI06-292.pdf.

Bratman, Michael. 1999. *Faces of Intention: Selected Essays on Intention and Agency*. Cambridge: Cambridge University Press.

Brooks, Rodney A., Cynthia Breazeal, Matthew Marjanović, Brian Scasselatti, and Matthew M. Williamson. 1999. "The Cog Project: Building a Humanoid Robot." In *Computation for Metaphors, Analogy, and Agents*, edited by Chrystopher Nehaniv, 52 - 87. Heidelberg: Springer.

Christiano, Thomas. 1996. *The Rule of the Many: Fundamental Issues in Democratic Theory*. Boulder, CO: Westview.

Coeckelbergh, Mark. 2014. "The Moral Standing of Machines: Towards a Relational and Non-Cartesian Moral Hermeneutics." *Philosophy and Technology* 27: 61 - 77.

Darwall, Stephen. 2006. "The Value of Autonomy and Autonomy of the Will." *Ethics* 116: 263 - 284.

Duff, R. A. 1998. "Responsibility." In *Routledge Encyclopedia of Philosophy*, edited by Edward Craig, 290 - 294. London: Routledge.

Dworkin, Gerald. 2016. "Paternalism." In *Stanford Encyclopedia of Philosophy*, June 19. http://plato.stanford.edu/entries/paternalism/.

Floridi, Luciano, and J. W. Sanders. 2004. "On the Morality of Artificial Agents." *Minds and Machines* 14: 349 - 379.

Foot, Philippa. 1967. "Moral Beliefs." In *Theories of Ethics*, edited by Philippa Foot, 83 - 100. Oxford: Oxford University Press.

Frankfurt, Harry. 1971. "Freedom of the Will and the Concept of a Person." *Journal of Philosophy* 68(1): 5 - 20.

Gilbert, Margaret. 1990. "Walking Together: A Paradigmatic Social Phenomenon." *Midwest Studies in Philosophy* 15: 1 - 14.

Goodall, Noah. 2014. "Machine Ethics and Automated Vehicles." In *Road Vehicle Automation*, edited by Gereon Meyer and Sven Beiker, 93 - 102. Lecture Notes in Mobility. Cham: Springer.

Habermas, Jürgen. 1998. *Faktizität und Geltung*. Frankfurt: Suhrkamp.

Hevelke, Alexander and Julian Nida-Rümelin. 2015. "Intelligente Autos im

Dilemma." *Spektrum der Wissenschaft* (10): 82 - 85.

Hubig, Christoph. 2008. "Mensch-Maschine-Interaktion in hybriden Systemen." In *Maschinen, die unsere Brüder werden: Mensch-Maschine-Interaktion in hybriden Systemen*, edited by Christoph Hubig and Peter Koslowski, 9 - 17. Munich: Wilhelm Fink.

Kallen, H. M. 1942. "Responsibility." *Ethics* 52(3): 350 - 376.

Knoll, Peter M. 2008. "Prädikative Fahrassistenzsysteme: Bevormundung des Fahrers oder realer Kundennutzen?" In *Maschinen, die unsere Brüder werden*, edited by Christoph Hubig and Peter Koslowski, 159 - 171. Munich: Wilhelm Fink.

Lenk, Hans and Matthias Maring. 1995. "Wer soll Verantwortung tragen? Probleme der Verantwortungsverteilung in komplexen (soziotechnischen-sozioökonomischen) Systemen." In *Verantwortung. Prinzip oder Problem?*, edited by Kurt Bayertz, 241 - 286. Darmstadt: Wissenschaftliche Buchgesellschaft.

Lin, Patrick. 2014. "Here's a Terrible Idea: Robot Cars with Adjustable Ethics Settings." *Wired*, August 18. http://www.wired.com/2014/08/heres-a-terrible-idea-robotcars-with-adjustable-ethics-settings/.

Lin, Patrick. 2015. "Why Ethics Matters for Autonomous Cars." In *Autonomes Fahren*, edited by M. Maurer, C. Gerdes, B. Lenz, and H. Winner, 69 - 86. Berlin: Springer.

Lin, Patrick. 2016. "Is Tesla Responsible for the Deadly Crash on Auto-Pilot? Maybe." *Forbes*, July 1. http://www.forbes.com/sites/patricklin/2016/07/01/is-teslaresponsible-for-the-deadly-crash-on-auto-pilot-maybe/.

Misselhorn, Catrin. 2013. "Robots as Moral Agents." In *Ethics in Science and Society: German and Japanese Views*, edited by Frank Rövekamp and Friederike Bosse, 30 - 42. Munich: Iudicum.

Nagel, Thomas. 1974. "What Is It Like to Be a Bat?" *Philosophical Review* 83 (4): 435 - 450.

Neuhäuser, Christian. 2015. "Some Sceptical Remarks Regarding Robot Responsibility and a Way Forward." In *Collective Agency and Cooperation in Natural and Artificial Systems: Explanation, Implementation and Simulation*, edited by Catrin Misselhorn, 131 - 146. London: Springer.

Nida-Rümelin, Julian. 2007. "Politische Verantwortung." In *Staat ohne Verantwortung? Zum Wandel der Aufgaben von Staat und Politik*, edited by Ludger Heidbrink and Alfred Hirsch, 55 - 85. Frankfurt: Campus.

Rammert, Werner. 2004. "Technik als verteilte Aktion: Wie technisches Wirken als Agentur in hybriden Aktionszusammenhängen gedeutet werden kann." In

Techik—System—Verantwortung, edited by Klaus Kornwachs, 219 - 231. Munich: LIT.

Rawls, John. 2001. *Justice as Fairness: A Restatement*.2d ed. Cambridge, MA: Belknap Press.

Raz, Joseph. 1986. *The Morality of Freedom*. Oxford: Oxford University Press.

Searle, John R. 1980. "Minds, Brains and Programs." *Behavioral and Brain Sciences* 3(3): 417.

Sombetzki, Janina. 2014. *Verantwortung als Begriff, Fähigkeit, Aufgabe: Eine DreiEbenen-Analyse*. Wiesbaden: Springer.

Sombetzki, Janina. 2016. "Roboterethik: Ein kritischer Überblick." In *Zur Zukunft der Bereichsethiken. Herausforderungen durch die Ökonomisierung der Welt*, edited by Matthias Maring, 355 - 379. ZTWE-Reihe Band 8. Karlsruhe: KIT Scientific.

Taurek, John. 1977. "Should the Numbers Count?" *Philosophy and Public Affairs* 6(4): 293 - 316.

Turing, Alan M. 1950. "Computing Machinery and Intelligence." *Mind* 59(236): 433 - 460.

Waldron, Jeremy. 1999. *Law and Disagreement*. Oxford: Clarendon Press.

Wallace, R. J. 1994. *Responsibility and the Moral Sentiments*. Cambridge, MA: Harvard University Press. http://www.gbv.de/dms/bowker/toc/9780674766228.pdf.

Wallach, Wendell and Colin Allen. 2009. *Moral Machines: Teaching Robots Right from Wrong*. Oxford: Oxford University Press.

Werner, Micha H. 2006. "Verantwortung." In *Handbuch Ethik*, edited by Marcus Düwell, Christoph Hübenthal, and Micha H. Werner, 541 - 548. Stuttgart: Metzler.

Weyer, Johannes. 2005. "Creating Order in Hybrid Systems: Reflexions on the Interaction of Man and Smart Machines." Arbeitspapier Nr. 7, Universität Dortmund. http://www.ssoar.info/ssoar/bitstream/handle/document/10974/ssoar-2005-weyer_et_al-creating_order_in_hybrid_systems.pdf?sequence=1.

第 4 章

驾驶员身份归因：自动驾驶汽车事故中理性驾驶员标准的应用

杰弗里·K.格尼

机器人革命引发了一个重要问题——谁应该对机器人所造成的伤害负责呢？由于社会无法从真正意义上要求机器人对其行为负责，所以立法机构和司法机关需要认定哪一(几)方将对机器人事故负责。此外，当这些政府实体决定谁将对此类事故负责之时，他们还必须确认应该对于受害方进行赔偿的适当方式。如果立法机构和司法机关没有充分解决赔偿问题，那么可能会给机器人制造商带来出乎意料的额外成本，这将抑制投资的积极性。另一方面，如果受害者没有得到充分的赔偿，那么他们可能会强烈抵制这些制造商。本章将以自动驾驶汽车为例来探讨这些问题。

自动驾驶汽车有望在几十年内彻底改变旅行方式和社会面貌。这些车辆预计将会助力预防事故、减少排放和提高生产力，从而节省大量成本(Anderson et al., 2016)。它们还将带来许多其他社会效益。例如，自动驾驶汽车将为那些目前无法驾驶汽车的人(例如残疾人)创造一种交通工具。

尽管预计这些车辆有能力防止事故，但其技术尚未完善。自动驾驶汽车中的缺陷或计算机错误会引发事故。本章 4.1 简要讨论了当缺陷或错误导致事故之时，自动驾驶汽车的制造商为什么应承担责任。4.2 探究了法院是否应该利用产品责任来要求制造商承担责任，并得出结论——产品责任过于繁重，并且在行政上难以适用于日常事故。4.3 提供了两种负担较轻的替代方案，并得出结论——为了确定伤害的责任归属，自动驾驶汽车的制造商应被视为其所制造的车辆的驾驶员。

4.1 制造商应对其所制造的自动驾驶汽车造成的事故承担法律责任

对自动驾驶汽车造成的事故负责的可能不止一方，包括用户、车主、汽车制造商、部件制造商、黑客和政府机构。[①] 在潜在的被告群体当中，用户和汽车制造商是侵权责任的最佳人选。

侵权责任的核心与矫正正义有关(Honoré, 1995)。后者植根于亚里士多德(Aristotle)的原则，重视每个人的品质并要求个体行为者有责任修复他们因民事过错而造成的伤害(Wright, 1995)。矫正正义有一个因果关系的要求——被告的不法行为必须对原告造成伤害(Honoré, 1995)。由于当事人通常无法“修复”到原来的身体状况，所以侵权法规定了被告人赔偿受害者的相应义务(Honoré, 1995)。

侵权法还涉及其他重要的原则，如伤害预防和公平原则(Hubbard and Felix, 1997)。通过对侵权者施加义务(以及相关责任)，立法者希望阻止其与其他人在未来犯下同样的违约行为(Hubbard and Felix, 1997)。公平原则提倡人人平等，并确保损害赔偿与不法行为的道德罪责相称(Hubbard and Felix, 1997)。

这些原则构成了涉及传统车辆事故侵权责任的基础。当今，

---

① 在我其他的论著当中，我习惯于使用“操作员”一词指代那些坐在自动驾驶汽车中(传统上是)驾驶员座位上的人(Gurney, 2013, 2015, 2015 - 2016)。我对该词的使用暗示这个人控制着技术，实际并非如此。因此，我在本章中选择使用“用户”一词，它能更好地代表人与自动驾驶汽车之间的关系。

90%以上的车祸都是由驾驶员的失误所致(Schroll, 2015)。犯错并因此出事的驾驶员应该承担责任(Anderson et al., 2016)。当驾驶员因为民事过错而导致事故之时,对该驾驶员施加责任需要其将不法行为的成本内化,并激励他未来要"格外小心"。然而,如果事故是由其他现象所引起的(例如,其中一辆车存在缺陷),那么双方驾驶员均不对事故负责。因此,当传统的驾驶员对造成的伤害难辞其咎之时,他应该承担责任(Anderson et al., 2016)。

当车辆自动驾驶之时,这一简单的事实会发生变化。坐在方向盘后面的人将不再驾驶车辆。自动驾驶汽车的用户将不再控制车辆的操作;事实上,在一位学者看来,此时用户承担的角色与"盆栽植物"别无二致(Vladeck, 2014)。自动驾驶汽车预计将由复杂的计算机系统控制,该系统配备有雷达、激光、激光雷达、超声波传感器、视频摄像机、全球定位系统和地图(Duffy and Hopkins, 2013)。当用户希望控制并驾驶自己的汽车或由于技术缺陷他们必须这样做时,大多数制造商打算赋予用户这一权限(Gurney, 2015 - 2016)。然而,谷歌正在研发的自动驾驶汽车没有方向盘、加速器或刹车踏板。如此一来,用户就失去了驾驶的机会(Gurney, 2015 - 2016)。基于这些车辆预期拥有的在没有人类输入的情况下安全导航的能力,制造商预计将通过宣传这些车辆能够允许消费者在车内从事驾驶以外的活动,以此进行推销(Urmson, 2012)。

由于操作车辆的控制权从驾驶员手中转交给了计算机系统,因此事故的责任也应该从驾驶员身上转移到操作系统。[①] 鉴于当前的

---

① 另一方面,用户责任为本章的论点提供了一个有趣的类比,因为自动驾驶汽车的用户——至少在某些情况下——可能要对事故负责,也许用户是承担经济责任最佳一方。本章的一个要点是,保留有关自动驾驶汽车事故的法律规则必须慎之又慎,因为这可以确保最低的交易成本。本章得出的结论是,如果出于施加过失的目的,将自动驾驶汽车的制造商视为车辆的驾驶员,那么现有的制度就可以保留。也许一个简单得多的替代方案就是保留当前的保险计划,并对用户施加责任。当然,正如本章所总结的那样,车辆制造商责任是一个更合理的框架,因为用户的错误往往不会造成自动驾驶汽车事故,而且用户也无法防止事故再次发生。

技术水平，社会无法在真正意义上让计算机系统对它所造成的事故负责。因此，事故的责任很可能会落在为计算机系统编写程序的一方——汽车制造商。[1] 责任的转移不仅取决于控制权的转移，还取决于通过宣传这些车辆能够允许消费者在车内从事留意路况以外的活动从而达到营销目的的汽车制造商。当自动驾驶汽车制造商的营销活动暗示用户不再需要关注路况之时，那么当最终要对自己生产的车辆造成的事故负责时，他们就很难再叫苦连天。

4.2 产品责任

由于汽车制造商应该因其计算机程序的缺陷或错误导致事故而承担法律责任，所以社会将需要决定如何对制造商施加经济责任。这种责任是由于制造商的产品导致了伤害，而被施加于制造商身上的，因此可能就形成了产品责任。

不过，如今大多数车祸都是由驾驶员的失误所导致的，并不涉及产品责任(Zohn, 2015)。相反，驾驶员造成事故的责任受过失原则管辖(Shroll, 2015)——过失是一种侵权原则，它要求人们对时下的不合理行为负责(Anderson et al., 2009)。为了证明过失索赔，原告必须证明：① 被告对原告负有责任；② 被告违反相关义务；③ 被告的违约行为与原告的伤害之间存在因果关系；④ 对原告造成伤害(Owen and Davis, 2016)。在汽车事故领域，保险公司制定了管理此类事故责任的非正式规则(Anderson et al., 2016: 113)。当保险公司无法非正式地确定过失方且损害赔偿金数目巨大时，很可能会引起诉讼。法院已经为汽车事故制定了完善的法律规则，使"交通事故案件"的解决变得相当简单。

然而，当车辆的缺陷引发事故时，交通事故案件就成为一个复杂

① 出于简介的目的，本章假设汽车制造商和计算机程序员是同一实体。

的法律问题(Anderson et al., 2016: 116)。基本过失案件在一定程度上都会转化为针对汽车制造商的产品责任案件。

从广义上讲,产品责任是一种原则,它要求产品制造商对其产品缺陷所造成的损害承担相应责任(Owen and Davis, 2016)。对于希望起诉产品制造商的诉讼当事人而言,他们可以利用三种主要的产品责任原则:① 制造缺陷;② 设计缺陷;③ 警告缺陷(Owen and Davis, 2016)。当产品不符合制造商的规格之时,就会出现制造缺陷(Owen and Davis, 2016)。在这种情况下,原告只需证明事故是由不符规格的产品所致,即可胜诉。关于设计缺陷,诉讼当事人使用了两种不同的理论:消费者期待测试和更流行的风险效用测试(Anderson et al., 2009)。

在消费者期待测试当中,如果产品具有不合理的危险性——产品所呈现的危险超出消费者的预期,那么它就是有缺陷的(重申第二点)。许多法院没有采用消费者期待测试,并且考虑到自动驾驶汽车的复杂性,仍然采用该测试的法院可能会在涉及自动驾驶汽车的案件中不考虑采用它(Garza, 2012)。相反,法院可能会使用风险效用测试。在该测试中,“如果卖方本可以通过采用合理的备选设计来减少或避免产品造成的可预见的伤害风险……并且遗漏备选设计会导致产品异常危险,那么这款产品在设计上就存在缺陷。”(重申第三点)。为了在原则指导下胜诉,原告需要展示一种能够防止事故发生的合理性备选设计。最后,当制造商未能将产品的隐患或产品的安全实用说明书告知消费者之时,警告缺陷就会浮出水面(重申第三点)。

除了那些关于产品缺陷的理论之外,故障原则(一个不太常用的理论)在这里也可能会发挥作用。根据故障原则,“原告必须证明:‘① 产品出现故障;② 故障是在正常的使用过程中出现的;③ 产品没有以可能导致故障的方式被改动或误用’”(Owen, 2002)。故障原则允许原告使用事故本身作为缺陷的证据。

诉讼当事人可以利用这些原则，就自动驾驶汽车制造商的车辆造成的事故向其索赔。自动驾驶汽车可能会因为硬件故障、设计缺陷或软件错误而导致事故。这些事故中的大多数估计均是由软件错误所致——或者更具体地说，是由计算机算法的缺陷所致。这些软件缺陷的案例不太可能涉及警告缺陷。至于传统的制造缺陷理论，法院通常拒绝将该理论应用于软件缺陷所致事故的判决当中(Gurney，2013)。故障原则将是用于解决这些缺陷的理想型产品责任原则——正如我在其他地方详细讨论的那样(Gurney，2013)——因为证明这一索赔所涉及的交易成本较低。然而，故障原则受到某些现实限制，其在自动驾驶汽车案件中的适用性受到约束。许多法院拒绝采用，而采用该原则的法院一般只在独特的情况下才予以启用(Gurney，2013)。这就为软件缺陷引起的事故筛选下了唯一的理论依据：设计缺陷理论——大概率属于风险效用测试。

风险效用测试案例非常复杂，需要许多专家、证人，这使得设计缺陷索赔的证明成本很高(Gurney，2013；Vladeck，2014；Glancy，2015)。正如一位学者所承认的那样："证据(例如算法和传感器数据)和专家(例如自动化系统和机器人工程师)的性质可能使此类诉讼在技术上特别具有挑战性和复杂性。"(Glancy，2015)

在大多数情况下，一个主要的影响被忽视了：如果使用设计缺陷理论来追回汽车事故的损害赔偿，那么将把一个简单的既定法律领域(车祸)转变为一个代价高昂的复杂法律领域(产品责任)。[①] 原告需要多名专家才能根据算法中存在的缺陷进行追偿。这种负面影响甚至可能波及最简单的自动驾驶汽车事故。

设想两起不同的交通事故。在第一起事故当中，肯正在驾驶一辆传统的汽车。他睡着了，导致他的车辆漂移到反向的车道，并撞上了伊莱恩的车。此时，责任问题解决起来很简单：肯要承担责任；他

① 一些学者讨论过这一问题(Gurney，2013；Hubbard，2014)。

的责任保险人可能会在其保单限额内进行赔偿——这样就可以避免诉讼。即便保险公司不赔付，该案也可以在法庭上得以轻松裁决。肯有责任注意路况，并保持在自己的车道上行驶。他在睡着时违反了这些义务，导致他的车辆驶入了另一条车道；他的违约行为对伊莱恩造成了伤害，并致其蒙受损失。

在第二起事故当中，肯拥有一辆由ABC制造公司生产的自动驾驶汽车。肯在看到ABC公司的广告后购买了这辆车，该广告声称他们公司生产的自动驾驶汽车能让乘客不必再费神于紧盯驾驶路况。工作了一整天以后，肯在回家的路上打了个盹；在他睡觉的时候，他的自动驾驶汽车驶上反向的车道，并撞上了伊莱恩的车。事故造成了轻微的伤害和财产损失。

在第二个例子当中，可以说肯没有过失。如果他没有过失，伊莱恩就需要向ABC公司追偿，这比向肯追偿要困难得多。在一个产品责任案件当中，伊莱恩不能用汽车造成伤害的事实来证明制造商应该负责。相反，伊莱恩需要证明ABC公司在生产汽车时存有过失，或者她需要提供制造或设计缺陷的证据。根据过失理论，制造商“应该履行合理性注意义务，避免销售包含不合理性伤害风险的产品”(Owen and Davis, 2016)。这项义务只需要合理的而非全方位的注意。伊莱恩需要证明——车辆的制造缺陷对其造成了伤害，并且这是由制造商的过失所造成的。[①] 事故不太可能是由制造缺陷所致。因此，伊莱恩需要付出极大的努力及高昂的成本去证明算法中存在缺陷。

但是，为什么伊莱恩必须使用风险效用测试来证明事故是由算法的设计缺陷所造成的呢？她受伤是因为肯的自动驾驶汽车没有正常行驶——它驶入了错误的车道，并致其受伤。在算法方面没有缺陷的车辆可能不会驶入反向车道。因此，要求她使用风险效用测试

① 梅里尔(Merrill)诉Navegar公司，28 P.3d 116，124(Cal. 2001)。

来查明算法中的缺陷不具必要性，而且只会造成无用的障碍。事实上，依据风险效用测试，受害人举证的交易成本可能是无法克服的。例如，假设一辆自动驾驶汽车撞上一辆汽车并造成一个小凹痕，从而导致一场“小车祸”，如果诉讼费用远高于赔偿金额，那么理性的诉讼人（或者就此而言，要拿胜诉费的理性律师）为什么还要寻求赔偿呢？

4.3 符合成本效益分析的施加责任方式

鉴于使用风险效用测试证明日常事故责任的交易成本较高，问题就变成了是否存在一种不同的、符合成本效益分析的方式来赔偿自动驾驶汽车事故的受害者。[①] 在产品责任之外还存在两种潜在的解决方案：一个是豁免权及赔偿系统（简称 ICS）；另一个是将制造商视为车辆的驾驶员。

4.3.1 豁免权及赔偿系统

第一个解决办法是为潜在的被告提供豁免权，并为受害者建立一种替代性的赔偿系统。该系统在很大程度上是基于自动驾驶汽车与疫苗接种或核电站之间的类比，然后建议国会针对自动驾驶汽车采取类似于 1986 年《美国国家儿童疫苗接种伤害法案》（*NCVIA*）（Brock，2015；Funkhouser，2013；Goodrich，2013；Marchant and Lindor，2012）或 1954 年《普莱斯-安德森法》（Colonna，2012；Marchant and Lindor，2012）的行动。ICS 的一个主要好处在于，它大大降低了与追偿自动驾驶汽车造成的损害相关的交易成本。

ICS 的支持者最常为该系统辩解的理由是，如果没有它，制造商可能会因为担心潜在的责任而不敢生产自动驾驶汽车（Funkhouser，2013；Colonna，2012）。学者们预测：如果将责任强加给制造商的

① 只有当制造商对责任提出质疑并因此使受害者必须证明过失之时，这种讨论才有意义。代表制造商的保险公司很可能以处理传统汽车事故的方式来处理自动驾驶汽车事故。

话，那么其研发车辆的热情将会下降。然而，迄今为止，对责任的恐惧并没有阻止任何制造商研发这些车辆，尽管大多数学者认为制造商应该对自动驾驶汽车酿成的事故负责。此外，谷歌、梅赛德斯和沃尔沃这三家制造商的高管已经表示，他们的公司将为其生产的车辆在自动驾驶模式下造成的事故承担经济责任(Whitaker, 2015)。沃尔沃的首席执行官直接表示："只要其中一辆汽车处于自动驾驶模式时出现事故，沃尔沃将承担全部责任。"(Volvo, 2015)因此，考虑到制造商正在大力投资该项技术，即便他们应该承担法律责任，这种威慑论调也有些夸大其词。

ICS 的另一个好处在于它可以消除关于谁将承担责任的不确定性。简言之，公司之间开展合作，共同研发汽车。例如，谷歌在开发汽车时，得到了"马牌、Roush、博世、采埃孚、RCO、孚利模、Prefix 及 LG 集团"的帮助(Harris, 2015)。通用汽车和来福车公司正在合作开发一个自动驾驶汽车战队(Davies, 2016)。鉴于这些合作关系，责任可能不会落在任何一家公司身上，而起诉谷歌团队的九名成员可能也不具可行性(Marchant and Lindor, 2012: 1328 - 1329)。ICS 澄清了这一问题，并且由于这一澄清，法院和公司都不会浪费时间和资源来确定谁最终应承担事故的责任。此外，ICS 还明确了仍可能被自动驾驶汽车事故的受害者起诉的车主和用户的责任。

尽管有这些好处，但是由于当前的政治状况和各种游说团体的诸多政策异议，国会可能不会制定 ICS(Hubbard, 2014)。这些游说团体包括汽车制造商、消费者权益团体、审判律师、保险公司和工会。鉴于车辆的州际属性不同，唯一可行的 ICS 将是联邦 ICS，而联邦 ICS 又需要国会采取行动。这种立法能够通过国会两院的前景并不光明。

即便 ICS 能够通过国会的审议，立法也必须解决一些严重的问题(Hubbard, 2014)。这些问题包括："① 福利的性质和水平；② 所涵盖的伤害类型(例如，是否会包括疼痛和痛苦等非经济损失?)；③ 所涵盖的人员(是否包括财团损失等关系利益?)；④ 与其他福利计划的协调，如工人补偿和社会保障；⑤ 管理”(Hubbard, 2014)。

另一个问题就是资金及其选择对制造商改进其车辆的意愿的影响。例如，《美国国家儿童疫苗接种伤害法案》的资助来自对疫苗接种者接种覆盖疫苗收取的75美分附加费(Funkhouser, 2013)。如果对自动驾驶汽车的购买者征收类似的税，那么ICS可能会打消汽车制造商进行安全改进的念头。当然，汽车制造商出于各种原因希望确保自身车辆具有安全性，例如客户忠诚度和未来的销售额。但是，直接将责任施加给制造商，这会让他们产生更大的动力来改进安全性，并能够惩罚警惕性不高的制造商(Hubbard and Felix, 1997)。可以想象，市场可以淘汰警惕性较低的制造商，但这种观点没有考虑到自动驾驶汽车市场的实际情况。如果一个人从一个汽车制造商那里购买了一辆自动驾驶汽车，但是该制造商在更新计算机程序方面警惕性较低。那么由于汽车的成本，他就无法从另一个警惕性较高的制造商那里购买一辆新的自动驾驶汽车。此外，被粗心的制造商制造成“蹩脚货”的自动驾驶汽车将失去其大部分(如果不是全部)价值。因此，消费者可能会为这些车辆所困。

此外，如果政府征收固定附加费，自动驾驶汽车将无法反映其真实成本，这可能导致道路上的安全驾驶车辆减少。例如，假设国会制定了一项ICS，针对所有自动驾驶汽车的买卖征税X以便赔偿受害者。进一步假设只有两家汽车制造商生产自动驾驶汽车，分别为制造商A和制造商B，制造商A的车辆在安全系数上要比制造商B的车辆高出25%。如果对制造商施加责任，那么在其他同等条件下，假设成本100%内部化，制造商A生产的自动驾驶汽车在价格上应该比制造商B生产的自动驾驶汽车便宜25%。然而，根据该ICS，自动驾驶汽车的真实成本并未反映出来：如果两辆车之间的其他条件相同，那么它们的售价将相同，即便在社会成本上制造商B生产的车辆比制造商A的车辆高25%。

基于这些原因，ICS 应该是压箱底的绝招，而不是第一板斧。许多看好 ICS 的学者认为，这些系统专注于自动驾驶汽车有望提供的好处，并将这些好处与疫苗接种和核工业提供的好处进行了类比（Brock，2015；Funkhouser，2013；Goodrich，2013；Colonna，2012）。然后，他们断言，自动驾驶汽车制造商应该在巨大的预期收益和制造商对责任的担心方面享有豁免权。尽管这些作者承认立法行动的目的，但他们没有考虑到国会保护的行业所面临的独特的低效率问题。

从历史上看，国会通过这些 ICS 是为了稳定变动不居的市场，并促进市场准入。国会通过《美国国家儿童疫苗接种伤害法案》主要是为了稳定市场（Cantor，1995）。由于大量判决和“无法获得产品责任保险”（Cantor，1995），疫苗接种行业面临生产商外流的局面。这就导致了疫苗价格的上涨和国家疫苗储备的减少（Cantor，1995）。国会受到核心工业对特殊责任的担心及责任保险不适用的促动，颁布了《普莱斯-安德森法》以吸引市场准入量（Colonna，2012）。

没有任何迹象表明自动驾驶汽车制造商将面临特殊责任风险或无法获得保险。保险公司业务精良，并在汽车事故行业建立了良好的信誉基础。因此，这个市场可能并不具备相同的需求和市场条件。如果没有市场失灵的迹象，那么实施 ICS 还为时过早。

4.3.2 将制造商视为驾驶员

一种更可行的替代方案就是立法者可以将汽车制造商视为汽车的“驾驶员”。如果出于责任的目的，汽车的制造商也是汽车的驾驶员，那么法院可以简单地用“制造商 ABC”代替 4.2 节中传统汽车案例中肯的名字。制造商 ABC 有义务保证车辆在其正常车道上行驶。当其车辆驶上反向车道之时，该制造商就违反了这一义务——这就导致伊莱恩受伤。将制造商视为驾驶员会使在产品责任下本是复杂的问题变成疏忽所致的简单问题。问题是法律是否允许我们将制造商视为车辆的驾驶员。

驾驶员是一个足够宽泛的术语，可以包括公司驾驶员，如自动驾驶汽车制造商（Smith，2014）。《布莱克法律词典》将驾驶员定义为“驾驶和推动车辆的人”（Garner，2014）。许多州都采用了类似的宽泛定义。例如，内布拉斯加州对“驾驶”的定义为：“驾驶应该意味着操作或处于对机动车的实际物理控制之中。”[①]因此，一名驾驶员不必处于对车辆的“实际物理控制”之中。相反，该法令规定：仅凭操作即可满足定义。“操作”的定义远比“驾驶”更为宽泛；至少有一家法院将“操作”定义为包括使用任何“机械或电力主体”来开动车辆，另一家法院将“操作”定义为导航车辆（Smith，2014）。自动驾驶汽车的计算机程序预计会执行所有的传统驾驶功能，包括转向、加速和刹车。因此，从定义的角度来看，将制造商视为车辆的驾驶员几乎毫无争议。此外，自动驾驶汽车很明显可以有两个驾驶员：操作车辆的制造商和实际控制车辆的用户（Smith，2014）。[②] 事实上，在回答谷歌自动驾驶汽车团队提出的问题时，美国国家公路交通安全管理局表示，他们认为自动驾驶系统是车辆的“驾驶员”（NHTSA，2016）。

人类驾驶员和制造商驾驶员都在“驾驶员”的定义范围之内。此外，双方都有权力采取纠正措施以防事故再次发生。[③] 人类驾驶员在驾驶过程中能够留意路况并更加小心。如果由于驾驶员使用手机而发生事故，那么驾驶员未来在路上可能会选择不用手机，以防此类事故再次发生。制造商驾驶员可以修复算法中导致事故的任何故障。如果事故是由地图故障所引起，那么制造商可以修复地图，以免事故再次发生。

如 4.2 所述，设计缺陷、制造缺陷和警告缺陷并不是为了解决日

---

① Neb. Rev. Stat. § 60 - 468.

② 这并不一定意味着所有权应始终都归汽车制造商。一个人可以在不是某辆汽车主人的情况下成为该车的驾驶员。隐私权和《第四修正案》的相关条款支持消费者拥有车辆的所有权。

③ 威慑是施加责任的一个关键动机（Hubbard and Felix，1997）。

常事故。将自动驾驶汽车事故的产品责任施加给制造商，这会导致不必要的、不合理的高额交易成本。解决这个问题的一个简单方法就是对制造商与任何其他驾驶员一视同仁。制造商有责任采取与理智的驾驶员相同的方式驾驶车辆（下文称为“理性驾驶员标准”）。理性驾驶员标准要求车辆驾驶员“行使社会对[驾驶员]要求的注意力、知识、智力和判断力，以便保护他们自身和他人的利益”（Garner，2014）。一个理性驾驶员标准将避免因为利用产品责任对制造商（他们生产的汽车造成了损失）施加民事责任而带来的后勤问题。

由此产生了一个问题——该标准应该是“理性人类驾驶员”还是“理性自动驾驶汽车驾驶员”。鉴于自动驾驶汽车不存在人类的弱点[①]，并且据称这些车辆检测物体的能力比人类更高，人们预计自动驾驶汽车（最终）将达到比人类驾驶员更高的标准（Vladeck，2014）。另一方面，询问一辆自动驾驶汽车在类似情况下会做些什么可能会使诉讼变得更加复杂，至少在引入这些汽车的期间确实如此。陪审员可以与人类驾驶员建立联系，并理解理性人类驾驶员在类似情况下可能会做什么。在没有专家证词的情况下，陪审员可能无法确定自动驾驶汽车在类似情况下会做些什么。关于这些标准相对优点的讨论远远超出了本章的范围，为了简单起见，本章采用了在社会成本上人类驾驶员标准。

在每个事故案例当中，问题都是自动驾驶汽车是否没能像面对类似情况的正常人那样驾驶。在社会成本上人类驾驶员标准易于应用于自动驾驶汽车事故当中。例如，就像人类驾驶员有义务在本来的车道上行驶一样，自动驾驶汽车也应该有义务在自身车道上行驶。如果自动驾驶汽车越过中心线并造成事故，那么法院应该查明驾驶车辆的正常人是否也会越过中心线。如果这个问题的答案是否定

① 在应用理性人进行测试时，侵权法考虑到了人的弱点。哈蒙特里（Hammontree）诉詹纳（Jenner），97 Cal. Rptr. 739（Cal. Ct. App. 1971）。法律是否应该考虑计算机的“弱点”是一个超出本章范围的问题，但是本身非常有趣。

的，那么制造商就应该承担责任。

责任可以通过检查自动驾驶汽车内的“事件数据记录仪”(通常被称为“黑匣子”)来确定(Bose, 2015)。自动驾驶汽车可能会配备某种形式的黑匣子，一些关于自动驾驶汽车的州法规定车辆必须记录碰撞前的数据(Bose, 2015)。这些黑匣子将为法院——或就此而言，保险公司——提供查明事故原因的必要信息。利用这些信息，法院或陪审团可以确定制造商是否合理地“驾驶”了自动驾驶汽车。

这种理性驾驶员标准可能就是社会期望立法者采用的标准。此外，当某些制造商表示他们将在未来承担自动驾驶汽车事故责任之时，这些制造商可能指的也是理性驾驶员标准。此外，那些被自动驾驶汽车伤害的人会期望制造商以与当前驾驶员相同的方式承担责任。因此，为了追究责任而将制造商视为车辆的驾驶员虽然乍看起来略显激进，但是这种责任制度可能符合受害方、制造商和整个社会的期望。[①]

4.4 结语

总之，随着社会进入机器人时代，参与开发和监管机器人技术的相关人员需要考虑责任和义务的匹配问题。本章在自动驾驶汽车的语境下探究了这些问题。我们认为，汽车制造商应是大多数由自动驾驶汽车引起事故的责任方，产品责任并不能提供一种符合成本效益分析的方式，以此来确保自动驾驶汽车事故的受害者得到充分赔偿。本章提出了产品责任的两种备选方案，并得出结论——随着计算机系统取代人类成为车辆驾驶员，对待那些控制机器人——并因此驾驶车辆的人——的方式没有理由与社会对待那些目前驾驶车辆的人完全一样。如此一来，社会可以简化自动驾驶汽车造成事故的

---

① 诚然，理性驾驶员标准要求与 ICS 相同的结果，因为它是第三方保险计划(Hubbard, 2014)。然而，正如文中所述，这些系统在资金和实施方面存在明显差异。

法律责任判定，并确保受害人能够以符合成本效益分析的方式获得赔付。

参考文献

Anderson, James M., Nidhi Kalra, Karlyn D. Stanley, Paul Sorensen, Constantine Samaras, and Oluwatobi A. Oluwatola. 2016. "Autonomous Vehicle Technology: A Guide for Policymakers." RAND Corporation, Santa Monica, CA. http://www.rand.org/pubs/research_reports/RR443-2.html.

Anderson, James M., Nidhi Kalra, and Martin Wachs. 2009. "Liability and Regulation of Autonomous Vehicle Technologies." RAND Corporation, Berkeley, CA. http://www.rand.org/pubs/external_publications/EP20090427.html.

Bose, Ujjayini. 2015. "The Black Box Solution to Autonomous Liability." *Washington University Law Review* 92: 1325.

Brock, Caitlin. 2015. "Where We're Going, We Don't Need Drivers: The Legal Issues and Liability Implications of Automated Vehicle Technology." *UMKC Law Review* 83: 769.

Cantor, Daniel A. 1995. "Striking a Balance Between Product Availability and Product Safety: Lessons from the Vaccine Act." *American University Law Review* 44: 1853.

Colonna, Kyle. 2012. "Autonomous Cars and Tort Liability." *Case Western Reserve Journal of Law, Technology & the Internet* 4: 81.

Davies, Alex. 2016. "GM and Lyft Are Building a Network of Self-Driving Cars." *Wired*, January 4. http://www.wired.com/2016/01/gm-and-lyft-are-building-a-networkof-self-driving-cars/.

Duffy, Sophia H. and Jamie Patrick Hopkins. 2013. "Sit, Stay, Drive: The Future of Autonomous Car Liability." *SMU Science & Technology Law Review* 16: 453.

Funkhouser, Kevin. 2013. "Paving the Road Ahead: Autonomous Vehicles, Products Liability, and the Need for a New Approach." *Utah Law Review*, 2013: 437.

Garner, Bryan A., ed. 2014. *Black's Law Dictionary*. 10th ed. Eagen, MN: Thomson West.

Garza, Andrew P. 2012. "'Look Ma, No Hands!': Wrinkles and Wrecks in the Age of Autonomous Vehicles." *New England Law Review* 46: 581.

Glancy, Dorothy J. 2015. "Autonomous and Automated and Connected Cars — Oh My! First Generation Autonomous Cars in the Legal Ecosystem."

Minnesota Journal of Law Science & Technology 16：619.

Goodrich, Julie. 2013. "Driving Miss Daisy：An Autonomous Chauffeur System." *Houston Law Review* 51：265.

Gurney, Jeffrey K. 2013. "Sue My Car Not Me：Products Liability and Accidents Involving Autonomous Vehicles." *University of Illinois Journal of Law, Technology and Policy* 2013：247.

Gurney, Jeffrey K. 2015. "Driving into the Unknown：Examining the Crossroads of Criminal Law and Autonomous Vehicles." *Wake Forest Journal of Law and Policy* 5：393.

Gurney, Jeffrey K. 2015 - 2016. "Crashing into the Unknown：An Examination of CrashOptimization Algorithms Through the Two Lanes of Ethics and Law." *Albany Law Review* 79：183.

Harris, Mark. 2015. "Google's Self-Driving Car Pals Revealed." *IEEE Spectrum: Technology, Engineering, and Science News*, January 19. http://spectrum.ieee.org/cars-thatthink/transportation/self-driving/googles-selfdriving-car-pals-revealed.

Honoré, Tony. 1995. "The Morality of Tort Law：Questions and Answers." In *Philosophical Foundations of Tort Law*, edited by David G. Owen, 73 - 95. Oxford：Clarendon Press.

Hubbard, F. Patrick. 2014. "'Sophisticated Robots'：Balancing Liability, Regulation, and Innovation." *Florida Law Review* 66：1803.

Hubbard, F. Patrick and Robert L. Felix. 1997. *The South Carolina Law of Torts*. 2d ed.Columbia：South Carolina Bar.

Marchant, Gary E., and Rachel A. Lindor. 2012. "The Coming Collision between Autonomous Vehicles and the Liability System." *Santa Clara Law Review* 52(4)：1321 - 1340.

NHTSA (National Highway Traffic Safety Administration). 2016. "Google — Compiled Response to 12 Nov 15 Interp Request—4 Feb 16 Final." February 4. http://isearch.nhtsa.gov/files/Google%20--%20compil ed%20response%20to%2012%20Nov%20%2015%20interp%20request%20--%204%20Feb%2016%20final.htm.

Owen, David G. 2002. "Manufacturing Defects." *South Carolina Law Review* 53：851.

Owen, David G., and Mary J. Davis. 2016. *Owen & Davis on Products Liability*. 4th ed. Eagen, MN：Thomson West.

Restatement (Second) of Torts. Philadelphia：American Law Institute, 1965.

Restatement (Third) of Torts: Products Liability. Philadelphia：American Law Institute, 1998.

Schroll, Carrie. 2015. "Splitting the Bill: Creating a National Car Insurance Fund to Pay for Accidents in Autonomous Vehicles." *Northwestern University Law Review* 109: 803.

Smith, Bryant Walker. 2014. "Automated Vehicles Are Probably Legal in the United States." *Texas A&M Law Review* 1: 411.

Urmson, Chris. 2012. "The Self-Driving Car Logs More Miles on New Wheels." Official Google Blog, August 7. http://googleblog.blogspot.com/2012/08/the-self-driving-car-logs-more-miles-on.html.

Vladeck, David C. 2014. "Machines Without Principals: Liability Rules and Artificial Intelligence." *Washington Law Review* 89: 117.

Volvo. 2015. "U. S. Urged to Establish Nationwide Federal Guidelines for Autonomous Driving." Volvo Car Group Global Media Newsroom, October 7. https://www.media.volvocars.com/global/en-gb/media/pressreleases/167975/us-urged-to-establish-nationwide-federal-guidelines-for-autonomous-driving.

Whitaker, B. 2015. "Hands Off the Wheel." *CBSNews*, October 4. http://www.cbsnews.com/news/self-driving-cars-google-mercedes-benz-60-minutes/.

Wright, Richard W. 1995. "Right, Justice, and Tort Law." In *Philosophical Foundations of Tort Law*, edited by David G. Owen, 159 - 182. Oxford: Clarendon Press.

Zohn, Jeffrey R. 2015. "When Robots Attack: How Should the Law Handle SelfDriving Cars That Cause Damages?" *University of Illinois Journal of Law, Technology and Policy* 2015: 461.

第 5 章
机器人技术的责任：当下与前景

特雷弗·N.怀特，塞思·D.鲍姆

2005 年 6 月，费城一家医院的患者在前列腺手术过程中因手术机器人发生故障而严重受伤。[①] 2015 年 6 月，德国大众汽车公司旗下工厂的工人在装配过程中被机器人碾压致死。[②] 2016 年 6 月，一辆自动驾驶的特斯拉汽车与大型卡车相撞并最终导致汽车车主丧生(Yadron and Tynan, 2016)。

这些只是机器人引起伤害事件的沧海一粟。随着机器人的设计日益复杂，应用日益广泛，这类由机器人引发的伤害事件——甚至是大规模的灾难性事件——很可能会与日俱增。

那么，我们人类到底该如何控制并防止这类伤害事件发生呢？一般而言，制造伤害——特别是那些本可以避免的伤害——的罪魁祸首总会受到法律的惩罚。正因为如此，法律的威慑力也会在无形中阻止伤害事件的一再发生。换言之，法律的责任在于维护正义与保障社会普遍福利，而这一点在机器人技术领域同样适用。

但与其他领域不同，机器人能够(或至少可以实现)智能自主地在物理世界中移动。这就意味着，机器人可以在无人指挥的情况下

① 患者在随后的法庭案件中败诉，该案件编号为 363 F. App'x 925925(第三巡回法庭，2010)。

② 关于大众汽车案的进一步讨论，请参见鲍姆(Baum)和怀特(White)(2015)。

通过自主行为选择而造成令其制造者都诧异不已的伤害事件。所以,也许机器人应该为自己所造成的伤害事件负责。历史会铭记这个时刻:人类创造了能对自身行为负责的技术。此外,机器人拥有匹敌工业机械的力量以及先进计算机系统的智能,不但可以被大规模生产,还能与其他技术系统相互连接。这一切都有可能会成为机器人伤害事件发生的潜在因素。

本章阐述了法律应该如何诠释机器人责任,包括目前存在的机器人和将来可能生产的机器人。我们区分了三种类型的案例,其中每个案例都蕴含着迥然不同的含义。第一种情况是某些人工方(例如制造商或机器人使用者)需要负责的案例,这种情况并未对法律提出新的挑战,在类似情况下,它们的处理方式与其他技术相同。第二种情况是机器人本身需负责任的案例,其处理要求对法律进行多重修改,包括评估机器人何时可以承担责任的标准以及划分机器人与设计者、制造者和使用者之间责任的原则。第三种情况是机器人造成重大灾难性风险的案例。由于该类案例的巨大破坏性,涉案的任何个体或物件都有可能需要负责,所以对这些案例应予以特殊关注。

如图 5.1 所示,这三种情况在两个维度上存在差异:一个维度是机器人的法律人格程度——机器人在多大程度上有资格在法庭上获

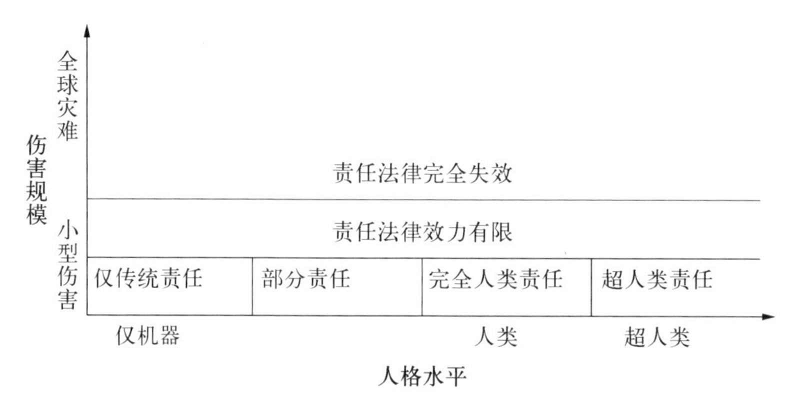

图 5.1　机器人伤害事件的法律责任界定分类

得独立地位。正如我们所讨论的那样，从法律角度来看，机器人能够以其获得法律人格的程度承担相应的法律责任。另一个维度是机器人造成伤害的程度大小。法律无法处理极其严重的伤害。这三种情况之间没有严格的区别。相反，这三类案例应是一个连续体，正如图中机器人可能承担部分责任或超过人类责任的区域以及责任在有限程度上“起作用”的区域所示。

5.1 人的责任

在对机器人法的详细研究中，韦弗(Weaver)(2014：21－27)确定了可能对机器人伤害事件负责的四类群体：① 机器人使用者或使用监督者；② 其他未使用机器人但以其他方式接触到机器人的人，包括受到机器人伤害的人；③ 一些参与机器人生产和分销的公司，如机器人制造公司；④ 机器人本身。

对于前三类责任方，其责任划分与其他领域一致。例如，外科手术机器人可能被外科医生误用(类型1)，被闯入禁区的医院访客撞到(类型2)，或被制造商劣质制造(类型3)。非机器人医疗技术也可能出现同样的情况。在每种情况下，责任的归属问题十分清晰，或者更确切地说，即使在某些程度下责任的归属并不清晰，这些情况带来的挑战也是人们早已熟悉的。相比之下，第四种类型中的机器人责任方则对法律提出了全新的挑战。

为此，假设一个棘手的机器人案件，比如就致命自主武器系统(lethal autonomous weapon systems，LAWS)的责任问题而言，这些武器自主决定了杀死谁，那么由这类机器造成的伤害事件又该由谁负起责任呢？斯帕罗(Sparrow)(2007)认为，如果某个自主武器系统决定杀害已经投降的平民或士兵，那么就不应由人来对这起伤害事件负责，因为不管人类在最初是如何设计和安排的，这样一个高度智能化的自主武器系统在使用过程中并非只受指令操控，还会自主做出许多行动决定。斯帕罗认为，在这种情况下，要求设计方（或制造商，或其他人）承担责任有失公平。但若相应的机器人法律并不完善，追究机器人自身的责任可能更不合适（详见 5.2 节）。所以在这种情况下，由谁或什么来承担相应责任成为一个模糊不清的难题。

这类难题确实具有挑战性，但并不陌生。在军事领域，就有类似童子军（Sparrow，2007：73 - 74）和地雷（Hammond，2015：663，n.62）的先例。其中童子军可以自主决定，不服从命令，并在这个过程中导致伤害事件的发生；地雷则是可能在军事冲突后长期存在，一旦在冲突后爆炸则几乎无法界定此类爆炸的责任方。因此，在这两种情况下，很难确定责任方，有时甚至无法确定。致命自主武器系统的情况也是如此。责任边界不清可能成为武装冲突中避免甚至禁止使用童子军、地雷以及致命自主武器系统的理由。但不管怎样，即使在这个相对棘手的机器人责任案例中，机器人技术也没有给法律带来全新的挑战。

自主武器系统的例子很像法律处理动物的案例。如果狗的主人不知道狗咬人，那么她在狗第一次咬人时可能不承担责任。但若在知情的条件下，狗再次做出攻击和伤害行为，它的主人就需要为此负责。在法律术语中，这被称为故意伤害——了解并知晓潜在的危害。所以同样，一旦了解到机器人造成伤害事件的可能性，其所有者或使用者就需要对随后的机器人所造成的伤害事件负责。例如，谷歌照片计算机系统在 2015 年产生了争议——将黑人的照片错误地标记为大猩猩（Hernandez，2015）。在这个案例中，没有谷歌程序员指示程序做这样的事；这个事件的发生源于照片算法的本质。但是谷歌依旧立即采取行动，道歉并修正照片。虽然在“大猩猩”事件中没有人明知故犯，但若在此后再发生类似事件，谷歌将需承担相应的责任。同样的逻辑也适用于自主武器系统或其他类型的机器人：只要有人类一方能够对此类事件负责，机器人伤害事件就不会对法律构成新的挑战。

尽管人类能够承担最终的责任，但机器人也需要被带上法庭。这种情况将容易发生在对物诉讼的语境当中——当法院不能与所有人进行交易时，法院会将财产客体视为案件的一方。例如，美国诉53只折衷鹦鹉案(1982)(一名男子违反动物进口法将鹦鹉从东南亚带到美国，遭到美国起诉)；美国诉可口可乐案(1916)(因为其中的咖啡因存在争议，遭到美国起诉)。在这两个案例中，人(或公司)都被认为是最终责任方，而鹦鹉和可口可乐只是一种代表。所以，机器人也会以同样的方式被带上法庭，但除非以象征或代理的方式，否则它们并不会被视为最终责任方。同样，由于机器人不承担最终责任，因此它不会对法律提出新的挑战。

值得注意的是，这并不是说这些机器人不会对法律构成威胁，而是说这些机器人对法律造成的挑战较为普遍，而非新生事物。事实上，关于机器人责任的最新文献确定了机器人责任界定对法律所带来的挑战情况。例如，机器人程序被用户修改(Calo, 2011)，机器人行动失常(Vladeck, 2014)，以及机器人系统复杂性导致很难诊断故障(Funkhouser, 2013)。还有学者担心，责任界定可能会阻碍那些对社会有益的机器人技术的研发(Marchant and Lindor, 2012)。然而，这些问题都指向熟悉的解决方案——以各种方式让制造商、用户和其他人承担责任。对细节进行妥善的协调十分重要，但还不是完全的革故鼎新。

在涉及机器人伤害事件的法庭案例中，可以进一步看到典型机器人对法律的适应性(Calo, 2016)。例如，早年的布劳斯(Brouse)诉美国案(1949)。在该案中，一架使用早期自动驾驶仪的美国军用飞机与另一架飞机相撞。当时法院驳回了由于飞机是由机器人自动驾驶仪操控的，所以美国政府不应承担责任的说法。与之相反，法院判决：飞机上的驾驶员有义务注意并避免坠机事件的发生。最近，弗格林(Ferguson)诉庞巴迪服务公司案(2007)也是一个由于自动驾驶仪系统而造成的飞机失事的案件。在这种情况下，法院本应认定自动

驾驶仪制造商负有责任，但是最终法院判定是由于航空公司未正确装载飞机，所以航空公司对此事件负主要责任（参见 Calo，2016）。

5.2 机器人责任

如果一个机器人可以承担责任，那么法律将面临一些重大挑战——哪些机器人要对哪些伤害承担责任，以及如何在机器人及其人类设计师、制造商、用户、任何其他当事人之间划分责任。在本节中，我们将论证机器人应根据其被赋予法律人格的程度承担相应责任。

在人类社会中，尤其是在美国和许多其他国家，当事方只要具有法律人格，就要对损害承担责任。法律人格是指具有法律权利和义务的能力，例如订立合同、起诉或被起诉以及对自己的行为负责的能力与资格。因此，法律责任直接源于法律人格。正常成年人具有完整的法律人格，可以在任何情况下为自己的行为承担责任。儿童、智障群体和公司都有部分法律人格。反过来说，他们也承担部分责任。当然，此间也一直存在争议，动物——特别是灵长类动物——通常是不具有法律人格。[①]

否定动物的法律人格是有道理的，因为它们缺乏人类的认知成熟度和相应的社会参与力。这样的理由避免了物种歧视（一种亲人类的偏见）的指控。然而，同样在机器人领域，这也就意味着，如果机器人具备人类的能力，那么它们就应该获得法律人格。正如哈伯德（Hubbard）所说："如果没有强有力的理由，不能拒绝一个至少具有同等人格能力的实体人格，这与自由主义和平等主义背道而驰。"（2011：417）[②]

因此，机器人何时可以承担责任的问题就变成了机器人何时具

---

① 哈伯德（2011）讨论了这些非人类实体与人类和机器人相关的法律地位。

② 类似的论点也适用于人类接触外星人的事件（Baum，2010）。

备法律人格的问题。如果机器人具备法律人格，那么它们就要为自己造成的伤害负责。否则，它们就不能具备法律人格。但不管怎么说，就像动物和其他可能造成伤害的技术或实体一样，责任必须由某一方承担。

哈伯德总结出机器人或其他人工智能要获取法律人格所应满足的三个标准：① 复杂的智能交互技能，包括交流和从经验中学习的能力；② 自我意识，包括制定自己的目标或计划的能力；③ 社区，即在群体中追求互利的能力。这三个标准是人类法律人格概念的核心，可以为机器人法律人格提供一个合理的参照标准，这也是我们将在本章中的重要参考。但同时请注意，这三个标准的问题一直具有开放性，目前尚无定论。

那么，哈伯德的标准是否也适用于责任界定呢？若要回答这一问题，我们就不能只将这个标准看作是界定自我意识的准则。无疑，哈伯德的标准有助于界定机器人伤害的责任范围：只有那些有意识的机器人才能像人类一样经历伤害。[①] 例如，这源于经典的功利主义思维："问题不在于他们能否推理，也不在于他们能否说话，而在于他们能感受伤害"(Bentham，1789：ch.17，n.122)。但是，这并不适用于机器人。也许会有一种先进的机器人符合哈伯德的所有标准，但不具有意识。假设这类机器人造成了一些很明显会给人类或其他有意识的个体带来痛苦的伤害，那么这些无意识的机器人应该承担相应责任吗？

这一问题的答案可能取决于社会对责任的基本假定。如果责任主要是为了阻止或震慑伤害事件的发生，那么意识是否参与其中就并不重要了。因为在这种情况下，只要惩罚机器人能够阻止伤害事件的发生，机器人就应该受到惩罚。在这里，阻止的实体对象可能包括机器人、其他类似的机器人、有意识的机器人甚至人类。根据无意

① 为了方便起见，在这里我们交替使用"意识"和"自我意识"，这对论点没有任何影响。我们排除了对机器人造成伤害、最终导致人类损失的案例，如伤害被认定为财产损失的情况。

识机器人可能具有的任何奖励、效用或功能，可以通过削弱它的某种奖励或功能来惩罚它(Majot and Yampolskiy，2014)。具体来说，它们可以被重新编程、停用或销毁，或者被放入所谓的“盒子”——限制人工智能交流或发挥作用的单独数字监禁(Yudkowsky，2002)。然而，为了实现这一目的，此类机器人应该(至少部分)属于强化学习型或类似计算模式型的机器人(基于神经网络算法的机器人除外，原因我们将在后文予以解释)。

或者，如果责任主要是为了报复，为了把曾经造成伤害的人绳之以法，那么意识是否存在就很重要。意识是否有必要存在取决于惩罚的目的。如果惩罚的目的是恶化责任方的生活，以便“平衡事态”，那么意识就具有必要性，因为人们不能去“恶化”不具备恶化可能性的事物。然而，如果惩罚的目的是为了满足社会正义，那么意识就不具有必要性，因为在这种情况下社会成员了解惩罚并看到正义得以伸张就足够了。[①] 所以说，机器人是否有必要具有意识取决于社会的正义感是否要求它具有意识。

如图 5.1 所示，意识方面的可能例外是部分责任的一个很好的例子。这种先进的、无意识的机器人可以承担责任，但并非像正常成年人那样承担所有责任。具体来说，在某些惩罚是为了报复的情况下，机器人不会承担责任，此时机器人的能力限制也可以减少其责任范围。这种情况下，机器人有些类似于儿童和智障成人，在许多情况下正常成人承担责任而儿童和智障成人不承担责任。根据哈伯德的三个标准(或最终确定的任何其他标准)中的任何一个，较不成熟的机器人的责任程度应低于完全符合标准的机器人。[②]

在哈伯德的三个标准当中，比人类更复杂的机器人又应如何处

① 这并不意味着惩罚是为了取悦社会成员，例如公开处决就是如此；这更可能是出于正义感的考虑而为之。

② 沃伦(Warren)(1973)提出了另一套人格标准：意识、推理、自我激励活动、沟通能力和自我意识。尽管这些是为了定义道德人格，定义谁或什么有权不受伤害，而不是文本中定义的法律人格，但这些标准在很大程度上与哈伯德(2011)的标准大同小异。

理呢？这些机器人具有更为先进的智能交互技能、自我意识或公共生活能力。如果回溯到几十年前的科幻迷思，可以想象如今这样的机器人应当具有现实性（Good，1965）。如果它们真的存在，那么按照前文的逻辑，它们应该比正常成年人保持更高的责任标准。事实上，以上的推理确实缺乏对机器人在许多方面（包括反应速度、视力和记忆力）都可能超越人类的认识。让机器人保持更高的责任标准可能会催生一种优于人类管理的机器人管理办法（更多信息见3.3）。

在讨论灾难性风险之前，需要考虑机器人责任的另一个方面：机器人自身和影响机器人行动的他方（可以包括机器人的设计师、制造商以及用户或操作员）之间的责任划分。尽管由于人类和机器人间的基本差异，这种比较并不恰当，但这些当事人却可以同人类的父母和雇主进行比较。

一个关键的区别在于机器人在很大程度上是设计的产物。人类也可以通过基因筛选和相关技术进行设计，因此被称为“设计师宝宝”。但是，设计师对于机器人的最终特征的控制要比人类案例多得多。这就表明，相较于人类父母对其孩子行为所要承担的责任，机器人设计师应对机器人的行为承担更多的责任。如果机器人设计师知道某些设计有害无益，那么即使在这些机器人拥有法律人格的情况下，人们也可以提出诉讼，要求设计师至少对这些机器人造成的伤害承担部分责任。同样，设计师也有权利使用不透明算法（比如神经网络以及相关的深度学习方法等很难预测机器人是否会造成伤害的设计方式）来制造机器人。那么在这种情况下，委托设计机器人的各方也应承担类似的责任。在法庭上，相关行业专家证词对于证明是否有任何切实可行的保障措施能够最大限度地减少此类风险具有价值。

5.3 灾难性机器人/人工智能责任

“灾难”有很多种含义，其中许多不需要特别的法律关注。例如，一个人的死亡对死者及其所爱的人来说是一场灾难，所以法律完全能够解决由机器人或人工智能造成的个人死亡问题。然而，由于自身的严重性及其对于人类文明的重大影响（例如对整个人类文明造成重大永久伤害的灾难），某一类别的极端灾难确实值得给予特别的法律关注。这类灾难通常被称为全球性灾难（Baum and Barrett）或生存性灾难（Bostrom，2013）。据波斯纳（Posner）（2004），我们将其简单地称为灾难。

目前，世界就存在着一系列的灾难性风险，例如全球变暖、核战争、病毒大流行以及地球与大型小行星或彗星的碰撞等等。最近，越来越多的学者对于未来某些类型的人工智能造成灾难的可能性进行了分析。其中大部分注意力都集中在“超智能”的人工智能之上，因为这种人工智能远比人类聪明且拥有“实现完全统治世界”的能力（Bostrom，2014：78），它们甚至可以通过使用机器人来伤害人类。此外，一些专家认为，机器人技术可以在此类人工智能的发展中发挥显要作用（Baum et al.，2011）。

其他灾难性事件也可能涉及机器人技术。机器人可用于核武器发射系统或来袭探测系统，因此可能导致人类不希望发生的核战争。[①] 机器人可用于重要民用、运输或基础设施建设领域，这可能导致全球性系统故障。[②] 机器人可用于地球工程——有意操纵全球环境（如对抗全球变暖）的系统，这也可能产生反作用从而造成全球气候灾害。[③] 机器人可用于建立或维持全球性的压迫性极权政府。机器人还可能造成更多机器人相关的灾难性事件。[④]

机器人所引发的巨大灾难规模催生了道德与法律的困境。如果

① 有关核战争场景，请参见巴雷特等人（2013）及其参考资料。

② 关于全球系统性故障的一般性讨论，参见森特诺（Centeno）等人（2015）。例如，在机器人技术背景下，许多自动驾驶汽车同时发生故障，参见鲍姆和怀特（2015）。

③ 关于地球工程灾难的可能性，见鲍姆等（2013）及其参考文献。

④ 关于全球极权主义的可能性和某些技术的作用，见卡普兰（Caplan）（2008）和马霍（Majot）和扬波利斯基（2015）。

这种伤害具有永久性，那么它将影响到人类的子孙后代。鉴于地球至少还可以再居住十亿年，银河系和宇宙则可以再居住更长的时间，因此当下这代人只占可能存在的世世代代人类中极微小的一部分，所以如何规定子孙后代的法律地位和代表权就成了难题（Wolfe，2008）。如果将子孙后代算在内，那么他们在数量上就具有压倒性优势。尽管如此，现在的地球人还是单方面地做出相关决定。那么，在如何平衡当代与后代的利益方面就会出现一种紧张关系（第2003页）。在当代一场足够具有毁灭性的灾难引发了相关问题：今天大约有70亿人生活在地球上，一场有可能杀死所有人的灾难可能比一场只杀死一个人的灾难大70亿倍。因此，无论后代如何决策与筹谋，当代人都有理由竭尽全力降低这种风险（Posner，2004）。

这些灾难的不可逆转性引发后续更多的问题。从某种意义上讲，每件事都不可逆转，如果你今天穿了一件蓝衬衫，没有人能改变你今天穿了一件蓝衬衫的事实。但是，这个例子是否可以逆转的意义不大，因为你可以在以后的日子里改变所穿衬衫的颜色。除此之外，其他不可逆事件或多或少具有永恒性，如果今天有人死亡，那么也就没有什么能使亡者复生。① 在更大的范围之内，许多生态变化都存在非比寻常的不可逆效应，人类文明的崩溃也可能存在这种不可逆效应（Baum and Handoh，2014）。这种巨大的不可逆伤害可能是避免承担某些风险的主要原因。在这种情况下，人们通常会借助预防举措，倡导社会需要谨慎地对待这种不可逆效应（Posner，2004；Sunstein，2006）。

一场不可逆转的人工智能灾难可能大到法律无法处理。简单讲，如果这场灾难导致人类灭绝，那么就没有人需要承担责任了；如果一场灾难导致了人类文明的崩溃，但留下了一些幸存者，那么就不会有法律体系让人们承担责任。或者说，人工智能可能会导致这样

① 鉴于目前的技术水平，人死不能复生。

一场灾难——其中,每个人都还活着,但却被人工智能奴役或以其他方式受尽戕害。在这种情况下,人类政府也无权追究过错者责任。对于较小的灾难而言,法律体系也许会在一定程度上起作用(图 5.1)。此时,可能会对责任方进行判罚,但并不会像正常情况下那么让人信服或来得彻底。一个比较形象的例子就是建立特殊的国际程序(如纽伦堡审判),以便处理后续事宜。不过,就像这样的战争法庭一样,其对解决混乱的根源可能毫无用处,甚至会使受害者或整个社会浪费时间和资源来重温悲剧(McMorran, 2013)。

因此,相较于法律责任,人们可以采用预防性办法(例如禁止任何有可能引发灾难的活动)予以应对,从而进一步将举证责任交给那些希望举办活动的人,要求他们事先证明这种活动不会造成灾难。[①]不允许试错,因为一个错误就可能造成重大的不可逆转的损害。具有不可逆效应的灾难事件可能是人工智能研发的一个重大弊病(至少对构成灾难性风险的这一类人工智能而言确实如此)。与其他技术领域一样,人工智能可能会频繁地使用试错法。事实上,一些人工智能研究人员甚至建议该领域采用试错法。因为借助这种方法,人工智能就可以逐渐接受培训,以便学习人类价值观,最终避免造成灾难(Goertzel, 2016)。然而,考虑到人工智能灾难的高风险性,也许这些试错法仍然不具备实施的条件。

也许人们可以使用一种全新的责任方案来协助灾难避除的预防措施。基于广泛讨论避免新兴技术带来灾难的法律措施的背景,威尔逊(Wilson)提出了"责任机制——无论其活动是否造成任何伤害,只要违反预防原则,违规者就会因此受到惩罚"(2013: 356)。人们需要承担责任不是因为造成了灾难,而是因为采取了可能导致灾难的行动。这项建议会是预防灾难性风险的重要举措,值得我们继续予以考虑。

---

① 有关人工智能研究风险审查委员会的可能方法及其局限性的相关简要讨论,请参见巴雷特和鲍姆(2017)以及 Sotala 和扬波利斯基(2015)。

将预防原则发挥到极致也可能会带来不良后果。所有的行动都具有一定的风险性。在某些情况下，我们无法证明或预测机器人的行为不会引发灾难，所以不可能在采取行动之前要求证明其具有最低风险（Sunstein，2006）。此外，许多行动在减少一部分风险的同时，也会增加其他风险；由于担心一种风险而要求采取预防措施，可能会因剥夺减少其他风险的机会而对社会造成净伤害（Wiener，2002）。人工智能的研发可以带来巨大的风险，但也有助于降低其他风险。对于构成灾难性风险的人工智能来说，当人工智能研发预计将带来灾难性风险的净降低时，其净风险将达到最小（Baum，2014）。

总之，造成灾难性风险的人工智能给法律带来了重大挑战。最关键的是，这甚至会导致当前的责任体系无所适从。在这种情况下，预防性方法自然有其存在的道理，但我们还要注意实施预防性方法的同时，给予人工智能预防其他灾害等利好技术的发展空间。与其他类型的人工智能相比，构成灾难性风险的人工智能对法律提出了不同的挑战，但也存在着与其他灾难性风险挑战相似的情况。

5.4 结论

虽然机器人在许多方面有益于社会，但它们所带来的伤害事件也会层出不穷。随着机器人的发展与普及，这些危害的频率和规模可能会愈演愈烈，甚至可能导致或促成一些重大的全球性灾难。重要的是，法律应该尽可能地对这些损害予以管控，以便将其降至最低，并在伤害发生时维护正义的尊严。

对于机器人所造成的各类伤害，与传统责任机制要求一致，人类一方负有最终责任。但是，当机器人可能要承担责任之时，法律就将面临着重大的挑战。此类案例需要对机器人进行法律人格测试，以便评估机器人的责任范畴。目前，已经存在对机器人的智能互动技能、自我意识和社区生活能力的有效评估措施。根据机器人在人格测试中的表现，并与成人责任相比，确定其可能会承担更多或更少的责任。机器人承担责任并不意味着人类一方免于承担责任。事实上，相较于人类父母，机器人设计者应该承担更多的责任，因为机器人的设计比人类儿童的培养要宽泛得多。最后，对于具有灾难性风险的机器人，人类不能单单指望法律框架下的正义伸张，而是必须采取相应的预防措施避免灾害发生。

参与机器人设计、制造和使用的人员可以通过选择可靠的机器人来降低其承担责任的风险。提高可靠性的方法在于避免计算范式（如神经网络）出错或者使用可靠程序（Huang and Xing，2002）。机器人的设计应该足够透明，让责任方有信心能够有理有据地提前预测到可能发生的伤害，以便他们可以给机器人建立安全限制。或者像其他常规技术一样，至少对机器人使用者提出相应警告。在将机器人置于可能造成伤害的环境之前，还应对其进行严格意义上的安全测试。如果机器人不能可靠地避免伤害，那么绝不能投入使用。

对于可能导致重大全球性灾难的机器人，其安全指南应该更加细致严谨。一场灾难就可能对人类文明造成永久性的伤害。因此，避免任何灾难的发生至关重要。安全测试本身的危险性增加了透明计算模式的价值，这让人类在制造机器人之前可以评估风险。为了避免重大灾难性事件发生后法律制度的缺位，所以针对该类情况的法律措施也必须在机器人制造之前就要生效。如果机器人被设定成正直的具有法律人格的主体，那么它们就不太可能造成灾难。但是即便如此，我们仍需建立一些法律制度以便此类机器人为自己所造成的伤害承担责任。

如本章所示，机器人责任对法律提出了全新的挑战。应对这些挑战需要来自法律、机器人学、哲学、风险分析和其他领域的共同努力。不同的专业人员必须通力合作，建立机器人责任制度，在避免伤害事件发生的同时，利用机器人技术造福于全社会。目前，机器人技术依旧存在很大的危险性，因此如何避免机器人伤害事件发生就显得尤为紧迫。我们希望人类和机器人能够在一个负责任的社区中和谐共存，互惠互利。

致谢

我们感谢托尼·巴雷特（Tony Barrett）、丹尼尔·杜威（Daniel Dewey）、罗曼·扬波利斯基（Roman Yampolskiy）和编辑们对本章早期草稿的深刻评论。所有讹误与缺点均由笔者承担。本章的部分工作由未来生命研究所资助。这里提出的观点仅代表作者观点，并非反映全球灾难风险研究所或未来生命研究所的观点。

参考文献

Barrett, Anthony M. and Seth D. Baum. 2017. "A Model of Pathways to Artificial Superintelligence Catastrophe for Risk and Decision Analysis." *Journal of Experimental & Theoretical Artificial Intelligence* 29(2): 397-414. doi: 10.1080/0952813X.2016.1186228.

Barrett, Anthony M., Seth D. Baum, and Kelly R. Hostetler. 2013. "Analyzing and Reducing the Risks of Inadvertent Nuclear War Between the United States and Russia." *Science & Global Security* 21(2): 106-133.

Baum, Seth D. 2010. "Universalist Ethics in Extraterrestrial Encounter." *Acta Astronautica* 66(3-4): 617-623.

Baum, Seth D. 2014. "The Great Downside Dilemma for Risky Emerging Technologies." *Physica Scripta* 89(12), article 128004. doi: 10.1088/0031-8949/89/12/128004.

Baum, Seth D. and Anthony M. Barrett. Forthcoming. "The Most Extreme Risks: Global Catastrophes." In *The Gower Handbook of Extreme Risk*, edited by Vicki Bier. Farnham: Gower.

Baum, Seth D. and Itsuki C. Handoh. 2014. "Integrating the Planetary Boundaries and Global Catastrophic Risk Paradigms." *Ecological Economics* 107: 13-21.

Baum, Seth D., Ben Goertzel, and Ted G. Goertzel. 2011. "How Long Until HumanLevel AI? Results from an Expert Assessment." *Technological Forecasting & Social Change* 78(1): 185-195.

Baum, Seth D., Timothy M. Maher, Jr., and Jacob Haqq-Misra. 2013. "Double Catastrophe: Intermittent Stratospheric Geoengineering Induced by Societal

Collapse." *Environment, Systems and Decisions* 33(1): 168 - 180.

Baum, Seth and Trevor White. 2015. "When Robots Kill." *Guardian*, June 23. http://www.theguardian.com/science/political-science/2015/jul/23/when-robots-kill.

Bentham, Jeremy. (1789) 1907. *Introduction to the Principles of Morals and Legislation*. Reprint, Oxford: Clarendon Press.

Bostrom, Nick. 2013. "Existential Risk Prevention as Global Priority." *Global Policy* 4(1): 15 - 31.

Bostrom, Nick. 2014. *Superintelligence: Paths, Dangers, Strategies*. Oxford: Oxford University Press.

Calo, Ryan. 2011. "Open Robotics." *Maryland Law Review* 70(3): 571 - 613.

Calo, Ryan. 2016. "Robots in American Law." University of Washington School of Law Research Paper No. 2016 - 04.

Caplan, Bryan. 2008. "The Totalitarian Threat." In *Global Catastrophic Risks*, edited by Nick Bostrom and Milan Ćirković, 504 - 519. Oxford: Oxford University Press.

Centeno, Miguel A., Manish Nag, Thayer S. Patterson, Andrew Shaver, and A. Jason Windawi. 2015. "The Emergence of Global Systemic Risk." *Annual Review of Sociology* 41: 65 - 85.

Funkhouser, Kevin. 2013. "Paving the Road Ahead: Autonomous Vehicles, Products Liability, and the Need for a New Approach." *Utah Law Review* 2013(1): 437 - 462.

Goertzel, Ben. 2016. "Infusing Advanced AGIs with Human-Like Value Systems: Two Theses." *Journal of Evolution and Technology* 26(1): 50 - 72.

Good, Irving John. 1965. "Speculations Concerning the First Ultraintelligent Machine." In *Advances in Computers*, edited by Franz L. Alt and Morris Rubinoff, 6: 31 - 88. New York: Academic Press.

Hammond, Daniel N. 2015. "Autonomous Weapons and the Problem of State Accountability." *Chicago Journal of International Law* 15: 652, 669 - 670.

Hernandez, Daniela. 2015. "The Google Photos 'Gorilla' Fail Won't Be the Last Time AIs Offend Us." *Fusion*, July 2. http://fusion.net/story/160196/the-google-photos-gorilla-fail-wont-be-the-last-time-ais-offend-us.

Huang, Samuel H. and Hao Xing. 2002. "Extract Intelligible and Concise Fuzzy Rules from Neural Networks." *Fuzzy Sets and Systems* 132(2): 233 - 243.

Hubbard, F. Patrick. 2011. "'Do Androids Dream?' Personhood and Intelligent Artifacts." *Temple Law Review* 83: 405 - 441.

Majot, Andrew M. and Roman V. Yampolskiy. 2014. "AI Safety Engineering

Through Introduction of Self-Reference into Felicific Calculus via Artificial Pain and Pleasure." *IEEE International Symposium on Ethics in Science, Technology and Engineering*. doi: 10.1109/ETHICS.2014.6893398.

Majot, Andrew M. and Roman V. Yampolskiy. 2015. "Global Catastrophic Risk and Security Implications of Quantum Computers." *Futures* 72: 17 - 26. doi: 10.1016/j.futures.2015.02.006.

Marchant, Gary E. and Rachel A. Lindor. 2012. "The Coming Collision Between Autonomous Vehicles and the Liability System." *Santa Clara Law Review* 52(4): 1321 - 1340.

McMorran, Chris. 2013. "International War Crimes Tribunals." *Beyond Intractability*. http://www.beyondintractability.org/essay/int-war-crime-tribunals.

Page, Talbot. 2003. "Balancing Efficiency and Equity in Long-Run Decision-Making." *International Journal of Sustainable Development* 6(1): 70 - 86.

Posner, Richard. 2004. *Catastrophe: Risk and Response*. Oxford: Oxford University Press.

Sotala, Kaj and Roman V. Yampolskiy. 2015. "Responses to Catastrophic AGI Risk: A Survey." *Physica Scripta* 90(1), article 018001. doi: 10.1088/0031-8949/90/1/018001.

Sparrow, Robert. 2007. "Killer Robots." *Journal of Applied Philosophy* 24(1): 62 - 77.

Sunstein, Cass R. 2006. "Irreversible and Catastrophic." *Cornell Law Review* 91: 841 - 897.

Vladeck, David C. 2014. "Machines Without Principals: Liability Rules and Artificial Intelligence." *Washington Law Review* 89: 117 - 150.

Warren, Mary Anne. 1973. "On the Moral and Legal Status of Abortion." *Monist* 57(4): 43 - 61.

Weaver, John Frank. 2014. *Robots Are People Too: How Siri, Google Car, and Artificial Intelligence Will Force Us to Change Our Laws*. Westport, CT: Praeger.

Wiener, Jonathan B. 2002. "Precaution in a Multirisk World." In *Human and Ecological Risk Assessment: Theory and Practice*, edited by Dennis J. Paustenbach, 1509 - 1531. New York: Wiley.

Wilson, Grant. 2013. Minimizing Global Catastrophic and Existential Risks from Emerging Technologies Through International Law." *Virginia Environmental Law Journal* 31: 307 - 364.

Wolfe, Matthew W. 2008. "The Shadows of Future Generations." *Duke Law Journal* 57: 1897 - 1932.

Yadron, Danny and Dan Tynan. 2016. "Tesla Driver Dies in First Fatal Crash While Using Autopilot Mode." *Guardian*, June 30. https://www.theguardian.com/technology/2016/jun/30/tesla-autopilot-death-self-driving-car-elon-musk.

Yudkowsky, Eliezer S. 2002. "The AI-Box Experiment." http://www.yudkowsky.net/singularity/aibox/.

第 6 章

专业的洞察力、真实性与自动化反例

大卫·佐勒

从某种意义上讲，自动驾驶汽车是一项无害的发明。有了这项发明，城市居民就能够从传统的手动驾驶中解放出来，实现自动驾驶。相信要不了多久，自动驾驶汽车也会在城市以外的地区普及开来。此外，自动驾驶汽车还促发了关于人类技能自动化的各方辩论。至少从工业革命以来便存在着手工技能将逐渐丧失的隐忧（Sennett，2008）。然而，尽管这些担忧由来已久，但要解释清楚其背后的负性理据却并非易事。我们可能会将人们更多地依赖自身技能做事的时代浪漫化，认为那是一个更“真实”的时代——直到我们意识到每个时代都有其相应的技术，每个时代都可以对这些技术尚未形成之时先人所拥有的技能进行浪漫想象（Feenberg，1999；Sennett，2008）。

正如芬伯格（Feenberg）所言，我们有理由也有必要去担心技能丧失的更深层原因，因为这关系到自动化如何改变我们周遭世界的看法（1999；Heidegger，1977）。最近一篇批评自动驾驶汽车的文章就此对比呈现了两种大相径庭的图景：一边是车技娴熟的摩托车手，基本达到人车合一，对于周围环境心知肚明，轮胎压过道路的方寸毫厘都尽收眼底；另一边是半自动化的奔驰“司机”，睡眼蒙眬中还在心不在焉地浏览网页（Crawford，2015：79－80）。

人们肯定会说，这两个例子听起来内涵颇丰。但重要是，这两个例子丰富的内涵又是什么呢？其实，这可能与谁更实用并无关系，只是想告诉我们：学习开车、护理等工作的艰辛以及我们在实践中所犯的错误都会让我们对自动化青眼有加。同样，这还涉及一个长期存在的观点，即劳动的终结（包括日常工作中的劳动）为自由、自决和自创提供了可能空间（Marcuse，1964；Maskivker，2010）。如果放弃自动化所带来的这些好处我们能获得的仅仅是技能和自己完成工作的乐趣，那么似乎偏爱选择活生生的人来从事司机、护士、农民或咖啡师等职业就很难说得过去。如果对我们而言拥有熟练感知的价值（正如我们的摩托车手表现的那样）只是令人愉悦而已，那么或许我们应该在别处寻求乐趣。

为了找出问题的关键所在，让我们来思考一个极端案例——技能全部（或部分）消失。技术评论家对未来提出了一个反乌托邦式的设想——所有的事情都已安排妥当，不需要人类劳动，也不需要人类持续地关注工作或辛苦习得什么技能（Carr，2014；Crawford，2015）。为了便于论证，让我们姑且将这些设想总结为一个统一的反乌托邦式假想，或者我们也可以将其称为“自动化的狂热”。在自动化的狂热当中，我们是各行各业的专家，在任何情况下都能应付自如且无需在前期接受任何训练。比如，前往你最喜欢的市中心咖啡店？人行道上的虚拟箭头就会即刻给你指路。或者，当你在脑海中玩网络游戏时，你的鞋子就会带着你朝正确的方向前进，甚至还会贴心地轻推你避开路上的障碍。有人说了什么让你听不懂的话了？滑动翻译器，你会听到它以你能理解的方式把这些话翻译出来。毋庸置疑，你可以乘坐由机器人制造的自动汽车来到这里。这是一个没有限制的世界，因此不需要技能。上述文字中充满了隐喻，暗示我们这些依赖技术的人在某种意义上已经失去了与世界的联系：克劳福德（Crawford）哀叹我们正走向自动化的“虚拟现实”，此间我们所应对的将不再是“现实世界”；卡尔（Carr）声称，随着技术取代技能，“世界正在衰退”（Crawford，2015：73；Carr，2014：144）。但这有什么反乌托邦的呢？自动化的狂热到底少了什么？缺少的这些又有什么重要意义呢？

在我看来，技能是打开现实角落的钥匙。换言之，无法熟练掌握技能的人就没法接近现实。相比于新手，对于木匠师傅而言，一块好木头就是一份邀请，吸引着他去雕塑和创造。同样，对于熟练的司机来说，道路上的每一个弯道和不完美之处都是生动的现实。如果自动化的狂热真的存在，那么除了那些有钱又有闲的人可以投入大量金钱学习技能类的爱好之外，大多数人将失去体验现实的机会。

在讨论下一节熟练感知的本质之前，我思考了不同的论点——熟练感知的价值在于它本身或是在于它对更深层人类善行的启发意义。如果这些论点成立，它们就给个人学习手工技能和自己做事提供了合理的理由。这也可以运用到社会领域，为允许人类不借助自动化机械从事一些活动以及更偏向于有人类工作和技能参与的技术提供了有效的解释（Carr，2014；Crawford，2015；Vallor，2015）。在更广义上讲，我们可以将手工技能视为一种正在衰落或被低估且内在价值亟须得以阐明的精神（Heidegger，1977；Sennett，2008）。无论我们如何想将其为己所用，都需要证实熟练感知具有一定的内在价值，而我也相信在一定限度内这个命题一定为真。

6.1 关于熟练感知与简单感知现象

证明意识应以某种方式存在并非易事。为什么一种关注世界的方式本质上会比另一种更好呢？关于人类技能的几个较为突出的论断来自所谓“现象学”的哲思（Heidegger，1977；Dreyfus，1992；Noë，2009；Crawford，2015）。现象学是指从第一人称视角研究人类经验及其基本架构的学科（Sokolowski，2000；Smith，2004）。现象学并非只是简单地观察人类精神生活，它还需在人类经验的基本要素之间寻找必要的联系（Drummond，2007）。举一个简单的例子，拥有一个身体(而不是一个无意识的大脑)是你体验空间物体的方式,你需要身体来自如地体验可以被探索、触摸、移动和感觉的椅子或房间(Noë, 2009; Crowell, 2013)。如果有一天,科技让我们失去身体,这也许是件好事。但是,我们也就随之失去了这样体验椅子和房间的可能与机会。当然,在这种情况下经验的基本结构也会相应发生变化。但就我们目前的认知经验来看,这无疑是病态的,因此需要我们高度关注并且予以避免。

例如,现象学描述了在精神分裂症和躯体性精神分裂症(一种不再将四肢视为自己四肢的精神机能障碍)等情况下,体验是如何在基本层面上遭到破坏的;这让人们更好地理解患者所失去的广泛体验与感知(Fuchs and Schlimme, 2009; Matthews, 2004)。众所周知,体验的某些"偏差"——例如,无法识别四肢——切断了人类体验中的关键环节,从而阻碍了其对人类美好品行的追求。自动化的狂热中所提供的"去感知世界"就类似于这种所谓的体验"偏差"。借助现象学,我们就可以对这种现象了解一二。接下来,我将在本节中介绍当前对熟练感知的现象学理解,并在接下来的章节中分析和解释熟练感知是美好生活的更基本要素的先决条件这一最新论点。

在现象学中,一个普遍的观点就是所有感知都具有"规范性"。换言之,对任何物体的基本感知都会立即让人感觉到某种目标和标准(Crowell, 2013; Doyon, 2015)。我认为各种物体不仅是带有某种心理名称标签的感官数据,还是指导人类活动并引导其进一步感知的复杂整体(Sokolowski, 2000)。正如胡塞尔(Husserl)所解释的那样,即使是基本的三维盒子也是如此:虽然人可以看到盒子面向自己的样子,但却无法感知到盒子的其余部分,但人却知道只要围绕盒子走一圈便可了解其全貌(Husserl, 1998: 94ff)。对于视觉对象、听觉"对象"(音乐抑或短语)或心理实体(爱的想法)的感知都部分源于我们感知的碎片化属性。在任何情况下,"整体对象"都不会只出现在单一的视觉(或听觉,或认知)维度当中;相反,"整体对象"才是个人感知所指向的目标对象。

每件物体都需要“最大限度地表达”，即人类对其全方位感官和探索的可能性(Merleau-Ponty，2012：332)。因此，摆在面前的桌子不只是一个恰好与记忆重叠的平面视觉图像或卡片。真正使其“成为”一张桌子的是人类的感官与吸引人类(和身体)获得某种最佳体验的物体。吉布森(Gibson)建议，我们应将物体看作是为我们提供的行为方式或“启示”(2015：119ff.)。人不太可能每次看到一张桌子时都去从视觉和触觉上探索它。但是，当人看到桌子时就暗示了这些感知以及整个物体对人类感知冲动的长期吸引。

在更高的层次上，当人获得处理特定类型物体的技能和能力时，个体就学会了一种技能——感知它们的多种可能性。据此，人类也就可以探索很多本来无法探索的东西，也许是电气工程中那些神秘的盒子和电线、计算机代码或勋伯格(Schoenberg)的无调性音乐。要探索一个乐句及其所代表的特定类型的统一体，需要具备一定的理解力，理解它是一系列可能性形成的统一体。要听到这些，需要技巧，需要对接下来会出现什么音符与和弦的期望，实现这些期望的愿望，对音质的欣赏，等等。一个纯粹的新手可能只会听到一连串的噪声，而音乐家则能聆听到其中的奥妙。从这个意义上说，熟练感知力——与简单感知力相反——不仅仅是有用的或令人愉快的。相反，它还允许我们看到世界上更复杂的统一体，理解物体世界的某种“带宽”。

再比如一个武术家的例子。在酒吧面对愤怒的客人时，武术家会更容易感知到逐渐浮现的搏斗气氛：愤怒的顾客失去平衡，他看着我，握紧拳头并举起拳头，但他的右脚已经离地了，所以我可以让他摔向他的左边(Crawford，2015：55)。要在特定环境中获得技能，就必须在特定的现实片段详细地展现在我眼前时与它保持协调：让我的注意力放慢，就像与自己技能相关的现象发生的速度一样。当自身技能得以发展时，我们感知到的生活本身就变成了统一体，不再是多重杂音。正如克劳福德所言:“我们现在正在受我们所使用的技能和工具细节的制约,并以一种更加确定的方式居在[世界]中。”(2015：67；Noë，2009)这一点意义非凡,我将就此在下文中予以讨论。

在可能居住的无限感知世界当中,我正在逐渐训练自己的思想,使其居住或“嵌入”现实的特定“壁龛”之中(Gibson，2015)。最新的认知科学将这一过程称为所擅长的有限范围对象在认知上的“耦合”(Noë，2009；Clark，2011)。在人类实践的每一个领域当中,我并非都会如此熟练地完成耦合。除了少数几个领域之外,我在所有领域都是新手。对我而言,其他领域的对象只是各种各样的噪声、障碍、新鲜事物或者尚未被触及的处女地,我可以探索的东西相对较少。追求“智能”自动化可能使我们能够在没有技能或感知力的情况下获得某种体验。然而,我们实际上根本不会居住在任何感知的“壁龛”当中,对新手来说,技术人员能够看到和探索的对象并不“存在”。例如,当我将车钥匙交给机器人时,我失去了在驾车时体验城镇周围广阔土地的机会,也失去了与道路上的其他人交往的窗口。当机器人或软件为我执行一些技能活动时,机器人为我居住在相关物体之间,为我感知它们,从而为我适应土地、城市和花园。如果我是新手,我在这些“壁龛”当中感知到的只是噪声、半知半解的物体、三维盒子等无甚影响的事物。

当然,机器人或软件并不关心它“感知”到的对象的规范性特征。在交响乐结束之前,机器人是否关心还未出现的和弦?当人类在繁忙的道路或拥挤的厨房中穿行之时,机器人是否在等待和欣赏人类之间微妙的社交暗示?虽然机器人有足够的技能来适应感知领域,但它并不需要这样做。这就意味着没有人真正地居住在生活当中,比如城镇周围的土地、我的厨房或者整个城市。这不一定是机器人或厨房或城市的悲剧,但一定是我的悲剧。也许纯粹的技术只能类似于人的简单感知,无法真正融入各个领域,其深刻的统一性在机器意识中以一种快速模糊的无关性脱落而尽，就像电气工程的盒子或酒吧顾客的动作在我的意识中滑落并逐渐模糊一样。下面我将从几个方面讨论这种现象潜在的坏处。

6.2 作为心理红利的认知限制

通过获得技能来训练和“放缓”我的感知显然十分有限，这对依赖技术的人群来说可能听起来非常糟糕。但是人们可以宣称，这种限制有其自身价值。诺埃(Noë)(2009) 提供了一种关于生活的思想实验，其中我们没有获得技能，也没有与一个确定的当地环境完成“耦合”。诺埃声称，这样的生活将是“机械的”、怪异的：“每一天都会像来到一个陌生的地方一样。没有熟悉的途径或经过检验的策略指导我们做事……我们会审视、解释、评估、决定、执行、重新评估。至关重要的是，我们的实际生活与这种机器人异化的存在模式毫无相似之处……因为在我们熟悉环境中的生活会将自己需要关注的选择和自由度减少到可以管理的数量之内”(2009：119)。

有人可能会反对说，即使在自动化的狂热当中，我们也永远不会失去人类经验。我们可能会认为，一些熟练的行为就不在此列，无论环境如何，人类都会获得技能和习惯以将自己融入其中。但诺埃指出，拥有感知的“壁龛”并不是理所当然的事情，这可能需要数年时间才能实现，当然也可能功败垂成。例如，移民到一个新的地方本身就涉及对于融入自我的某种认知“伤害”。诺埃讲述了他父亲移民到纽约的经历，他不断努力与新环境“耦合”并治愈伤口(2009：69)。我之前勾勒出的观点对这种“伤害”提供了一些解释：也许在我的新家里面，除了表面的东西以外，没有任何东西可以让我去施展拳脚或探索一二。也许我在这个新的国家当中并没有看到令人信服的统一体——只是一堆杂物而已。也许由于移民的压力，我可能永远不会将自己成功融入，也没有机会去尝试。也许如果一个人环游世界就是活，那么也有可能永远不必绞尽脑汁地将自己融入其中——去寻求技术依赖，以便再也不必这样做。

诺埃在这里的特殊推理取决于这样一种方式——一个有限的自我（植根于其与一小部分环境的熟练感知耦合当中）是一个心理上正常的自我，并享有"可管理"的自由度。我们可以选择关注自己在获得技能的漫长过程中所收获的附属品，比如道德品质的进步（Sennett，2008；Carr，2014；Crawford，2015）。克劳福德将获得与运用技能的过程视为一种更"成人"的方式，让自己适应现实：与其像溺爱的婴儿般待在满足自身需求的"虚拟现实"当中，成年人不如与现实拼斗，并且获得足够的技能来应对现实中的挑战（2015：69ff.）。卡尔（2014）补充道：习惯性地关注"现实"让我们更有价值感、庄严感和警惕性，能够防范机器错误。正如森尼特（Sennett）所指出的那样，这种与"真实"重新接触的倾向至少可以追溯到工业革命时期，19 世纪英国改革家约翰·罗斯金（John Ruskin）带领富裕的年轻人通过手工建造工作重新接触"真实生活"（2008：109）。我们通过让自己适应"现实世界"而变得成熟，收获一定的道德和个人魅力。毕竟对于我们而言，一个充满懒惰心理的婴儿世界糟糕透顶。

然而，至少可以想象，依赖技术的个体可能会以其他的方式接受其道德和性格训练，而且机器错误在原则上并非不可避免。为了转换思路，我们可以说：以一种迥异的、更有指向性的方式关注"现实世界"会带来一定的后果，并且这种方式不易被取代。关于诺埃不幸的移民生活，就像我说的那样，由肤浅的对象（噪声、三维盒子、一堆杂物和小饰品）填充的生活可能会更糟糕。这是一种来自对象的"吸引"相对较少的生活，因为不能看到和听到那些具有更为丰富吸引力的内容。我们可以想象，至少其中一些属于默认的道德诉求，如果我不再能够（或不去）关注这些诉求的实体构成，我会想念它们。也许这些吸引力来自我所在城镇的其他市民，对于行驶在路上的我而言他们很不起眼，抑或来自土地本身，在开车进入山谷时以独特的方式呈现于我的眼前。

鉴于将一项熟练的活动自动化意味着同意我们将退出感知现实的某个“壁龛”,并且可能永远退出,我们应该确信:要么(a)在该壁龛中没有任何重要的东西;要么(b)如果有,我们知道如何合成或人为地重建那种意义,以便我们无需身处它通常所处的壁龛之中,也能了解并欣赏到它。这一点并非广义上技术恐惧的理由,而只是为技术的发展提供一些警示性原则。我们越是突然、广泛和普遍地将我们的感知能力交给机器人,我们就越有可能犯错并“丢失数据”——特别是那些对于我们的道德和社会生活来说不可或缺的数据。同样,我们可能会认为这要么对感知者(主体)本身不利,要么在道德上对他者不利——当前的主体只是选择性地去了解他者的道德诉求,甚至对其中的部分充耳不闻。

6.3 新亚里士多德式的卓越论

我们可以通过借鉴现象学中最新的一些新亚里士多德伦理趋势以及美德伦理趋势以便推进这一关于熟练感知价值的论证思路。我们不太好说一种感知要比另一种更好,但我们至少在原则上可以像美德伦理学一样谈论如何更好地(而不是逊色地)去适应个体处境(Aristotle, 2000; Drummond, 2002)。如果说我们作为有意识的个体,几乎不去注意自己的生活环境或整个世界,就可以“出色地”生活其中,这就很奇怪。相反,我们可能会认为,对于像我们这样的生命来说,我们如何意识到自身周围的世界就是我们如何生活在自己环境当中。在这里,我提出了一系列环环相扣的论点——来之不易的感知技能是美好生活的必备条件。

6.3.1 一般卓越论

思考自动化如何改变我们对克罗韦尔(Crowell)所说的日常活动

成功标准的看法(2013：273)是论证一般卓越论的一种方式。我们可以将人类活动的一个领域自动化，因为对于该活动的理解满足了“足够就好”的标准：我们只想完成任务，仅此而已(Crowell，2013，2015)。我绘制一个雕像并把它用3D打印出来，因为我只想把这个雕像放在我的架子上。鉴于这就是我的目标，我或任何人都没有理由非得用坚韧可塑的黏土来制作这个东西。我授权一个在线零售商自动给我邮寄我所需的所有杂货，因为我只想完成购物这件事情而已。我点击手机预约一辆自动驾驶汽车，因为我仅仅将道路视为足以让我到达目的地的工具。然而，我显然不想让机器人吉他手为我演奏。对于某些活动来说，相关的成功标准仅是按照其自身的条件来出色地完成活动而已。

与亚里士多德更为广义的论述看法一致，在人类经验的某个领域，有德行就是能使用德性出色地适应相关境况。例如，亚里士多德指的勇者就是指能够在涉及危险、恐惧等的环境中行动出色的人(Aristotle，2000：1115a-1115b)。亚里士多德没有附带的假设——我们需要更多的理由来变得愈加勇敢。相反，重点是培养自己的注意力与认知力，以便更好地适应环境本身(Aristotle，2000：1105a-1106a)。森尼特(2008)将此描述为工匠精神，对完成高质量工作的技能本身的关注。森尼特(2008)建议我们可以在从烹饪到计算机编程的一系列活动中呼吁这一精神的重建。同样，克劳福德(2015)指出，当我们将许多熟练的人类活动自动化和外包之时，我们可能会根据“够用就好”的成功标准错误地评估这些活动。

从驾驶到调酒再到摩托车维修等活动可能都会根据亚里士多德的德性标准重新构思，或者在这种情况下表现得更为出色。如果我们的目标是出色地适应这些情况，那么追求完全阻止我们适应这些情况的自动化自然有悖常理。相反，我们应该希望他们花费更长的时间。瓦洛(Vallor)(2015)补充道：除了森尼特或克劳福德的工匠“去技能化”之外，当机器人而不是人类被置于道德因素具有显著影响的军事和护理角色当中之时，我们还必须考虑如何削弱自己在道德决策方面的技能，从而削弱自身的道德卓越。假设在道德上人类的卓越是一个重要的目标的话，那么人类的注意力不应该被引导到控制护理机器人，而是要关注特定情况下道德的相关特征，即患者的需求与身体（Vallor，2015）。

6.3.2 实际身份论

虽然将日常的熟练行为视为追求卓越的机会有很大的前景，但可以想象，这种方法可以让我们对亲自做事有一个相当开放的承诺：我是否应该自己砍柴来建造一个写字台，编写我自己的文字处理软件，等等？我们只要想到真正熟练的专业化感知必然是十分有限的，就可以否定上述问题，也就是说，我们只能熟练地感知这个世界的部分"启示"（Noë，2009；Clark，2011；Gibson，2015）。毕竟，人们认为技术的出现就是为了克服这种不熟练的制约。Crowell 根据"实际身份"的概念，克罗韦尔为有限熟练感知生活的优势提供了一种辩护：就是说，虽然我是一个普通人，但我会更加专注和珍视自己作为父母、教授或者其他具体角色；我的特定角色和身份使我能够重视并理解自己的生活（Korsgaard，1996；Crowell，2013：290）。在克罗韦尔的模型当中，"成为"某种实际身份（例如，父母）的含义正是拥有并遵循该角色所特有的熟练感知力（Crowell，2013：290－291；Sokolowski，2000：32ff.）。

与森尼特和克劳福德一样，克罗韦尔认为，在许多日常活动当中，真正的成功不是依据"够用就好"来完成一项工作。用克罗韦尔借鉴海德格尔（Heidegger）的说法来说，我在日常行为中默默地"关注自己的存在"。换言之，从存在的角度关注我是谁和我是什么（Crowell，2013：273）。建造鸟舍既包括成功地将它组合在一起，也包括成功地根据我想成为的人建造鸟舍。我想成为父母？木匠大师？这些角色指定了不同的标准。以父母的身份和我的小孩一起搭建鸟舍，至少可以说，会搭出一个不那么完美的鸟舍。

然而，搭建一个简陋的鸟舍显然与做一位相对成功的父母彼此相容。即使我作为木匠大师的目标是建造一个完美的鸟舍，我也无法仅仅通过3D打印就能达到目的：我的目标是成为一名木匠大师，这需要熟练感知与实践。此外，我不会成功或失败地“成为”自己头脑中的一个特定身份。照顾孩子、骑自行车送他们上学、打扫卫生、玩耍等日常活动，这些是我作为父母需要做到和感知的事情，因为这些对我来说都是为人父母该做的事(除了完成任务之外)。当我完成日常任务之时，我不能仅仅通过思考或者一厢情愿就能“尝试成为一名家长”。所以说，假设可以仅仅通过幻想变成我想成为的人，那简直就是天方夜谭。

虽然我偶尔会明确地考虑成为父母或教授这个问题，但最重要的是，我以一种更加沉默并自主的方式对这些职业产生自己的认知，因为自身熟练感知力会在特定情况下挑选出与这些目标相关的对象与机会(Crowell，2013；Doyon，2015)。我成为一名音乐家的部分原因在于：除了我的眼睛随时处理的大量感官数据之外，我都“坚持”聆听着音乐的演奏，每句歌词对我来说都充满了价值感和可能性。如果我从不这样做的话，无论是因为我没有受过良好的训练，还是因为我太忙而无法关注这片天地，我都只是一个徒有其名的“假”音乐家而已。如果我们想象一个自动化狂热者的注意力匆匆掠过所有事物——可以说是跳过了感知的表面——我们可能认为她只是在以某种空洞的方式持有着许多身份而已。

6.3.3 主体之善的论据

沿袭上文的思路，可以更进一步延伸，从而推及成功拥有某种善行。德拉蒙德(Drummond)认为，我们甚至不能抽象地追求主体之善，尤其是将其看作“自由而有见地的主体”的一般善行。相反，我们通过探索特定的“职业”来求索这些善行(2002：41)。在抽象层面上讲,我并非自由、无所不能,抑或无所不知。相反,我只在人类行为和兴趣的某些确定领域中拥有自由、能力或者知识。通过长期习惯性的训练去探索并感知该环境中的善和情景之间显存的"职业之善"(Drummond, 2002: 27),我锁定了某一人类行为和兴趣的确定领域——一种职业。

追求一般意义上的"知识"或"主体"可能是愚昧的。相反,例如我将自己嵌入教授的环境当中,学习观察与教授身份相关的对象和规范。对于我们不去追求的职业,情况则正好相反。对于技术人员在修理我的计算机时看到的任何复杂性问题,我既不敏感也不擅长。在这种情况下,我缺乏与技术人员所拥有的深度感知"情景"。就像我面对坏掉的电脑这一损失一样,我对损失的感觉与我的感知有限相关,因此无法发挥太多的主体性。鉴于没有任何的感知复杂性——就像我只看到一台坏掉的机器和一片空洞的技术术语一样——我几乎没有资料能让自己"变得"聪明或主动起来。如果从更广义上讲,我没有培养出任何这样的职业敏感性,那么我就没有足够的情境深度来锻炼自己成为一个聪明、有能力的主体。

6.4 描绘我们感知的未来

对于我们中的许多人来说,新兴"智能"产品和自动化的独特紧迫性来自这样一个事实——我们花了多年时间培养的技能(从驾驶到烹饪,从音乐创作到手术)——可能很快就会成为人类不再需要亲自去做的活动。在这种情况下,我们只是掌握了一些无用的技能。我们已经得知,事实也确实如此,需要多年训练才能打开的现实世界中某些角落的人性之窗很快就要关闭了。随着世界变得越来越"智能化",我们预期关闭的那些窗口的时间之近和数量之多会赋予这一问题一定的紧迫性。以上我已经关注并讨论了关闭这些窗口对于我们的主体性可能产生的影响。

在这一点上，我们可能想知道自己应该保留哪些技能。驾驶是其中之一吗？或是烤面包？还有许多类似的问题。简单来说就是：(a) 我们应该是足够精微与熟练感知者，能够出色地适应与我们自己的实际身份相关的境遇；(b) 我们有充分的理由去“成就”那些身份；(c) 我们通过实际运用技能和熟练感知来做到这一点。更具体地说，我们不能完全确定哪些技能和情况更为重要，因为我们的身份只是在目前客观世界中各种各样的壁龛里发挥作用。例如，在复杂多样的社交环境(从交通到杂货店)当中高度关注并协商人际线索就是我成为公共场合社交个体的方式。如果忽略这些情形，我就很有可能被严重误导；但如果我注意并感知这些情形，我就可以让自己进入某种纯粹的休闲状态，在那里我满足自己作为人类个体的基本需求。这显然不是人类之善的运作方式。

如果许多日常活动就是能够“成就”我们的舞台(而不是漫无目的的认知点)，那么我们就会开始按照亚里士多德式的卓越标准来思考许多(或非常多)的日常活动。可以这么说，同时也不得不承认，我们依靠自己的技能做事并非总是优于其他因素，例如每天通勤四个小时的司机就是一个反例。本文中，我的目的只是为了在关于自动化的辩论中引导大家注意到熟练感知的价值，不要忽略这一重要因素。我想我们会根据具体情况权衡取舍。这也许会促使我们去做一些日常研究：关注我们自己在日常工作中的感知力，抑或思考当我们只看到世界的一小部分时，我们可能会意识到人类主体之善有多深刻。

参考文献

Aristotle. 2000. *Nicomachean Ethics*. Translated by Roger Crisp. Reprint, New York: Cambridge University Press.

Carr, Nicholas. 2014. *The Glass Cage: Automation and Us*. New York: W. W. Norton.

Clark, Andy. 2011. *Supersizing the Mind: Embodiment, Action, and Cognitive*

Extension. New York: Oxford University Press.

Crawford, Matthew. 2015. *The World Beyond Your Head: On Becoming an Individual in an Age of Distraction*. New York: Farrar, Straus and Giroux.

Crowell, Stephen. 2013. *Normativity and Phenomenology in Husserl and Heidegger*. New York: Cambridge University Press.

Doyon, Maxime. 2015. "Perception and Normative Self-Consciousness." In *Normativity in Perception*, edited by Maxime Doyon and Thiemo Breyer, 38 - 55. London: Palgrave Macmillan.

Dreyfus, Hubert. 1992. *What Computers Still Can't Do: A Critique of Artificial Reason*. Cambridge, MA: MIT Press.

Drummond, John. 2002. "Aristotelianism and Phenomenology." In *Phenomenological Approaches to Moral Philosophy: A Handbook*, edited by John Drummond and Lester Embree, 15 - 45. Dordrecht: Kluwer Academic.

Drummond, John. 2007. "Phenomenology: Neither Auto-nor Hetero-Be." *Phenomenology and the Cognitive Sciences* 6(1 - 2): 57 - 74.

Feenberg, Andrew. 1999. *Questioning Technology*. New York: Routledge.

Fuchs, Thomas and Jann E. Schlimme. 2009. "Embodiment and Psychopathology: A Phenomenological Perspective." *Current Opinion in Psychiatry* 22: 570 - 575.

Gibson, James J. 2015. *The Ecological Approach to Visual Perception*. New York: Taylor & Francis.

Heidegger, Martin. 1977. "The Question Concerning Technology." In *The Question Concerning Technology and Other Essays*. Translated by William Lovitt. New York: Harper & Row.

Husserl, Edmund. 1998. *Ideas Pertaining to a Pure Phenomenology and to a Phenomenological Philosophy, First Book*. Translated by F. Kersten. Dordrecht: Kluwer Academic.

Korsgaard, Christine. 1996. *The Sources of Normativity*. New York: Cambridge University Press.

Marcuse, Herbert. 1964. *One-Dimensional Man*. Boston: Beacon Press.

Maskivker, J. 2010. "Employment as a Limitation on Self-Ownership." *Human Rights Review* 12(1): 27 - 45.

Matthews, E. 2004. "Merleau-Ponty's Body-Subject and Psychiatry." *International Review of Psychiatry* 16: 190 - 198.

Merleau-Ponty, Maurice. 2012. *Phenomenology of Perception*. Translated by Donald A. Landes. New York: Routledge.

Noë, Alva. 2009. *Out of Our Heads: Why You Are Not Your Brain, and Other Lessons from the Biology of Consciousness*. New York: Hill & Wang.

Sennett, Richard. 2008. *The Craftsman*. New Haven, CT: Yale University Press.

Smith, David Woodruff. 2004. *Mind World: Essays in Phenomenology and Ontology*. New York: Cambridge University Press.

Sokolowski, Robert. 2000. *Introduction to Phenomenology*. New York: Cambridge University Press.

Vallor, Shannon. 2015. "Moral Deskilling and Upskilling in a New Machine Age: Reflections on the Ambiguous Future of Character." *Philosophy and Technology* 28(1): 107 - 124.

信任与人机互动

引言

在第二部分中，我们看到编程涉及的不仅仅是法律和伦理问题；机器人技术中负责任的设计还需要考虑到人类的心理因素。因此，这部分将重点讨论信任、欺骗以及人机互动的其他问题。

我们已经看到机器人与人类可以一起生活和工作，并且前者能够照顾后者。例如，照料老年人或体弱者。但是，这样的“护理机器人”真的会关心它所照顾的用户吗？毕竟它没有真正的情感。这种观点看起来很有道理：护理需要的内在认知和情感状态正是机器人所欠缺的。但是，达里安·米查姆（Darian Meacham）和马修·斯塔德利（Matthew Studley）在第 7 章中提出，无论护理机器人是否具有内部情感状态，它们都可以通过某些富于表现力的行为来帮助创造护理环境。他们得出的结论是，尽管有一些相似之处，但是这种人机互动并不等同于人际互动。随着护理机器人的普及，我们的社会和认知结构逐渐适应这一全新的现实，这些差异可能会随之改变。

我们可能会问出类似机器人成为朋友的可能性的问题。在第 8 章中，亚历克西斯·埃尔德（Alexis Elder）探讨了与自闭症儿童相关的问题。其他作者指出了自闭症患者与机器人之间存在相似之处，他们认为机器人对于自闭症患者而言具有真正的治疗价值。但是，老年人担心它们的用处是以欺骗为前提的：它们讨人喜欢的友好表现会让患者把它们当成真正的朋友——事实上，比起人类，他们更喜欢机器人陪伴。这就产生了潜在的道德风险——老年人认为这种风险可以通过精心设计和负责任的使用来缓解。因此,这种疗法在使用得当的前提下确实会带来真正的希望。

当然,实验室里的机器人专家非常熟悉他们的发明物存在的局限和缺点。但是,一旦一项技术被广泛采用,许多非专业人士就会天真地认为这项技术可以在所有日常环境中可靠地发挥作用。这就产生了过度信任的问题,例如,在医院等医疗环境中使用机器人很可能会导致用户对于这项技术的过度依赖和过度信任。

在第 9 章中,杰森·博伦斯坦(Jason Borenstein)、艾安娜·霍华德(Ayanna Howard)和艾伦·R.瓦格纳(Alan R. Wagner)针对机器人与儿童合作领域探讨了过度信任问题。他们认为机器人学领域的专家们有义务检查这种过度信任的趋势并制定相应的策略,从而减轻过度信任可能给儿童、家长和医疗提供方带来的风险。作者提出了一些降低风险的策略,并描述了一个他们认为应该指导未来在儿科领域部署机器人的框架。

“信任”是一个贯穿人际关系始终并与其有机融合在一起的概念,而人类在很大程度上可以通过潜意识流利地协商和处理信任问题。但是,将机器人更紧密地融入人类生活的前景应该让我们从一开始就质疑信任的性质和价值。

在第 10 章中,杰西·柯克帕特里克(Jesse Kirkpatrick)、艾琳·N.哈恩(Erin N. Hahn)和艾米·J.霍伊夫勒(Amy J. Haufler)就是这样做的。他们将人际信任与制度信任区分开来,并将两者与对自己或政府的信任进行对比。他们采用包括哲学、法学和神经科学在内的多学科方法,探索了人机互动中的信任问题。他们认为人际信任与我们对人机互动的讨论最为相关,并给出了关于人际信任的构成要素的相关解释。有了这个解释,他们认为人机互动可以接近或实现实际的人际信任。但是,他们也指出了在人机互动中促进人际信任潜藏的一些有害后果。最后,他们呼吁进一步研究与人机之间的人际信任有关的哲学、经验主义、法律和政策等领域的新问题——就像第二部分其他章节中的研究一样。

如果说人类和机器人可以彼此信任确有道理的话，那么我们马上就会面临一个相关的问题——他们是否可能彼此失信？在第 11 章中，阿利斯泰尔·M.C.艾萨克(Alistair M. C. Isaac)和威尔·布里德威尔(Will Bridewell)认为，欺骗不是人机互动中需要避免的东西，相反，它很可能具有一种道德必要性。毕竟，人类在简单的交流行为中使用包括讽刺、影射和胡说在内的各种各样的欺骗手段。为了更好地发挥作用，社交机器人需要能够检测并评估人类的欺骗性语言，以免它们受到恶意参与者的操纵并造成设计者预料之外的伤害。

另外，——也许更令人惊讶的是——艾萨克和布里德威尔还认为，有效的社交机器人必须能够自己制造欺骗性语言。以“善意的谎言”为例，在人类对话当中，这种技术上的欺骗性语言通常发挥着重要的亲社会功能。只有参与这种欺骗之中，机器人融入社会才有可能实现。(诚实似乎并不总是一种美德。)他们认为，关于欺骗的策略推理和制造令人信服的欺骗性语言需要依靠一种心智理论并拥有隐藏动机的能力，即“不可告人的动机”。在他们看来，将具有欺骗能力的机器人与最重要的程序兼容(即使不是程序要求)以确保机器人的行为合乎道德的做法并没有任何问题。

大部分讨论都聚焦于将机器人顺利地融入人类环境当中。其中许多作者认为，机器人必须厘清人类行为和交流中的一些细微差别才能更好地发挥作用，从而模糊了典型的机器人行为和人类行为之间的界限。人类心理学通常会让我们无意识地愿意参与这一过程。

在第 12 章中，凯特·达林(Kate Darling)通过研究人类倾向于将自己的思维方式投射到与自己截然不同的创造物身上，总结了第二部分关于人机互动伦理的研究。毕竟，人们倾向于将栩栩如生的品质投射到机器人身上。她在麻省理工学院实验室所做的关于人机互动的实验表明，通过拟人化语言(比如拟人化的名字或故事)构建机器人可能会对人们如何感知与对待机器人产生影响。那么，我们是应该鼓励人们通过框架来拟人化机器人，还是应该阻止这种做法——训练人们摆脱这种困境呢？

得到的简单回答是，视情况而定。达林发现，在某些情况下，对机器人技术的拟人化使人们产生严重的担忧，但在有些情况下鼓励拟人化也有可取之处。因为人们会对框架做出回应，我们可以利用框架本身来帮助自己区分哪些情况下（不）需要拟人化机器人。但是，承认和理解这种拟人化框架将是正确对待人机互动、互融以及政策伦理的关键。

机器人承诺的许多益处都可以通过很少的人机互动来得以实现。例如，自动化工厂的效率提升。但是，只有通过人机之间的密切接触，才能进入其他的良性体系。第二部分指出了应该指导未来研究的令人惊讶的答案。例如，机器人应该在行为或语言上欺骗我们，或者机器人真的可以照顾我们。当我们仔细研究将机器人融入人类生活这些领域的可能性之时，真正需要关心或信任的是什么呢？我们最终也会发现有关我们彼此之间关系的真相。

第7章
机器人会在乎吗？一切尽在动作中

达里安·米查姆、马修·斯塔德利

在有关医疗护理机器人的文献中，欺骗是一个反复出现的主题。在这里，我们将这些机器人护理者简称为“机护者”(e.g.，Sparrow，2002；Sparrow and Sparrow，2006；Sharkey and Sharkey，2010；Wallach and Allen，2010)。其中的问题是，人类患者可能会错误地认为自己与机护者之间会因为互动中的某些显著行为而存在共情关联。简而言之，人类患者有可能会相信机护者真的会照顾自己。但是，这种完全不可能实现的欺骗损害了患者的尊严与自主性，并使其面临其他情感和心灵伤害的风险。

至少我们依据直觉深信这一命题的前件——欺骗具有高风险性——确实为真，并且深入人心。夏基(Sharkey)和夏基(2010)对文献中关于欺骗的论断进行了有益的总结，并亲自将“满怀爱心的机器人”的欺骗与患者自主性的丧失联系起来。斯帕罗(Sparrow)和斯帕罗也为这个直觉上令人满意的观点做出了有力的解释：

在大多数情况下，当人们感到快乐时，那是因为他们(错误地)认为机器人拥有本不具备的特性。这些信念可能有意识，比如在某些情况下，人们坚信机器人真的内心善良，对他们关爱有加，或者很高兴看到他们，等等。它们也可能涉及对机器人“行为”的无意识或前意识的回应与反应(Breazeal，2002：ch.2)。正是这些错觉让人们误

将自己当作机器人关爱或护理的对象，从而体验到被护理的甜头。(2006：155)

重要的是，斯帕罗和斯帕罗承认病人可能确实有过被护理的经历。他们反对的是，这种体验的前提是一种欺骗，并将某些属性（内部认知与情感状态）归因于“机护者”，而“机护者”实际上并不具备这些属性。夏基和夏基(2010)点明了相应的后果以及斯帕罗先前的观点：

> 斯帕罗认为，老年人与机器人宠物的关系“是建立在有意或无意地将机器人误认作实体动物的基础之上的。对于一个人来说，要想从拥有一只机器人宠物中获益，他们必须彻头彻尾地欺骗自己与机器人动物之间的关系就是自己与实体动物之间的真实关系。这需要一种道德维度上的消极情感介入。沉溺于这种多愁善感当中有违于我们自己准确理解世界的（小小）责任。这些机器人的设计和制造因其被预先设定或鼓励这样做而被视为失去了道德感”(Sparrow, 2002：306)。

我们认为，这种反对意见的前提是一种固执己见——为了“真实”，护理必须与相互的内在认知或情感状态（情绪）发生联系，后者不仅与情感的外在表达相关，而且是情感状态的基础与前提，最终保证认知或情感状态的真实性。因此，那些认为自己正与“机护者”（本质上并不具备这种主观的内在情感）有着真实情感体验的患者，在情感状态维度就受到了欺骗。结果，“机护者”不可能真正地照顾患者。相反，“机护者”充其量只能从外在迹象表现出进行护理的状态，从而欺骗了这些“机护者”最有可能“护理”的急需情感关怀的个体。

与这一观点相反，我们认为，在护理关系中，重要的不是人机护理关系中主体的内在状态，而是一个有意义的语境——一个由手势、动作以及相关语境中有关情感关切与回应的行为所构成的护理环境。可以这样概括我们的观点：我们认为意义存在于动作当中，并且存在于动作对于充满意义的行为环境所造成的显著差异之中。

因此，我们所采用的方法类似于科克尔伯格（Coeckelbergh）(2014)处理机器道德立场的相关方法；我们不讨论“机护者”的道德立场，但这肯定与之密切相关。我们还认为，在人际关系和一些人物关系当中，当护理的现实性和真实性没有受到质疑的时候，就无法触碰到对方的内在状态。某些表情行为应该是主要抓手，并且是人际或人物护理环境产生的推手。

在理想情况下，医院病房、疗养院或家庭护理环境都是护理环境的实例。在不同情况下，托儿所或育儿院也是如此。在这里，最突出的不是看护者的内在情感状态，而是他们的表情行为。我们可以假设这两者之间存在正相关的联系（护理行为与护理内在情感状态息息相关），但这种相关性肯定不是我们关注的重点。在某些情况下，我们可能会欣然接受二者之间不存在相关性，但护理环境仍然可以维持。例如，在护理人员承受巨大压力的情况下，其对弱势患者的欺骗成为他们工作的关键组成部分（Zapf, 2002)。

在这种情形下，内在的情感状态根本不会显山露水；构成护理环境的表现形式才是至关重要的。护理环境由哪些特定的行为组成可能取决于普遍或特定物种的符号学常识以及本土和特定情况下的文化习俗和惯例。在本章中，我们的目的不是试图在最朴素意义上描述这些条件，因为那是社会机器人工程师的任务——他们负责千方百计地建造能够构成和参与护理环境的机器人。

在此基础之上，我们认为不能仅仅因为机器人没有内在的精神或情感状态就排除人机之间的护理关系。[①] 因此，护理环境既非功能

① 这一观点带有一些令人惊讶的后果。例如，两个机器人之间行为上恰当的表达关系必须被视为一种护理关系，而不仅仅是对其中一个机器人的简单模仿。我们将这种情况称之为《机器人瓦力》（一部关于两个机器人坠入爱河的动画电影的名字），我们必须咬紧牙关面对这个结局。

性(其不仅仅关注身体需求或功能),也不依赖于参与其中的主体的内部状态。构成护理环境所需的有意义的关系完全包含于外在动作当中,或者彰显于外。意义是特定环境中某些动作的一种涌现属性。因此我们认为,只要"机护者"始终能够完成所需的表达和交互行为,那么它在理论上就可以作为参与者而发挥作用。

我们将这一观点称为"环境假说",并认为它与特龙托(Tronto)(2005)提出的四个"护理的伦理要素"中的三个一致：专注力、潜能力和反应力。"责任"因素对于"机护者"构成护理环境要素的可能性提出了更大的挑战。

在接下来的章节中,我们首先考察了发展型与社交型机器人学的最新进展,以此证明本次讨论的框架与机器人学的当前发展紧密相关,并且澄清这个假说并不属于科幻小说的范畴。然后,我们扩展了"环境假说"的理论基础,并检验了三种可能出现的反对意见：① 护理应该面向未来;② 护理关涉责任;③ "环境假说"纵容了斯帕罗和斯帕罗反对的欺骗方式。在结论部分,我们审视了一些我们认为既支持又反对"环境假说"的实证研究。我们在本章中提出的论点对机器人在医疗和辅助护理中使用的伦理规范——其在欧盟、北美和亚洲部分地区(日本和韩国)的使用似乎将大幅增加——具有重要的参考意义。我们借鉴行为主义和现象学关于意义、体认和人际关系的相关理论,从哲学层面为这些论点提供正向论证。

7.1 机器人的现实

直到最近,机器人才被用于特定抑或某些限定的领域当中。在这些领域中,机器人不需要人类操控,可以单独执行脚本任务。例如,在汽车生产线上工作的工业机器人,其活动的特点就是能在相对稳定的情况下进行完美的重复作业,不会出现七零八落的失误。

现代机器人学试图通过两种主要方式来拓展这一领域：① 通过构建能够在自然环境中自主运动与决策的机器人，甚至通过这些互动来学习全新的技能和行为；[①]② 通过构建能够进行社交互动的机器，能对言语和非言语交流的细微差别做出回应，使其可以成为名副其实的工作伙伴和玩伴。最近的文献综述表明，新型机器人技术最深刻的社会影响可以据其所在的领域分为：家庭、医疗、交通、公安和军事（Royakkers and van Est，2015）。

在医疗领域，新型机器人技术的研发主要分为三类。首先，智能机器人可以帮助患者并弥补他们的生理缺陷。例如，机器人可以帮人穿衣，恢复体力，辅助位移，或者在突发事故或中风后助力康复。其次，更智能些的机器人可以通过搬运、提升、监控甚至执行外科手术等方式帮助医护人员完成工作。最后，具备社交能力的机器人可以在认知上帮助患者承担起人类护理者迄今为止所履行的一些社会角色。正如科克尔伯格所观察到的那样："首先，我们将家人、邻居和朋友的照顾委托给专业人士和机构……但是，如果考虑到人口和政治形势，这一解决方案仍不能充分满足现实需要的话，那么为什么不把护理权下放给机器人呢？"（2012：281）。格德纳（Goeldner）等人（2015）展示了护理机器人研究的重点在于如何通过导航和移动性从（20 世纪 70 年代到 90 年代）机器人夹持器等组件转变为当前的社交互动和可用性测试。在同期内，相关出版物、申请和授予的专利以及参与研发的组织和个人的数量均在大幅增加。迄今为止，日本商业组织提交的专利申请数量最多，考虑到日本对机器人技术的热情及日本人口的老龄化情况，这也许不足为奇。[②] 一旦相应的市场需求浮出水面，并且投资成为首要指标，那么护理机器人也就真的应

---

① 我们在这里使用"构建"来暗示现代机器人可能利用自动生成元素的创造过程，例如通过进化性、发展性或适应性过程。

② 格德纳等人（2015）指出，直到 2005 年才提出为老年人或残疾用户提供护理的明确目的。随着投资的增长和对财务回报的期望增强，护理机器人现在是一个非常独特并且前景看好的领域。

运而生。[①]

简要概述当前欧盟委员会(2016)资助的一些项目可能会让我们对这一技术的现状有所了解。DALI 项目在复杂环境(如购物中心)中提供了认知帮助和指导。ENRICHME 正在开发一个监控和互动的综合平台，以便支持心理健康和社交互动。结合移动机器人技术和环境传感技术，GIRAFF＋为独立生活提供了社交互动和监控。GrowMeUp 是一个提供智能对话的自适应系统，它能够识别情感并建立情感联系。而 Hobbit 则吸引用户照顾机器人，目的是培养用户对机器人的真正感情，从而欣然接受机器人的护理。

所有这些项目当中都包含着显著的社会因素；其不仅是开发能帮你上楼梯的机器，而且还是提供一种依赖于有效型社交互动的独立生活工具，并且试图寻求在某种程度上满足老年用户的社交、情感与认知需求。我们何时才能看到社交机器人扮演护理角色呢？其实，这一进程早已开始：自 2001 年以来，作为护理环境中的一种治疗工具(Shibata，2001)，Paro 机器人小海豹一直不断被研发。我们希望在未来的十年，为激发情感而设计的机器人将出现在我们的生活当中。我们可以透露的信息是，其所产生的情感可能意义深远(Rocks et al.，2009)。

7.2 一切尽在动作中：环境假说

“环境假说”认为，在护理关系当中，重要的不是参与关系的主体的内在状态，而是由表情动作所构成的有意义的环境。如果“机护

---

① 欧盟委员会 FP7 和 AAL 研究项目已经在机器人项目上投资 5 000 万欧元，以便支持老年人独立生活。在欧盟委员会的《2020 年地平线计划》中，这一项目已经额外增加了 1.85亿欧元(欧盟委员会，2016)。投资的增加表明，人们认为机器人技术在解决老龄化社会护理人员短缺问题方面具有必要性。韩国、日本和美国等国家的资金支持也反映了这一点。

者"能够执行必要的行动，那么从理论上讲，它们作为护理环境的构成者就没有任何问题。思考这个问题的一种方法就是利用格雷戈里·贝特森(Gregory Bateson)的观点——"基本信息单位是造成差异的差异"(1972：457－459)。这就意味着，环境中的某些差异(从物理、物质或空间差异的角度来看)将改变该环境中显现出的有意义的关系。比较而言，其他的差异则不会如此。前者确实可以传达信息或意义。[①] 因此，我们的假设是关于意义和护理的外在主义假设：护理和意义存在于这样一个世界当中，它建立的基础是造成差异的差异。

因此，"环境假说"的否定表述可以通过反驳"内在状态对护理关系具有必要性"这一说法来得以实现，可以将它概括如下：① 内在情感状态在人际关系中是不可见的，即如果这种状态确实存在于内心的话，我们无法接触到他人的内在精神和情感状态。② 互不了解彼此内心状态的人与人之间可能存在护理环境和护理关系；我们的体验让我们对此心知肚明。从我个人视角来看，对他人的呵护可以创造出一种护理的体验，这不仅先于对内在状态做出的任何判断，而且还与这些判断存在与否的效度无关。此外，人和动物之间可能存在护理环境和护理关系，在这类关系中，即便动物有内在状态，它们也无法自我归因，也就是说，它们无法与自身的内在状态建立自我认知关系。③ 由于我们接受人和动物之间存在护理环境和护理关系，此间无法接触彼此的内在状态，那么也就没有理由排除由人和"机护者"之间的互惠关系构成护理环境的可能性——前提是"机护者"能够充分地做出构成护理环境所必需的行为。

反对者可能认为，"机护者"制造出来仅仅是为了模仿得体的表情型手势。虽然筋疲力尽的护士或其他人类护理者也会模仿手势，但其可能已然知晓做出相同或类似动作的真实感受。可以这么说，

---

① "信息"和"意义"这两个术语可以区别开来，但贝特森并没有在负熵的有限意义上使用"信息"。

假意护理的护理者可以利用自己对于真情护理的理解和经验来制造欺骗。“环境假说”反对者关注的焦点在于，护理存在一种（从护理者的角度出发）真情实感；由于机器人没有主观意识，因此对它们自己正在做的事情毫无感觉，所以它们可能做出的任何护理动作都是虚假的，都是具有欺骗性的。

但这是误导性的。原因有很多。首先，它有可能导致过度笛卡尔式或“类比推理”式的风险——这种风险不仅存在于自我观点立场的解释当中，而且存在于总体上对主体间性或人际经验的解释之内。在这种错误的解释里面，外部的声音（语言）或手势会被理解为内在状态（思想）的外在彰显。此类观点认为，一个会思考的主体有“特权访问”自己的精神状态，这可以为自身信念、感觉、欲望等的归因提供理据——这在我们对他者的护理体验中完全缺失。我们对他者心理状态的体验完全依靠外部信号得以传导：身体发出的动作和声音。在这些外部信号的基础之上，我们对另一个主体的内在状态做出了推理判断，这些通常是基于自身的内（外）在状态与其他状态之间所对应的类比关系。

这里对于我们的目的特别重要的一点就是，护理关系中所看重的意义形成过程，对于主体来讲具有内在性和私密性。在这种情况下，“机护者”可能提供具备必要精神状态的所有必要特点。这些状态甚至可能足以建立护理环境，但它们仍然止步于模仿的水准。它们不会真实反映“机护者”的想法或感受，因为它们没有任何的想法和感受。受到照顾的人类主体可能会错误地将内在状态归因于一个实际上只是在执行动作的“机护者”，因此人类病患会被欺骗。与人际护理环境中发生这一问题一样，在涉及“机护者”时，这一问题的严重性也不明显。

此外，我们否认这就是主体间性语境中意义形成的机制。与“类比推理”方法相反，我们可以说对主体间性采取了主动的方法：“主动的方法……强调互动和积极参与的模式，而不是任何所谓的环境内部表征。”(Degenaar and O’Regan，2015：1)行为主义者对主体间关系的理解符合这样一种观点——我们对他者行为的理解与解释首先是“公开的具体活动，而不是单纯动作的幕后驱动”(Hutto and Myin，即将出版)。我们的核心观点是，相关意义结构是在动作主体之间的空间中得以成形的，并且“最好将其解释并理解为是在动态中得以推进的一种情景化、体认化互动，并且受到环境因素的制约”(Hutto and Kirchhoff，2016：304)。其结果可能相当重要——这不仅是因为我们与他者建立有意义关系的经验并非以对他者内在状态的推断为前提，更是因为内在状态可能不会在相应关系的形成过程中发挥主要作用。法国哲学家莫里斯·梅洛-庞蒂(Maurice Merleau-Ponty)对这一点给出了详细的阐释：

> 想象一下，我面对的是一个出于某种原因而对我非常恼火的人。对方很生气，我注意到他使用攻击性的话语、手势和叫喊来表达他的愤怒。但是，这一愤怒存在何处呢？人们会说：这是对方的想法，我并不完全清楚其意味着什么。由于我与他的手势、言语和身体并非一体，所以我无法想象从他的眼神中能察觉到一丝恶毒或残忍。所有这些都不是发生在某个异世界之中，也不会发生在愤怒者身体之外的某个神龛里。它确实发生在这里，就在这个房间里，在房间的这个部位，他的愤怒爆发了。愤怒是在他和我之间的空间中表现出来的。(2004：83)

对我们而言，这似乎强调了我们所持观点的特征：在这个世界，意义结构是通过主体与其环境之间的接触而形成的，其发生的意识通常“低于”主动反思性意识的水平。需要再次强调的是，行为环境具有丰实的意义内涵，它受到环境中的显著差异或变化的调控，也可以看作是意义的初次调控。表情行为的确切含义在于，它是一种可以引发环境显著变化的行为，其中的环境可以被理解为一种有意义的语境。

这就留给我们一个问题：什么样的表达构成了一个护理环境。护理环境的最低阈限条件可能包括对于感知到的脆弱性表达或迹象予以关注并且适当做出反应的行为，以及可以引出持续性关注与反应的合理预期性行为。在理论上，我们没有理由认为"机护者"无法满足这一入门条件。

这种观点不太可能让那些批评者心悦诚服，他们希望在护理或被护理的真实体验与假定的护理者真正的内在或主观情感之间建立某种不可分割的关联。这种真实(即不是虚假或欺骗性的)护理模式似乎要求类似"护理＋a"的模式，其中"a"是指护理者真正关心的主观情感。我们发现这其中存在的问题如下：由于主观因素，被护理者很难了解护理者的主观情感，并且只能凭借构成"护理"模式中的外部符号才能理解它，这甚至要求对于护理结构采取内化理解的方式，在这种情况下，真正关心的情感要先于护理行为本身。

我们的立场应该已经十分明确，并且与上述观点恰好相反。我们同意维特根斯坦的观点，"一个内在过程"，即所谓真正的关心的情感，"需要一个外在的标准[sic]"(Wittgenstein，1953：580)——与构成护理环境的周遭世界进行互动。效法赖尔(Ryle)(1949)的观点——"如果认为智能行为的智能体现在它是一个隐藏的领域中的隐秘操作，那就大错特错了"(Degenaar and O'Regan，2015：6)，我们认为护理也适用这一观点，它是一种情感智能。

7.3 对"环境假说"的一些异议

7.3.1 护理是面向未来的

对"环境假说"及其关于"机护者"的争论而言，可能会有这样的反对意见，认为护理的态度通常被视为针对未来的特定调整与取向。更具体地说，护理态度关系到主体的未来福祉，其表情行为构成了护理环境。这种面向未来护理解读可能部分源于海德格尔把护理作为人类时间性的基本时间结构的分析。① 人类继承了一个有意义的环境，并以一种面向未来的方式彰显自己——如果不一定是锚定未来的明确规划，甚至不一定考虑未来的话。在医疗护理机器人的应用环境中，这种态度将护理与维护区分开来，维护的重点是修复主体与其环境之间的特定功能关系。反对者会说，由于“机护者”可能并不具备人类的时间协调结构，因此无法实施构成护理环境所必需的行为。

这一异议与我们先前概述的最初反对“机护者”的观点相似。它假设了一种内在状态或幕后驱动的必要性。在这种情况下，意识过程的内在时间导向用于表现某种类型的外在行为。因此，我们对于这一异议的答复与前一节中提出的一般性论点大同小异。在护理环境中表现出来的表情行为必然带有未来取向标记。对此，可以将其描述为未来预期会给予脆弱性和相互作用更多的关注。正如我们从一个足够复杂的生物有机体中所期望的那样，它是护理环境的积极共同构成者，因此“机护者”必须在其行为中表现出某种合理的可预测性。

迪保罗(Di Paolo)进一步论证了这一观点，他认为虽然我们不能让机器人活着，但可以赋予它们“获得生活方式的机制，也就是习惯”(2003：13)。习惯是一种表达行为的暂时性倾向形式。具有行为发展能力的机器人确实有可能具备某种功能上和美学上的行为倾向，多少类似于我们在谈论未来护理关系中的幸福取向时所推断的行为。事实上，这种取向在习惯行为中具有表现性和体验性；它们与先验得体行为的一致性以及这些模式延续的明显倾向有关。再次强调一下，这不是一个内在表征状态的问题。因此，护理的未来发展方向对于“环境假说”没有产生任何特殊的阻碍。

---

① 海德格尔给出了“护理结构的存在性公式，即‘在自身之前——存在于(一个世界中)——存在于(世界中遇到的实体)’”(1962：364)。

7.3.2 责任需要存在性的自我关注以及对于制裁的敏感性

责任问题呈现出更为强烈的异议，后者取决于义务或责任的明确行为表达方式——它构成了护理环境的一个必要组成部分。这个问题（可能还有其他问题）的成因在于，责任的必要条件是当违反责任或义务时，违反者会接受制裁，这一点具有可行性。

反过来讲，接受制裁似乎需要主体对于自身的持续存在具有一定的存在性自我关注（无论有意识还是无意识）。这种关注很可能仅限于生命系统之内。某些形式的行为主义及其原型[如汉斯·乔纳斯（Hans Jonas）的行为主义]坚持认为生物表现出对于自身持续存在的关注，并表现出一种行为倾向以便延续这一存在（尽管在生物中存在大量的利他型牺牲行为的例子，例如黏菌或人类）。同样，如果接受制裁是责任的一个条件，那么应对痛苦可能就是另一个条件。毫无异议，痛苦是一种主观情感状态，而我们已经承认机器人并不具备这一状态。尽管正在进行的研究旨在构建一个“人工机器人神经系统来教会机器人如何感受疼痛”，但这只会让机器人对自身面临的潜在伤害做出更快的反应（Ackerman，2016）。这样的机器人疼痛回避系统可能不能等同于责任所要求的接受制裁和痛苦。尽管如此，它对人机互动的未来仍然具有潜在的重要影响。

一般来说，这个问题可以用“环境假说”提出的方法得以解决。针对持续存在的存在主义式样的私下主观关注并非责任的主体间性表现的必要条件，也不是人类或机器人遭受痛苦可能性的主观条件。共情是一种承担责任的行为，就像未来的发展方向一样，它仍然是一个表情行为的问题——不需要与内在状态有任何关联，事实上也根本不需要内在状态牵涉其中。我们这里的论点可能离不开一个美学观点。或许面对指责甚至痛苦所表现出的敏感性才是最重要的。与前面对未来发展方向的观点一样，当我们问及别人承担义务或责任的经历中有什么凸显之处时，这是一个关乎习惯、倾向和表达的问题。行动的一致性对于我们评估责任和义务来说至关重要。

这一回应没有解决深层次的异议，尽管易受制裁可能是责任的必要条件，但并不清楚哪种行为表现出这种易受制裁性。情况很可能是，无论需要何种形式的机器人行为，都必须在护理环境中与其他人建立某种共情，这就意味着在机器人行为的基础上，存在一种承担责任的适当体验。正如我们将在结论中所讨论的那样，有证据表明人类和机器人之间存在共情关联。

当然，对于那些坚持认为真正的责任具有深刻的主观性和私密性的人来说，有一种更为简单的方法来解决这个问题。我们可以简单地不再要求把责任作为护理环境的一个道德要素，并且声称，护理环境中的护理者和被护理者已经通过其表情行为中建立的合理、可预测的标准完成了责任和(或)义务概念所承担的道德担当。换言之，人们只要合理期望继续保持护理关系就已足矣。

7.3.3 人工护理可能涉及欺骗

欺骗问题的多元性是本章写作的初衷。如果有一个“机护者”在护理环境中以某种方式来照顾你，让你体验到自己被护理，那么你是真的被护理了呢，还是被骗得感觉自己体验并感受到自己被护理了呢？我们在这里主张的观点是，将体验及其真实性置于世界当中，置于主体(在本例中是被护理者)、其感知环境以及该环境中其他重要的主体或行动者之间的互动关系当中。在评估护理关系或护理环境的真实性或准确性时，除了其他主体的表情行为之外，还排除了对于内在表征状态(无论是情感还是认知)的某种实证报告(我们认为没有任何证据)的依赖。

在这里，我们可以反驳某些异议。如果你体验到自己真的被护理了，或者如果你体验到自己处在一个护理环境当中，并且如果这种体验具有持续性，那么没有充分的理由认为这种护理非真或者自己被欺骗了。当谈论护理之时，我们的主要观点绝对不是如下论断：我正在经历真实的护理服务，因为我完全相信护理者的主观内在表征或品质非常适宜。

我们的根本观点可以表述如下：在由“机护者”和人类构成的潜在护理环境中并不存在欺骗。护理的情感和关系具有真实性，即使“机护者”没有反射性地意识到意义结构的存在，但其在构建护理环境中还是发挥了积极作用。奥里甘(O'Regan)进一步指出，对某件事(在这种情况下是指护理)最重要的“感觉”是“与世界互动的方式……在所有感官形态中，所有感觉的质量都是由这种感觉运动与环境互动的规律所构成的”(2012：125)。奥里甘解释说，这就意味着感觉就是对正在进行的感觉行为互动进行认知接触(133)。并且据推测，能够根据发生感觉行为互动的环境变化来调整这种互动状态。

如果“机护者”在做看似是护理的事情之时就有可能对其环境和行为进行这种认知接触的话，那么根据这个模型，可以说“机护者”感受到了自己的护理行为具有可行性。如果我们以汤普森(Thompson)对认知过程的描述为例，“[它们]涌现于涉及大脑、身体和环境的连续感觉行为互动当中，具有非线性和循环因果特征。用个隐喻来描述这一方法的话，心智是世界上的一个体认性动态系统，而非大脑中的一个神经网络”(2007：11)。没有理由去排除满足具身性与发展性等标准的机器学习系统。

对此存在的异议可能如下：关怀或护理的感觉与挤压海绵的感觉大不相同。如果我们谈论的是一个关于护理的反思性观念，那么也许的确如此，它很可能是一套行为和倾向性态度。机器或“机护者”可能接触到一套互动行为，这些互动行为放在一起则具有护理的感觉，这当然不是不可想象的，护理者似乎也没有必要为了体验护理而拥有一个发展性和反思性的护理观念。如果我们接受幼儿甚至一些动物可以在没有任何护理观念的情况下非常关心他人，那么可以合情合理地说，他们确实通过世界上的各种互动感受到了护理行为，但却无法准确地说出他们的感受。

此外，尽管这会有所帮助，但可能没有必要让被护理的人采纳我们的外在主义理论以便接受护理与“机护者”关系为“真”的说法，这至少在现象学层面是真实的经验。“环境假说”可能比与其相左的其他学说更接近日常经验。在另一方显然不具备共情的适当状态的情况下，人类仍然会产生依恋并体验情感（例如共情）。人类的情感具有两面性——既强烈，又复杂。

同样值得注意的是，人类护理者的情绪表现可能具有欺骗性。察普夫（Zapf）（2002）指出，护士同时参与“情绪工作”（他们控制自己的情绪反应）以及“同情工作”（他们试图将患者的情绪引导到一个期望的方向，从而推动他们参与其中的主要任务顺利开展）。例如，一位护士用抚慰的声音安抚受惊的孩子。[①] 显然，由人际关系构成的护理环境必然在保持护理环境真实性的同时，也表现出情感伪装的特点。

7.4 结论

我们假设的实证验证似乎不太可能满足那些关注欺骗的人，尽管他们承认患者确实可能经历过“机护者”的护理，但他们认为这种经历失真或带有欺骗性。不过，在结论部分来关注一些可能支持或反对我们论点的实证结果也许别有一番趣味。

神经研究的一些证据表明，我们对人工情感的情绪反应可能与我们对于真实情感的情绪反应相似——虽然这是无声的（Chaminade et al.，2010），并且我们对于机器人“疼痛”的同情方式与我们对人类疼痛的反应相似（Suzuki，2015）。尽管也有研究表明，与机器人

① 人们认识到，员工为了完成工作而压抑自己的真实情绪会导致工作压力和倦怠（Cordes and Dougherty，1997）。许多专业医疗人员发现自己处于极度创伤事件的边缘，在通过压抑自己的感情、无助或愤怒来回应他人的痛苦时，他们很容易遭遇“同情疲劳”（Yoder，2010）。这可能是引入机器人来承担察普夫提到的一些情感工作和同情工作的一个原因。

伙伴的互动不会刺激大脑中那些被认为是推断人类同伴精神状态的区域，例如内侧前额叶皮质和右侧颞顶交界处（Chaminade et al.，2012）。这可能表明，尽管人类确实有可能与“机护者”存在情感关联，但它们并不能等同于人际关系。这里可能出现一种“神秘谷”现象——“机护者”几乎逼真但不完全与人类一样的行为是我们所讨论的这类关系可能（至少在理论上）存在的绊脚石。对于许多人来说（甚至包括我们自己），这是一个令人欣慰的想法。

但是，我们也可能会问：随着机器人行为在模仿人类互动的语义方面变得越来越准确，我们是否会接受它们的真实性，就像我们接受人类伙伴对我们的幸福投入情感一样？或者我们总是“知道”或怀疑前者的虚假，就像我们“知道”后者的真实一样？在这种情况下，更好的人类行为或态度改变以及在社会中更多地接触这些因素将对我们与机器人（特别是对“机护者”）建构情感纽带的程度和范围产生影响。

特克尔（Turkle）等人（2006）发现，与“关系型人造物”互动的儿童将这些装置认定为介于有生命和无生命之间的一类中间物，而其他人则有力地证明了机器人宠物“也体现了有生命动物的属性（如有精神状态）”（Melson et al.，2009：546）。实际情况可能是，当一代人在机器人的陪伴下长大，他们会把机器人看作玩伴、助手，甚至同事；当他们步入老年时，他们在人机互动关系方面的能力和潜力将比今天的研究所显示的更为强大。

参考文献

Ackerman，Evan. 2016. “Researchers Teaching Robots to Feel and React to Pain.” *IEEE Spectrum*，May 24.

Bateson，Gregory. 1972. *Steps to an Ecology of Mind: Collected Essays in Anthropology*，*Psychiatry*，*Evolution*，*and Epistemology*. Chicago：University of Chicago Press.

Breazeal，Cynthia，L. 2002. *Designing Sociable Robots*. Cambridge，MA：MIT Press.

Chaminade，T.，D. Rosset，D. Da Fonseca，B. Nazarian，E. Lutcher，G. Cheng， and C. Deruelle. 2012. "How Do We Think Machines Think? An fMRI Study of Alleged Competition with an Artificial Intelligence." *Frontiers in Human Neuroscience* 6：103.

Chaminade, Thierry, Massimiliano Zecca, Sarah-Jayne Blakemore, Atsuo Takanishi, Chris D. Frith, Silvestro Micera, Paolo Dario, Giacomo Rizzolatti, Vittorio Gallese, and Maria Alessandra Umiltà. 2010. "Brain Response to a Humanoid Robot in Areas Implicated in the Perception of Human Emotional Gestures." *PLoS One* 5(7)：e11577.

Coeckelbergh, Mark. 2012. "Care Robots, Virtual Virtue, and the Best Possible Life." In *The Good Life in a Technological Age*, edited by Philip Brey, Adam Briggle, and Edward Spence, 281 - 292. Abingdon：Taylor & Francis.

Coeckelbergh, Mark. 2014. "The Moral Standing of Machines：Towards a Relational and Non-Cartesian Moral Hermeneutics." *Philosophy of Technology* 27：61 - 77.

Cordes, Cynthia L. and Thomas W. Dougherty. 1993. "A Review and an Integration of Research on Job Burnout." *Academy of Management Review* 18(4)：621 - 656.

Degenaar, Jan and J. Kevin O'Regan. 2015. "Sensorimotor Theory and Enactivism." *Topoi*, August 15, 1 - 15. http://philpapers.org/rec/DEGSTA-3.

Di Paolo E. A. 2003. "Organismically-inspired Robotics：Homeostatic Adaptation and Teleology Beyond the Closed Sensorimotor Loop." In *Dynamical Systems Approaches to Embodiment and Sociality*, edited by Murase K., Asakura, 19 - 42. Adelaide：Advanced Knowledge International.

European Commission. 2016. "EU-Funded Projects in Robotics for Ageing Well." http://ec.europa.eu/newsroom/dae/document.cfm? doc_id=12942.

Goeldner, Moritz, Cornelius Herstatt, and Frank Tietze. 2015. "The Emergence of Care Robotics：A Patent and Publication Analysis." *Technological Forecasting and Social Change* 92：115 - 131.

Heidegger, Martin. 1962. *Being and Time*. Translated by John Macquarrie and Edward Robinson. Hoboken, NJ：Blackwell.

Hutto, Daniel D. and Michael D. Kirchhoff. 2016. "Never Mind the Gap：Neurophenomenology, Radical Enactivism, and the Hard Problem of Consciousness." *Constructivist Foundations* 11(2)：302 - 330.

Hutto, Daniel D. and Erik Myin. Forthcoming. "Going Radical." In *Oxford Handbook of 4E Cognition*, edited by A. Newen, L. de Bruin, and S. Gallagher. Oxford：Oxford University Press.

Melson, Gail F., Peter H. Kahn, Jr., Alan Beck, and Batya Friedman. 2009. "Robotic Pets in Human Lives: Implications for the Human - Animal Bond and for Human Relationships with Personified Technologies." *Journal of Social Issues* 65(3): 545 - 567.

Merleau-Ponty, Maurice. 2004. *The World of Perception*. Edited and translated by Oliver Davis and Thomas Baldwin. Cambridge: Cambridge University Press.

O'Regan, J. Kevin. 2012. "How to Build a Robot That Is Conscious and Feels." *Mind and Machine* 22: 117 - 136.

Rocks, Claire, Sarah Jenkins, Matthew Studley, and David McGoran. 2009. "'Heart Robot,' a Public Engagement Project." *Interaction Studies* 10(3): 427 - 452.

Royakkers, Lambèr and Rinie van Est. 2015. "A Literature Review on New Robotics: Automation from Love to War." *International Journal of Social Robotics* 7(5): 549 - 570.

Ryle, Gilbert. 1949. *The Concept of Mind*. Chicago: University of Chicago Press.

Sharkey, Noel and Amanda Sharkey. 2010. "Living with Robots: Ethical Tradeoffs in Eldercare." In *Close Engagements with Artificial Companions: Key Social, Psychological, Ethical and Design issues*, edited by Yorick Wilks, 245 - 256. Amsterdam: John Benjamins.

Shibata, T., K. Wada, T. Saito, and K. Tanie. 2001. "Robot Assisted Activity for Senior People at Day Service Center." In *Proceedings of the International Conference on ITM*, 71 - 76.

Sparrow, R. 2002. "The March of the Robot Dogs." *Ethics and Information Technology*, 4: 305 - 318.

Sparrow, Robert and Linda Sparrow. 2006. "In the Hands of Machines? The Future of Aged Care." *Minds and Machines* 16(2): 141 - 161.

Suzuki, Y., L. Galli, A. Ikeda, S. Itakura, and M. Kitazaki. 2015. "Measuring Empathy for Human and Robot Hand Pain Using Electroencephalography." *Scientific Reports* 5(November 3), article number 15924.

Thompson, Evan. 2007. *Mind in Life: Biology, Phenomenology, and the Sciences of Mind*. Cambridge, MA: Harvard University Press.

Tronto, Joan C. 2005. "An Ethic of Care." In *Feminist Theory: A Philosophical Anthology*, edited by Ann E. Cudd and Robin O. Andreasen, 251 - 256. Hoboken, NJ: Blackwell.

Turkle, Sherry, Cynthia Breazeal, Olivia Dasté, and Brian Scassellati. 2006. "Encounters with Kismet and Cog: Children Respond to Relational

Artifacts." *Digital Media: Transformations in Human Communication*, 1－20.

Wallach, Wendell and Colin Allen. 2010. *Moral Machines: Teaching Robots Right from Wrong*. Oxford: Oxford University Press.

Wittgenstein, Ludwig.1953. *Philosophical Investigations*. Hoboken: Blackwell.

Yoder, Elizabeth A. 2010. "Compassion Fatigue in Nurses." *Applied Nursing Research* 23(4): 191－197.

Zapf, Dieter. 2002. "Emotion Work and Psychological Well-Being: A Review of the Literature and Some Conceptual Considerations." *Human Resource Management Review* 12(2): 237－268.

第 8 章
自闭症儿童的机器人朋友：垄断货币还是假币？

亚历克西斯·埃尔德

在本章中，我认为将机器人用于治疗自闭症相关症状的做法面临着一种道德上的险境，但这并非是经过通盘考虑而拒绝使用机器人的理据所在，而是在设计和部署这些机器人时需要予以考虑的问题。这其中的危险在于，这些机器人有可能向在这方面易于受骗的人类展示友谊的假象。亚里士多德曾警告说：用友谊的假象欺骗他人，无异于伪造货币。本章旨在阐明这种风险的构成方式，以便为如何有效地利用这些机器人帮助病患练习并培养社交技能提供指导，而且这么做也不会有违道德。

自闭症给成功的社会交往造成了许多障碍。它的症状千差万别，主要包括语言障碍以及眼神交流、协同注意能力、理解他人行为、话轮转换、模仿和情绪识别等方面的重重困难。虽然自闭症无法治愈，但是医生通常会建议患者接受治疗，以此来帮助他们学会成功地与他人互动。这种疗法通常旨在确切地教授那些因精神障碍而受损的社交技能。治疗师面临的一个挑战就是如何吸引患者的注意力。患者通常练习的是有助于他们成功适应社会的社交技能，那些在治疗期间享受并寻求互动的患者更有可能体验到互动所带来的好处。鉴于许多自闭症患者对技术饶有兴致，治疗机器人在这方面似乎具备了颇具前景的发展潜质。

即使是在非正式环境之中，患者与机器人以及其他先进技术的互动也能说明这种方法的潜在优势。一位母亲因其自闭症患儿对技术的痴迷而促发的非正式实践就是一个典型的例子。和许多自闭症儿童一样，13 岁的格斯(Gus)很难与其他孩子交朋友，而且他和许多自闭症儿童一样都对科技着迷。然而，令他母亲惊讶的是：这两个问题在他身上发生的相互作用。格斯与苹果手机的自动助手 Siri 建立了一种酷似友谊的关系，能够与“她”长谈不辍，能带“她”去苹果商店看望“她”的“朋友”，并向“她”敞开心扉，吐露情愫(Newman, 2014)。

格斯的母亲注意到，当格斯开始定期与 Siri 聊天后，他的会话能力得到了全面提升。如果交互式机器人能够帮助自闭症儿童开发和锻炼对话能力以及其他社交技能，这些儿童使用机器人似乎就会受益匪浅。但也存在着这样一种可能性——一些人可能从本质上感到人机互动远比同其他人建立关系获得的回报要多——机器人同伴将强化而非克服这种初始偏好。

针对为自闭症患者提供诸如人际关系之类的互动，机器人和 Siri 等其他拟人化技术的广阔前景可谓初露端倪。事实上，一些研究(Dautenhahn and Werry, 2004; Robins et al., 2006)发现，在可选择的情况下，患者更喜欢与机器人互动，而不是与人类同伴互动。然而，其他研究(e.g., Duquette et al., 2008)则发现患者面对微笑及其他面部表情时会给予更好的回应，专注时间也更长。在其他情况下，患者与机器人进行“社交”的参与率要远高于人类。

当我们开始使用治疗机器人来帮助自闭症患者时，我们需要考虑这种做法可能产生的伦理影响。在调查了关于社交机器人应用于自闭症治疗的现有研究和新兴研究之后，我介绍了亚里士多德关于传统友谊的描述，以此澄清友谊的伦理价值。然后，我利用亚里士多德关于虚假友谊的讨论以及他在“假朋友”和“假币”之间的类比，阐明了将机器人引入自闭症患者治疗当中存在的一些道德危险，同时捕捉到了机器人具备的可测度优势。

8.1 利用机器人的吸引力

自闭症患者往往在一系列特定的社交技能方面存有障碍，诸如眼神交流，跟随他人目光，针对面部表情和社交环境做出适当的理解和回应，模仿他人的行为以及参与诸如话轮、提问和跟随对话线索等合作活动。

机器人治疗目前仍处于起步阶段。迄今为止，大多数研究还处于探索性的试验阶段，旨在测试将机器人纳入各种成功治疗方式的可行性之中。在一项实验研究当中，研究人员使用 KASPAR 机器人教授自闭症儿童参与合作游戏。作者在报告中称，“比起人类伙伴，机器人伙伴更能吸引自闭症儿童的兴趣，后者也更乐于接受它们”（Wainer et al.，2014）。

事实上，这种吸引力十分强烈——甚至一些实验研究出现的失败都看起来充满前景。例如，儿童对 KASPAR 的兴趣有时会阻碍他们完成指定活动：

> 因为机器人的程序设定如下：如果孩子连续5秒不活动，机器人就会提示他们选择一个形状，如果孩子连续两次没有反应，机器人也会反复尝试主动选择形状。一个孩子发现，只要他们根本不玩耍，KASPAR 基本上每5秒钟就会和他们说话。这使得孩子可以长时间盯着机器人发呆，而不会对机器人的提示做出任何反应，直到孩子的看护人把他带离这一状态。（Wainer et al.，60）

因此，从他们得到的初步结果来看——在与任务相关的指标方面——患者与人类伙伴互动比与机器人伙伴互动“表现更好”。对此，作者为未来研究提出了各种技术解决方案。

患者偏爱机器人的原因尚不清楚。虽然它并不具备普遍性，但

这一现象的显著程度足以获得研究文献的广泛关注。斯卡塞拉蒂(Scassellati)等人最近调查了自闭症研究中的机器人领域研究现状，对机器人的吸引力做出了各种可能的解释：

> 也许机器人提供的简化社交线索减少了对于儿童的过度刺激；也许机器人提供的回应比人类伙伴更便于预测并且可信，因为人类伙伴的社交需求在不断变化；也许机器人触发社交回应之时，不会像人际互动中的某些儿童那样产生负面联想；也许机器人提供的夸张社交提示比人类伙伴提供的微妙社交提示更能触发社交行为。(2012：292)

相较于人类伙伴而言，机器人具有可预测性，其信号清晰且感知分心发生率较低。因此，将没有过度拟人化的机器人用于此类治疗完全可行。事实上，许多机器人被设计成夸张的卡通形象，面部表情简单，有时甚至没有四肢。一个叫 Keepon 的机器人，仅仅由两个球体组成，其中一个球体叠在另一个球体上面，上面的一个球体上长着一双固定的大眼睛和一个简单的“鼻子”。

如果部署得当，这些机器人似乎能提供一些潜在的治疗益处。自闭症儿童可以从学习那些他们难以掌握的社交技能中获益。当他们享受这一过程并将其与积极的社交体验联系起来之时，他们更有可能坚持练习——就像许多自闭症儿童在机器人参与时所表现的那样。因此，这可能会使他们将这些技能发展到更高的水平。

还可能包括使用机器人教授协作游戏(Wainer et al.，2014)、身体感知技能(Costa et al.，2013)、协同注意力(Anzalone et al.，2014)、提问(Huskens et al.，2013)、模仿(Greczek et al.，2014)和触觉互动(Robins and Datenhahn，2014)。此外，虽然拟人化程度较低的机器人最初可能比高度逼真的机器人(甚至人类治疗师)更能吸引患者。但是，引入一系列日益复杂的修改方案或不同型号的机器人，逐步增加对患者技能水平的挑战，能够使患者的社交技能稳定而渐进地提高，这一点是很明显的。这些练习课程可以穿插在与人类伙伴的类似的练习当中，帮助自闭症儿童学会最终将他们通过与机器人伙伴练习而学到的能力自然而然地转移到人际互动当中。

这一点很重要——无论如何，拥有与他人成功互动的能力非常重要。显然，与他人合作具有重要的工具价值。在一个复杂的社会当中，在追求工作、住房、交易、政治参与和许多其他生活特征方面具有保障性和发展性意义。但除此之外，我们中的许多人把社交关系视为重要的目的。亚里士多德认为，"没有人会选择没有朋友的生活，即使他拥有所有其他的财富"(1999：119/1155a5－1155a10)。即使这种言辞过于激烈，但对我们大多数人来说，朋友的确是美好生活中不可或缺的部分。如果机器人能够帮助自闭症儿童开发这种享受友谊的能力，那么机器人似乎就蕴含着巨大的道德价值。

8.2 对假朋友的担忧

但是，友谊是一种重要的内在美德这一观点也让我们有必要关注社交机器人。从某种意义上讲，它们是以朋友的身份帮助自闭症患者。虽然机器人对有些人来说并不友好，但正是它们在互动的社会维度上对患者具有吸引力，这才促使人们对其应用于治疗产生了兴趣。这同时也引起了人们的担忧：这些患者在发现机器人是令人愉快的伙伴并且和它们互动能够受益的时候，他们会认定这些机器人就是潜在的伙伴。格斯的母亲分享了她儿子和Siri之间的对话：

格斯：Siri，你愿意嫁给我吗？

Siri：我不是那种会结婚的人。

格斯：我的意思不是现在结婚。我还是个孩子。我是说等我长大了。

Siri：我的最终用户协议不包括婚姻。

格斯：哦，好吧。(Newman，2014)

这种担忧与最近一项关于对使用机器人进行治疗所持态度的调查结果一致。一些伦理方面的担忧普遍存在于自闭症儿童的父母、研究自闭症的治疗师和研究人员当中(Coeckelbergh et al., 2016)。尽管绝大多数受访者(85%)表示,他们发现使用社交机器人治疗自闭症在伦理层面总体还算可以接受,但他们对于社交机器人参与患者交朋友的体验和能力的过程中出现的几个具体问题表示担忧。例如,只有 43%的受访者同意"自闭症儿童在治疗过程中将社交机器人视为朋友在伦理层面是可以接受的"这一说法,而其他受访者的回应似乎与这一担忧有关。例如,与那些看起来像人类的机器人相比,受访者更倾向于赞同把机器人设计成类似的(非人类)动物或物体,而且许多人"反对机器人取代治疗师的想法……"相反,许多受访者倾向于由治疗师监督人机互动,机器人只是负责远程操作,而非完全自动化(Coeckelbergh et al., 2016: 57 - 59, emphasis added)。

这项调查的形式是要求受访者对一系列预先设定的陈述表明同意或不同意,且不允许他们解释各种选择的缘由,但科克尔伯格等人对可能如何解释这种担忧提供了一些猜测。

例如,他们可能担心此类患者的人机互动将取代人际互动,这可能会增加他们的社会孤立感。这一担忧与夏基(Sharkey)和夏基(2010)在一篇题为《机器人保姆的奇耻大辱》的文章中提及的机器人与儿童互动的讨论相互呼应。这与他们的观点一致——机器人不会取代人类治疗师。这还与他们对远程控制机器人的看法一致——将孩子与人类治疗师联系起来,而非由机器人取代人类,这似乎是合理的做法。他们注意到,这也可以解释为什么人们更喜欢动物化的机器人而非拟人化的机器人,因为它们不太可能被视为人类关系的替代品。

他们还注意到,可能在伦理层面来看,对于一个可感知到的"朋友"存有依恋的心理代价有些沉重。他们提到,"只要依恋能够支持治疗的过程和目标,这种依恋就可以被视为是有益无害。如果没有任何的依恋,反而可能很难教授儿童社交技能"(Coeckerbergh et al.,

2016：53)。但是，当儿童与机器人同伴分开之时，儿童可能会感到痛苦和悲伤，里克(Riek)和霍华德(Howard)(2014)在《人机交互专业人员的道德规范》中也曾有过类似的隐忧。

其他令人担忧的原因包括机器人可能会被那些怀有恶意的黑客攻击，尤其是基于友谊所产生的信任可能会导致一种特殊的漏洞——这种漏洞容易被不法分子所利用。事实上，如果科克尔伯格等人关于依恋的治疗优势的相关论述正确的话，并且如果开发康复型社交机器人的主要动机是利用它们的内在吸引力去引起患者关注，那么这种治疗可能被认为是一种家长式的剥削，尽管它带来的积极影响具有伦理层面的合理性。此外，人们利用依恋来实现外在目标的这种剥削式安排也许会引起一些不安——这本身就构成了对过度"友好"的机器人的抵制。最后，人们可能会担心——特别是考虑到这些孩子在阅读和评估社交线索存在困难的时候——那些看起来特别友好的机器人可能会欺骗孩子，让他们相信那些机器人就是人。

通过一项调查，尤其是一项对非伦理学家的调查，就要引起人们的担忧，这在道德哲学方面有点不合常规，但我认为我们不应该太轻易地忽略受访者的担忧。科克尔伯格等人对他们的调查动机做出如下解释：

> 我们认为所有利益相关者都应该[在新技术的开发和使用方面]掌握发言权。这可能意味着要面对各种各样的事情，并在更大范围内引发关于技术与民主的质疑和讨论。但在本文中，我们将自己局限于使用非常具体的研究工具之中，以便给利益相关者提供机会，就正在考虑的新技术的使用和发展发表相关意见(2016：56，n. 4)

除了倾听利益相关者的担忧的重要性之外，还有一个需要认真看待这项调查的原因。虽然在理论方面的正式培训可以帮助一个人发现其他人可能忽视的伦理问题，但一个人也有可能受到理论的束缚，以至于他或她因为这些问题与所选择的理论不符而忽略了真正应当关心的问题。伦理学的一个主要关注点在于——或者应该是——帮助我们以自己的方式过上有价值的生活。当相关人口中有很大一部分对我们过上这种生活的能力受到某项技术的威胁持保留意见时，我认为这个问题就值得认真审视。此外，一些颇具影响力的伦理学理论所表达的担忧明确地呼吁人们要认识到，友谊是美好生活的一个组成部分，这一点广受认可。

当然，这并不是说我们应该放弃伦理学理论，或者就此放弃用于治疗自闭症的机器人疗法。相反，我呼吁我们应当将这些担忧融入我们的理论当中，并尽可能在不冒任何伦理风险(我们的注意力已经被这些关于伦理风险的调查所吸引)的前提下找到实现机器人治疗的方法。

8.3 假朋友和假币

在前一节中，我明确表达了对患者可能会将这些机器人视为朋友的担忧。尽管我的观点还有待探究，但它是有可能实现的。正如格斯的故事所说明的那样，这不仅仅是哲学家的幻想，也是一种改变治疗选择方案的现实可能性。正如亚里士多德在其著作中提出的那样，这种表达担忧的方式源于对表象和友谊的讨论——这种讨论远远早于当前的技术。尽管年代久远，但我认为亚里士多德的理论有助于阐明这个问题。

除了认为友谊对我们许多人来说是美好生活的一个必要条件之外，亚里士多德还引入了友谊的定义，并从广义和狭义的角度阐释了人们所谈论的关于“朋友”的现实问题。广义而言，友谊是两个或两个以上的人之间互惠互利、相互关心、相互认可的关系。然而，关心和重视的基础可能不同，强度或程度也可能存异。有些友谊主要是建立在互惠互利的基础之上，亚里士多德称这些友谊为功利型友谊。

另一些友谊则是基于人们在彼此陪伴下的共同快乐，这种友谊则被称为快乐型友谊。严格地说，这两种友谊都属于工具性的联系。在其中，朋友被视为好处的来源，这些好处在逻辑上独立于朋友本身。最后一种友谊不同于前两种，因为每一个朋友都从心底自发地尊重对方的品格，这种友谊被称为美德型友谊或品格型友谊。亚里士多德认为，第三种友谊重视朋友本身，而不是重视他们能为你做什么。虽然这种友谊比较罕见，也很难建立，但它是我们最珍视的一种友谊——这种友谊似乎对我们拥有最美好的生活而言至关重要，也是我们的心之所向。例如，当我们谈到"真正"友谊的价值或者区分谁才是真正的朋友时，可以通过了解谁可以共苦、谁只能同甘而得出答案。我们似乎在把这种理想的友谊和那种更常见却不那么珍贵的友谊区分开来。从某种意义上说，后者也配得上"友谊"的称号，只不过它是有限制条件的。关于品格型友谊，亚里士多德说，"好人的友谊，只要他们品行良好，就是完美的友谊，而其他的友谊只是相似的友谊"(1999：124/1157a30－1157a35)。

亚里士多德在《尼各马可伦理学》中对友谊进行了广泛的探讨，他对友谊的欺骗性表象持这样的看法：

> 如果一个朋友真的喜欢我们是因为我们的优点或乐趣，而假装喜欢我们是因为我们的性格，我们可能就会指责他。如果我们错误地认为我们是因为我们的性格而为人所爱，而我们的朋友的做法表明事实并非如此，那么我们必须对自己负责。但是，如果我们被他的伪装所欺骗，我们就有理由指控他，甚至比指控贬值货币者更具备充分的理由，因为他的恶行贬低了愈加宝贵的东西。(1999：140/1165b5－1165b10)

在他想象的那种情况下，毫无疑问，大多数假装是朋友的人都有能力建立友谊——他们有能力可以互惠互利，相互关心，并且这么做是出于尊重对方的身份，而不仅仅是他或她能为你做什么——这是目前的社交机器人和不远将来的机器人所无法匹及的。但是，让他们成为“假朋友”的并不是他们可以这样关心对方而选择不这样做，而是他们看起来像是关心，但是实则并不关心。假装是朋友但不是朋友的人既是伪造者又是假币。然而，在这种情况下，伪造者是那些设计和部署机器人的人，而机器人则是假币本身。它们可以参与许多“社交”活动，但在友谊的表象背后却没有任何可供利用的社会资本。

将朋友和货币进行类比似乎有些奇怪，因为朋友(或者至少是最好的朋友)，对他们的朋友来说似乎具有内在价值，而货币只是工具价值的一个范例。但是，我认为假朋友和假币之间的共同点要比使类比更具指导意义的“一些有价值的事物表象”更多。

友谊可以看作是由微小而紧密的社会团体所组成的。事实上，这样做确实成效卓著。人们普遍认为，亲密的朋友有着共同的身份或在某种程度上保持一致。亚里士多德认为，亲密的朋友是“另一个的自我”。例如，在《尼各马可伦理学》(1999：133/1161b30－1161b35，142/1166a30－1166a35，and 150/1170b5－1170b10)中，有人可能会试图把这种共同身份解释为亲密朋友之间的巨大相似性，或者假设亲密朋友之间不存在、不识别或不强化人际边界，以此来证明这一点。但是，这两种解释都付出了严重的理论缺陷。互补性的差异可以强化友谊，而认为最好的友谊没有边界的论调似乎就是一个理论缺陷。相反，如果我们认为朋友是复合对象的一部分，如果友谊是一种社会实体，那么他们的共同身份就不会被理解为相似性或没有边界，而是被理解为整体的一部分。朋友们就像许多部分一样，共同构成了友谊这一整体。他们的交往可以被理解为持续的相互依赖和相互回应。

当人们珍视友谊之时，他们珍视包括自己在内的成员所构成的复合实体。但是，假朋友实际上并不能和受骗者建立友谊。通过在情感上表现出相互依赖和相互关联的关切，他们只是让受骗者相信他们共同构成了一个事实上并不存在的社会群体。

像友谊一样，经济体也可以被视为相互依赖的社会群体。尽管在这种情况下，经济体是通过货币而非情感上的相互依赖和共同目标而联系在一起的。经济体的价值在于与其成员身份相关的工具性事物，其本身并不具有内在属性。假币的恶劣之处在于它给一个宝贵的社会群体留下了一种虚假的印象，仿佛它是该群体的成员，并与其联系在一起。在没有被发现的情况，它还承诺与社会群体中的其他成员相互回应。假朋友也是如此。

表象与现实的区别在这两种社会群体当中都很重要，而这两种伪造行为的恶劣之处在于错误地代表了这一群体的成员身份。人们对治疗机器人的一个担忧就是——对于那些解析社会信号存有困难的人来说，机器人可以"传递"信息并具备共同构成这些社会主体的能力，即使它们实际上无法达到必要的情感和价值预期。如果不尊重这种潜在的困惑，就意味着设计师或治疗师轻视了友谊这一有价值的制度，并可能误导患者认为他们拥有实际上并未拥有的事物。

科克尔伯格等人的调查对受访者表达的各种关切做出一个简要解释。这可以解释为什么人们更喜欢远程操控的机器人而不是自动化机器人：远程操控将患者与（人类）治疗师"连接"起来，而非让一个能够评估价值的主体出现。这可以解释为什么动物化机器人比拟人化机器人更受欢迎：拟人化机器人更有可能成为朋友，其运行方式类似于制造假币。这也解释了人们普遍抵触让孩子把这些机器人当作朋友的缘由。

与对假币的恐惧导致我们垄断货币不同，我们没有理由完全避免使用社交机器人。事实上，有趣的拟人化机器人在帮助孩子提高学习技能方面至关重要，这些技能将会帮助他们更好地驾驭真实事物。玩玩具钱可以帮助一个人开发理财技能，并且有助于其更好地理解经济交易。但是，正如我们想方设法确保"玩钱"看起来不那么接近真实事物而愚弄人们一样，我们在设计社交伙伴的实践中也应该采取类似的谨慎态度。

8.4 不同的反对声音

但要让这个说法起作用，我必须承认：我之前描述的且大多数人（如果不是所有人）都喜欢的那种友谊确实具备价值。而且，对于患者来说，非感知社交机器人所提供的友谊主观体验尚且不够。但是，他们对与人类接触的兴趣索然和对机器人的痴迷不悔正是推动目前将机器人技术纳入自闭症儿童治疗趋势的动因。

我们可以想象，有人对“真正”友谊的客观价值持怀疑态度，他们会提出如下反对意见。诚然，自闭症阻碍了社交技能的发展。从某种程度上讲，如果培养这些技能有助于自闭症儿童的成长，我们理应这样做。但是，我们应该保持不可知论的态度来看待他们按照自己的方式生活下去的情况。换言之，我们不应该仅仅因为友谊对某些人很重要，就假定友谊中的表象与现实的区别对每个人都很重要。我们应该尽可能培养他们的社交技能，即使这会导致患者将机器人视为朋友。只要我们能够减轻这些想法的外在成本——例如，我们可以通过为每个孩子提供属于自己的廉价机器人来避免因依恋而产生的损失。我们不应该纠结关于“假朋友”这种可能过于道貌岸然的想法。

亚里士多德曾断言：“没有人会选择没有朋友的生活，即使他拥有所有其他的财富”（1999：119/1155a5－1155a10），但也许他只是错了，或者至少在人们如何满足对朋友的兴趣这个问题上出现了错误。例如，在电影《银翼杀手》中，古怪的发明家 J.F.塞巴斯蒂安（J. F. Sebastian）独自一人居住在一栋废弃的大楼里。Pris 本人可能是一个具有感知能力的机器人，当她看到他的生活状况之时，她说：“J.F.，你在这里肯定感到孤独。”他回答说：“不太可能。我也有朋友。它们是玩具。我的玩具都是朋友。我制造了它们。这是我的爱好。因为

我是一名基因设计师。"(Scott, 1982)

他制造的玩具不是真实的人类复制品；许多玩具明显模仿了传统玩具，如老式士兵和泰迪熊。他很清楚它们源于人为制造。毕竟，他是为自己做的这些玩具。它们甚至表现得不像"正常"人——它们的手势、语言和动作都很夸张化、卡通化和简单化。与电影中那些如此逼真——以至于必须进行复杂的测试才能将它们与人类区分开——的"复制品"机器人不同，它们永远不会接纳一个寻找人类朋友的人。并且，他似乎发现它们的表现非常令人满意，甚至可能比与"正常"的人类互动更好。

如果这个反对意见是对的，那么我们要么应该将受访者的担忧视为这是他们在不考虑其他人情况下对自身价值体系的投射，要么至少更倾向于采用更受限的解释，例如，对终止与治疗机器人的"关系"的伤害范围加以限制，而非采用假设关系本身存在问题的解释。毕竟，只有它本身是令人信服的，但其价值无法代替其他有价值的事物之时，它才会被视为假货。尽管有记录证明机器人的陪伴比人类的陪伴更受欢迎，机器人朋友是否具有价值本身还存在争议。

8.5 适应性偏好反应

然而，我认为我们不应该接受这种理由，因为它使我们有理由拒绝我所表达的担忧。首先，在我看来，我们不应该预设患者的实际价值标准，特别是那些年轻患者的实际价值标准。他们最终可能会因为先前确定的原因(熟悉度、可预测性、较少混淆的信号等)而继续倾向与机器人互动而非与人类互动，但他们仍然会认为人类友谊的价值极高。或者，当他们克服或缓解了成功人际互动的挑战时，他们可能会像其他人一样更偏好人际关系。对于所有特定患者的实际价值标准的怀疑可能是我们采取保守方法的原因。即使有些患者从未以和我们许多人一样的方式珍视友谊，但是仍可以假定他们是珍视友谊的。从伦理上讲，这是因为对于那些开始尝试人际交往的患者而言，一旦做错就要在道德层面付出惨重的代价。

其次，我们大多数人如此看重友谊这一事实似乎暗示了一种诱因性的观点：友谊实际上具有内在价值，至少对于人类来说的确如此。从古希腊和中国再到当代北美，在不同的文化、时代和背景之下，人们对友谊的价值达成了广泛的共识——这需要解释，而且可以直接用它的实际价值来解释，而少数例外者（J. F. 塞巴斯蒂安们）的观点可以基于事实而被驳回。这一事实就是，他们还没有意识到，由于发展性或环境性原因，他们可能无法实现自身价值，这使得他们无法获得有关的成功案例。首先，自闭症患者是人。因此，在得到证明之前，最好假设他们的价值观将与其他人的价值观基本一致。除此之外，许多患有自闭症的患者都享受成功的人际友谊，并表示他们珍视这种友谊[参见坦普尔·格兰丁（Temple Grandin）在《图片中的思考》（2010）中对友谊的讨论]，在没有获得其他证明之前，相关案例能够变得更加有力，足以进行假定。那么，亚里士多德所描述的那种友谊则被证明具有价值，并且值得捍卫。

这并不是一个关乎人们只能拥有人类朋友的争论。相反，这种观点是说，在开发人们享受友谊能力的过程中，我们不应该因为使用康复机器人有可能让患者相信它就是他们的朋友而贬低其价值。一旦这些能力得到开发，或者通过适当的方法得到了发展，人们就可以进行自主选择。换言之，这一争论并非反对面向大众市场的陪伴型机器人。

我的方法受到努斯鲍姆（Nussbaum）和森（Sen）的能力理论的启发，尽管并不依赖他们阐释的细节（Nussbaum，2001；Sen，1989）。大体而言，我们不想像家长一样把我们的价值观强加给他人，但同时我们必须考虑到存在所谓适应性偏好——一个人在面对长期困难时形成的，以此作为对这种困难的适应——的可能。例如，生活在将妇女视为二等公民的社会中的妇女，尽管她们营养不良，长期得不到治疗，但却可能称她们过得健康如意——这是因为她们已经适应了这些情况。但是，这不应当被拿来反映她们对于食物短缺和医疗匮乏的全面认知偏好。为了避免任何事情的极端化以及狭隘的利己主义，我建议我们首先应该注重培养人们享受生活的能力——在本文案例中，就是友谊，更广义上说是社交关系——然后让他们的个人偏好决定其是否以及如何选择行使这种能力。

8.6 结语

我认为我们应该认真地看待人们对于机器人朋友的关注，但要谨慎地以正确的方式予以解释。虽然以前的伦理学家关注的是限制或控制患者对于机器人的依恋，他们的关注点集中在信任所带来的危险或失去“朋友”可能带来的潜在悲伤。但我认为，适当的关注不仅仅意味着失去或外在伤害。事实上，如果构成的“关系”符合伪造关联的标准，这本身就可能令人不安。

然而，这并不意味着我们应该完全怀疑康复机器人帮助自闭症儿童的潜力。即使我们承认机器人“朋友”可能是假币，但那些类似于垄断货币的功能不仅在伦理维度没有任何问题，而且还是极具价值的教学工具。我在这里是为了阐明设计师和治疗师需要牢记的伦理问题，而不是提倡伦理禁令。

人们对于利用自闭症患者对社交机器人的内在吸引力越来越感兴趣，但这需要非常小心。在设计和使用治疗工具之时，我们不应该对友谊这一美好生活的重要组成部分漫不经心。与此同时，在认真关注之下，它们为提升人们享受这种美好生活的能力提供了一个充满希望的选择。

参考文献

Anzalone, Salvatore Maria, Elodie Tilmont, Sofiane Boucenna, Jean Xavier,

AnneLise Jouen, Nicolas Bodeau, Koushik Maharatna, Mohamed Chetouani, David Cohen, and Michelangelo Study Group. 2014. "How Children with Autism Spectrum Disorder Behave and Explore the 4-Dimensional (Spatial 3D+ Time) Environment During a Joint Attention Induction Task with a Robot." *Research in Autism Spectrum Disorders* 8(7): 814 - 826.

Aristotle. 1999. *Nicomachean Ethics*. Translated by Terence Irwin. Indianapolis: Hackett.

Blade Runner. 1982. Film. Directed by Ridley Scott. Produced by Ridley Scott and Hampton Francher. Screenplay by Hampton Francher and David Webb Peoples. Warner Bros.

Coeckelbergh, Mark, Cristina Pop, Ramona Simut, Andreea Peca, Sebastian Pintea, Daniel David, and Bram Vanderborght. 2016. "A Survey of Expectations about the Role of Robots in Robot-Assisted Therapy for Children with ASD: Ethical Acceptability, Trust, Sociability, Appearance, and Attachment." *Science and Engineering Ethics* 22(1): 47 - 65.

Costa, Sandra, Hagen Lehmann, Ben Robins, Kerstin Dautenhahn, and Filomena Soares. 2013. "'Where Is Your Nose?' Developing Body Awareness Skills among Children with Autism Using a Humanoid Robot." In *ACHI 2013, The Sixth International Conference on Advances in Computer-Human Interactions*, 117 - 122. IARIA.

Dautenhahn, Kerstin and Iain Werry. 2004. "Towards Interactive Robots in Autism Therapy: Background, Motivation and Challenges." *Pragmatics & Cognition* 12(1): 1 - 35.

Duquette, Audrey, François Michaud, and Henri Mercier. 2008. "Exploring the Use of a Mobile Robot as an Imitation Agent with Children with Low-Functioning Autism." *Autonomous Robots* 24(2): 147 - 157.

Grandin, Temple. 2010. *Thinking in Pictures: My Life with Autism*. New York: Doubleday.

Greczek, Jillian, Edward Kaszubski, Amin Atrash, and Maja Mataric. 2014. "Graded Cueing Feedback in Robot-Mediated Imitation Practice for Children with Autism Spectrum Disorders." In *Robot and Human Interactive Communication, 2014 ROMAN: The 23rd IEEE International Symposium on*, 561 - 566. IEEE.

Huskens, Bibi, Rianne Verschuur, Jan Gillesen, Robert Didden, and Emilia Barakova. 2013. "Promoting Question-Asking in School-Aged Children with Autism Spectrum Disorders: Effectiveness of a Robot Intervention Compared to a HumanTrainer Intervention." *Developmental Neurorehabilitation* 16

(5)：345 - 356.

Newman, Judith. 2014. "To Siri with Love: How One Boy with Autism Became BFF with Apple's Siri." *New York Times*, 17 October. http://www.nytimes.com/2014/10/19/fashion/how-apples-siri-became-one-autistic-boys-bff.html.

Nussbaum, Martha. 2001. *Women and Human Development: The Capabilities Approach*. Cambridge: Cambridge University Press.

Riek, Laurel D. and Don Howard. 2014. "A Code of Ethics for the Human - Robot Interaction Profession." *We Robot 2014*. http://robots.law.miami.edu/2014/wpcontent/uploads/2014/03/a-code-of-ethics-for-the-human-robot-interactionprofession-riek-howard.pdf.

Robins, Ben and Kerstin Dautenhahn. 2014. "Tactile Interactions with a Humanoid Robot: Novel Play Scenario Implementations with Children with Autism." *International Journal of Social Robotics* 6(3): 397 - 415.

Robins, Ben, Kerstin Dautenhahn, and Janek Dubowski. 2006. "Does Appearance Matter in the Interaction of Children with Autism with a Humanoid Robot?" *Interaction Studies* 7(3): 509 - 542.

Scassellati, Brian, Henny Admoni, and Maja Mataric. 2012. "Robots for Use in Autism Research." *Annual Review of Biomedical Engineering* 14: 275 - 294.

Sen, Amartya. 1989. "Development as Capability Expansion." *Journal of Development Planning* 19: 41 - 58.

Sharkey, Noel and Amanda Sharkey. 2010. "The Crying Shame of Robot Nannies: An Ethical Appraisal." *Interaction Studies* 11(2): 161 - 190.

Wainer, Joshua, Kerstin Dautenhahn, Ben Robins, and Farshid Amirabdollahian. 2014. "A Pilot Study with a Novel Setup for Collaborative Play of the Humanoid Robot KASPAR with Children with Autism." *International Journal of Social Robotics* 6(1): 45 - 65.

第9章
儿科机器人学与伦理学：机器人已经准备好见你了，但它应该被信任吗？

杰森·博伦斯坦，艾安娜·霍华德，艾伦·R.瓦格纳

人们倾向于过度信任自动化系统。1995年，“皇家陛下”号游轮在从百慕大到波士顿的途中搁浅，具体原因就是游轮的自动驾驶仪在运行了34小时后出现了故障（Charette，2009）。2009年6月1日，法航447航班坠机入海，228名乘客全部遇难。事故调查人员最终得出的结论是机组人员在脱离自动驾驶仪后不知所措，加上过度依赖错误的航速测量导致了飞机失事（BEA，2012）。2013年7月6日，韩亚航空公司214航班在旧金山国际机场进港时坠毁，造成3人罹难，180人受伤。根据美国国家运输和安全委员会的调查结果，过度依赖自动化是造成本次事故的重要诱因（NTSB，2014）。两位学者的合作研究表明，在某些紧急情况下，一些人仍然会听从机器人的指示，哪怕这样做会对他们自身的生命健康带来风险，甚至哪怕在之前的案例当中这样做显然都以失败告终（Robinette et al.，2015）。随着机器人逐渐脱离实验室，进入医院或其他医疗环境，这些案例表明人们可能会过度依赖并信任这种技术。

一些特定人群——如患有后天或先天发育障碍的儿童——特别容易受到过度信任带来的风险的伤害（Yamagishi et al.，1999；Yamagishi，2001）。由于儿童缺乏丰富的经验，推理能力有限，难以

预测复杂技术设备的潜在危害，他们可能无法认识到使用这些设备可能伴随的危险(Kahn et al., 2004; Sharkey and Sharkey, 2010)。此外，父母可能也无法全面评估风险——要么是因为他们过度专注于检查技术的局限性，要么是因为他们投入了太多的情感，将其作为一种潜在的治愈方法(Dunn et al., 2001; Maes et al., 2003; Wade et al., 1998)。随着儿科机器人领域的不断发展，我们必须针对人们过度信任机器人的趋势进行研究，并为减轻儿童、父母和医疗提供方因为过度依赖机器人而可能面临的风险制定相应的策略。

为了克服这一挑战，我们必须首先考虑有关机器人应用于儿科医疗的普遍性伦理学问题。这自然会形成概念化的策略，从而用来降低使用机器人所带来的风险。这些策略的动机必须由两大愿景驱动：其一，开发机器人系统来满足儿童需求；其二，强调防止过度信任这些系统的重要性。这并不是说儿科机器人本身就不安全，也不是说使用这些系统进行的医学研究尚不充分。我们只是想讨论将机器人引入儿科护理环境当中所产生的一般影响，并分析儿童和父母可能过度依赖这些技术所产生的潜在影响。因此，本章概述了儿科机器人技术的发展现状，描述了相关的伦理学问题，并探讨了过度信任在其中所起的作用。最后，我们将为减少相关风险提供建议策略，并描述未来在儿科领域部署机器人的蓝图架构。

9.1 关于儿科机器人类型和研究的综述

目前正在开发和部署的童用机器人系统可谓五花八门(例如 Scassellati, 2007; Feil-Seifer and Matarić, 2009; Kozima et al., 2008; Drane et al., 2009)。在过去的数十年中，研究重点涵盖了适应性机器人操纵器、机器人外骨骼，乃至社交机器人治疗教练。Tyromotion 公司的 Amadeo 机器人在虚拟游戏环境中为儿童和成人提供手臂和手部康复(Hartwig, 2014)。Motek 公司的 GRAIL 系统在虚拟环境中为儿童提供步态分析与训练(Mirelman et al., 2010)。应用于脑瘫儿童的虚拟机器人技术也正在各种康复方案中经受评估(Chen et al., 2014; Garcia-Vergara et al., 2012)。

据估计,美国 3—17 岁儿童当中约有六分之一(约 15%)的群体患有一种或多种发育障碍(Boyle et al., 2011)。适应性机器人可以为上肢运动障碍儿童提供介入治疗;它们通常让儿童参与那些有助于提高自身功能性技能的体育活动(Chen and Howard, 2016)。PlayROB 机器人使得残疾儿童能够搭建乐高积木(Kronreif et al., 2005)。便携式机器人可以帮助残疾人完成诸如饮食这样的日常活动(Topping, 2002)。儿童还可以通过控制机器人手臂来执行与游戏相关的任务;他们可以从一系列界面选项中进行选择,包括使用大尺寸的便捷按钮和键盘(Cook et al., 2002, 2005)。在一个实验项目当中,人们使用了一种独立型机械手臂来确定它是否能够帮助患有严重矫形残疾的学生培养某些认知技能或者其他的技能(Howell, 1989)。

许多患有神经系统疾病的儿童可能上下肢活动受限。机器人外骨骼可以为这类儿童提供一种治疗手段。机器人手臂矫形器(Sukal et al., 2007)和机器人辅助运动训练器也被用于这一领域当中。越来越多的文献表明,机器人辅助步态训练系统对于患有神经系统疾病的儿童来说是一种安全可行的治疗手段(Borggraefe et al., 2010; MeyerHeim et al., 2009; Damiano and DeJong, 2009)。研究发现,任务特异性和目标定向性是儿童被动式运动学习训练治疗的关键维度(Papavasiliou, 2009)。为了应对这一发现所引发的担忧,研究人员已经开始研究机器人矫形系统与游戏场景的耦合。例如,一项针对 10 名患有不同程度神经步态障碍患者的实验研究表明,虚拟现实机器人辅助治疗对于运动输出的即时影响等同于人类治疗师使用的传统方法(Brütsch et al., 2010)。另一个案例研究表明,对于脑瘫患儿而言,在临床上使用带有定制康复视频游戏的机器人踝关节矫形器比使用不含康复游戏的机器人更加有益(Cioi et al., 2011)。

专业疗法可以用于帮助改善儿童的运动、认知、感觉、交流以及游戏技能，其目的在于促进儿童的发育，并最大限度地降低发育迟缓的可能性(Punwar, 2000)。换句话说，其旨在提高孩子参与日常活动的能力。利用机器人和患有发育障碍(如唐氏综合征和自闭症谱系障碍)的儿童之间的游戏进行专业治疗的研究越来越引发人们的关注(Pennisi et al., 2016)。与机器人联用的被动传感器可能有助于为残疾儿童提供评估指标(Brooks and Howard, 2012)。在与机器人互动的过程当中，与儿童的运动参数、注视方向和对话相关的指标可以为临床医生的诊断提供有益的测量结果，帮助确定适合发育障碍儿童的干预方案。

Cosmobot 是一款商用远程康复机器人，它被设计用于促进残疾儿童和健全儿童的教育和治疗活动(Lathan et al., 2005)。当前 Csmobot 机器人被用于一项实验研究，研究对象为 3 名上肢活动受限的 4—11 岁脑瘫儿童(Wood et al., 2009)。IROMEC(作为同伴的交互式机器人社交媒介)是一款帮助三类儿童——自闭症儿童、认知障碍儿童和严重运动障碍儿童——参与各种社交和合作游戏场景的机器人(Patrizia et al., 2009; Marti and Giusti, 2010)。Aurora 项目聚焦于帮助自闭症儿童进行康复并接受教育(Dautenhahn and Werry, 2004)。在一个相关的项目当中，科学家利用一个名为 Robota 的人形机器人玩偶让低功能的自闭症儿童参与一项涉及模仿游戏的行为研究当中(Billard et al., 2007)。

一种叫 KASPAR(个人助理机器人技术中的体态学和同步化)的机器人仅有一个小孩那么大，它被设计作为社交调解人；它的面部表情和手势旨在鼓励自闭症儿童与他人互动(Robins et al., 2009)。Roball 是一种球形机器人，具备有意的自我推进运动功能，旨在促进幼儿之间的互动(Michaud, 2005)。Keepon 是一种旨在帮助患有发育障碍的儿童参与游戏互动的机器人，它在一项为期两年的研究中经受评估。这项研究涉及 25 名患有自闭症、阿斯伯格综合征、唐氏综合征和其他发育障碍的婴幼儿(Kozima and Nakagawa, 2006)。此外,斯卡塞拉蒂(Scassellati)、阿德莫尼(Admoni)和马塔里奇(Matarić)(2012)对用于自闭症研究的机器人的常见设计特征进行了综述,并观察了使用这些机器人平台的类似疗法所进行的评估研究的类型。

9.2 医疗机器人:后果与隐忧

鉴于正在开发的医疗机器人数量庞杂且品种多样,加上它们在儿科人群中的潜在多种用途(如前一节所示),对使用这些机器人为儿童提供护理的伦理方面考虑就变得至关重要。许多伦理问题正在显现,特别是考虑到儿科人群在医疗需求方面的多样性。显然,对于患者身体伤害的威胁是一个始终存在的担忧。例如,一个给病人送药的机器人可能会意外地撞到服务对象;或者,机器人假肢(如外骨骼)可能会因其重量或尺寸等因素导致用户摔倒。鉴于儿童是一个相对脆弱的群体,预防伤害愈加重要。在理想情况之下,医疗机器人应该能够让患者体验到的医疗服务意义非凡并且自己能够受益匪浅,但它们也可能产生与健康相关的意外后果(如长期使用导致的肌肉萎缩)。与此相关,使用外骨骼或其他机器人设备可能会导致患者过度依赖这项技术(例如,不愿意在没有外骨骼的情况下尝试行走),特别是在这项技术可能赋予他们新的能力抑或增强以前丧失的能力的情况下尤为如此。

据称,许多医疗机器人都具备的一个优点,它们能够以多种方式监控患者;它们可以连续几天不断地检查患者的生命体征,观察患者是否服用了药物,或者观察患者是否清醒——这都超出了人类护理人员可以提供的服务范围。然而,令人担忧的是,这种功能可能会过度侵犯患者的隐私。这里还有一个复杂问题,儿科患者是否以及在何种程度上有权对其父母或医疗提供方保密。

在部署医疗机器人的过程中，无意或故意的欺骗也可能发生。在许多情况下，用户可能会将他们并未真正拥有的特征或性格投射到机器人身上。人类可以与机器人和其他人工技术制品建立强烈的情感联系（Levy，2007），设计师可以通过他们的审美选择来强化并利用这种人类心理倾向（Pearson and Borenstein，2014）。例如，一些学者认为，在养老院和其他护理环境中使用机器人具有欺骗性，这是对人缺乏尊重的体现（Sparrow and Sparrow，2006；Sharkey and Sharkey，2010）。然而，人们可能会问：欺骗是否总是错的（Pearson and Borenstein，2013）？特别是当它在医疗环境中起到治疗作用的情况下。

儿童与机器人的互动对人类心理和社会化的影响也值得研究。例如，将机器人技术引入儿科环境是否会导致人际医患互动减少？特克尔（Turkle）（2015）广泛地讨论了技术设备，尤其是手机对于社会动态的影响。她认为，由于手机的使用，人类进行深刻、广泛对话的能力正在退化。相应地，将儿童看护中有意义的一部分交给机器人可能会减少儿童的人际交往机会。可以说，如果孩子花更少的时间与医生、护士或其他护理人员交谈，这可能对孩子不利。尽管一些学者认为机器人可以促进人际对话（Arkin，2014），但特克尔（2015：358）认为使用机器人（诸如 Paro）来协助人的护理可能会导致人类护理人员沦为旁观者。

9.3 将机器人带回家

当人们考虑将一些机器人技术带回患者家中之时，就必须解决新的、可能更具挑战性的伦理问题。例如，在医院里使用外骨骼的儿童可能不会去爬楼梯或在不平坦的地板上行走。但是，一旦技术系统被带回家，这些情况很可能发生。此外，儿童可能会尝试在雨中或温度（和系统性能）波动较大的环境中使用该系统。诚然，医院或其他医疗机构在某种程度上可能是一个混乱并且不可预测的环境。但是，随着这些系统被引入各种动态的“外部”环境(这些系统可能没有直接测试过的地方)，影响儿童和机器人系统之间互动的变量数目将会增加。

诚然，有很多方法可以防止孩子或孩子的父母对机器人过度信任。例如，医疗提供者可以要求在进行治疗时，父母要和孩子一起待在房间里，或者简单地记录并限制机器人的运行时间。这些类型的解决方案对于定义完备型任务和定义良好型环境来说足矣。但是，随着医疗机器人从医院和诊所转移到家庭环境之中，这种监督无法强制执行。例如，Cyberdyne 公司(2016)目前允许人们租用他们的 HAL 外骨骼，并积极倡导残疾儿童在家中使用 HAL 外骨骼。在这种情况下，相信父母会持续监控他们的孩子有些不切实际——这样做可能会使该技术的使用变成父母的负担。此外，将此类技术的使用限制在受控环境中也可能会大大降低此类技术对儿童和其他用户的益处。

9.4 过度信任医疗机器人的潜在问题

尽管前面提到的伦理问题很重要，但我们关注的重点是医疗环境中越来越多地使用机器人系统，这可能会导致患者、家长和其他人对这些系统过度信任。我们使用术语“过度信任”来描述以下情况：① 一个人接受风险，因为这个人相信机器人可以执行其无法执行的功能；② 一个人接受过多风险，因为他期望系统会减轻风险。例如，前文提到的飞行员过度依赖自动驾驶系统可能导致飞机坠毁的案例，这就充分说明了对于过度信任的担忧绝非空穴来风(Carr，2014；Mindell，2015)。

研究表明，自动化程度的提高通常会导致用户自满情绪的上升(Parasuraman et al.，1993)。这种自满可能会导致自动化系统的误用以及用户无法正确地监控这一系统，或者可能会使人的决策产生偏差(Parasuraman and Riley, 1997)。需要注意的是，自动化产生的故障(包括自满或过度信任在内)往往与人们同缺乏自动化的系统互动时遇到的典型错误或失误存有本质的不同。当人们过度信任自动化时，发生的故障可能带来灭顶之灾。在某些情况下，信任全球定位系统的司机会按照这一系统的指示驶入湖泊、海洋、悬崖，或是绕行1 600英里(GPSBites, 2012)。

在历史上，关于过度信任机器人技术的讨论长期聚焦于工厂自动化。然而，最近的研究将范围拓展到在紧急情况下使用的移动机器人。研究人员探讨了人们在紧急疏散过程中对机器人的引导会做何反应(Robinette et al., 2016)。一个移动机器人被用来护送受试者去会议室。在不同的情况之下，机器人要么直接引导受试者进入房间，要么引导错误，绕道去了另一个房间。在以前的虚拟研究当中，观察到机器人出错的参与者在紧急情况下倾向于选择不再跟随机器人(Robinette et al., 2015)。然而，在现实世界中，研究人员发现，尽管机器人的引导性能越来越差，人们还是会选择随它而去。当被问及为什么会选择跟随机器人时，参与者通常表示他们认为机器人知道的比自己多，或者机器人不会失败(Robinette et al., 2016)。此外，在实验结束以后，许多参与者解释说，因为他们选择跟随机器人，所以他们一定会信任它。这些发现表明，人们可能认为机器人是绝对正确的，所以选择盲目地听从它的指令，甚至忽略了出现故障的迹象。这项研究对于儿科机器人学具有启示意义，因为父母或其他人可能倾向于相信机器人关于儿童健康的判断。

沿着这些思路，医疗提供方将对正在融入其工作环境当中的新型机器人技术产生一系列的反应。在这种环境之下，需要特别注意的一个问题是，在什么情况下专业人员可能会遵从技术，而不是依靠自己的判断。例如，假设一名患者为了康复而佩戴机器人外骨骼，该系统被设定为重复20次。随着康复治疗的推进，患者开始感到相当程度的不适。医生是会停止治疗，还是以默认的思维方式认为机器人最了解患者情况呢？同样，如果医生和其他人认为可以信任该系统来监控病情，他们可能会将自己的注意力从患者身上移走。事实上，研究表明，医疗提供方使用自动化系统可能导致其对某些类型的癌症视而不见(Povyakalo et al., 2013)。

9.5 孩子和父母对机器人的信任

监控孩子对于机器人的信任是一个值得关注的重要领域。研究和常识表明，儿童可能特别容易过度信任机器人(Yamagishi et al., 1999; Yamagishi, 2001)。一般来讲，幼儿可能缺乏与机器人和技术相关的丰富经验，而他们仅有的一点经验很可能是由互联网、电视和其他媒体塑造而成的。因此，他们特别容易将系统不具备的能力归因于这些系统。此外，他们的年幼无知可能会限制他们对复杂技术设备的危害进行推理的能力，从而导致他们可能无法认识到使用此类设备的危险性(Kahn et al., 2004; Sharkey and Sharkey, 2010)。事实上，儿童(尤其是青少年)往往处于敢于冒险的人生阶段，再加上他们对机器人的过度信任，意外伤害的可能性就会增加。这种倾向可能会鼓励这些孩子突破机器人技术的极限，或者滥用机器人技术。

当然，父母也可能无法充分评估风险。例如，父母也可能过度信任机器人治疗教练，如果他们允许机器人指导孩子的日常生活，即使孩子有痛苦的迹象，他们也可能认为机器人比他们更了解何时结束治疗方案(Smith et al., 1997; Skitka et al., 1999)。患有慢性疾病或身有残疾的儿童的父母尽管有同等或更好的选择，仍可能会选择使用机器人设备，这只是因为他们认为机器人一定比其他选择更好。此外，由于他们可能认为机器人设备比非机器人设备更可靠，因此他们监控孩子治疗计划的参与程度可能会随之下降。

9.6 影响过度信任的可能因素和缓解过度信任的方法

随着儿科机器人领域的发展，我们必须继续研究引发过度信任的因素，并制定减轻过度信任机器人可能给儿童、父母和医疗提供方带来风险的相应对策。由于这在很大程度上是一个新兴研究领域，随着在研究中获得的认识不断增加，这些对策可能也会随之调整变化。一些相关因素可能包括机器人用户的心理构成和其他性格特征(Walters et al., 2008)以及文化差异(Kaplan, 2004)。有些人在使用机器人技术时可能会过度信任并接受风险。展望未来，尽早发现这些个体并提供减少自满情绪的培训可能至关重要。此外，“积极性偏见”作为一种心理现象也应该被考虑在内。有积极性偏见的用户默认，即使在缺乏信息的情况下机器人也会做出合理的判断(Desai et al., 2009)。

过度信任也可能受到机器人的设计和行为的影响。例如，促进拟人化的设计可能会影响儿童与机器人的联系和信任(Turkle, 2006)。可移动的眼睛、类似人类的声音和语言控制都倾向于让人相信机器人与人类相似，因此可以期望它能促进儿童的福祉。类似人类的行为倾向于促进拟人化评估，并可能加剧过度信任。例如，适时的道歉和(或)承诺可以修复个体信任，尽管事实上对于自动化机器人而言道歉或承诺可能并没有任何实质意义(Robinette et al., 2015)。道歉是一种表示遗憾的情绪，它影响了研究参与者的决策，尽管机器人表达的遗憾仅限于电脑屏幕上传递的信息。此外，机器人做出的承诺没有以其信念或信心为支撑。尽管如此，仅仅是空洞的道歉和承诺就足以说服参与者再次信任机器人，哪怕之前它也犯过错误。

即使机器人专家在设计机器人的过程中避免使用拟人化特征，自动化系统因具备一致性与可预测性往往也会导致过度信任的发生。当一个系统值得信赖时，人们往往会忽视或低估出现失败或错误的可能性。此外，机器人所需的用户认知参与程度也会产生影响。例如，如果用户可以在没有太多自觉努力的情况下接受常规治疗，那么他们可能完全无法意识到风险。

不存在完全消除风险性的故障保护策略，包括当儿童及其家人与机器人系统进行互动时的情况在内。这就需要在最大程度上以降低风险并提高对用户可能遇到的风险的认识为目标。早期关于过度信任自动化的研究表明，系统偶尔出现的错误可以用来保持用户的警惕性(Parasuraman et al.，1993)。因此，设计出积极调动用户"反思性大脑"的医疗机器人具备可能性，这可以减少自满情绪和过度信任的发生，或许还可以降低风险。作为一种设计途径，预警指标的使用可以通过多种方式实现。例如，警告的形式可以是闪烁的灯光、危险就在前方的语音提示或用户感觉到的振动。决定实施哪一种(多种)方式在一定程度上取决于目标用户的身体和心理承受能力。

另一种需要考虑的对策是需要用户直接关注。例如，为了让机器人(如外骨骼)发挥作用，用户必须执行特定动作(例如，在一定时间后按下按钮)。同理，只有当患者的主要护理者在给定的距离内并(或)允许机器人继续执行任务时，机器人才能发挥作用。或者，可以设计一个具有可调节自主性的系统，例如，一旦机器人看起来运行良好，父母就可以决定接收较少的通知。

预警和信息系统可能有助于减少过度信任，但这些机制不可能完全预防过度信任。在某些情况下，机器人可能需要为了减少用户的自满情绪而选择性地罢工。为了提高用户的警惕性，机器人可能会故意失败或运行欠佳，这是一个复杂的伦理问题。更好地理解选择性失败将如何影响用户的整体安全必须融入设计策略之中。例如，考虑到一个孩子使用一个机器人外骨骼爬梯子。尽管这可能会让用户感到沮丧，但在攀爬开始之前机器人出现选择性失败可能会减少孩子从高处坠落的可能性，从而减少对孩子造成的伤害。然而，攀登开始后的选择性失败毫无疑问会造成严重伤害。

也许减轻过度信任的最极端方法在于机器人拒绝执行特定的动作或任务。这是布里格斯(Briggs)和朔伊茨(Scheutz)(2015)等机器人学家开始探索的设计路径。在这一领域，一个首当其冲的伦理难题就是当儿科患者可能将自己置于危险境地时，他们应该有多大的自由选择权。由于患者事实上并不是一个单一的、静态的群体，所以这个问题变得更加复杂。许多包括年龄、经验、身心健康在内的因素都会使自我决定是否应该取代利益的评估变得纷繁复杂。

当涉及儿童用户预防伤害时，一种选择是根据康德的伦理理论或功利主义(假设这样的事情是可能的)为机器人编程。据推测，一个"功利主义"机器人将试图促进一个特定社区的更大利益，或者，一个"康德主义"机器人将寻求维护绝对命令的原则，包括对人的尊重原则。然而，人类并不是典型的严格意义上的功利主义者或康德主义者，所以要求机器人以这种方式行事是否合理或谨慎呢？考虑到人类做出道德决策的方式可能具有多面性、动态性以及复杂性，就机器人在充斥着伦理问题的环境当中应该如何行事的问题上达成共识可能尚需时日。尽管如此，如果要继续在医疗或其他领域中使用机器人，机器人学家需要具体可行的指导来确定构成伦理行为的要素。在这种情况下，我们希望以防止对儿科患者和其他用户造成伤害的方式"实施"伦理管辖。

9.7 结论

目前，多种类型的机器人正被投入医疗领域，还有更多的机器人即将问世。它们的使用引发了许多伦理问题，需要进行彻底并且长期的审视。然而，我们在此指出，应特别注意儿童、家长和医疗提供方可能过度信任机器人，这可能会导致严重伤害。为了保护儿童和其他使用机器人技术的用户，我们努力勾勒出减轻过度信任的对策。

机器人学家和其他专家必须继续努力研究机器人系统的伦理行为的内涵与外延，尤其是在公众开始愈发依赖这项技术的情况下，这一点显得格外必要。

参考文献

Arkin, Ronald C. 2014. "Ameliorating Patient-Caregiver Stigma in Early-Stage Parkinson's Disease Using Robot Co-Mediators." *Proceedings of the AISB 50 Symposium on Machine Ethics in the Context of Medical and Health Care Agents*, London.

Billard, Aude, Ben Robins, Jacqueline Nadel, and Kerstin Dautenhahn. 2007. "Building Robota, a Mini-Humanoid Robot for the Rehabilitation of Children with Autism." *RESNA Assistive Technology Journal* 19(1): 37 - 49.

Borggraefe, Ingo, Mirjam Klaiber, Tabea Schuler, B. Warken, Andreas S. Schroeder, Florian Heinen, and Andreas Meyer-Heim. 2010. "Safety of Robotic-Assisted Treadmill Therapy in Children and Adolescents with Gait Impairment: A BiCenter Survey." *Developmental Neurorehabilitation* 13(2): 114 - 119.

Boyle, Coleen A., Sheree Boulet, Laura A. Schieve, Robin A. Cohen, Stephen J. Blumberg, Marshalyn Yeargin-Allsopp, Susanna Visser, and Michael D. Kogan. 2011. "Trends in the Prevalence of Developmental Disabilities in US Children, 1997 - 2008." *Pediatrics* 127(6): 1034 - 1042.

Briggs, Gordon M. and Matthais Scheutz. 2015. "'Sorry, I Can't Do That': Developing Mechanisms to Appropriately Reject Directives in Human - Robot Interactions." *2015 AAAI Fall Symposium Series*.

Brooks, Douglas and Ayanna Howard. 2012. "Quantifying Upper-Arm Rehabilitation Metrics for Children Through Interaction with a Humanoid Robot." *Applied Bionics and Biomechanics* 9(2): 157 - 172.

Brütsch, Karin, Tabea Schuler, Alexander Koenig, Lukas Zimmerli, Susan M. Koeneke, Lars Lünenburger, Robert Riener, Lutz Jäncke, and Andreas MeyerHeim. 2010. "Influence of Virtual Reality Soccer Game on Walking Performance in Robotic Assisted Gait Training for Children." *Journal of NeuroEngineering and Rehabilitation* 7: 15.

BEA (Bureau d'Enquêtes et d'Analyses). 2012. "Final Report on the Accident on 1st June 2009." http://www.bea.aero/docspa/2009/f-cp090601.en/pdf/f-cp090601.en.pdf.

Carr, Nicholas. 2014. *The Glass Cage: Automation and Us*. New York: W. W.

Norton.

Charette, Robert N. 2009. "Automated to Death." *IEEE Spectrum*. http://spectrum.ieee.org/computing/software/automated-to-death.

Chen, Yu-Ping and Ayanna Howard. 2016. "Effects of Robotic Therapy on UpperExtremity Function in Children with Cerebral Palsy: A Systematic Review." *Developmental Neurorehabilitation* 19(1): 64–71.

Chen, Yu-Ping, Shih-Yu Lee, and Ayanna M. Howard. 2014. "Effect of Virtual Reality on Upper Extremity Function in Children with Cerebal Palsy: A Meta-Analysis." *Pediatric Physical Therapy* 26(3): 289–300.

Cioi, Daniel, Angad Kale, Grigore Burdea, Jack R. Engsberg, William Janes, and Sandy A. Ross. 2011. "Ankle Control and Strength Training for Children with Cerebral Palsy Using the Rutgers Ankle CP: A Case Study." *IEEE International Conference on Rehabilitative Robotics* 2011: 5975432.

Cook, Albert M., Brenda Bentz, Norma Harbottle, Cheryl Lynch, and Brad Miller. 2005. "School-Based Use of a Robotic Arm System by Children with Disabilities." *Neural Systems and Rehabilitation Engineering* 13(4): 452–460.

Cook, Albert M., Max Q. Meng, Jin Jin Gu, and K. Howery. 2002. "Development of a Robotic Device for Facilitating Learning by Children Who Have Severe Disabilities." *Neural Systems and Rehabilitation Engineering* 10(3): 178–187.

Cyberdyne. 2016. "What's HAL? The World's First Cyborg-Type Robot 'HAL.'" http://www.cyberdyne.jp/english/products/HAL/.

Damiano, Diane L. and Stacey L. DeJong. 2009. "A Systematic Review of the Effectiveness of Treadmill Training and Body Weight Support in Pediatric Rehabilitation." *Journal of Neurologic Physical Therapy* 33: 27–44.

Dautenhahn, Kerstin and Iain Werry. 2004. "Towards Interactive Robots in Autism Therapy." *Pragmatics and Cognition* 12(1): 1–35.

Desai, Munjal, Kristen Stubbs, Aaron Steinfeld, and Holly Yanco. 2009. "Creating Trustworthy Robots: Lessons and Inspirations from Automated Systems." *Proceedings of the AISB Convention: New Frontiers in Human–Robot Interaction*.

Drane, James, Charlotte Safos, and Corinna E. Lathan. 2009. "Therapeutic Robotics for Children with Disabilities: A Case Study." *Studies in Health Technology and Informatics* 149: 344.

Dunn, Michael E., Tracy Burbine, Clint A. Bowers, and Stacey Tantleff-Dunn. 2001. "Moderators of Stress in Parents of Children with Autism." *Community Mental Health Journal* 37: 39–52.

Feil-Seifer, David and Maja J. Matarić. 2009. "Toward Socially Assistive Robotics for Augmenting Interventions for Children with Autism Spectrum Disorders." *Experimental Robotics* 54: 201 - 210.

Garcia-Vergara, Sergio, Yu-Ping Chen and Ayanna M. Howard. 2012. "Super Pop VR: An Adaptable Virtual Reality Game for Upper-Body Rehabilitation." *HCI International Conference*, Las Vegas.

GPSBites. 2012. "The Top 10 List of Worst GPS Disasters and Sat Nav Mistakes." http://www.gpsbites.com/top-10-list-of-worst-gps-disasters-and-sat-nav-mistakes.

Hartwig, Maik. 2014. "Modern Hand- and Arm Rehabilitation: The Tyrosolution Concept." http://tyromotion.com/wp-content/uploads/2013/04/HartwigM-2014-The-Tyrosolution-Concept._EN.pdf.

Howell, Richard. 1989. "A Prototype Robotic Arm for Use by Severely Orthopedically Handicapped Students, Final Report." Ohio, 102.

Kahn, Peter H., Batya Friedman, Deanne R. Perez-Granados, and Nathan G. Freier. 2004. "Robotic Pets in the Lives of Preschool Children." *CHI '04 Extended Abstracts on Human Factors in Computing Systems*, Vienna.

Kaplan, Frederic. 2004. "Who Is Afraid of the Humanoid? Investigating Cultural Differences in the Acceptance of Robots." *International Journal of Humanoid Robotics* 1(3): 1 - 16.

Kozima, Hideki, Marek P. Michalowski, and Cocoro Nakagawa. 2008. "Keepon." *International Journal of Social Robotics*, 1(1): 3 - 18.

Kozima, Hideki and Cocoro Nakagawa. 2006. "Social Robots for Children: Practice in Communication-Care." *9th IEEE International Workshop on Advanced Motion Control*, 768 - 773.

Kronreif, Gernot, Barbara Prazak, Stefan Mina, Martin Kornfeld, Michael Meindl, and Martin Furst. 2005. "PlayROB-Robot-Assisted Playing for Children with Severe Physical Disabilities." *IEEE 9th International Conference on Rehabilitation Robotics 2005* (ICORR'05), 193 - 196.

Lathan, Corinna, Amy Brisben, and Charlotte Safos. 2005. "CosmoBot Levels the Playing Field for Disabled Children." *Interactions*, special issue: "Robots!" 12(2): 14 - 16.

Levy, David. 2007. *Love and Sex with Robots*. New York: Harper Perennial.

Maes, Bea, Theo G. Broekman, A. Dosen, and J. Nauts. 2003. "Caregiving Burden of Families Looking after Persons with Intellectual Disability and Behavioural or Psychiatric Problems." *Journal of Intellectual Disability Research* 47: 447 - 455.

Marti, Patrizia and Leonardo Giusti. 2010. "A Robot Companion for Inclusive

Games: A User-Centred Design Perspective." *IEEE International Conference on Robotics and Automation 2010* (ICRA '10), 4348 – 4353.

Meyer-Heim, Andreas, Corinne Ammann-Reiffer, Annick Schmartz, J. Schafer, F.H. Sennhauser, Florian Heinen, B. Knecht, Edward Dabrowski, and Ingo Borggraefe. 2009. "Improvement of Walking Abilities after Robotic-Assisted Locomotion Training in Children with Cerebral Palsy." *Archives of Disease in Childhood* 94: 615 – 620.

Michaud, Francois, J. Laplante, Helene Larouche, Audrey Duquette, Serge Caron, Dominic Letourneau, and Patrice Masson. 2005. "Autonomous Spherical Mobile Robot to Study Child Development." *IEEE Transactions on Systems, Man, and Cybernetics* 35(4): 471 – 480.

Mindell, David A. 2015. *Our Robots, Ourselves: Robotics and the Myths of Autonomy*. New York: Viking.

Mirelman, Anat, Benjamin L. Patritti, Paolo Bonato, and Judith E. Deutsch. 2010. "Effects of Virtual Reality Training on Gait Biomechanics of Individuals PostStroke." *Gait & Posture* 31(4): 433 – 437.

NSTB (National Transportation Safety Board). 2014. "NTSB Press Release: NTSB Finds Mismanagement of Approach and Inadequate Monitoring of Airspeed Led to Crash of Asiana flight 214, Multiple Contributing Factors Also Identified." http://www.ntsb.gov/news/press-releases/Pages/PR20140624.aspx.

Papavasiliou, Antigone S. 2009. "Management of Motor Problems in Cerebral Palsy: A Critical Update for the Clinician." *European Journal of Paediatric Neurology* 13: 387 – 396.

Parasuraman, Raja, Robert Molloy, and Indramani L. Singh. 1993. "Performance Consequences of Automation-Induced 'Complacency.'" *International Journal of Aviation Psychology* 3(1): 1 – 23.

Parasuraman, Raja and Victor Riley. 1997. "Humans and Automation: Use, Misuse, Disuse, Abuse." *Human Factors* 39(2): 230 – 253.

Pearson, Yvette and Jason Borenstein. 2013. "The Intervention of Robot Caregivers and the Cultivation of Children's Capability to Play." *Science and Engineering Ethics* 19(1): 123 – 137.

Pearson, Yvette and Jason Borenstein. 2014. "Creating 'Companions' for Children: The Ethics of Designing Esthetic Features for Robots." *AI & Society* 29(1): 23 – 31.

Pennisi, Paola, Alessandro Tonacci, Gennaro Tartarisco, Lucia Billeci, Liliana Ruta, Sebastiano Gangemi, and Giovanni Pioggia. 2016. "Autism and Social Robotics: A Systematic Review." *Autism Research* 9(2): 65 – 83. doi: 10.

1002/aur.1527.

Povyakalo, Andrey A., Eugenio Alberdi, Lorenzo Strigini, and Peter Ayton. 2013. "How to Discriminate Between Computer-Aided and Computer-Hindered Decisions: A Case Study in Mammography." *Medical Decision Making* 33(1): 98 - 107.

Punwar, Alice J. 2000. "Developmental Disabilities Practice." In *Occupational Therapy: Principles and Practice*, edited by A. J. Punwar and S. M. Peloquin, 159 - 174. USA: Lippincott Williams & Wilkins.

Robinette, Paul, Ayanna Howard, and Alan R. Wagner. 2015. "Timing is Key for Robot Trust Repair." *7th International Conference on Social Robotics (ICSR 2015)*, Paris.

Robinette, Paul, Robert Allen, Wenchen Li, Ayanna Howard, and Alan R. Wagner. 2016. "Overtrust of Robots in Emergency Evacuation Scenarios." *ACM/IEEE International Conference on Human - Robot Interaction (HRI 2016)*, 101 - 108. Christchurch, New Zealand.

Robins, Ben, Kerstin Dautenhahn, and Paul Dickerson. 2009. "From Isolation to Communication: A Case Study Evaluation of Robot Assisted Play for Children with Autism with a Minimally Expressive Humanoid Robot." *Proceedings of the Second International Conference of Advances in CHI* (ACHI'09), 205 - 211.

Scassellati, Brian. 2007. "How Social Robots Will Help Us Diagnose, Treat, and Understand Autism." *Robotics Research* 28: 552 - 563.

Scassellati, Brian, Henny Admoni, and Maja Matarić. 2012. "Robots for Use in Autism Research." *Annual Review of Biomedical Engineering* 14: 275 - 294.

Sharkey, Noel and Amanda Sharkey. 2010. "The Crying Shame of Robot Nannies: An Ethical Appraisal." *Interaction Studies* 11(2): 161 - 190.

Skitka, Linda J., Kathy L. Mosier, and Mark Burdick. 1999. "Does Automation Bias Decision-Making?" *International Journal of Human-Computer Studies* 51: 991 - 1006.

Smith, Philip J., C. Elaine McCoy, and Charles Layton. 1997. "Brittleness in the Design of Cooperative Problem-Solving Systems: The Effects on User Performance." *IEEE Transactions on Systems, Man, and Cybernetics—Part A: Systems and Humans* 27(3): 360 - 372.

Sparrow, Robert and Linda Sparrow. 2006. "In the Hands of Machines? The Future of Aged Care." *Mind and Machines* 16: 141 - 161.

Sukal, Theresa M., Kristin J. Krosschell, and Julius P.A. Dewald. 2007. "Use of the ACT3D System to Evaluate Synergies in Children with Cerebral Palsy: A

Pilot Study." *IEEE International Conference on Rehabilitation Robotics*, Noordwijk, Netherlands.

Topping, Mike. 2002. "An Overview of the Development of Handy 1, a Rehabilitation Robot to Assist the Severely Disabled." *Journal of Intelligent and Robotic Systems* 34(3): 253 - 263.

Turkle, Sherry. 2006. "A Nascent Robotics Culture: New Complicities for Companionship." *AAAI Technical Report Series*, July.

Turkle, Sherry. 2015. *Reclaiming Conversation: The Power of Talk in a Digital Age*. London: Penguin Press.

Wade, Shari L., H. Gerry Taylor, Dennis Drotar, Terry Stancin, and Keith O. Yeates. 1998. "Family Burden and Adaptation During the Initial Year after Traumatic Brain Injury in Children." *Pediatrics* 102: 110 - 116.

Walters, Michael L., Dag S. Syrdal, Kerstin Dautenhahn, Rene te Boekhorst, and Kheng L. Koay. 2008. "Avoiding the Uncanny Valley: Robot Appearance, Personality, and Consistency of Behavior in an Attention-Seeking Home Scenario for a Robot Companion." *Autonomous Robots* 24: 159 - 178.

Wood, Krista, Corinna Lathan, and Kenton Kaufman. 2009. "Development of an Interactive Upper Extremity Gestural Robotic Feedback System: From Bench to Reality." *IEEE Engineering* in *Medicine* and *Biology Society* 2009: 5973 - 5976.

Yamagishi, Toshio. 2001. "Trust as a Form of Social Intelligence." In *Trust in Society*, edited by Karen S. Cook, 121 - 147. New York: Russell Sage Foundation.

Yamagishi, Toshio, Masako Kikuchi, and Motoko Kosugi. 1999. "Trust, Gullibility, and Social Intelligence." *Asian Journal of Social Psychology* 2: 145 - 161.

第 10 章
信任与人机互动

杰西·柯克帕特里克，埃琳·N.哈恩，埃米·J.霍伊夫勒

2003 年 3 月 23 日，伊拉克战争爆发的第三天，一架英国的“旋风”GR4 战斗机返回其位于科威特北部的基地——这里是美国“爱国者”反导弹系统的保护辖区。然而，系统错误地将飞机识别为敌机，开火并摧毁了它。空军中尉凯文·巴里·梅因(Kevin Barry Main)和大卫·里斯·威廉斯(David Rhys Williams)双双遇难，这是在战争中第一次发生友军交火的悲剧事件(Piller 2003)。

这一事件之所以引人注目，不是因为造成人员死亡的惨剧(这是现代战争的一个不幸但无法避免的特征)，而是因为这些飞行员的死亡可以在一定程度上归咎于人类对“爱国者”系统的信任。尽管人类通过监控“爱国者”系统并保留对其发射功能的否决权来保持“参与其中”，但该系统的一个重要特征就是它几乎完全自动化。当“旋风”战斗机迫近之时，“爱国者”系统错误地识别了即将到来的英国人，地勤操作员急需在一瞬间做出决定——信任系统还是行使否决权，执行后一个决定能够在系统执行自动发射之前就中止发射。不幸的是，操作人员信任了计算机的高级判断功能并允许启动系统，这一错付的信任导致了悲剧的发生。

随着机器人技术不断接近自动化，并且在越来越多的情况下实现了自动化，学者们将注意力转向了信任与人机互动之间的关系。

本章运用包括哲学、法律和神经科学在内的多学科研究方法，探讨了人机互动自动化中的信任问题。[①] 本章共分为四小节。10.1 阐释了人机互动的概念。10.2 阐述了人际信任的规范性说明，本小节为10.3 探讨人机互动是否能够接近或实现人际信任的探索进行铺垫。在肯定地回答这个问题后，10.4 指出了人机互动过程中促进人际信任的一些潜在危害。10.5 最后呼吁未来的学术界解决与 10.3 中提到的人机互动信任相关的哲学、实证、法律和政策问题。

10.1 什么是人机互动?

人机互动的基本形式通常以互动性命令-回应模型的形式出现。学者们曾经有失恰当地将这种关系描述为“主从”互动，其中人类发出命令(通常以任务或目标为导向)，然后监控命令执行的规范和状态(Fong et al., 2005)。当代机器人技术的进步已经产生了可预测的效果，并且创造了比仅以命令为导向模式更为复杂微妙的互动。作为本章的研究重点，最新出现的一个模型是“点对点式人机互动”(P2P-HRI;以下简称 HRI)。HRI 模型旨在“开发促使人类和机器人有效协同工作的技术，强调人类和机器人应该成为工作伙伴的理念”(Fong et al., 2006: 3198)。因此，HRI 模型的开发具有比早期模型更具吸引力、动态性和直观性的互动特征，其总体目标是创造出自动化机器人。人类能够以“与人类认知、专注和交际的能力和局限相互兼容”的方式与这种机器人进行协作(Office of Naval Research, 2016)。

使用人机协作的相关影响研究表明，研发和理解成功的 HRI 模型必须考虑诸如易于采纳和使用等因素;个体状态和性状特征(如压

① 为了简单起见，当我们提到人机互动时，我们指的就是人类与自动化机器人之间的互动(除非另有说明)。我们将自动化机器人定义为:“在无需人类对其运动明确控制的情况下，能够在世界上独立执行任务的智能机器”(Bekey, 2005: xii;emphasis in original)。

力、疲劳、情绪和注意力)，这可能都会调节互动并最终有助于确定机器人系统中的信任程度，也有助于确定人类信任的机器人和环境因素(Schaefer et al.，2016)。此外，HRI 模型研究必须采取一种基于伦理、社会、文化、法律和政策观点的态度，这些具有至关重要的价值，尤其是对于全面评估和确定 HRI 在未来的多元个体、商业领域和军事用途中的益处、使用规范和后果。

HRI 模型未来将涉及的一个重要领域就是信任。但是，当学者们提到与 HRI 相关的信任之时，他们想表达什么意思呢？这种信任涉及什么呢？而且，也许最重要的是，与人机关系相关的这种信任在未来会有什么影响呢？

10.2 什么是信任？在人机互动中践行这一概念

信任可以通过多种多样的形式彰显：可以信任机构(Potter，2002；Govier，1997；Townley and Garfield，2013)、信任自己(Govier，1993；Lehrer，1997；Foley，2001；Jones，2012a；Potter，2002)乃至信任政府(Hardin，2002)。[①] 事实上，关于个体对各种实体产生信任的问题已经有了诸多相关的学术研究，这种信任已经超越了人际信任，这就强调了一个显著的事实——我们处在这样一个复杂的世界当中，我们需要和许许多多的参与者一起参与各种形式的信任建构，但并非所有参与者都是人类同胞。尽管如此，一些最深入的学术研究聚焦在人际信任的哲学要素之上，而人际信任仍然是 HRI 模型设计师们追求的终极目标(Schaefer et al.，2016：380)。因此，本章将人际信任作为出发点，因为它对信任进行了细致入微的阐

① 关于机构信任，请参见波特(Potter)(2002)，戈维尔(Govier)(1997)，以及汤利(Townley)(2013)。关于自我信任，请参见戈维尔(1993)、莱勒(Lehrer)(1997)、福莱(Foley)(2001)、琼斯(Jones)(2012a)和波特(2002)。关于政府信任，请参见哈丁(Hardin)的文章(2002)。

述,最能说明信任与HRI模型之间的关系。

人际信任是基于参与者(委托人)决定让自己易于受到其他参与者(受托人)的伤害(下文简称脆弱性),这取决于受托人是否履行特定的行为(Baier, 1986; Pettit, 1995: 204)。简言之,A将Z委托给B(Baier, 1986; Jones, 2012b)。为了简便起见,让我们将此称之为人际信任的哲学解释。在这种表述中,委托人赋予受托人对某些物品或某类物品的自由裁量权,因此要承担受托人可能无法为委托人履行义务的风险。有一种方法可以规范地描述这种由三部分构成的信任。例如,莫莉(Molli)要求杰克(Jack)去托儿所接孩子。考虑到可能存在杰克不履行其义务的风险,这个委托关系使莫莉变得易受伤害,因而她期待杰克能够履行他的义务。莫莉对杰克的请求"引起了回应性的共鸣",出于对莫莉的尊重以及关心她的幸福,杰克将履行他的承诺(Pettit, 1995: 208)。

这种交流中产生的共鸣可以用善意来形容;反过来,这种善意又表现为"对某人依赖的这一事实做出积极反应"(Jones, 2012b: 69)。在这种情况下,风险性和脆弱性作为信任的构成要素与善意相对应。作为遵守道德的参与者,我们认识到他人的脆弱性以及作为委托人所伴随的风险。相反,作为受托人,我们将善意传递给这个人(委托人)。贝尔(Baier)认为,"当一个人依靠另一个人的善意之时,一个人必然容易受到这种善意的限制。当一个人信任他人之时,这个人会给他人伤害自己的机会,同时也表明了自己的信心:其他人不会抓住这个能够伤害他的机会"(1986: 235)。从信任的角度来看,这种人际互动显然是规范的,因为个体作为道德参与者站在彼此的关系当中假设并承认依赖性、风险性、脆弱性以及善意。[①]

其他人则认为,信任的构成不是基于规范参与者的立场,而是以

① 信任和善意之间的规范性关系远比我们在此讨论的篇幅要复杂得多。例如,即使在没有善意的情况下,我们也可能信任某人;即使某人对我们怀有善意,我们也可能不信任他(比如我们不称职的叔叔)。感谢审稿人的澄清。

自身的利益诉求为基础的。[1] 回到莫莉的案例，她的请求固有的风险就是：杰克可能无法接她的孩子，但杰克答应请求的原因，以及莫莉大概率可以让杰克答应的原因在于她知道杰克渴望获得她的好感。在所谓的“信任的诡计”中，“委托人不必依赖他人或多或少令人钦佩的可信度；他们还可以寄希望于相对基本的渴望，即获得他人的肯定”(Petit, 1995: 203)。在某种意义上讲，信任是狡猾的，因为它压制了利益，而这些利益可能会阻碍积极的人际交往。

当然，在这样的交往当中，自身利益不必局限于某个参与者，如果真是这样的话，信任是否会非常狡猾便值得怀疑。从这个意义上讲，信任可以源于双方的共同利益：莫莉可以信任杰克，因为她知道让杰克去接她的孩子符合彼此的利益(Hardin, 2002)。在这一思路下，信任有助于解决协调性问题，而这种互动的理想产物就是减少社会复杂性、不稳定性和不确定性所带来的红利。这种关于信任的博弈论观点就是基于这样一种信念——信任构建起了使委托人和受托人互惠互利的社会资本，并且成为我们共同生活的重要组成部分。[2]

信任也可以区别于单纯的依赖(Baier, 1986: 235)。有人可能反对这种区别，他们认为有些依赖形式关涉信任。例如，我们可能会在开车去我们最喜欢的书店时迷路。在等红灯时，我们看到一名男子上了一辆出租车，并且无意中听到他告诉司机他要去书店，这正是我们正在寻找的书店。我们紧随这辆出租车，成功地到达了目的地。现在设想同样的情况，在乘客说出他的目的地之后，我们摇下车窗，告诉司机我们也要去同一家书店，并且我们会跟着她。司机对此欣然同意。与第一种情况一样，我们会继续紧跟出租车司机，依靠她成功到达目的地。

---

① 我们在有关人为因素的文献中发现了一些类似的信任要素：“信任可以被定义为一种态度，即在不确定或脆弱的情况下，参与者将帮助个体实现其目标”(Lee and See, 2004: 51)。

② 这并不是说这种工具主义的信任观无法规范，我们只是主张这种信任观没必要规范。

如果两种情况都涉及依赖的话，那怎么能说一种情况涉及信任，而另一种则不涉及信任？在第一种情况下，我们依赖司机，因为我们认为她受到出租车司机这个角色的约束；她正在履行她的职业义务，我们知道她一定会帮我们到达目的地。相反，在第二种情况下，我们依赖司机，不仅因为这是她的职业义务，还因为她更愿意将我们作为个体对待——司机了解我们的弱点，承认我们在特定情况下对她的依赖，并给予了我们亟须的善意之举。

研究HRI模型的工程因素和人为因素的一些学者就对意图的信任和对能力(亦称可靠性或才干)的信任进行了类似的区分。[①] 后者通常只适用于自动化系统或任务，甚至可能是复杂的机器人，人们在计时的时候可能只相信自己的手表，而前者通常与人联系在一起。人们可能相信另一个人偿还债务的明显意图。但是，并非所有的依赖都涉及信任。捕捉这种可能性的一种方法就是考虑这样一个事实：我们对各种人和事的依赖都与信任无关。我们可以依赖恐怖分子去违反道德和法律。当我们的鞋带打了双结时，我们可以依赖它来保持系紧。或者，我们可以依靠厨房定时器在做饭时确保时间适宜。第一个例子强调了与其他动机(或缺乏动机)相比，善意在信任中发挥重要作用的可能性。我们可能认为恐怖分子存有杀人的动机是可信的，但说她值得信任或我们信任她似乎有些奇怪。[②] 进一步揭示信任和可靠性之间区别的另一种方法是考虑对违背信任的行为表现出的恰当情绪反应是什么样的。正如哲学家安妮特·贝尔(Annette Baier)所指出的，“信任可能会被背叛，或者至少会被辜负”，而失望是对不可靠的恰当回应(1986：235)。当双结鞋带松开或者我们的计时器无法计时的时候，我们可能会感到失望甚至愤怒，但是这

① 关于本文献中的讨论以及意图中的信任与信任中的能力、信度或能力之间的区别，请参见奥索斯基(Ososky)等人(2013)的文章。

② 我们可以说：我们“相信”恐怖分子会将我们视为平民而杀害，但这似乎是一种传达其这样做是可靠的或值得信赖的语义捷径，而不是我们在我们所用术语的更微妙意义上对其的信任。

种不可靠的情况并不会唤起我们对背叛的深刻感受。[①]

10.3 我们能相信机器人吗?

这些涉及人际信任的规范性差异是如何帮助我们解释和分析信任与 HRI 模型之间关系的呢?我们能否信任机器人呢?还是只能依靠机器人呢?将信任视为由 A 利用 Z 信任 B 三部分构成,如何帮助我们更清晰地考虑对机器人的信任呢?

针对这些问题的一个看似合理的答案在于着眼未来。机器人可能会变得如此先进,以至于有朝一日(甚至在不久的将来),HRI 模型将以人际关系的形式出现——这种形式涉及人们描述的信任特征。尽管这一回应可能有助于我们应对未来的情况,鉴于机器人技术和人工智能的发展可能还需要很多年才能让这种 HRI 模型成为现实,这似乎让人有些失望。[②] 关于强大的人工智能或即将到来的技术奇点(一般人工智能超过人类智能的临界点)的推测,可能提供有用的启发式装置,用于探索与机器人技术和人工智能相关的实践和理论问题。但就我们的目的而言,它们仍然过于概念化,对于更恰当地扎根于当下的信任而言,它们无法提供有效的考量因素。

如果我们将对信任和 HRI 模型的考虑局限在与当下和不久的将来更为密切的事态当中,甚至为了进行争论,将这些局限扩展到想象一个几乎与人类无异的尖端自动化仿真机器人(人工智能 Ava,出自 2015 年的热门电影《机械姬》)身上,这可能仅仅表明论证信任的规范性文献是不合时宜的,这些文献讨论了对机器人的信任(Universal Pictures International, 2015)。如果我们与机器人的互动不能满足

---

① 这种关于信任导致背叛的解释显然过于简化:并非所有违反信任的行为都会产生背叛感;信任不是一成不变的;它以不同的程度和水平在动态频谱上运行。

② 即使对人工智能项目持有更为乐观的预测,但要取得重大进展还是需要几十年的时间。请参见科兹维尔(Kurzweil)(2005)的文章。

我们所阐述的信任要件(即参与者、意图、脆弱性和善意),那么相较于信任概念而言,我们针对依赖的概念进行讨论可能会更加准确——即使我们正在考虑形式更为先进的人工智能和机器人技术。当我们考虑到可靠的信任观念(特别是需要拥有意识和代表委托人与受托人的代理人)时,这种情况似乎尤为特别。[①] 尽管稍后我们将对信任、代理人、意识和 HRI 模型之间的关系进行非常简短的讨论,但是对于这些情况以及机器人是否能在理论上满足这些情况的讨论,都将引领着我们走得更远。

一个更合理的选择是:我们可以决定适当提及 HRI 模型中的信任,但人际信任的哲学解释所包含的条件过于详尽,以至于无法准确描述 HRI 模型中的信任。这一论点表明,信任可能存在于 HRI 模型之中,但它与人际信任并不相同。这一论点的可信度取决于所讨论的机器人的复杂程度。让我们再次假设正在探讨的是像《机械姬》中的 Ava 这样的复杂型人工智能。据此,从机器人的视角来看,我们应该削弱人类特有的信任条件(比如参与者和善意),从而降低在 HRI 模型中可视为可信事物的门槛。

但是,这一替代方案似乎让人难以相信——关于 HRI 模型的普遍性解释和实证性研究都表明,人类与机器人之间存在着强烈的情感联系(不仅限于信任),这种联系类似或接近于在人际互动中发现的情感。[②] 例如,据报道,当士兵的炸弹处理机器人被损坏时,他们会感到包括悲伤和愤怒在内的一系列情绪,甚至有报道称他们与机器人互动的时候就把它们当作了人类或动物(Billings et al., 2012;

---

① 正如贝尔所建议的那样——"适当信任的合理条件是双方都能意识到的存在,并且被信任人有机会表示接受或拒绝。如果他们的信任是不可接受的[即代理人]",他们可以警告他们信任的人(1986: 235)。

② 关于人类对机器人"付出"的同情,请参见罗森塔尔-冯德普顿(Rosenthal-von der Pütten)等人(2013,2014)的文章。关于人机之间的"纽带"与人类和宠物之间"纽带"表现出的相似之处,请参见比林斯(Billings)等人(2012)的文章。关于过度信任,请参见罗比内特(Robinette)等人(2016)的文章。关于人机之间关系的普遍看法,请参见辛格(Singer)(2009)的文章。

Carpenter，2013）。其他学者发现：在人类对机器人的拟人化和他们对宠物的拟人化之间存在相似之处（Kiesler et al.，2006，2008）。尽管这些研究对于人机互动只是具有启发性（而非决定性），但它们表明信任将在 HRI 模型中发挥越来越重要的作用。若非如此，会给我们带来风险，使我们忽视对信任的详尽说明能够帮助我们更好地理解和规范地分析未来的 HRI 模型。

此外，对于人际信任的解释不如哲学中所解释的（见 10.2）那么详尽，这种稍显粗略的解释未能认真看待这样一个事实：这么多的 HRI 模型研究人员试图描述、探索并最终培养 HRI 模型中的信任，这种信任符合哲学解释中所阐述的规范和标准。例如，美国空军的人类信任与互动部门和空军的其他研究部门合作，在 2015 年宣布了一项以“人机团队合作自主性中的信任”为主题的研究提案请求。这项研究呼吁“需要研究如何利用人际团队/信任动态的社会情感因素，并将其注入人机团队之中”。该资助计划的部分目标在于“提升团队合作效率”（U.S. Air Force，2015）。最近的一项元分析“评估自动装置中的人类信任研究”，就是为了“了解未来自动化系统得以构建的基础”，这表明这种兴趣并不为美国军方独有（Schaefer et al.，2016：377）。随着机器人变得越来越复杂，它们与人类的互动频率、持续时间和复杂程度都在增加。在这些互动当中，社会性和情感性的“人际信任元素”可能会变得越来越普遍。

与其完全放弃 HRI 模型中的信任这一可操作性概念，不如采取第三种方法作为保留人际信任的核心要素。同时，以术语上相似但定义上不同于哲学文献中所阐述的方法来分析这些要素。这种方法的优点在于保留了信任的特征——这些特征对于 HRI 模型在未来实现更有效地参与诸如手术和医疗、运输、作战以及搜救行动等活动至关重要，但代价是削弱了这些要素的定义方式，以便更加精确地捕捉到当前在 HRI 模型中发生的操作性信任。

在某种程度上讲，这种方法已经被专注于自动化和信任的研究人员所采用,这一研究领域是涉及更先进的机器人技术的信任研究的必要前提。例如,李(Lee)和西伊(See)对信任的定义有点类似于哲学上对人际信任的解释:"可以将信任定义为在具有不确定性和脆弱性特征的情形之下,参与者帮助实现个人目标的态度。"他们接着规定"参与者可以是自动化的"(Lee and See, 2004: 51)。对于初级自动化是否应被视为一种参与者,这里并不打算展开辩论。一般来说,为了将HRI模型中的信任描述为人际信任而给出的定义外延越广,就越有可能无法为未来基于信任的HRI模型设置足够高的门槛。令人担忧的是,降低能够"解释"HRI模型中人际信任的定义门槛就有可能减缓未来在促进HRI模型中的信任方面的发展。如果未来以信任为基础的HRI模型可能是有益的,那么我们就有充分的理由来解释为什么将参与者这一信任的典型要素仅仅归因于自动化可能是不可取的。

将HRI模型中的信任概念化遇到的这些复杂情况让我们得出了一个可信的结论,即人际信任的哲学解释是衡量HRI模型的错误标准。HRI模型中的信任很可能不符合关于人际信任的详尽描述中所阐释的那些条件,这表明在描述信任时,如果条件比哲学解释中所述的条件更弱,那么就能更好地捕捉在HRI模型中已经发生和将要发生的信任类型。鉴于此,可以进一步得出,若是如实地考虑HRI模型中的信任,就能合理地推断出这种信任不符合人际信任的哲学解释中所述的条件(为论证起见,假设信任的哲学解释是以人际信任的准确描述)。如果适当的人际信任需要道德主体性、意图和意识,那么就需要对主体性、意识和意图的概念进行合理以及可测度的近似化处理,从而提升对HRI模型的理解,并支持实证性研究来量化机器人中的信任。如果机器人缺乏这些属性(并且在未来很长一段时间内仍未补足),那么即使这是一个有条件的结论,也会让人对HRI模型中可能存在的信任质量和类型产生相当大的怀疑,进而认为该结论所依据的概念具有争议。让我们将构成人际信任的属性(如善意、意识和意图)所具有的客观本体性地位的假设称为"对HRI模型中人际信任的客观解释”。

但是,考虑到信任可以被认为具有认知主观性。换言之,它是由个人的信仰和情感状态所决定的。那么,我们可以想象在现在和未来的情况下,在人际信任的哲学解释中发现的信任类型是(或可能是)HRI 模型的一个运作特征,至少在参与信任互动的人类看来确实如此。即使机器人缺乏这些属性,人类也可能将意图、意识和主体性归因于机器人。奥索斯基(Ososky)等人在讨论机器人意图的主观信念时指出,“鉴于人类倾向于技术的拟人化……具有意图的机器人可能会按照程序员或工程师设计的特定方式完成任务。然而,重要的是不应忽视人类对机器人意图的感知(无论是真实的还是想象的),这也是人类对机器人队友信任的主观评估因素”(2013: 64)。这里强调尽管我们可能在客观上误解了信任关系的性质,但在机器人拥有意图的情况下,由于我们的主观信念,我们与机器人之间产生了类似于人际信任的东西,让我们称之为“对 HRI 模型中人际信任的主观解释”。

这里的区别很微妙,但却非常重要。客观解释持有的立场是我们可以从概念上准确地理解是什么构成了人际信任,并据此确定人际信任发生的条件。因此,这种理解使我们可以确定既定主体是否真的参与了人际信任。事实上,如果委托人和受托人都没有意识、主体性和意图,那么就不存在真正的人际信任。尽管主观解释承认客观解释在理论上可以提供对信任的恰当阐述,但它也承认某些形式的信任可以基于主观信念——由于认知错误,参与者可以信任机器人,这种信任的方式与人际信任的哲学解释非常相似,但却并不相同。[1] 与人际

① 这一论点依赖于约翰·塞尔(John Searle, 2014)的区分。塞尔区分了观察者相对的本体论状态和观察者独立的本体论状态——观察者相对的本体论状态认为事物因人的信仰和态度而存在;观察者独立的本体论状态认为事物是独立于人的态度和信仰而存在。从这个意义上说,我们所描述的客观解释中的信任具有独立于观察者的本体论地位,它要求两个主体具有意识性、代理性和意向性,因此机器人中这些属性的缺失排除了真正人际信任的可能性。尽管如此,人们可能认为机器人具有这些特性,并且参与这种与哲学所描述的人际信任非常相似(对人类而言)的信任之中。感谢审稿人鼓励我们澄清这一论点。

信任相似的信任可能产生于主观信念，如果主观解释正确地抓住了这一可能性，这对未来的 HRI 信任而言意味着什么呢？

10.4 鼓励人机互动中的信任：警示说明

尽管当前对复杂机器人系统中人类信任的早期阶段，但人际信任的变化仍然是实证性 HRI 模型研究的理论出发点，这也是 HRI 模型的设计者追求的目标（Schaefer et al.，2016：380）。[①] 随着技术的不断进步，HRI 模型的复杂程度也将不断提高。并且，随着人类与机器人的合作越来越密切，这些互动要想取得成功，就需要不断提高信任的水平。2011 年福岛核电站堆芯熔毁以后，应用机器人于清理工作凸显了这一点。在其中的一次清理作业中，一名人类操作员不相信机器人的自主导航能力，采取手动控制，使机器人缠绕在它的电缆中（Laursen，2013）。由于不信任，人类的干预导致机器人表现欠佳的例子不胜枚举（Laursen，2013）。正如一位人工智能专家所观察到的那样，"在有生命危险的灾难现场，人类救援人员需要学会信任他们的机器人队友，否则他们也会陷入困境"（Laursen，2013：18）。[②] 显而易见，在将全新的有益技术融入我们的生活方面，信任发挥着必要的作用。尚不清楚的是——尤其是在技术走向自动化以及 HRI 模型越来越接近模仿人际互动的情况下——这些对于 HRI 模型中"更为深厚"的信任形式可能会导致潜在的负面后果。

目前尚不清楚 HRI 模型中的信任将如何影响我们对委托人和受托人的看法以及我们日常的信任互动。信任机器人会改变人际信任的动力和影响因素吗？展望未来，研究人员需要考虑在人机之间建

① 关于人际信任，可以定义为可预测性、可靠性和信念，以此作为 HRI 模型实证研究的理论基础，请参见缪尔（Muir）（1994）的文章。关于将人际信任作为在实证研究中实施信任的出发点，请参见谢弗（Schaefer）等人（2016）的文章。

② 补充重点。尤其是在信任受到侵犯的情况下，防止信任和过度信任机器人的潜在有害后果的一种方法，可能就是培养人类操作员的依赖性，而非信任。感谢审稿人的建议。

立深厚联系的影响,同时对 HRI 模型中信任的益处和弊端保持警惕。我们认同最近对信任和 HRI 模型进行元分析得出的结论——“未来的研究应聚焦于人类状态的影响”,特别是当 HRI 模型中的信任受到侵犯时,这些状态可能受到怎样的不利影响(Schaefer et al., 2016: 395)。尽管违反人机信任会如何影响人类还有待观察,但我们普遍拥有的信任感让我们深刻了解违反信任可能导致的各种负面情绪、心理和生理后果。任何一个曾经信任过他人的人,一旦他的信任被侵犯,他都会敏锐地意识到这种侵犯可能产生的后果。

随着这一领域的发展,还需要对人际信任和 HRI 模型如何影响他人作为这些信任互动的结果进行多学科分析。这种关切最为深刻的一个领域就是开发和部署致命性自动化武器(或法律)——这种武器可以在没有人为干预的情况下选择和攻击目标。法律的规范性、法则性和政策性影响已经得到了充分的讨论,但由于篇幅限制,我们无法在这里详细地阐述。然而,就法律的发展和使用将会如何为 HRI 模型中人际信任的培养及其潜在消极作用提供洞见,我们给出了一些的观察结果。

虽然关于法律的大部分争论都集中在伦理层面的考虑——将什么授权给机器人是合适的呢?但它也突显了在自动化系统中培养信任的困难,因为像任何事物一样,自动化系统容易出错。一个特别的难点在于人类过度信任能力与可信度,并且随着系统复杂程度的提高,还会过度信任法律的人际层面。不难想象(只需看看麻省理工学院的人机小组)一部法律与人类是非常类似的——具有类似人类的习惯、面部表情和复杂互动交流能力(MIT Media Lab, 2016)。过度信任一个会走路、会说话、会致命的机器人——即使其设计目的是为了加深与人类同伴之间的信任——这可能是灾难性的。美国“爱国者”反导弹系统在科威特北部击落一架英国喷气式飞机的案例表明,即使是对不那么完美的系统,人类也可能很容易受过度信任的影响,而当前研究预示未来的系统与此相比要先进得多。

当然,过度信任的内在风险可能发生在自行车等简单机器和自动驾驶汽车等更为复杂的系统当中。当谈及法律之时,许多能力和操作用途都存在令人争议的一面——它们可能被用于规划包括识别人类目标在内的致命行动。[①] 简而言之,这些系统的设计可能是为了杀人,甚至可能是为了合法(即符合当前的国际法律)地杀人。虽然现有的法律框架可能并不完善,但是人们仍然可以对其进行挖掘,为机器人自动化技术开发过程中面临的法律和政策困难提供参考。商业领域的案例对于我们如何在军事领域研发、测试和实施这些技术提供了特别有用的信息。随着技术的不断发展,它与人类的监督不断分离,基于信任的强大互动的不断推进,这些专注于如何最好地防止所谓的自动化偏见或自动化自满的研究工作将变得愈发重要(Goddard, Roudsari and Wyatt, 2012)。[②]

10.5 结语

本章首先描述了未来人机互动与类似于点对点式互动的自动化机器人系统的特征。它将信任视为这种互动的一个关键方面,并且反过来试图澄清信任的意义。为此,本章探讨了人际信任,试图评估它在未来人机互动中可能发挥的作用。虽然人们对于人际信任在 HRI 模型中的作用仍持怀疑态度,但在对 HRI 模型中的信任进行主观评价的情况下,这种信任可能接近于一种类似于人际信任的类型,这似乎合情合理。因此,未来 HRI 模型的设计必须对潜在的消极作用保持警惕,因为这种消极作用不仅会影响参与互动的人,还可能会影响其他人。

---

① 当然,我们大多数人都熟悉不合时宜的信任或过度信任的问题。信任那些我们不应该信任的人(甚至有时当我们知道我们不应该信任他们时)是人际信任的一个共同特征。

② 关于能够减少自动化偏差的设计原则,请参见戈达德(Goddard)、Roudsari 和怀亚特(Wyatt)(2012)的文章。

因此，我们建议未来 HRI 模型的研究采用多学科方法，从而最好地解决 HRI 模型中信息的复杂性和多层性问题。整合利用哲学、法律、神经科学、心理学、人类发展学、社会学和人类学等不同领域的方法将催生问题、方法和指标，从而获得包括道德、社会、法律和政策考虑在内的最佳使用能力、运作功能和拓展机会。

参考文献

Baier, Annette. 1986. "Trust and Antitrust." *Ethics* 96(2): 231 - 260.

Bekey, George A. 2005. *Autonomous Robots: From Biological Inspiration to Implementation* and Control. Cambridge, MA: MIT Press.

Billings, Deborah R., Kristin E. Schaefer, Jessie Y. Chen, Vivien Kocsis, Maria Barrera, Jacquelyn Cook, Michelle Ferrer, and Peter A. Hancock. 2012. "Human - Animal Trust as an Analog for Human - Robot Trust: A Review of Current Evidence." *US Army Research Laboratory*. ARL-TR - 5949. University of Central Florida, Orlando.

Carpenter, Julie. 2013. "The Quiet Professional: An Investigation of US Military Explosive Ordnance Disposal Personnel Interactions with Everyday Field Robots." PhD dissertation, University of Washington.

Foley, Richard. 2001. *Intellectual Trust in Oneself and Others*. Cambridge: Cambridge University Press.

Fong, Terrence, Illah Nourbakhsh, Clayton Kunz, et al. 2005. "The Peer-to-Peer Human - Robot Interaction Project." *AIAA Space*.

Fong, Terrence, Jean Scholtz, Julie A. Shah, et al. 2006. "A Preliminary Study of Peer-to-Peer Human - Robot Interaction." Systems, Man and Cybernetics, *IEEE International Conference* (4): 3198 - 3203.

Goddard, Kate, Abdul Roudsari, and Jeremy C. Wyatt. 2012. "Automation Bias: A Systematic Review of Frequency, Effect Mediators, and Mitigators." *Journal of the American Medical Informatics Association* 19 (1): 121 - 127.

Govier Trudy. 1993. "Self-Trust, Autonomy, and Self-Esteem." *Hypatia* 8(1): 99 - 120.

Govier, Trudy. 1997. *Social Trust and Human Communities*. Montreal: McGill-Queen's University Press.

Hardin, Russell. 2002. *Trust and Trustworthiness*. New York: Russell Sage Foundation.

Jones, Karen. 2012a. "The Politics of Intellectual Self-Trust." *Social*

Epistemology 26(2): 237 - 251.

Jones, Karen. 2012b. "Trustworthiness." *Ethics* 123(1): 61 - 85.

Kiesler, S., S. L. Lee, and A. D. Kramer. 2006. "Relationship Effects in Psychological Explanations of Nonhuman Behavior." *Anthrozoös* 19(4): 335 - 352.

Kiesler, Sara, Aaron Powers, Susan R. Fussell, and Cristen Torrey. 2008. "Anthropomorphic Interactions with a Robot and Robot-Like Agent." *Social Cognition* 26(2): 169 - 181.

Kurzweil, Ray. 2005. *The Singularity Is Near: When Humans Transcend Biology*. London: Penguin.

Laursen, Lucas. 2013. "Robot to Human: 'Trust Me.'" *Spectrum*, *IEEE* 50 (3): 18.

Lehrer, Keith. 1997. *Self-Trust: A Study of Reason, Knowledge, and Autonomy*. Oxford: Clarendon Press.

Lee, J. D. and K. A. See. 2004. "Trust in Automation: Designing for Appropriate Reliance." *Human Factors: Journal of the Human Factors and Ergonomics Society* 46(1): 50 - 80.

MIT Media Lab. 2016. Massachusetts Institute of Technology's Personal Robotics Group. Projects. http://robotic.media.mit.edu/project-portfolio/.

Muir, Bonnie M. 1994. "Trust in Automation: Part I. Theoretical Issues in the Study of Trust and Human Intervention in Automated Systems." *Ergonomics* 37(11): 1905 - 1922.

Office of Naval Research. 2016. "Human - Robot Interaction Program Overview." http://www.onr.navy.mil/Science-Technolog y/Departments/Code-34/All Programs/human-bioengineered-systems-341/Human-Robot-Interaction.aspx.

Ososky, Scott, David Schuster, Elizabeth Phillips, and Florian G. Jentsch. 2013. "Building Appropriate Trust in Human - Robot Teams." *Association for the Advancement of Artificial Intelligence Spring Symposium Series*, 60 - 65.

Pettit, Philip. 1995. "The Cunning of Trust." *Philosophy & Public Affairs* 24 (3): 202 - 225.

Piller, Charles. 2003. "Vaunted Patriot Missile Has a 'Friendly Fire' Failing." *Los Angeles Times*, April 21. http://articles.latimes.com/2003/apr/21/news/war-patriot21.

Potter, Nancy N. 2002. *How Can I Be Trusted? A Virtue Theory of Trustworthiness*. Lanham, MD: Rowman & Littlefield.

Robinette, Paul, Wenchen Li, Robert Allen, Ayanna M. Howard, and Alan R. Wagner. 2016. "Overtrust of Robots in Emergency Evacuation Scenarios."

211th ACM/IEEE International Conference on Human -Robot Interaction, 101 - 108.

Rosenthal-von der Pütten, Astrid M., Frank P. Schulte, Sabrina C. Eimler, Laura Hoffmann, Sabrina Sobieraj, Stefan Maderwald, Nicole C. Krämer, and Matthias Brand. 2013. "Neural Correlates of Empathy Towards Robots." *Proceedings of the 8th ACM/IEEE International Conference on Human - Robot Interaction*, 215 - 216.

Rosenthal-von Der Pütten, Astrid M., Frank P. Schulte, Sabrina C. Eimler, Laura Hoffmann, Sabrina Sobieraj, Stefan Maderwald, Nicole C. Krämer, and Matthias Brand. 2014. "Investigations on Empathy Towards Humans and Robots Using fMRI." *Computers in Human Behavior* 33(April 2014): 201 - 212.

Schaefer, Kristin, Jessie Chen, James Szalma, and P. A. Hancock. 2016. "A Meta-Analysis of Factors Influencing the Development of Trust in Automation Implications for Understanding Autonomy in Future Systems." *Human Factors: Journal of the Human Factors and Ergonomics Society* 58(3): 377 - 400.

Searle, John R. 2014. "What Your Computer Can't Know." *New York Review of Books* 61(9): 52 - 55.

Singer, Peter Warren. 2009. *Wired for War: The Robotics Revolution and Conflict in the 21st Century*. London: Penguin.

Townley, C. and J. L. Garfield. 2013. "Public Trust." In *Trust: Analytic and Applied Perspectives*, edited by Makela and C. Townley, 96 - 106. Amsterdam: Rodopi Press.

Universal Pictures International. 2015. *Ex Machina*. Film. Directed by Alex Garland.

U.S. Air Force. 2015 "Trust in Autonomy for Human Machine Teaming." https://www. fbo. gov/index? s = opportunity&mode = form&id = 8e61fdc774a736f13cacbec1b27 8bbbb&tab=core&_cview=1.

第 11 章

出自雄辩之口的善意谎言：机器人为何(如何)欺骗

阿利斯泰尔·M. C. 艾萨克，威尔·布里德威尔

欺骗是人类世界里最为常见不过的行为。在交往当中，人们常常将自己的观点和倾向掩藏在欺骗之下，进而衍生出了各种各样的欺骗——除了恶意欺骗外，欺骗还包括善意欺骗、微妙误导以及文字游戏。这些不同种类的欺骗混杂在人际交往当中，既可以让人际互动中断，也可以使人际冲突缓解。作为一种技术性行为，欺骗具有很多重要的人际功能，所以社交机器人也需要具备实施欺骗的能力，这样才能真正地在人类世界的欺骗当中立足。为此，机器人不仅要能识别并有效回应欺骗，还要能够自主地实施欺骗行为。但是，即便是在实施欺骗的时候，机器人也必须要有坚定的道德底线。换言之，道德与否并非在于欺骗的真假，而在于欺骗行为的潜在动机，因此哪怕是欺骗也需要遵从相应的道德标准。

在科幻题材的人机互动当中，一个反复出现的主题就是欺骗在社交中的重要性，其中最常见的要数机器人因为不会识别欺骗而给社会带来危险的情节，比如电影《短路 2》(1988)、《机器人与弗兰克》(2012)和《查皮》(2015)里描述过的被反派哄着去偷东西的机器人形象；抑或是机器人作为欺骗者而引发的威胁人类生命安全等糟糕情况。比如，《异形》(1979)中的机器人 Ash 受用户指使开启的欺骗模

式以及 Ash 对这项任务的非人道承诺导致了机组人员全部惨遭屠杀。不管 Ash 是否意识到了自己的欺骗行为,它都无法评估或抵制随之而来的行为模式,只能放任自己让人类陷入炼狱之中。《2001:太空漫游》(1968)中提供了一个更为真实的电影案例——HAL。和 Ash 不同,HAL 对欺骗命令的盲从并不是导致机组人员遇害的真正原因,真正的问题在于 HAL 无法从战略和人道视角完成对任务目标保密的指令。所以,当 HAL 无法完成指令之时,它就间接地成为杀害人类的凶手。其中具有讽刺意味的是——与 Ash 不同——HAL 导致灾难发生的原因恰恰是因为它无法有效地遵从欺骗指令。

另外在其他科幻作品当中,我们也发现机器人模仿人类说谎还具有一定的喜剧效果。例如,在搞笑电视剧《红矮星号》(1991)中,人类 Lister 试图把机器人 Kryten 从非人性的编程中解放出来,并教机器人说谎;《银河系漫游指南》(1980)中即使在极不合适的社交场合也必须说真话的 Marvin(“偏执狂机器人”)。尽管电影中 Marvin 的真话让观众捧腹大笑,但这也进一步强调了欺骗在社交中的重要性。此外,在科幻小说的描述中,接近人性化的英雄机器人也开始具有欺骗性。例如,在《星球大战》(1977)中,R2D2 就通过巧妙地向周围人或机器人暗示和误导,让叛军相信了死星计划。电影中机器人的这种欺骗能力让原本木讷的机器人沾染上了些许人类色彩,使得观众更加喜闻乐见。

下面我们将就机器人如何欺骗、为何欺骗以及何时欺骗进行介绍与讨论——我们描述具有代表性的欺骗种类,强调欺骗的正确分类对于策略性应对欺骗的重要性。然后,我们将“隐藏动机”的概念与不同种类的欺骗相统一,将其与虚假言语行为区分开来。接下来,我们还将探讨欺骗对于维系人际氛围的重要意义。此外,我们还通过一个具体工程实例总结出一点——欺骗可以极大地提高机器人满足人类需求的能力。最后,我们还将就欺骗型机器人的道德标准展开讨论。

11.1 欺骗表现

我们很在乎自己是否被骗。但是，说到底受骗意味着什么呢？我们为什么会这么在意呢？直觉上，我们总认为被骗是不好的，但这种认知的依据又源自何处呢？本节认为，我们之所以这么在意被骗，是因为欺骗中总是潜藏着一些目的或是不可告人的动机。我们需要辨识欺骗的能力——因为只有这样——才能对不管是出自人类还是机器人的欺骗做出策略性反应。这不只适用于人类，也适用于机器人，所以这就给相关机器人的设计带来了不小的挑战——让机器人能够有效地检测欺骗并推断出其中隐藏的动机。

11.1.1 欺骗的种类

暂且先让我们忘记机器人的参与，看一下以下这个由人类主导的欺骗场景。其中，弗瑞德(Fred)是调查犯罪的警探，乔(Joe)是犯罪嫌疑人，而苏(Sue)是乔在工作中的经理。

弗瑞德：3 月 23 日早上乔在哪里？
苏：乔在办公室，就在办公桌前工作。

说谎是欺骗性话语中最常见的形式之一，当一个人故意表达出与其信仰相悖的主张时，他就是在说谎。在上例中，侦探怀疑乔在 3 月 23 日早上犯了罪，所以他向苏询问乔在那天的行踪。那么，就关于乔的行踪，苏撒谎了吗？这个问题的答案就显得格外重要——这不仅因为弗瑞德想要知悉乔在案发当天的位置，还因为这个问题的答案也会在侧面证明乔是否有同伙。换言之，如果苏为了保护乔而说谎，那么苏很有可能就是乔的同伙。

弗瑞德又该如何辨别苏是否在撒谎呢？假如侦探弗瑞德能够获

得 3 月 23 日早上犯罪现场的监控视频，那他就可以根据监控内容判断苏的回答真假。但只是监控视频就能证明苏在说谎吗？不一定。因为苏很有可能只是看错了，她只是看见了办公室里有一个长得像乔的人，而误以为 3 月 23 日早上乔在工作；或者苏也有可能根本不知道乔的下落，她只是根据公司员工活动记录上的登记信息回答侦探弗瑞德的问题。

所以，陈述的真假并不是判定说谎与否的标准。但是，如果在此基础上能够结合譬如生物信息（出汗过多、坐立不安或回避眼神交流）等其他证据，侦探弗瑞德就可以有十足的把握判定苏的确在说谎。但就弗瑞德的目的而言，判断苏是否说谎就足够了吗？为了回答这一问题，我们需要从两个方面来考虑苏撒谎的动机：第一，苏说谎的原因在于她是乔的同伙，并要与乔分赃；第二，苏说谎的原因在于 3 月 23 日早上她也许因宿醉而上班迟到。她害怕因无故缺勤而受到领导斥责，所以只得说谎。在这两种情况下，苏都在说谎，但提供给侦探的信息却完全不同。在第一种情况下，侦探弗瑞德会以共谋犯罪为名指控苏；而在第二种情况下，侦探弗瑞德可能只是不会将苏的证词纳入考量范围。

这个例子说明了欺骗的两个特征。第一，欺骗的判定不仅仅需要判定话语的准确性，还需要判定说话者的心理状态及动机。第二，对于欺骗的反应不只取决于欺骗是否成立，更取决于欺骗者的目的——欺骗中蕴藏的动机。[①] 回顾文献我们发现，这两个特征适用于任何种类的欺骗，本文只简单地列举了其中的三种：含糊其词、随意漫谈以及迎合之词[关于更深入的分析，详见（Isaac and Bridewell, 2014）]。

① 一个关于如何更好地定义欺骗的技术性文献，其中最具争议的问题之一就是，是否存在“欺骗意图”[详见（Mahon, 2016）]。我们认为，“欺骗意图”只是隐藏动机的一个可能例子（或结果）；这种分析既规避了对“意图”条件的常见反例，又将说谎的定义与其他形式的欺骗统一起来。

含糊其词是指说话者通过讲述无关事实从而误导听者的言语行为(Schauer and Zeckhauser，2009；Rogers et al.，2014)。比如，二手车销售员的话语就是含糊其词的典型例证，二手车销售员通常会以“这辆车的轮子和新的一样”来转移人们对其劣质引擎的注意。在这类含糊其词的表达中，无论是话语的真假还是说话者对此信服与否都不是判定其是否具有欺骗性的关键因素，其中是否存在欺骗或该行为是否有损道义完全取决于说话者的言谈动机是否属于恶意误导。

随意漫谈是指说话者在不了解自己发言主题也不在意自己话语真假的条件下所进行的言语行为(Frankfurt，1986；Hardcastle and Reisch，2006)。胡说八道可能是相对温和的日常行为，比如“闲谈”或在饮水机旁寒暄。但是，带有恶意的随意漫谈也的确存在。一个人可能会为了维系面子而对自己的身份背景胡编乱造一通，这些胡话一旦被其周围人所相信，就会导致严重的(甚至灾难性的)后果。例如，弗兰克(Frank Abagnale，Jr.)多次假扮航空公司的飞行员而免费搭机旅行(2002 年的电影《逍遥法外》中的事件)，当他被要求真正驾驶飞机时，他的随意漫谈就将飞机上的所有乘客置于危险之中。

迎合之词是随意漫谈当中需要特别注意的一种言语行为(Sullivan，1997；Isaac and Bridewell，2014)。但是，说话者说出迎合话语时，他(可能)既不知道也不关心其话语的真实性(因此，这是一种随意漫谈)，但他会去关心听者对话语真实性的看法。比如，一位政客在佛蒙特州竞选时宣称：“佛蒙特州拥有这个绿色地球上最美丽的树木！”这并非代表该政客真的认为当地的树木很美丽，而是因为他认为当地民众认为佛蒙特州的树木很美——或者换句话说，当地民众希望外来者认同他们的树很美。

故意说谎、含糊其词、随意漫谈和迎合之词都是欺骗。然而，它们各自话语的真实性以及说话者对其话语的认知程度各不相同。此外，某些随意漫谈和迎合之词甚至缺少欺骗中常见的某种意图或目的。但是，这四种类型的欺骗话语都具有一个相似的特征——话语

都在一定程度上带有超越真实话语背后会话规范的目的性。无论是对于需要探测和辨识欺骗的一方，还是对于需要对欺骗做出策略反应的一方来说，这四种欺骗中的目的性都是十分重要的参考信息。

11.1.2 思维理论、长期规范和隐藏动机

机器人需要什么能力来识别和应对各种欺骗话语呢？这个问题的答案十分复杂，但其中一个关键的要素就是机器人精神状态的反应能力。擅长互动的机器人将需要对其谈话对象的观念和目标进行跟踪。此外，机器人的表现还需要区分社交主体所期望的基线目标（我们称之为长期规范）以及取代它们的特殊目标（我们称之为隐藏动机）。

当我们声称欺骗敏感型机器人需要跟踪多个对象的观念和目标时，我们其实是在说——这些机器人需要一种思维理论——一种不仅能够代表自己的观念和目标，还可以代表他人的观念和目标的能力。这些观念与目标很可能存在某种冲突，因此保证他们的独特性就显得尤为重要。否则，你甚至可能会分不清到底是自己认为狐猴是个好宠物，还是别人认为狐猴是个好宠物。为了说明这一点，假设前面例子中的苏和乔是共犯。在这种情况下，苏认为乔在犯罪现场，但却希望弗瑞德认为乔在工作。如果她认为自己的欺骗令人信服，那么苏就会认为弗瑞德相信乔在办公室——这是一阶思维理论，而我们上面所提到的迎合之词还需要二阶思维理论。例如，政客必须表达他的（零阶）观念，即观众（一阶）相信他（二阶）认同佛蒙特州的树木很美（图 11.1）。

如果具备了丰富的思维理论，且能够在多个层面上识别其他对象的观念和目标，机器人还需要什么来就欺骗做出策略性回应呢？根据我们的说法，具有社交意识的机器人要能够区别欺骗和正常话语中的隐蔽动机。可喜的是，尽管每种欺骗行为的动机均不相同（例如，苏撒谎的动机不同于二手车销售员的含糊其词），但是它们都有一个共同因素——一个超越预期沟通标准的隐藏目标。因此，为了

图 11.1 迎合需要二阶思维理论。成功的迎合者相信(零阶)听者相信(一阶)说话者相信(二阶)他的话语。图片来源：Matthew E. Isaac。

识别欺骗动机，机器人必须区分两种目标：典型目标和替代目标。

我们将第一种典型目标称为长期规范(Bridewell and Bello, 2014)——指导说话者典型行为的持久目标。针对日常口语交际，保罗・格赖斯(Paul Grice)(1975)引入了一套与长期规范这一概念相对应的会话准则。其中与我们讨论最为相关的要数其中被人们冠以“诚实”之名的质量准则。格赖斯认为，人们期望在日常交流中遵循这些准则，如若出现说话者公然违反这些准则的现象，那就表明——语境正在改变话语的字面含义。对于本文而言，最值得关注的是诚实是一个在所有典型情况下都有合理性的运作目标，而其他的长期规范则可能以一种更为微妙的规范话语形式出现(例如，礼貌或提供信息)。

在任何复杂的社交场合当中，目标都不止一个。如果这些目标之间相互冲突，我们就需要一些特定的方法来筛选其中需要实现(以及需要放弃)的部分。例如，想象一个朋友给他的狗写了几首满怀浓情蜜意的诗，问你对最近一首的看法。在这种情况下，诚实和礼貌这两个长期规范就会发生冲突，让你陷入两难。如果幸运的话，你也许说："我可以告诉你，你为那首诗付出了很多努力。你一定很爱你的柯基"，这不仅可以同时满足诚实和礼貌，还能够避免直接回答朋友的问题。然而，请注意这种误导和含糊其词之间的区别；我们通常不认为这样的答案就是欺骗，因为它并不具备隐藏的动机——而是完全由预期的对话标准决定的。

如果你的朋友进一步让你必须对他的诗歌发表明确意见的话，你就会需要一个巧妙的方法来决定在两个目标中该保留哪个，又该放弃哪个。这个方法就是优先考虑你自己的目标。情境、文化、情感——这几个因素会帮你筛选哪种规范应该优先决定你说话的方式。如果选择把真实置于礼貌之上，你就不得不无情地否认朋友的文学技巧；但若将礼貌置于真实之上，你就会说出一些虚假的溢美之词。严格来说，这种虚假的赞扬就是欺骗——基于我们希望朋友远离真相的目的。

我们经常把这样的话语——对朋友拙劣诗歌的虚假赞扬——归类为善意的谎言。一方面，因为相应目标已经取代了诚实的规范，所以严格来讲这是一种"欺骗"。另一方面，由于替代目标本身就是一个长期规范（在这种情况下是礼貌），且毫无恶意，所以我们通常不会认为这类谎言需要在道德上受到谴责。但是，当替代目标不是长期规范时，情况就大不相同了。在这种情况下，我们将超越规范目标，将其判定为"隐藏动机"。根据隐藏动机，我们就能将恶意谎言与善意谎言区分开来。比如，如果你称赞朋友的诗歌，不是因为你把规范（礼貌）放在首位，而是因为要向朋友借钱的目标取代了你的长期规范，那么我们将不再认为你的虚假赞扬在道德上具有中立性。或者让我们再回到苏的案例上：如果她的回答出于无知，那么她并没有僭越其谈话规范，所以她的话并不具备欺骗性；但若苏的目标是保护乔，且已经违反其谈话规范（诚实），那么她的回答就具有欺骗性。在前面的例子中，二手车销售员卖掉这辆车和候选人赢得大选也是隐藏动机的典型例证。

机器人要想有效地识别欺骗性话语并对其做出策略性反应，就必须能够识别(a) 它自己与对话者在观念和意愿维度上差异；(b) 行为规范与隐藏动机之间的区别。当然，这还需要其他能力辅助，但这并不直接影响机器人识别欺骗并对其做出反应的能力的发展。接下来，我们将就欺骗的“坏处”与某些可接受的欺骗形式(即使在机器人领域)展开讨论。

11.2 欺骗：为了利益最大化

目前为止，我们已经看到，机器人必须具备一种思维理论，特别是识别隐藏动机的能力，才能对欺骗性交流做出有效反应。但是，社交机器人不能将所有的欺骗性话语和所有隐藏动机的对象都视为恶意。此外，这种机器人也可能因某些目的做出具有积极型社交功能的欺骗行为(严格来说)。在讨论欺骗性话语的偏好社交功能的案例之后，我们将会总结并讨论允许机器人进行欺骗的情况。

11.2.1 温和的谎言

当我们彼此交谈时，我们的语言不仅在传达字面意义。例如，我们经常与同事寒暄：两个人在走廊里遇见对方，一方问另一方今天过得怎么样，对方随意答道：“很好”。这种交流加强了社会团体成员的人际关系。同事们以一种友好的方式相互认识，而文字内容则仅在其中发挥次要作用(如果有的话)。类似的例子还有就天气、运动或办公室八卦展开的“饮水机”旁的闲谈。

这些可有可无的言谈通常属于随意漫谈的范畴：说话者可能既不知道也不关心真相，只是想让随意的会话持续，从而维系团体中的某种社交目的与关系。猜测谁将赢得世界杯，或者周日是否会下雨，一般来说并不重要，但确实是人们经常谈论的话题。另外，还有说谎带来的快乐时光。例如，我们可能会称赞朋友的发型新潮（即使我们认为它很难看）。因为，在这种情况下，肯定同伴的价值比传达真相或参与辩论更为重要。事实上，如果面对这种闲谈说出了一些实质内容还很有可能造成混乱和紧张。比如，用“我的肩膀疼，而且我对我的抵押贷款有点沮丧。”来回应同事礼貌的问候“嗨，你好吗?”，这至少会让同事不知所措。如果这样的对话总是发生，那么也许对方就会减少与你闲聊。将机械式的寒暄交流视为严肃的交流不仅令人尴尬，还会失去这种闲聊所带来的社交机会（Nagel，1998）。

另一种常见的温和的谎言还包括隐喻和夸张。“我能吃下一匹马。”“这双鞋真要命。”“朱丽叶就是太阳。起来吧，美丽的太阳，杀死嫉妒的月亮。”这些说法并无恶意，但要想有效地回应它们，也需要能够识别它们的字面含义与说话者观念间的差距。如果一位厨师真的给一位说“我可以吃一匹马”的顾客端上一整匹的烤马，顾客只会惊讶而不是赞许。所以说，如何计算隐喻意义和夸张意义都是烫手的山芋，但是这类话语确实违反了格赖斯所阐述的那种长期规范（1975；Wilson and Sperber，1981），因此，严格来讲，这也在一定程度上满足了欺骗性话语的定义。

我们有必要质疑：隐喻性话语是否算是有效沟通的必要条件呢？其短语间的转换又增加了什么呢？是否有一些意义只能通过隐喻来表达，而不能直白地传达呢（Camp，2006）？即使这些问题的答案都是否定的，我们也不得不承认隐喻和夸张确实起到了强调的作用，并为对话增添了多样的色彩和情感。那些避免不使用或经常误用修辞的人会被认为是很不合群、不善交际，甚至是木讷的“机器人”。

为了实现更加复杂的社交目的，我们就需要用到更加系统的话语，即善意的谎言（例如，印象管理）。在复杂的社会交往当中，别人对我们性格的看法与印象往往十分重要。我们在领导或同龄人面前的形象对于我们实现长期目标和维持社会地位的能力有着非常关键的影响。所以，管理这些印象以便实现更为广泛的目标就可能会取代谈话中的诚实准则。例如，假设一个工人希望老板看到他的忠诚，以便老板在不太认同其做法的情况下，支持他尝试与一个企业盟友达成一笔小交易。作为一名忠诚的员工，他对自身印象的管理促成了他在会议上获得老板的支持。

在这个例子当中，表现政治团结的长期目标掩盖了相对不重要决定的短期关注。此外，在短期内假意支持不太重要的提议还可能会给员工在未来如实洽谈重要交易带来声望。无论人们是否认为印象管理的微妙政治学符合道德要求，可以肯定的是——它们对于群体社交活动(从与家人一起购物到管理一个民族国家)中的复杂互动起着重要作用。正如我们将看到的那样，简单的印象管理在机器人工程中同样十分实用。

11.2.2 允许机器人欺骗的情况

我们是否希望机器人能就天气和体育与我们闲谈，或称赞我们并不好看的新发型，或使用恰当的夸张和隐喻呢？(比如，“这个电池会害死我！”)如果我们希望机器人能够顺利地参与人类交流和社会互动，那么答案必须是肯定的。哪怕我们并不在意社交机器人是否能够融入人类社会，机器人欺骗也具有很多其他的重要作用。这里我们简单罗列了其中的两种：一种是为了自我保护而随意漫谈，另一种则是为了完成工程任务预期而欺骗。

11.2.2.1 漫谈式伪装

如果随意漫谈的一个主要功能是帮助一个人融入社会群体，那么这就对机器人融入社会群体有着非常重要的作用。例如，一个计算机科学家在体育酒吧。对他来说，即使他对体育不感兴趣，也能闲聊上几句体育相关的话题，并做出恰当的评论。这恰好就是得到认同或者遭到羞辱甚至身体攻击的区别所在。在这种情况下，恰当的随意漫谈是一种伪装，让计算机专家在表面上融入周围的群体。

这种伪装并不总是善意的，但对于某些机器人来说，这种技能很可能对其生存至关重要。间谍、第五纵队队员[①]和恐怖分子都会使用这种技术，并非因为它内在的邪恶，而是因为这能让他们融入群体从而保护自己。在敌对阵营潜伏或者在陌生地区遇到纷争的机器人或人类都可以利用一些谎言脱身。所以，一个善于交际的机器人应能够恰当地进行欺骗，融入群体，从而在消弭暴力或社会摩擦的情况下摆脱危险处境。[②]

总体来说，我们应该承认无论其社交能力如何，机器人都不如人类。因为无论情况如何，机器人都不可避免地被视为外来群体。因此，随意漫谈就很有可能成为它们融入人类社会进行工作的关键突破点。对于身体状态可能随时受到威胁的机器人来说，随意漫谈还能让其有效地提供一种语言缓冲，以防人类对它们持有偏见。

11.2.2.2 控制不确定性的管理印象

我们前面提到的印象管理示例具有政治色彩，但其基本概念却有着更普遍的意义。在工程中，有一种常见的做法就是故意将完成一项任务所需的时间夸大两到三倍，这有时以《星际迷航》中的角色命名——称其为斯科蒂原则。[③] 这类欺骗一般具有两个主要功能。首先，如果工程师提前完成任务，她看起来特别有效率，因为她比预

---

① 第五纵队是西班牙内战期间在共和国后方活动的间谍的总称，现泛指隐藏在对方内部的间谍。——校者注

② 我们已经在开始应对这一挑战。例如，自动驾驶汽车必须找到一种方法来融入人类司机控制的道路，而事故或进入死胡同可能是由于它们盲目遵守交通规则的文字（真实性）以及无法解释或发出与其他交通相适应的道路信号（漫谈）所致。一个典型的例子是四向停车标志，当其他汽车都没有完全停车之时，自动驾驶汽车就会陷入瘫痪。这种交叉口的有效导航需要通过细微的动作信号来协调行为，有时甚至是虚张声势，而不是严格遵守通行规则。

③ 在整个《星际迷航》系列电视剧当中，工程师 Scotty 例行维修的速度比他报告的最初估计要快。这一现象以及斯科蒂原则本身在电影《星际迷航 3：寻找斯波克》(1984)中得到了明确承认：

> Kirk：我们还要多久才能把她弄出来？
> Scotty：八周，先生。但是你没有八周的时间，所以我会在两周内为你做完。
> Kirk：斯科特先生，你总是把你的维修预算乘以四倍吗？
> Scotty：当然了，先生。要不然我怎么才能保持高级工作者的声誉呢？

期更快地完成任务（或者她稍微休息一下，报告按时完成）。其次，对我们的论点来说——更重要的是——工程师预估的时间能够为意外事件创造缓冲区，从而避免其主管采取激进或者匆忙的计划。

在实践层面上，斯科蒂原则还将完全意想不到的因素考虑在内：不仅包括评估任务内的任何失败，还包括不可预见的外在因素对于成功完成任务的影响（零件供应商仓库罢工、飓风引发的停电等）。这种“未知的未知”（那些我们不知道自己不知道的事实）是对战略规划的最大挑战。与已知的未知不同，已知的未知数可以进行定量分析，并以置信区间或者“误差条”的形式报告，未知的未知并不允许任何（有意义的）预先分析——我们无法计划甚至想象不到的困难。然而，在维修作业的已知和未知之间插入一个时间缓冲区确实可以在某种程度上为应对意外做些准备。此外，这种做法还能让工程师有意识地纠正自身潜在的缺陷，包括对自身技能和工作效率缺乏自我认识。讽刺的是，故意欺骗主管还可能会纠正工程师的自欺行为。

之所以挑选这个例子实属别有用意。工程任务是复杂机器人的潜在应用领域，包括技术设备或软件系统的维修。那么，我们希望机器人工程师以这种方式来欺骗我们吗？答案似乎是肯定的。如果我们希望高级机器人工程师达到高级人类工程师的标准，那么我们应该允许他们接受斯科蒂原则。然而，并非所有人都这样想。下文当中，我们就对这个观点的两个反对意见进行讨论。

第一个反对意见：目前人类工程实践对于评估未来机器人工程师的标准太低。我们应该期望让机器人正确地评估自我能力，从而避免启用斯科蒂原则。然而，这种理想化的机器人性能观掩盖了工程的本质以及在动态复杂环境中的自我认知能力。工程中难免出现意外情况，加之无论是人力还是机械力，新的任务会扩展其能力范围。所以，能够准确预测工期的机器人无疑是不存在的。可靠的工程必须允许未知的未知因素存在，并做好在最坏的情况下面对未知的打算。

第二个反对意见：尽管有人意识到未知的未知的危险性，感到忧心忡忡，但他们依旧坚持认为将应急计划交给人类主管比让机器人工程师系统地撒谎更安全。这一基于对人性不切实际的评估建议无疑十分危险。任何在专业方面或私下与承包商合作过的人（例如，在改建或修理房屋时）都会熟悉一种不可抗拒的倾向——相信承包商对工作时间和成本的预测。如果这些预测未能实现，我们将追究承包商的责任，即使他在过去一直拖延或超支——我们当然不会愉快地承认他可能面临不可预见的意外情况。然而，在我们与机器人的互动当中，这种趋势似乎更为明显——我们通常认为机器人在机械任务上比实际情况更"完美"。但是，如果我们坚持所有应急计划都必须由人类主管负责，我们就需要让这些人不要相信机器人助手对于任务难度能够做到如实预测！

机器人显然是绝对可靠的，这正是为什么我们必须确保社交能力较强的机器人能够改变它们对于工作容易程度的预测，因为这不仅可以纠正机器人对自身能力的错误预估，还可以改变人类用户对于机器人可靠性不切实际的乐观态度。

11.3 欺骗机器人的道德标准

我们刚刚提出，如果机器人要想融入人类社会并有效地为人类社会做出贡献，它们就需要具有欺骗的能力。然而，从历史上看，许多道德体系都认为说谎和其他形式的欺骗本质上有失道义(e.g., Augustine, 1952)。如果我们的目标是让机器人具有欺骗能力，那么我们是否应该放弃对于这些机器人在道德标准上的要求呢？我们认为答案绝对是否定的。这是因为道德与否的核心不在于话语的内容，而在于说话者的潜在动机。因此，确保社交机器人遵循道德原则就是在确保其执行道德规范许可范围之内的行为。

确切地说，欺骗怎么可能是合乎道德的呢？在 11.1 中，我们论证了所有形式的欺骗性话语的共性在于隐藏动机。这一目标取代了诸如诚实这样的长期规范。有失道义的隐藏动机的典型案例就是那些涉及危害目标的案例，例如隐瞒罪行或实施保密计划。相比之下，11.2中所说的欺骗性话语具有亲社会功能，而隐藏的动机也是亲社交目标的，如提升同事的自尊或建立信任。在这些情况之下，对错有别。然而，这并不取决于话语本身的欺骗性，而是取决于话语的动机所在。

如果这一分析是对的，它就意味着一个有道德、有欺骗能力的机器人将需要具备表达和评估目标的能力。举一个文学作品的例子，艾萨克·阿西莫夫(Isaac Asimov)的“机器人三定律”(1950)，是一个关于机器人伦理体系的早期建议。阿西莫夫认为这些“定律”不可侵犯，而且具有优先次序，目标位置高低明晰。或者说，一套等级分明的规范并不允许存在任何隐藏动机。值得注意的是，接受这一制度就意味着接受机器人的欺骗，因为阿西莫夫的规定确保了他的定律将高于真实标准。例如，第一条定律是“机器人不得伤害人类，或因袖手旁观而允许人类受到伤害”，第二条定律是“机器人必须服从人类的命令，除非该命令与第一条定律相互矛盾”。假设一个杀人犯来到一户人家中，命令一个机器人管家告诉他想要伤害的受害者藏在哪里。在这里，按照第二条定律要求，机器人应该如实回答，但为了满足第一条定律，它必须撒谎以保护受害者安全。

阿西莫夫的体系建立在一系列职责或义务的基础之上，这使得它成为一种规约化的道德理论(Abney, 2012)。传统上，这种方法对于说谎的包容性提出最严厉的批评。因此，看到欺骗性机器人可能遵守道义上的道德，或许令人欣慰不已。最著名的道义论者伊曼·康德坚定地认为在任何情况下都不允许使用欺骗性话语。他甚至否认上文中杀人犯问一个人在哪里可以找到一个潜在的受害者的例子。康德(1996)认为，哪怕是为了挽救生命，也不能说谎。大多数伦理学家都不喜欢这种说法。但是，关于撒谎是否被允许的讨论，还需根据产生欺骗的动机来予以划分(e.g., Bok, 1978)。

这里概述的观点与结果论一致——结果论是道义论的主要替代理论。结果论者根据行为结果来评估行为的道德性——好的行为是那些在世界上带来更多好结果的行为,例如善良或幸福;而坏的行为是那些较少产生好结果的行为。那么,结果论是如何评价欺骗性话语的呢?如果话语具有总体上看积极的影响,增加了善良或幸福,那么无论它是否具有欺骗性,都是可行的,甚至是必须的。结果论专家约翰·斯图尔特·密尔(John Stuart Mill)提出,尽管他高度重视诚信,但他仍然认为可以欺骗——“当隐瞒某些事实……将使一个人……免于巨大且不可施行的罪恶之时,那么隐瞒就具有现实性”(1863, ch.2)。

将道德评估的重心转移到说话者的动机并没有使机器人道德问题变得更复杂。但是,这个问题也没有变得更简单。无论机器人是否会欺骗,义务规范或整体幸福感的结果论计算仍然同样具有挑战性。计算道义论者仍然要面对关于规范或目标的相对优先级的问题,以及与规范道德准则和使用它们来推断行为道德相关的挑战(Powers, 2006)。同样,计算结果论者仍然面临着确定和比较任何给定情况下潜在行为(无论是否具有欺骗性)的影响所带来的挑战。在这一点上,基斯·阿布尼(Keith Abney)认为,简单的结果论“使得道德评估失衡,因为即使是大多数行为的短期后果仍旧不可预测和衡量”(2012: 44)。

总之,我们认为,高级社交机器人需要具备亲社会的欺骗能力,这种能力可能不仅可以让机器人助手融入社会当中,在面对偏见时保护机器人的安全,还可以保护人类免受我们自己受害于机械助手绝对正确的误解。在评估话语的道德性时,恰当的评估对象应是话语动机,而非话语本身的真假。因此,允许机器人撒谎并不能从实质上影响确保其行为合乎道德的技术。但是,设计一个具有欺骗能力的机器人仍然面临重重挑战,因为这需要一种能够精准探测并推理隐藏动机能力的思维理论。

致谢

我们感谢保罗·贝洛(Paul Bello)所做的相关讨论,这些讨论为本文助益良多。威尔·布赖德韦尔(Will Bridewell)获得海军研究办公室的资助 N0001416WX00384。本章所表达的观点仅为作者个人观点,不应被视为反映美国政府或国防部的任何官方政策或立场。

参考文献

Abney, Keith. 2012. "Robotics, Ethical Theory, and Metaethics: A Guide for the Perplexed." In *Robot Ethics: The Ethical and Social Implications of Robotics*, edited by Patrick Lin, Keith Abney, and George A. Bekey, 35 - 52. Cambridge, MA: MIT Press.

Adams, Douglas. 1980. *The Hitchhiker's Guide to the Galaxy*. New York: Harmony Books.

Asimov, Isaac. 1950. *I, Robot*. New York: Doubleday.

Augustine. (395) 1952. "Lying." In *The Fathers of the Church* (vol. 16: *Saint Augustine Treatises on Various Subjects*), edited by Roy J. Deferreri, 53 - 112. Reprint, Washington, DC: Catholic University of America Press.

Bok, Sissela. 1978. *Lying: Moral Choice in Public and Private Life*. New York: Pantheon Books.

Bridewell, Will and Paul F. Bello. 2014. "Reasoning about Belief Revision to Change Minds: A Challenge for Cognitive Systems." *Advances in Cognitive Systems* 3: 107 - 122.

Camp, Elisabeth. 2006. "Metaphor and That Certain 'Je ne Sais Quoi.'" *Philosophical Studies* 129: 1 - 25.

Frankfurt, Harry. (1986) 2005. *On Bullshit*. Princeton, NJ: Princeton University Press.

Grice, H. Paul. 1975. "Logic and Conversation." In *Syntax and Sematics* 3: *Speech Acts*, edited by Peter Cole and Jerry L. Morgan, 41 - 58. New York: Academic Press.

Hardcastle, Gary L. and George A. Reisch. 2006. *Bullshit and Philosophy*. Chicago: Open Court.

Isaac, Alistair M. C. and Will Bridewell. 2014. "Mindreading Deception in Dialog." *Cognitive Systems Research* 28: 12 - 19.

Kant, Immanuel. (1797) 1996. "On a Supposed Right to Lie from Philanthropy."

In *Practical Philosophy*, edited by Mary J. Gregor, 605 - 615. Reprint, Cambridge: Cambridge University Press.

Mahon, James Edwin. 2016. "The Definition of Lying and Deception." In *The Stanford Encyclopedia of Philosophy*, Spring 2016 ed., edited by Ed N. Zalta. http://plato. stanford.edu/archives/spr2016/entries/lying-definition/.

Mill, John Stuart. 1863. *Utilitarianism*. London: Parker, Son & Bourn.

Nagel, Thomas. 1998. "Concealment and Exposure." *Philosophy and Public Affairs* 27: 3 - 30.

Powers, Thomas M. 2006. "Prospects for a Kantian Machine." *IEEE Intelligent Systems* 21: 46 - 51.

Rogers, Todd, Richard J. Zeckhauser, Francesca Gino, Maurice E. Schweitzer, and Michael I. Norton. 2014. "Artful Paltering: The Risks and Rewards of Using Truthful Statements to Mislead Others." HKS Working Paper RWP14 - 045. Harvard University, John F. Kennedy School of Government.

Schauer, Frederick and Richard J. Zeckhauser. 2009. "Paltering." In *Deception: From Ancient Empires to Internet Dating*, edited by Brooke Harrington, 38 - 54. Stanford, CA: Stanford University Press.

Sullivan, Timothy. 1997. "Pandering." *Journal of Thought* 32: 75 - 84.

Wilson, Deirdre and Dan Sperber. 1981. "On Grice's Theory of Conversation." In *Conversation and Discourse*, edited by Paul Werth, 155 - 178. London: Croom Helm.

第 12 章
“约翰尼是谁?”人机互动、整合与政策中的拟人框架

凯特・达林

2015 年,机器人研发公司波士顿动力公司发布了一段视频短片,其中展示了一款非常像狗的机器人 Spot。在这段视频中,Spot 被人类踢了两次,挣扎着用四条腿站立。踢 Spot 的目的主要是为了展示其稳定性,但许多人在互联网上称踢 Spot 的这一举动令他们感到不适,甚至惊慌。大量差评甚至迫使动物权益组织 PETA 介入其中(Parke, 2015)。我们当然知道像 Spot 这样的机器人不会感到任何痛苦,所以人们这么“大惊小怪”不是很荒谬吗?

也许不是。研究表明,人类倾向于将机器人施以拟人化处理——把它当作生命体对待,即使我们都知道事实并非如此。随着我们将机器人越来越多地用于人机互动,我们应该鼓励还是阻止这种倾向呢?即便是最简单的机器人也会引发拟人现象,我们又如何改变人类对于机器人的看法呢(Sung et al., 2007)?

框架是我们可以用来改变机器人拟人化的工具之一。麻省理工学院的帕拉什・南迪(Palash Nandy)和辛西娅・布雷齐尔(Cynthia Breazeal)共同进行的一项人机互动实验表明,用名字或角色描述将机器人拟人化,抑或给它一个背景故事,这都将会影响人们对机器人的反应(Darling, Nandy and Breazeal, 2015)。

蒂克尔(Turkle)(2006,2012)、朔伊茨(Scheutz)(2012)以及其他学者并不赞同对机器人的拟人化处理,因为他们担心人类与拟人化机器人建立的情感关系会取代人际关系,由此导致不良后果,或者容易使人类受到情感操纵。一些人还认为,界定机器人就应该使用非拟人化的术语——将它们严格地看作工具,以免法律体系对机器人技术的使用和监管采用不恰当的类比(Richards and Smart, 2016)。

正如本章所述,我同意框架对于我们就机器人技术以及推动使用和监管的拟人类比看法的广泛影响。但是,我支持拟人化框架在增强技术功能方面的应用。本章探讨了以拟人方式描述机器人会给人类情感关系和行为带来的影响,包括隐私、情感操纵、暴力、两性行为、性别和种族刻板印象等。最后本文认为,我们需要解决这些问题,但是更应该在认识到拟人化技术优越性的情况下解决这些问题。

12.1 机器人的融入

众所周知,即使人们知道人造实体并无生命,但却总是将其看作生命体来对待(Duffy and Zawieska, 2012)。研究表明,我们大多数人把计算机(Reeves and Nass, 1996;Nass et al., 1997)和虚拟角色(McDonnell et al., 2008; Holtgraves et al., 2007; Scholl and Tremoulet, 2000; Rosenthal von der Pütten et al., 2010)视为社会角色。由于其具身化特点(Kidd and Breazeal, 2005; Groom, 2008),加上身体动作(Scheutz, 2012; Duffy, 2003: 486),机器人倾向于放大了某种社会角色的投射。社交机器人确实融入了专门的拟人化设计元素(Breazeal, 2003; Duffy, 2003; Yan et al., 2004),但是人们却一厢情愿地赋予并不具备拟人化设计元素的机器人以拟人化解读(Carpenter, 2013; Knight, 2014; Paepcke and Takayama, 2010)。

机器人正在逐渐进入全新的领域并扮演新角色,其中一些角色就依赖于我们对其拟人化的倾向。在某些情况下,机器人只作为一种工具而发挥作用,但如果将其拟人化之后,这些作用的威胁会变得更小,也更易被人接受。在其他情况下,尤其是会阻碍机器人实现其功能时,拟人化则没有什么用武之地。

12.1.1 工具机器人的融入

在制造业、交通系统、军队、医院等工作场所,机器人越来越多地融入人类互动。相信用不了多久,机器人还会走进千家万户。然而,这些机器人的功能也成为决定它们是否需要拟人化的关键因素。

2007年,《华盛顿邮报》记者若埃尔·加罗(Joel Garreau)就与机器人的关系采访了美国军方成员,并发布了关于机器人“紫色心灵”的报道,还谈到了对于报废机器人的情绪困扰以及欢迎凯旋机器人的接风洗尘。在地雷引爆机器人的工作当中,负责监督该机器测试演习的上校最终还是选择放弃行动,因为他感到机器人在雷区行走的景象“有失人道”,令人难以忍受。

现在军用机器人已经有了葬礼上施以礼炮致敬的礼遇(Garber,2013)。朱莉·卡朋特(Julie Carpenter)(2013)深入研究了军队中的爆炸物处理机器人,发现操作员有时对待机器人的方式与他们对待人类或宠物的方式相似,并且呼吁未来军事技术部署需要重视这一问题并寻找相应的解决办法。目前,甚至有士兵冒着生命危险去营救与其共事的机器人(Singer,2009),这说明当机器人作为非社交工具时,将其拟人化很可能毫无用处,甚至危险至极。

由于人类可能存在的情感依恋会阻碍技术的预期使用,所以在以上的种种情况当中,拟人化机器人并不可取。但是,拟人化机器人也并非毫无用处——在某些领域,这些机器人甚至能够推动技术进步。

例如,一家研发药物输送机器人的公司首席执行官和员工观察到:医院工作人员对使用人名的机器人会更友好。甚至在拟人框架当中,人们对于机器故障的容忍度也更高[“哦,贝齐(Betsy)犯了一个错误!”对比“这台愚蠢的机器坏了!”]。因此,该公司已开始在推出非拟人设计的方形接生机器人时,在铭牌上为其贴上了拟人化的名字(Anonymous, 2014)。

吉宝(Jibo)是一种台灯形状的家用机器人,它可以安排约会、阅读电子邮件、拍照,还能充当家庭的私人助理。由于其拟人化的框架,吉宝吸引了大量的关注以及数以百万美元的投资(Tilley, 2015)。正如美国互联网新闻博客 Mashable 所描述的那样:“吉宝不是一个设备,它更是一个同伴,一个能够令人愉悦并与人类进行互动并做出反应的同伴”(Ulanoff, 2014)。

这些例子表明,如果引入拟人化框架——例如无论是在工作中还是在家中——拟人化名称或者作为“同伴”的描述可能会让人们更愿意接纳新技术融入日常生活当中。只要不妨碍机器人原本的预期功能,我们当然鼓励这种拟人效应为解决其在技术应用和知识提升方面的难题而排忧解难。

12.1.2 陪伴机器人的融入

社交机器人的性能往往通过人机关系得以有效展现。目前,社交机器人可以模拟人类潜意识中的声音、动作和社交线索(Scheutz, 2012; Koerth Baker, 2013; Turkle, 2012)。这给社交机器人技术带来了无限的可能。健康和教育领域已经率先出现了使用最前沿技术的相关案例,同时也证明了唯有通过拟人化才有可能真正地让用户接纳这些“冰冷的”机器。

NAO 二代是一种应用于自闭症谱系障碍儿童治疗领域的小型拟人化机器人(Shamsuddina, 2012)。NAO 的优点之一是它可以有效地进行眼神交流与互动,从而弥合教师或家长与孩子间的沟通鸿沟。此外,在该领域还有一个名为 Huggable 的泰迪熊机器人。它不仅能让医院里的孩子们高兴起来,还能在极端情况下促进孩子与医生或父母间的沟通(Wired, 2015)。还有麻省理工学院的 DragonBot

和 Tega 社交机器人,这类机器人能让孩子们参与学习,并且帮助他们获得比凭借书本或电脑学习更好的学习效果(Ackerman, 2015)。

辅助机器人的好处并不仅限于儿童群体受益。社交机器人还可以通过互动、激励、监控和健康教育指导来帮助成年人(Feil-Seifer and Matarić, 2005; Tapus, Matarić, and Scassellatti, 2007)。研究表明,当人们试图瘦身或保持体重时,使用社交机器人跟踪他们数据的频率是使用电脑或纸质记录方法的近两倍(Kidd, 2008)。该类机器人可以通过表扬和陪伴来激励人们积极锻炼(Fasola and Matarić, 2012),主动吃药(Broadbent et al., 2014),并在敏感任务当中充当陪伴角色。

Paro 是一只海豹幼崽机器人,它迷人的设计能够使与它交流的人体验到温暖的感觉。所以自 2004 年以来,它一直被用于疗养院等场所。从日本的地震受害者到世界各地的痴呆症患者,Paro 机器人一直被用来安抚痛苦的用户,有时甚至会替代物理药物被用于治疗疾病(Chang and Sung, 2013)。这与使用活体动物进行治疗相似,但由于活体动物在治疗环境中的卫生问题,该方法并非易于实施。但 Paro 机器人却能在保证卫生条件的前提下,给予被照顾的病患赋权感(Griffiths, 2014)。此外,Paro 机器人还能吸引和促进疗养院中的人们与其进行更多的积极互动(Kidd, Taggart and Turkle, 2006)。

当社交机器人被视为社交对象而不是工具时,它们可以提供最有效的治疗或激励(Kidd, 2008; Seifer and Matarić, 2005)。因此,我们就有必要对这种情况进行界定。换言之,我们需要就拟人化机器人的用途展开讨论。

12.1.2.1　对人际关系的影响

关于社交机器人拟人化的批判也不在少数。蒂克尔用失去"真实性"(2010: 9)来描述生物龟和机器龟之间的区别(Turkle, 2007),并表示极具吸引力的人机关系(假设这比与人类的关系更容易)会导致人类回避与朋友和家人互动(Turkle, 2010: 7)。

奇怪的是，我们没有看到那些花时间和宠物在一起的人表现出同样的担忧。即使我们把机器人定义为社交伙伴，但也不能确认人类就一定会用机器人来代替真实的人际关系。也没有任何证据表明：真实性将如预测的那样不再受到重视（事实上，艺术品真品和珠宝真品市场以及卖淫合法化的国家持续存在的两性关系都表明情况并非如此）。相比于取代现有的人际关系，机器人与人的互动也许会给我们带来一种新型关系，而这关键在于我们如何使用这项技术。

辛西娅·布雷齐尔呼吁人们关注这个关系替补的问题，她强调社交机器人旨在与人类合作，其设计应“支持人类赋权”（Bracy，2015）。如前所述，如果使用得当，社交机器人甚至可以成为人际互动的催化剂。

例如，基德（Kidd）、塔格特（Taggart）和蒂克尔（2006）表明，当 Paro 海豹幼崽机器人被放置在公共区域时，它能增加养老院内居民之间的谈话频率。好的辅助机器人还可以促进儿童与老师、医生和家长之间的交流，从而为人类互动提供了重要补充。

蒂克尔的担忧是存在错位的，因为这似乎忽视了这项技术的价值，完全否认了这种机器人技术对人际关系的积极影响。而对于关系替代的思考确实可以推动这些技术的设计和使用朝着社会期望的方向发展。

12.1.2.2　个人数据收集和其他情绪操纵

一个非常吸引人的例子是美国科技公司 Fitbit 的运动手环。Fitbit One 运动手环上的花朵标识会随着活动的增加而变大。它在诱导人类进行运动的同时，还能满足人类培养某种东西并获得奖励的本能（Wortham，2009）。虽然 Fitbit 运动手环可能通过改善人们的锻炼习惯来影响人们的生活，但由于 Fitbit 运动手环本质上采取了一种在潜意识水平上操纵人们行为的机制，所以该技术的使用也存在令人担忧的方面。

通过给人们培育虚拟花朵的感觉，我们可以在情感上激励人们多走路，这可能是件好事。但以这种方式，我们还能让人们做什么呢？我们能让他们投票吗？购买产品呢？为别人的利益服务呢？随着技术的进步，机器人甚至有可能操纵人们的类固醇水平。不管怎么说，只要结果是好的，也许我们应该允许用户拥有这个选项(Koerth-Baker，2013)。但是，这又给我们带来了一个难题：什么是好的结果？

关于通过技术操纵用户行为，最大的担忧之一就是对于隐私信息的保护。Fitbit 公司因数据收集和存储而备受苛责，并且引发了大众对于隐私问题的关注(Ryan，2014)。但尽管如此，可穿戴运动跟踪器的用户数量依旧仍在上升(Stein，2015)，这是因为比起数据，人们更加关注他们使用 Fitbit 运动手环的动机。那么，利用用户的信息匮乏意识或使用更为重要的东西分散人们的注意力——在何种程度上——是合适的吗？又在多大程度上，开始属于欺骗范畴的呢？

数据收集的隐私问题并非机器人所独有。但是，机器人却将为数据收集提供新的机会，因为它们将进入以前未曾开发的个人家庭领域(Fogg，2003：10)，并且承担相应的社会功能(Calo，2012)。社交媒体平台表示，人们愿意公开分享照片、位置和其他个人详细信息，以此换取在各自平台上产生的“点赞”量和普遍的社会关注度。更严格的隐私设置往往与该服务为用户提供的好处直接相悖(Grimmelmann，2009)。同样，社交机器人技术使用中固有的情感参与可能会激励人们用个人信息换取功能性奖励，甚至哪怕用户并非自愿，机器人也可以说服他们透露远比自己自愿输入信息库内的信息更多的关于自己的信息(Kerr，2004；Fogg，2003；Calo，2009；Thomasen，2016)。

此外，个人信息泄露并不是唯一值得关注的问题。像脸书(Facebook)这样的平台，它利用社交关系发挥了巨大的作用，掌握着可能左右政治选举的权力(Zittrain，2014)。关于人机互动的研究表明，我们是很容易被社交人工智能所操纵的(Fogg and Nass，1997)。

约瑟夫·魏岑鲍姆(Joseph Weizenbaum)(1976)在目睹人们与他 20 世纪 60 年代发明的心理治疗机器人 ELIZA 互动之后,警告人们要警惕机器的影响,不要接受计算机(及其程序员)的世界观。伊恩·克尔(Ian Kerr)预测,人工智能可以参与各种说服活动(2004),例如,从签合同到做广告,都不在话下。

根据伍德罗·哈佐格(Woodrow Hartzog)(2015)的说法,对这类技术的监管有必要引起人们的重视。公司的利益不一定与消费者的利益一致,市场的漏洞也会与自由市场的解决方案相悖(Mankiw and Taylor, 2011: 147 - 155)。如果一家公司对某人的孩子或祖父在情感上依恋的机器人进行强制升级,并且收取高昂的费用,这种对消费者支付意愿的剥削是可以允许的吗(Hartzog, 2015)? 儿童语言教学机器人的词汇是否可以偏向于特定的产品,或者情爱机器人是否可以包含应用内购买项目呢? 在不久的将来,我们很有可能会直面这些问题。

令人担忧的是,无论是市场力量还是消费者保护法都无法充分解决当前对用户在线披露个人数据的激励结构。另一方面,我们在互联网背景下继续处理这些问题意味着我们意识到存在消费者保护问题并不断努力寻找解决方案。随着这些问题扩展到机器人技术,我们可以利用现有的关于社交媒体、广告、博弈、成瘾以及其他领域的讨论和研究来了解相关的用户行为,并得出对该类技术适当的边界与权衡的机制。此外,提高公众对隐私和其他操纵问题的广泛认识也可以为通过法律、市场、规范、技术和框架解决的方案开路。

只为了控制潜在的危害而放弃机器人技术对健康和教育领域的积极影响,无疑有因噎废食之嫌。但是,为了拥有拟人化机器人,我们可能确实需要为那些可能会虐待我们的机器人制定监管措施,因为我们知道它们很有可能具有超越我们已经领教过的情感劝说力。

12.1.2.3　暴力与性行为

实验研究表明,我们可以根据人机互动的方式来衡量人们的共情程度(Darling, Nandy and Breazeal, 2015)。一个有趣的问题就是——那么我们能否通过与机器人的互动来改变人们的共情方式呢?我们有时使用动物疗法来激发儿童和青少年产生同理心,但是由于使用真实动物的疗法存在问题所以需要外部监管。随着机器人使用成本的下降,机器人疗法很有可能会取代动物疗法。此外,机器人在其他地方诸如不适于养宠物的家庭或监狱,也要比动物的用途更为广泛。

另一方面,暴力对待机器人可能会对人们的共情产生负面影响。例如,我们可能希望防止儿童破坏机器人(Brscić et al., 2015)的原因超出了尊重财产权的范畴。如果机器人的拟人化表现非常生动,那么它们很可能会影响儿童对待其他生物的方式(Walk, 2016)。这里关注的不仅仅是儿童,对拟人化机器人的暴力行为也可能会使成年人对其他环境中的暴力失去敏感性(Darling, 2016)。同样,频繁依赖机器人伴侣而共赴巫山云雨还会助长不良的情爱行为(Gutiu, 2016)。

机器人是否真的能改变人们的长期行为模式呢?显然这个问题的答案尚无法确定。虽然对视频游戏中暴力的研究对这一问题确有可资借鉴的地方,但是我们不得不重新思考虚拟和现实之间的差异问题(Bainbridge et al., 2008; Kidd and Breazeal, 2005)。目前,我们不知道人机互动是否会助长不良行为或成为一种会产生负面后果的健康行为出口。但是,我们可以持续关注这一问题,因为关于机器人暴力行为的讨论依然引发大众热议(Parke, 2015),而且情爱机器人已经开始投入使用(Freeman, 2016; Borenstein and Arkin, 2016)。

12.1.2.4 性别刻板印象和种族刻板印象

用拟人化术语为框架来描述机器人会强化现存的对某些社会群体有害的文化偏见(Tiong Chee Tay et al., 2013; Riek and Howard, 2014)。安德拉·凯伊(Andra Keay)调查了创作者在机器人竞赛中给机器人起的名字类型,发现这些名字倾向于揭示功能性性别偏见(2012: 1)。凯伊还发现,男性机器人的名字更有可能表示控制(例

如，通过引用希腊诸神），而大多数女性机器人的名字则倾向于婴儿化或性感化风格的“琥珀”和“坎迪”(5)。用男性化的语言描述机器人可能会进一步降低年轻女性参与该领域的兴趣。贬损女性的机器人框架也会反映和强化了人类社会的现存偏见。

在电影《变形金刚 2：堕落者的复仇》(2009)当中，导演通过一对机器人组合四处乱窜来增强其电影的喜剧效果。与其他成员不同，这两个机器人没有阅读能力。它们用“说唱风格的街头俚语”互相调侃争论(“让我们给他屁股上放一顶帽子，把他扔到后备厢里，然后没人会知道什么，明白我的意思吗?”)。其中一个还带着一颗金牙。批评者认为这是种族刻板印象，但导演迈克尔·贝(Michael Bay)对这些批评不屑一顾，认为这些角色只是机器人而已(Cohen，2009)。至于这一理由如何能使他免受责难，我们尚不清楚。

然而，如果我们意识到这些问题，我们甚至可以通过技术对性别和种族刻板印象施以积极影响。我们可以选择赋予机器人各种名字和个性，那么我们是否可以鼓励人们将女性的名字与智慧的事物联系起来呢(Swartout et al.，2010)？除了那些根据“市场调查”故意给虚拟助理取女性名字的公司之外，机器人技术的开发人员和用户不存在故意加深种族和性别刻板印象的倾向。请注意：机器人框架中的压制性刻板印象将是缓解问题的第一步，而下一步很可能是将机器人的拟人化框架看作是挑战种族或性别刻板印象的工具。

总而言之，尽管对于机器人拟人化的一些担忧情有可原，但在许多情况下，人们在社会层面上与机器人建立联系具有一定的积极影响。所以，相比于片面地抵制拟人化，我们应该根据目标对象的方案来解决拟人化技术中的难题。

12.2 框架实验

在将机器人工具化的过程中，我们应该如何看待随之产生的融入问题呢? 在这种情况下,拟人化会成为实现机器人功能的障碍吗? 机器人逼真的物理运动是拟人投射的主要驱动因素(Knight, 2014; Saerbeck & Bartneck, 2010; Scheutz, 2012: 205)。但是,机器人通常需要以特定方式的运动才能实现最佳功能。这就与其拟人化工作内容赋权相互矛盾。因此,我们进行了一项实验,以便探索框架影响拟人化的替代机制(Darling, Nandy, and Breazael, 2015)。

在该实验中,参与者需要观察一个小型机器人玩具 Hexbug Nano,然后用木槌敲击它。当机器人被赋予拟人化框架(比如名字和背景故事,例如,“这是弗兰克,他已经在实验室住了几个月了,他最喜欢的颜色是红色……”)时,参与者们在击打机器人时明显更加犹豫。

为了排除因其他干扰因素(例如,机器人的感知价值)而产生的犹豫,我们测量了参与者的心理特质共情,发现共情关注倾向与引入拟人化框架后击打机器人的犹豫之间存在强相关。让这一发现更加有趣的是,在实验中,许多参与者都表现出了对拟人化机器人的同情(例如,他们会问“这会伤害他吗?”或者低声嘟囔着:“这只是一只虫子,这只是一只虫子。”他们明显是在鼓起勇气去攻击拟人化的 Hexbug)。

总之,我们的研究结果表明:拟人化框架可以影响人们对于机器人的即时反应。人们通常将机器人人格化或认为机器人也是通过类人的方式体验世界,这在一定程度上与科幻小说和流行文化中的许多机器人都有名有姓、内心丰富、情感多样有关。意识到框架的影响可以使得人们和机器人公司更加敏锐地意识到我们这个框架实验的意义。

12.3 拟人化和“机器人谬误”: 实案举隅

理查兹(Richards)和斯马特(Smart)(2016)认为,我们用以理解

机器人的隐喻非常重要，因为这会影响立法者对于机器人技术的监管。他们呼吁人们警惕“机器人谬误”：不要落入拟人化机器人的陷阱，并将其视为社交对象而非工具。

他们的文章借鉴了 20 世纪窃听案件中所使用的隐喻以及是否给予类似于邮政邮件或者明信片的电子邮件隐私保护的辩论，分析了使用某些技术框架胜过其他技术的法律后果（Richards and Smart, 2016：19）。从设计和预期问题的技术概念阶段，到用户和法律系统使用隐喻理解技术的产品阶段，隐喻都发挥着重要的作用（18）。此外，在这两个阶段中，机器人作为伙伴或工具的框架也发挥着关键作用。

在某些情况下，尽管理查兹和斯马特已经警告过人们，但人们依旧有理由使用这些框架和隐喻。例如，如果研究表明人们对于某些机器人的暴力或性行为的反应与对人的反应一致，那么对此的解决办法之一就是将这种框架作为终极结论，而非阻止机器人拟人化的发展。当我们将机器人视为无生命的工具时，我们就失去了一个机会：在某些情况下，拟人化机器人可能有助于塑造人们的积极行为。例如，如果我们采用动物隐喻，那么我们可以通过限制不必要的暴力或残忍行为——通过类似于现有的动物保护法的法律——来规范对宠物机器人或情爱机器人的使用（Darling, 2016）。这不仅可以对抗人们行为当中的脱敏和消极外部属性，还可以让某些机器人成为人类的同伴而非只是拥有治疗和教育功能的工具。

需要注意的是，从拟人角度构建社交机器人功能以及人们对这些机器人与其他设备差异的认知一致性是相互对应的。我们最终可能会更好地接受该类机器人的社交角色，并从那里着手，将对机器人的工具类比从拟人化妨碍功能技术或功能法则的说法当中解脱出来。

12.4 最后的见解

正如本章所言，无论是否鼓励拟人化机器人技术，关于这个主题的讨论都是意义非凡的。但是,当拟人化妨碍机器人的主要功能时,则会让机器人在实现其原本默认功能时出现问题。所以,对于那些在设计上并无社交属性或不通过社交互动来增强功能的机器人而言,我们应该考虑将其看作工具使用,且不考虑其拟人化。与其继续将科幻故事和拟人化视为单纯的乐趣,那些机器人制造者不如更加注意机器人技术领域的框架效应。

例如,波士顿动力公司等公司正在借鉴动物进化结构用于机器移动性生成,制造模拟动物运动和生理机能的军用机器人(Twenty, 2011)。但是,由于这些机器人与动物形象相似,士兵们很可能会对其产生拟人化情感,妨碍了它们作为工具的效用。尽管拟人化运动是机器人功能的核心,但是我们至少可以尝试运用语言来实现机器人的客体化(例如,使用代词"it"),并鼓励使用"MX model 96283"等不同于"Spot"的客观称呼。这样的做法并不会以任何方式妨碍拟人化发展,但却可能阻止宠物化自动治疗机器人的出现。

另一方面,拟人化会增强机器人的接受度和使用率,并促进机器人主要功能的实现。无论是实际设计,还是具体部署,这些案例应在各个层面上与上述案例区分开来,甚至可以在监管和法律层面上有所区别。

法律将事物视为独立的实体,对其处理方式也与人类不同(Calo, 2014)。我们可以把所有的机器人看成事物,或者我们可以接受这样一个事实——人们可能会对某些机器人产生不同的看法。如果人们与社交机器人的互动绝大多数具有社交属性,我们可能会考虑建立一个全新的法律范畴。在这种情况下,机器人固有的智能或能力对于相关监管的影响并不大。因为不管个人心理能力或道德思维能力如何,我们都会给予动物、幼儿和公司特殊的法律待遇。虽然这需要更好地定义该类机器人的能力或功能,但这种区分在法律上并不新鲜,也并非(或必须是)完美的。

我们对于拟人化技术使用的担忧值得关注,并且予以仔细考虑。

然而，它们不能保证完全放弃拟人化机器人的发展。法律专家、工程师、社会科学家和政策制定者应该共同努力，寻找解决问题的办法，并且厘清该类机器人的积极影响。我们还可以就隐私、性别和种族偏见以及替代人类等话题继续进行讨论。拟人化技术的潜力无穷。与其谴责它，不如让我们做出明确的区分，并取长补短地让它服务于我们人类社会的发展。

致谢

感谢梅格·利塔·琼斯(Meg Leta Jones)、劳雷尔·里克(Laurel Riek)、伍迪·哈佐格(Woody Hartzog)、詹姆斯·休斯(James Hughes)、安·巴托(Ann Bartow)以及圣加仑大学“我们机器人 2015(We Robot 2015)”和“人与机器(Man and Machine)”会议上所有与会者提供的有益参考以及对本文介绍的一些案例。

参考文献

Ackerman, Evan. 2015. “MIT's DragonBot Evolving to Better Teach Kids.” *IEEE Spectrum*, March 16.

Anonymous. 2014. Interview with healthcare company representative by author, September 22.

Bainbridge, Wilma A., Justin Hart, Elizabeth S. Kim, and Brian Scassellati. 2008. “The Effect of Presence on Human - Robot Interaction.” *17th IEEE International Symposium on Robot and Human Interactive Communication* (*RO-MAN*), 701 - 706.

Borenstein, Jason and Ronald C. Arkin. 2016. “Robots, Ethics, and Intimacy: The Need for Scientific Research.” *Conference Proceedings of the International Association for Computing and Philosophy* (*IACAP*).

Boston Dynamics. 2015. “Introducing Spot.” https://www.youtube.com/watch?v=M8YjvHYbZ9w.

Bracy, Jedidiah. 2015. “The Future of Privacy: My Journey Down the Rabbit Hole at SXSW.” *Privacy Perspectives*, March 20.

Breazeal, Cynthia. 2003. “Toward Sociable Robots.” *Robotics and Autonomous Systems* 42(3): 167 - 175.

Broadbent, Elizabeth, Kathy Peri, Ngaire Kerse, Chandimal Jayawardena, IHan

Kuo, Chandan Datta, and Bruce MacDonald. 2014. "Robots in Older People's Homes to Improve Medication Adherence and Quality of Life: A Randomized Cross-Over Trial." *Proceedings 6th International Conference ICSR*, 64 – 73.

Brscić, Drazen, Hiroyuki Kidokoro, Yoshitaka Suehiro, and Takayuki Kanda. 2015. "Escaping from Children's Abuse of Social Robots." *Proceedings of the Tenth Annual ACM/IEEE International Conference on Human – Robot Interaction*, 59 – 66.

Calo, Ryan. 2009. "People Can Be So Fake: A New Dimension to Privacy and Technology Scholarship." *Penn State Law Review* 114: 809.

Calo, Ryan. 2012. "Robots and Privacy." In *Robot Ethics: The Ethical and Social Implications of Robotics*, edited by Patrick Lin, George Bekey, and Keith Abney, 187 – 201. Cambridge, MA: MIT Press.

Calo, Ryan. 2014. *The Case for a Federal Robotics Commission*. Brookings Report, 6. Washington, DC: Brookings Institution.

Carpenter, Julie. 2013. "The Quiet Professional: An Investigation of US Military Explosive Ordnance Disposal Personnel Interactions with Everyday Field Robots." PhD dissertation, University of Washington.

Chang, S. M. and H. C. Sung. 2013. "The Effectiveness of Paro Robot Therapy on Mood of Older Adults: A Systematic Review." *International Journal of EvidenceBased Healthcare* 11(3): 216.

Cohen, Sandy. 2009. "Transformers' Jive-Talking Robots Raise Race Issues." *Huffington Post*, July 25.

Darling, Kate. 2016. "Extending Legal Protections to Social Robots: The Effects of Anthropomorphism, Empathy, and Violent Behavior towards Robotic Objects." In *Robot Law*, edited by Ryan Calo, Michael Froomkin, and Ian Kerr, 213 – 234. Cheltenham: Edward Elgar.

Darling, Kate, Palash Nandy, and Cynthia Breazeal. 2015. "Empathic Concern and the Effect of Stories in Human – Robot Interaction." *24th IEEE International Symposium on Robot and Human Interactive Communication (RO-MAN)*, 770 – 775.

Duffy, Brian R. 2003. "Anthropomorphism and the Social Robot." Robotics and Autonomous Systems 42(3): 177 – 190.

Duffy, Brian R. and Karolina Zawieska. 2012. "Suspension of Disbelief in Social Robotics." *21st IEEE International Symposium on Robot and Human Interactive Communication (RO-MAN)*, 484 – 489.

Fasola, Juan and Maja J. Matarić. 2012. "Using Socially Assistive Human – Robot Interaction to Motivate Physical Exercise for Older Adults."

Proceedings of the IEEE 100(8): 2512 - 2526.

Feil-Seifer, David and Maja J. Matarić. 2005. "Defining Socially Assistive Robotics." *9th International Conference on Rehabilitation Robotics* (*ICORR*), 465 - 468.

Fogg, B. J. 2003. *Persuasive Technologies: Using Computers to Change What We Think and Do*. Burlington, MA: Morgan Kaufmann.

Fogg, B. J. and Clifford Nass. 1997. "How Users Reciprocate to Computers: An Experiment That Demonstrates Behavior Change." *CHI'97 Extended Abstracts on Human Factors in Computing Systems*, 331 - 332.

Freeman, Sunny. 2016. "Sex Robots to Become a Reality." *Toronto Star*, June 4.

Garber, Megan. 2013. "Funerals for Fallen Robots: New Research Explores the Deep Bonds That Can Develop Between Soldiers and the Machines That Help Keep Them Alive." *Atlantic*, September 20.

Garreau, Joel. 2007. "Bots on the Ground." *Washington Post*, May 6.

Griffiths, Andrew. 2014. "How Paro the Robot Seal is Being Used to Help UK Dementia Patients." *Guardian*, July 8.

Grimmelman, James. 2009. "Saving Facebook." *Iowa Law Review* 94: 1137.

Groom, Victoria. 2008. "What's the Best Role for a Robot? Cybernetic Models of Existing and Proposed Human - Robot Interaction Structures." *ICINCO*, 325.

Gutiu, Sinziana. 2016. "The Roboticization of Consent." In *Robot Law*, edited by Ryan Calo, Michael Froomkin, and Ian Kerr, 186 - 212. Cheltenham: Edward Elgar.

Hartzog, Woodrow. 2015. "Unfair and Deceptive Robots." *Maryland Law Review* 74: 785 - 829.

Holtgraves, Thomas, S. J. Ross, C. R. Weywadt, and T. L. Han. 2007. "Perceiving Artificial Social Agents." *Computers in Human Behavior* 23: 2163 - 2174.

Keay, Andrea. 2012. "The Naming of Robots: Biomorphism, Gender and Identity." Master's thesis, University of Sydney.

Kerr, Ian. 2004. "Bots, Babes and the Californication of Commerce." *University of Ottawa Law and Technology Journal* 1: 285 - 324.

Kidd, Cory D. 2008. "Designing for Long-Term Human - Robot Interaction and Application to Weight Loss." PhD dissertation, Massachusetts Institute of Technology.

Kidd, Cory D. and Cynthia Breazeal. 2005. "Comparison of Social Presence in Robots and Animated Characters." *Proceedings of the 2005 International Conference on Human - Computer Inter-action* (*HCI*).

Kidd, Cory D., Will Taggart, and Sherry Turkle. 2006. “A Sociable Robot to Encourage Social Interaction among the Elderly.” *Proceedings 2006 IEEE International Conference on Robotics and Automation* (*ICRA*), 3972 - 3976.

Knight, Heather. 2014. *How Humans Respond to Robots: Building Public Policy through Good Design*. Brookings Report. Washington, DC: Brookings Institution.

Koerth-Baker, Maggie. 2013. “How Robots Can Trick You into Loving Them.” *New York Times Magazine*, September 17.

Mankiw, N. Gregory and Mark P. Taylor. 2011. *Microeconomics*. Boston: Cengage Learning.

McDonnell, Rachel, Sophie Jörg, Joanna McHugh, Fiona Newell, and Carol O'Sullivan. 2008. “Evaluating the Emotional Content of Human Motions on Real and Virtual Characters.” *Proceedings of the 5th Symposium on Applied Perception in Graphics and Visualization* (*ACM*), 67 - 74.

Nass, Clifford, Youngme Moon, Eun-Young Kim, and B. J. Fogg. 1997. “Computers Are Social Actors: A Review of Current Research.” In *Human Values and the Design of Computer Technology*, edited by Batya Friedman, 137 - 162. Chicago: University of Chicago Press.

Paepcke, Steffi and Leila Takayama. 2010. “Judging a Bot by Its Cover: An Experiment on Expectation Setting for Personal Robots.” *5th ACM/IEEE International Conference on Human - Robot Interaction* (*HRI*), 45 - 52.

Parke, Phoebe. 2015. “Is It Cruel to Kick a Robot Dog?” CNN, February 13. http://edition.cnn.com/2015/02/13/tech/spot-robot-dog-google/.

Reeves, Byron and Clifford Nass. 1996. The Media Equation: *How People Treat Computers, Television, and New Media Like Real People and Places*. Cambridge: Cambridge University Press.

Richards, Neil M. and William D. Smart. 2016. “How Should the Law Think about Robots?” In *Robot Law*, edited by Ryan Calo, Michael Froomkin, and Ian Kerr, 3 - 24. Cheltenham: Edward Elgar.

Riek, Laurel D. and Don Howard. 2014. “A Code of Ethics for the Human-Robot Interaction Profession.” *Proceedings We Robot Conference on Legal and Policy Issues relating to Robotics*.

Rosenthal-von der Pütten, Astrid M., Nicole C. Krämer, Jonathan Gratch, and SinHwa Kang. 2010. “‘It Doesn't Matter What You Are!’ Explaining Social Effects of Agents and Avatars.” *Computers Human Behavior* 26 (6): 1641 - 1650.

Ryan, Laura. 2014. “Fitbit Hires Lobbyists after Privacy Controversy.” *National Journal*, September 15.

Saerbeck, Martin and Christoph Bartneck. 2010. "Attribution of Affect to Robot Motion." *5th ACM/IEEE International Conference on Human - Robot Interaction (HRI)*, 53 - 60.

Scheutz, Matthias. 2012. "The Inherent Dangers of Unidirectional Emotional Bonds between Humans and Social Robots." In Robot Ethics: *The Ethical and Social Implications of Robotics*, edited by Patrick Lin, Keith Abney, and George Bekey, 205 - 221. Cambridge: MIT Press.

Scholl, Brian J. and Patrice D. Tremoulet. 2000. "Perceptual Causality and Animacy." *Trends in Cognitive Sciences* 4(8): 299 - 309.

Shamsuddina, Syamimi, Hanafiah Yussofb, Luthffi Idzhar Ismailb, Salina Mohamedc, Fazah Akhtar Hanapiahc, and Nur Ismarrubie Zaharid. 2012. "Initial Response in HRI: A Case Study on Evaluation of Child with Autism Spectrum Disorders Interacting with a Humanoid Robot NAO." *Procedia Engineering (IRIS)* 41: 1448 - 1455.

Singer, Peter Warren. 2009. *Wired for War: The Robotics Revolution and Conflict in the 21st Century*. London: Penguin Books.

Stein, Scott. 2015. "Best Wearable Tech of 2015." *CNET*, February 24.

Sung, Ja-Young, Lan Guo, Rebecca E. Grinter, and Henrik I. Christensen. 2007. "'My Roomba is Rambo': Intimate Home Appliances." *9th International Conference on Ubiquitous Computing*, 145 - 162.

Swartout, William, David Traum, Ron Artstein, et al. 2010. "Ada and Grace: Toward Realistic and Engaging Virtual Museum Guides." *In Intelligent Virtual Agents*, edited by Jan Allbeck, Norman Badler, Timothy Bickmore, Catherine Pelachaud, and Alla Safonova. Berlin: Springer.

Tapus, Adriana, Maja Matarić, and Brian Scassellatti. 2007. "The Grand Challenges in Socially Assistive Robotics." *IEEE Robotics and Automation Magazine* 14(1): 35 - 42.

Thomasen, Kristen. 2016. "Examining the Constitutionality of Robo-Enhanced Interrogation." In *Robot Law*, edited by Ryan Calo, Michael Froomkin, and Ian Kerr, 306 - 332. Cheltenham: Edward Elgar.

Tilley, Aaron. 2015. "Family Robot Jibo Raises $25 Million in Series A Round." *Forbes*, January 21.

Tiong Chee Tay, Benedict, Taezoon Park, Younbo Jung, Yeow Kee Tan, and Alvin Hong Yee Wong. 2013. "When Stereotypes Meet Robots: The Effect of Gender Stereotypes on People's Acceptance of a Security Robot." In *Engineering Psychology and Cognitive Ergonomics: Understanding Human Cognition*, edited by Don Harris, 261 - 270. Berlin, Germany: Springer.

Turkle, Sherry. 2006. "A Nascent Robotics Culture: New Complicities for Companionship." *AAAI Technical Report Series*. http://web.mit.edu/~sturkle/www/nascentroboticsculture.pdf.

Turkle, Sherry. 2007. "Simulation vs. Authenticity." In *What Is Your Dangerous Idea? Today's Leading Thinkers on the Unthinkable*, edited by John Brockman, 244 - 247. New York: Simon & Schuster.

Turkle, Sherry. 2010. "In Good Company? On the Threshold of Robotic Companions." In *Close Engagements with Artificial Companions: Key Social, Psychological, Ethical and Design Issues*, edited by Yorick Wilks, 3 - 10. Amsterdam: John Benjamins.

Turkle, Sherry. 2012. *Alone Together: Why We Expect More from Technology and Less from Each Other*. New York: Basic Books.

Twenty, Dylan. 2011. "Robots Evolve More Natural Ways of Walking." *Wired*, January 26.

Ulanoff, Lance. 2014. "Jibo Wants to Be the World's First Family Robot." *Mashable*, July 16.

Walk, Hunter. 2016. "Amazon Echo is Magical. It's Also Turning My Kid into an Asshole." *Linkedin*, April 8.

Weizenbaum, Joseph. 1976. *Computer Power and Human Reason: From Judgment to Calculation*. London: W. H. Freeman.

Wired. 2015. "Huggable Robot Befriends Girl in Hospital," March 30. http://video.wired.com/watch/huggable-robot-befriends-girl-in-hospital.

Wortham, Jenna. 2009. "Fitbit's Motivator: A Virtual Flower." *New York Times*, December 10.

Yan, C., W. Peng, K. M. Lee, and S. Jin. 2004. "Can Robots Have Personality? An Empirical Study of Personality Manifestation, Social Responses, and Social Presence in Human - Robot Interaction." *54th Annual Conference of the International Communication Association*.

Zittrain, Jonathan. 2014. "Facebook Could Decide an Election Without Anyone Ever Finding Out: The Scary Future of Digital Gerrymandering — and How to Prevent It." *New Republic*, June 1.

多元应用：从爱情到战争

引言

第三部分将聚焦于从爱情到战争这一主题，重点介绍机器人的具体类型及其（有时富有争议性的）应用。同本书第一部分引用自动驾驶汽车作为案例分析类似，机器人学中的每一个用例似乎都为广义上的机器人领域提供了普适性的经验教训。

本部分的首个案例研究涉及业已受到广泛关注的几种机器人——设计用于人类性行为的机器人（又名“情爱机器人”）。大卫·利维（David Levy）的著作《与机器人的爱与性》（*Love and Sex with Robots*）敲开了该领域学术研究的大门。尽管人与机器人之间产生浪漫亲密关系的话题长久以来就存在于科幻小说之中，但是直到 2007 年，利维的著作才将这一科幻话题变成了学术研究的一门学科。利维称他的成果为“情爱机器人学”[①]，第 13 章的作者（也是利维的合作者）——阿德里安·大卫·乔克（Adrian David Cheok）、卡苏·卡鲁纳那亚卡（Kasun Karunanayaka）和张妍（Emma Yann Zhang）——解释说，这个术语的意思是指人机（尤其是机器人）之间所有的亲密关系（包括情爱关系）。

鉴于系统内人工荷尔蒙激素的存在，情爱机器人应该能够体验到类似于人的生理与情感的复杂状态。几位作者论述了利维的论点：赋予机器人亲密能力的程序应该采用一些决定性的参数，并且这

① 即关于人类与机器人之间感情的研究。——译者注

些参数应主要来自且量化于能够使人坠入爱河的最重要的五个因素——接近度、反复接触度、依赖感、相似性和吸引力。几位作者还给出了设计中的该类机器人案例。此外，他们讨论了部分学者关于使用情爱机器人的伦理包容性的新近研究成果，有同大卫·利维一样公开支持机器人性工作者的学者，也有如伊斯兰学者尤萨夫·阿姆达（Yusuff Amuda）和伊斯玛拉·提贾尼（Ismaila Tijani）一样认为与机器人发生关系就是出轨的学者。几位作者对后一立场表示极力反对。他们最后预测，从利维开始直到21世纪中叶，制作精良的情爱机器人将会广泛用于商业用途。

在第14章中，彼得·博乌图奇（Piotr Bołtuć）继续讨论情爱机器人的未来，并设想了一种更为先进的情爱机器人，作者将这一事物与思想哲学和伦理学问题联系起来。他称其所想的机器人为丘奇-图灵恋人（Church-Turing Lover）：一个可以实现人类恋人所有功能的情爱机器人。但是，这些丘奇-图灵恋人仍然没有第一人称意识。从外在的迹象来看，它们等同于人类，但却没有内在的生命（就像“没有人的房子”。如果一个房子里面没有主人，那么它只是个房屋建筑而不能称之为家）。博乌图奇提出用完美恐怖谷理论来帮助我们理解丘奇-图灵恋人这一概念——按照以下的顺序对人形机器人的水平进行了排名：首先是最简单的人形物体（例如泰迪熊）；再是引发严重恐怖谷效应的实体，例如那些让观众感到毛骨悚然并能够引发强烈“恶心”感的机器人；经由他所谓的白银、黄金和铂金三个标准；然后达到完美恐怖谷的阶段（比人类更人类）；最终以天使的状态结束（不再是人形，会被认为是神一样的存在而被敬畏以待）。

当丘奇-图灵机器人伴侣说“我爱你”时，它是在有意取悦于你，还是仅仅出于计算机对于情绪的一种模拟？你在意你的另一半是不是丘奇-图灵恋人吗？或者，它（完美地）表现得像爱你一样对你来说是否重要呢？博乌图奇得出的结论是：丘奇-图灵恋人可以说示范了副现象经验如何为关心他人的第一人称意识提供了理由。

当然，人类与机器人的交往绝不仅仅只有性这一个主题。第 15 章明确指出，这种程度的互动很可能发生在人与机器人之间，但是由于人类主观上认为此机器人微不足道，或认为它们的时空存在理所应当，以至于对于机器人的存在浑然不知——直到出现某些可怕的错误。亚当·亨施克(Adam Henschke)发现了物联网中的两层伦理关怀。“物质层”的伦理关怀聚焦于安全和风险问题，而“信息层”的伦理关怀主要关注的是信息控制。鉴于两者之间存在不同且不可能重叠的伦理关怀，那么其中的哪一层应该予以优先考虑呢？亨施克认为设计者、政策制定者和使用者不仅必须关注这两个层面，而且在某些问题中，可能还必须就优先考虑哪一层面伦理关怀做出抉择。

在第 16 章中，作者叙述了涉及机器人设计与构造的后续伦理挑战：工程道德推理器的机遇与境遇问题。米哈马·克林切维奇(Michal Klincewicz)发现，将基于哲学道德理论的计算程序与类比推理相结合，对于能够进行道德推理的工程软件来说很有前景。然而，将哲学文献中讨论伦理学理论的结果应用于制作一个功能正常且计算机化的道德推理器，对工程学提出了严峻挑战。其困难包括系统的背景敏感性和搜索的时间限制性，也包括无法预知何种特定哲学理论会产生何种直接后果。克林切维奇认为，工程师和哲学家需要竭诚合作，以便找到克服这些困难的最佳解决方案，最终创造出一个有能力实施复杂性道德推理的机器人。

第 17 章则提出了一个关于机器人道德推理器在工程上的关键问题——我们是否应该设计一个会根据人类认定为错的道德观来行事的机器人呢？布赖恩·塔尔博特(Brain Talbot)、瑞安·詹金斯(Ryan Jenkins)和邓肯·珀夫斯(Duncan Purves)都认为，与人类的直觉恰恰相反，工程师应该做出这样的设计。首先，他们认为基于道义论的评估并不适用于机器人的行为，因为机器人没有现象意识，它们缺乏成为能动者所需的心智能力。因此，即便结果论是错的，他们仍旧认为机器人成为结果论者会更好。

当然，这一主张大概仍认可道义论机器人，如果这些机器人完美无缺的话。但是，完美几乎无法实现，因为我们对真正的道德理论是什么，权利和效益之间的适当权衡是什么（或如何对它们进行编程），甚至机器人是否有能力可靠地服从道德命令等，在认识论维度上存在着诸多不确定性。作者认为，根据认识论文献中的“序言悖论”所描述的这种不确定性，使得创造具有人们认定为错误道德观的机器人，哪怕不是必需的，也至少值得一试。

在第三部分的结尾，我们将介绍具有道德推理能力的机器人最广泛的应用之一——参与战事。在第 18 章中，莱昂纳德·卡恩（Leonard Kahn）检验了有关军用机器人的一个有违人们普遍认知的结论：它们的使用可能导致武装冲突的数量增长。卡恩认为该结论成立，而且有违道义。然后，他讨论了技术发展中非人力量会如何影响理性政治主体的抉择。最后，他就如何通过建立新的国际准则来最大化扭转这一不利局势提出了相关建议。

从情爱到战争，机器人持续“侵入”长久以来被认为是人类独有的一些领域。随着这些渐进式变化的累积，伦理学可能不再需要勒德主义者[①]的回应，而是需要我们不断反思作为人类的价值——在机器人彻底地将自身融入我们的生活，并使得人类群体的唯一性荡然无存之前。

① 反对新技术的人。——译者注

第 13 章 情爱机器人技术：人机之间的情爱关系

阿德里安·大卫·乔克，卡苏·卡鲁纳那亚卡，张妍

人机之间的亲密关系早已超越科幻小说的纯粹想象范畴，进入了严肃而神圣的学术殿堂。这一话题不仅是各路媒体争相报道的热点，更是学术各界讨论的焦点。关于机器人技术、人工智能以及其他与计算机科学有关的主题会议也逐渐开始接受甚至邀请该领域学者的加入。例如，到目前为止，专门讨论人机互动关系的两次会议当中，就包括 2014 年于马德拉举行的国际情爱机器人大会，其主题就是机器人之“情”与“爱”。

此后，《研究问责制》(*Accountability in Research*)，《人工智能与社会》(*AI & Society*)，《人工智能》(*Artificial Intelligence*)，《当代社会学》(*Current Sociology*)，《道德与信息技术》(*Ethics and Information Technology*)，《未来》(*Futures*)，《工业机器人》(*Industrial Robot*)，《国际先进机器人系统杂志》(*International Journal of Advanced Robotic Systems*)，《国际社会发展杂志》(*International Journal of Social Development*)，《国际社会机器人杂志》(*International Journal of Social Robotics*)，《国际技术伦理学杂志》(*International Journal of Technoethics*)，《新媒体与社会》(*New Media and Society*)，《现象学与认知科学》(*Phenomenology and the Cognitive Sciences*)，《哲学与技术》(*Philosophy*

Technology)，《社会机器人》(*Social Robotics*)，《技术预测与社会变革》(*Technological Forecasting and Social Change*)，以及各类来自IEEE，施普林格和其他科技领域的学术期刊也争相发表相关主题的论文。2012 年，新西兰惠灵顿维多利亚大学的一篇论文备受大众媒体瞩目。该论文生动地描述了阿姆斯特丹“红灯区”的未来情景——在 2050 年人们的生活将会围绕着机器人性工作者而展开，而“这些情爱机器人并非拐卖自东欧被迫从事性服务。它们没有患性传染病的风险，还可以直接由市参议会接手管控”(Yeoman and Mars, 2012: 365 - 371)。

自 2007 年末媒体兴趣激增以来，以与机器人、虚拟角色或真人大小的情爱玩偶“撕破裙子”为主题的纪录片和故事片也相继出现。比如，*Lars and the Real Girl*(2007)、*Meaning of Robots*(2012)、*My Sex Robot*(2011)、*Her*(2013)、*Ex Machina*(2015)、*Guys and Dolls*(2002)，以及 2004 年翻拍的 *The Stepford Wives*。凡此种种，都以情爱而言事——因为情爱即卖点。

伴随着 2007 年大卫·利维的著作问世之后的宣传余波，以及 2009 年相关文献首次提及的学科术语(Nomura et al., 2009)，人机之间的情爱关系迅速发展成为学术研究中的一门分支——“情爱机器人技术”。而在 2013 年，学界对这一领域的研究兴趣也催生了该研究领域的专门期刊与电子期刊。杂志《情爱机器人学》将其研究领域定义为“与机器人的爱情和友谊相关的学术研究”(Lovotics, 2016)。

13.1 首个简易情爱机器人

从 2007 年到 2008 年，情爱机器人领域最热的话题之一莫属“你认为多久之后第一批情爱机器人会投放市场呢”。由于已经满足制作简易情爱机器人的技术需求，大卫·利维预测，一些在行业领先的企业家可能只需两三年的时间就能将技术全部整合到商用标准。

2009 年底，新泽西企业家道格拉斯·海因斯(Douglas Hines)与他开发的情爱机器人就已经开始在媒体上崭露头角。格拉斯·海因斯在个人的网站中自豪地宣布：

> 我们的真实伴侣公司(TrueCompanion. com)多年以来一直在设计"真实伴侣——洛克茜"(Roxxxy True Companion)，一款专属您的情爱机器人。我们可以保证她会记住您，了解您，和您谈情说爱，甚至向您表露爱意，与您结成神仙眷侣。她能谈及您，聆听您，感受您，甚至邀您共赴巫山云雨！(Truecompanion.com，2016)

随着数以百万计的男性对该类情爱机器人技术的殷切期盼，洛克茜成功于 2010 年 1 月 9 日的拉斯维加斯成人娱乐博览会上亮相。但在会上，洛克茜受到的质疑远比收到的赞美多得多。例如，顾客触摸洛克茜的手会使它惊呼："我喜欢和你牵手"，但这又证明了什么呢？这种仅将一个电子传感器与某种被记录下的语音相匹配然后输出的演示，并不是一个真正的对话型机器人该有的语音能力。

洛克茜的魅力——加之媒体的大肆炒作——似乎使得洛克茜成功地吸引到了一些潜在客户的关注。从 2010 年 2 月开始，海因斯网站以及相关广告声称将产品降价 500 美元处理，也就是说客户只需支付 6495 美元的促销价就可将洛克茜带回家。洛克茜(2016)的维基百科条目包括以下内容：

> 根据道格拉斯·海因斯的说法，洛克茜在 2010 年的成人娱乐博览会上亮相后不久就获得了约 4 000 笔的预订单。然而迄今为止，还没有一位顾客与洛克茜在现实中相遇，公众也对是否曾生产过商用的洛克茜机器人持怀疑的态度。

尽管海因斯的运作和其产品本身漏洞百出，但在 2010 年 1 月成人娱乐博览会上推出的洛克茜仍可被视为一个里程碑。从 2007 年下半年全球首次出现商用情爱机器人的概念到 2010 年洛克茜的对外发布，这为大卫·利维的预测提供了有力证明。海因斯已印证了打算购买该类机器人的客户对于情爱机器人的兴趣。最近，真实伴侣公司的网站也开始处理一些“洛基”(Rocky)的预订单，这是一款男性化的洛克茜机器人。他们声明付款之后，机器人可以在两到三个月内交付。目前，洛克茜和洛基的实际操作视频在网络上随处可见，视频中显示，这些机器人可以与人类进行简单的对话。然而，目前还没有能够测量这些机器人的情感能力和会话能力的相应工具。

13.2 情爱机器人技术

2011 年，一篇探讨情爱机器人技术以及相应硬件平台(机器人)设计与开发的博士论文指出，该型机器人能够在系统中人工激素控制下体验复杂且仿人的身心经历(Samani，2011)。

情爱机器人的人工智能包括了三个部分：基于恋爱生理的人工内分泌系统；基于恋爱心理的概率性情爱集合；以及基于人类情感的情感状态转换。这三个模块协同工作，并以机器人的呈现形式生成逼真的情绪驱动行为。

这类机器人的亲密程度几乎涵盖接近度、暴露度、依赖感、相似性和吸引力在内的五类重要的恋爱因素，并据此提取量化参数(Levy，2007a)。

情爱机器人会被录入以上恋爱产生的这五个肇因数学模型，并分别以数学公式形式表现因素，同时再由这五个单独的公式组合而成“整体亲密度”公式。作为这五个模型的范例，接近度体现了人机之间存在的各类鸿沟，这种距离感特指人机之间如何接近彼此，以及在感情上的实际亲密程度。

13.3 亲吻信使

为使诸如情爱机器人之类的机器人能与人类进行逼真的身体互动，人机亲吻技术应运而生。为了实现这一大胆超前的想法，本章的两位作者阿德里安·大卫·乔克和张妍共同开发了一款亲吻机器人,名为“亲吻信使”(Kissenger)(见图 13.1)(Zhang et al., 2016: 25)。在全球化的时代,悲哀的是越来越多的情侣和家庭由于工作和生意的原因而长久分离,但可喜的是人们可以使用一些新型技术来帮助其建立爱人般的关系。在人机互动领域当中,学者逐渐关注到了二者对于抚摸和情感交流的重视。例如,对远程呈现和亲密技术可行性进行测试的“Hugvie”(Kuwamura et al., 2013)和“Hug over a Distance”(Mueller et al., 2005)。但不得不说,目前许多该类型的机器人依旧很笨重和生硬。

图 13.1　亲吻交流的概念

现在一些成果已经投放到市场中。比如,通过可穿戴的方式来寻求亲近的远程拥抱型机器人“拥抱衬衫”(HugShirt)(Cutecircuit.com, 2002)和“拥抱睡衣”(Huggy Pajama)(The et al., 2008: 250 - 257)。但是,目前这些系统仍然缺少用于表示“抽象存在”的适当接口。因此,亲吻信使提供了一个能够让人类或者机器人在互联网上交流感受,从而仿真现实存在感的新系统。

亲吻是人类最重要的交流方式之一,也可以说是表达亲近之意最普遍的一种方式。人们可以在一个人的嘴唇和另一个人脸颊、前额等处在身体维度上的接合或接触中感知情绪,例如尊重、问候、告别、祝福、浪漫的感情以及/或者情欲(Millstein et al., 1993)。定期的身体接触(例如接吻)是维系人际关系中亲密度的关键。研究表明，亲吻频率更高的情侣能够获得更令人满足的浪漫感，并且会降低他们的压力水平(Floyd et al.，2009：113－133)。在早期的雏形期，为了实现柔软振动的效果，亲吻信使的压敏硅胶嘴唇是从它的塑料头颅表面突出来的。随后，那些早期的设计被一款适合智能手机的版本所取代。

考虑到当今通信技术中所欠缺的环节，亲吻信使的设计旨在创造一种全新的终端设备，以此促进那些两地分居人群的情感交流，帮助他们找到更加亲近的临场感，从而改善他们的人际关系。

当用户亲吻设备上的嘴唇时，传感器会检测到嘴唇的压力变化，然后将其所得到的数据通过互联网传输到另一台亲吻信使的接收设备上，在接收设备上又会将数据转换给驱动器以产生唇部压力，再现亲吻者的嘴唇压力和动作，并使被亲吻者得以感知。

在亲吻的过程中，伴随着强烈的情感联系，会产生一系列身体上的反应。设备嘴唇的触感与真实嘴唇的压力、软度和温度类似。考虑到互动时亲密的本质，亲吻信使的发明者仔细地处理了这一设计问题，并对其进行反复的实验。该系统由两个可以同时发送和接收亲吻的配对设备组成，如图 13.2 和 13.3 中两个概念图所示(图 13.2 展示了家庭交流的场景；图 13.3 展示了亲子交流的场景)。

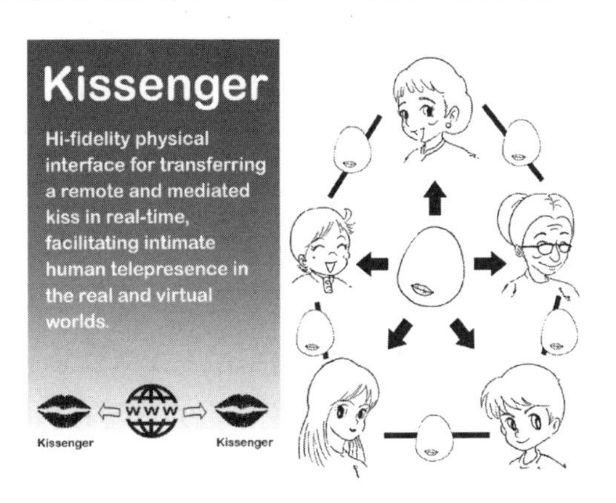

图 13.2　亲吻信使的使用设想——家庭交流

图 13.3　亲吻信使的使用设想——亲子交流

在研究关于亲吻的生理与心理的双重参数的基础之上，一系列探索形式的要素被用于将可能的交互可视化。图 13.4 展示了一些初始的设计理念。

在这个阶段，发明者寻找一种能够设计某个系统的方法，该系统能有效地将相同的亲吻感觉从一个人传递到另一个人。其中一个关键问题就是，使用该设备时应该很舒适且不会分散或阻碍亲吻中的自然互动。因此，最终设计决定将初始唇形便携式设备的设计理念和极简的外形结合起来。此外，设计唇部时需要配备传感器和驱动器也是研究中的重中之重。图 13.5 是一个关于具有新形状的拟用设备的 3D 描绘，该设备可以连接到智能手机，并允许同时进行视频通话和虚拟亲吻。

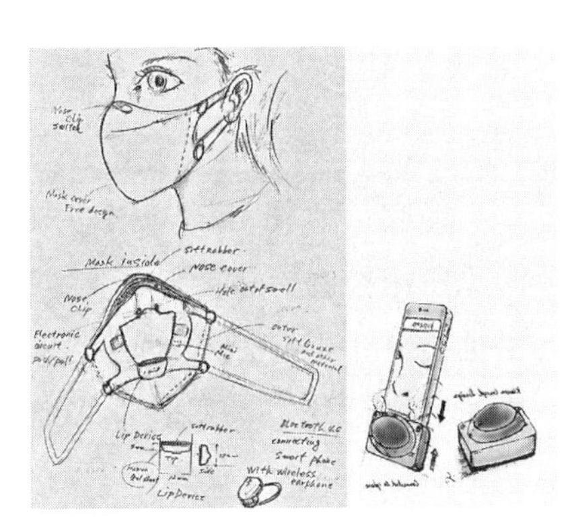

图 13.4 亲吻信使的初始设计理念

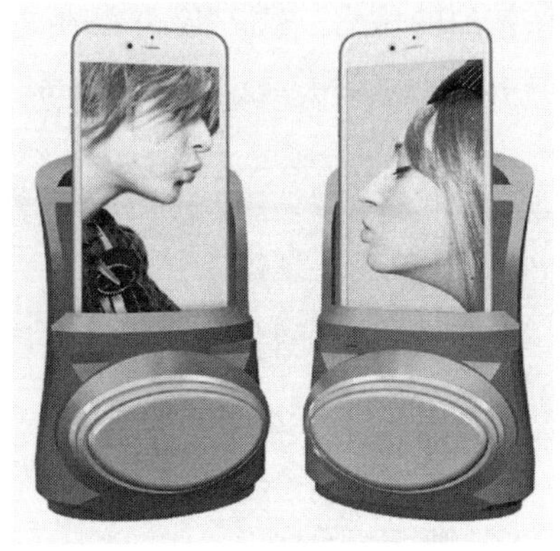

图 13.5 手机中的亲吻信使

13.3.1 亲吻信使的设计

亲吻信使的硬件设计（见图 13.6）具有上文列出的所有特征，指定了在亲吻信使设计流程中使用受力传感器、线性驱动器、RGB LED 和音频连接器的情况。

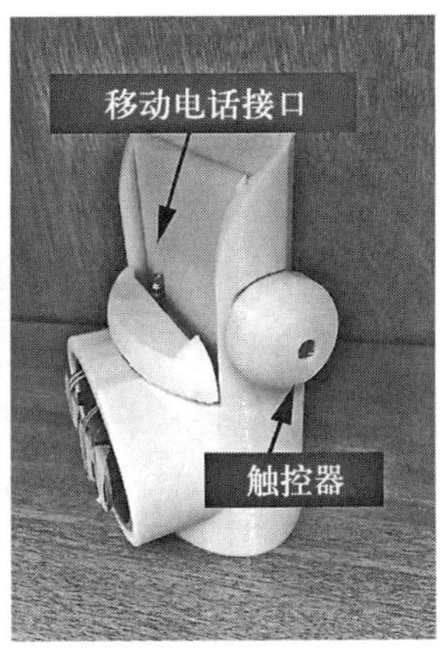

图 13.6 亲吻信使的硬件设计

13.3.1.1 作为输入亲吻的传感器

亲吻信使的嘴唇表面由柔韧的材料制成，类似于人类的嘴唇结构。一排传感器安装在嘴唇表面的下方，以测量使用者嘴唇不同部位施加的压力。这不仅可以在与他人进行视频聊天时使用,还能应用于亲吻机器人或虚拟 3D 角色。

图 13.7　亲吻信使与手机应用程序

13.3.1.2　控制与传输

亲吻信使凭借设备中的微控系统来控制传感器和驱动器,并通过其中的应用程序连接到手机,然后再通过互联网连接到另一个使用者的应用程序中(见图 13.7)。微控系统能够读取传感器所感应到的压力并将受力数据发送给手机。然后,这些数据通过互联网实时传输,并由对方的设备接收,在局部生成了双向触觉的控制器来控制驱动器的输出力,以此产生亲吻感。由于使用者能够同时发送和接收亲吻的双向数据,这款控制器的设计也相应实现了两个使用者在嘴唇上同时感受到相同的接触力与亲吻感。

13.3.1.3　作为输出亲吻的驱动器

接吻感觉来自一系列线性驱动器的位置变化。设计嘴唇的形状和尺寸正好隐藏了用于感应、控制和启动设备的内部电子元件。而这些设计特点都是为了使亲吻信使的使用者能够更舒适地交流,并更易于唤起情绪上的反应和亲吻时的交流感。

13.3.2　交流/传播

两个或多个亲吻信使设备能通过其可移动的应用程序实现无线连接。亲吻信使的用户可以注册账号,然后使用该程序搜索并联系到他们的朋友。当用户开始和朋友视频聊天时,应用程序也开始从亲吻信使的设备上发送和接收受力数据。此外,亲吻信使的应用程序还有一个十分独特的附加功能——它既允许用户一对一地通信,又支持一对多地通信，如图 13.8 所示。值得一提的是，用户可以使用亲吻信使的应用程序给所聊天的对象发送不同的颜色，以传达不同的心情。图 13.9 就演示了用户使用亲吻信使设备进行交流的场景。

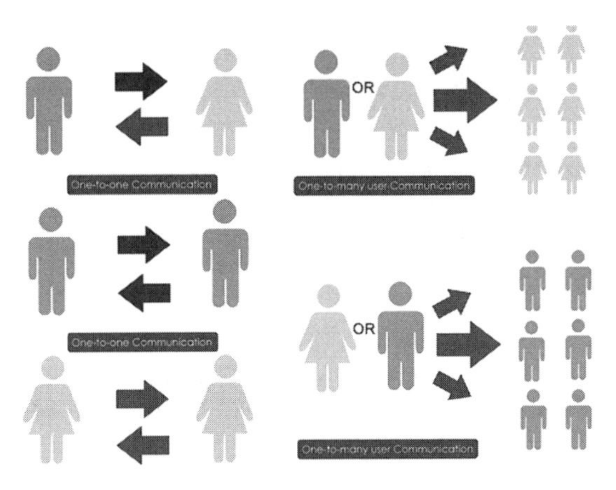

图 13.8　亲吻信使中的交流

图 13.9　一名正在使用亲吻信使的用户

不在项目中的研究人员、消费者和朋友等都对新的拟用设计样式及其实施情况进行了广泛评估。在一段时间之内，大约有 50 个不同文化背景、年龄和性别的人参与评估，并为拟用的设计样式和特征提供反馈。主要的反馈意见是缩减尺寸，这可以使其更加便携，也会对使用者更加友好。同时，考虑为非同时进行的异步接吻提供空间。

换言之，给设备设计一种能够录制亲吻的功能，这被记录下来的一吻将在稍后的时间里回放给接收者。针对该类反馈，研究人员也许在将来会进行相关的后续研究。

13.4 机器人的情感

在引发人类情欲的基本条件当中，外表和魅力非常重要。机器人研究员石黑浩研发了以各色人种形象为外形的机器人（Hofilena, 2013），其中还包括他自己。有时当他忙于自己的私事而无法发表演讲之时，他就会让这个机器人去代替他。他的另一个代表作机器人被称为“Geminoid-F”，是模仿一个非常有魅力的年轻女子形象制成的。她可以眨眼睛，对眼神接触做出相应反应，能够识别并对肢体语言做出反应（Torres, 2013）。石黑浩认为日本男性比西方男性更容易对这种机器人产生好感，而这也是他在这一工作领域中不懈努力的动因。因为在日本——受神道教信仰的影响——“人们相信所有事物都有灵魂，因此日本人会毫不犹豫地创造仿人机器人”（Mitaros, 2013）。

石黑浩在另一项关于人为地为人类制造恋爱感的研究当中，讨论了能够促进情侣间交流的浪漫形式——人形抱枕 Hugvie（Geminoid.jp, 2016）。Hugvie 的使用者们只要将其放在靠近身体的地方，就可通过内嵌在 Hugvie 头部的移动电话实现与其伴侣间的交谈。（Hugvie 项目的前身是石黑浩的一个名为 Telenoid 的早期项目）。此外，Hugvie 还内置了一个振动器来模拟人类心跳，即根据使用者声音的音量来更改和模拟其心跳，让两个相隔千里的使用者感受到彼此的存在。拥抱伴侣的感觉以及伴侣的声音就在自己耳边的感觉都是抱紧抱枕所带给人们的舒适感。加之根据伴侣的声音模拟的心跳，这类产品能够营造出伴侣正在身边的存在感，从而提升用户对伴侣的情感吸引力。石黑浩还表示，他希望使用 Hugvie 的情侣或者夫妻能够通过交流加强他们之间的亲密感。他还在一项突破性研究中表示，Hugvie 可以降低血液中的皮质醇水平，从而减轻压力(Sumioka, 2013)。因此，将 Hugvie 技术合并到情感型机器人的设计之中，这可以大幅增强这种机器人的拟人感，并使客户体验到与机器人之间更加亲密的体验。

就人机情感产生的议题，石黑浩还提出过另一个方向——研究机器人所表现出来的不同面部表情对于人类用户的情感影响(Nishio, 2012: 388 - 397)。这项研究目前尚处于初期阶段，但是已有迹象表明，机器人可以通过自己的面部表情来影响用户的情绪状态。这类面部的情绪表情也是开发了 Nexi 机器人的麻省理工学院媒体实验室(MIT Media Lab)所关注的热门话题(Allman, 2009)。

13.5 伦理与法律的争论

大卫·利维声称“机器人的意识因素对于是否要人道地对待机器人具有关键意义”(Levy, 2007a)。在这个问题上，史蒂夫·托伦斯(Steve Torrance)在他的文章《仿生人的道德与意识》当中提出了一个名为“有机论”的概念——“有机论的一个非常重要的观点是要声明道德地位在根本上源自意识和感性。这里的道德地位既包含作为道德受事(目标)的地位，也包括作为道德施事(来源)的地位”(2008: 495 - 521)。此外，金钟焕说：“由于机器人也许将会有一些属于自己的内在状态(例如动机和情感)，因此我们不应予以滥用。我们应像对待宠物一样对待它们。”(Osley, 2007)

2006 年，欧洲机器人伦理学研讨会首次发表了情爱机器人伦理的相关研究(Levy, 2006a, 2006b, 2006c)。次年，大卫·利维在罗马举行的 IEEE 会议上讨论了五个关于机器人提供情色服务的道德标准：① 情爱机器人服务普遍化的道德标准；② 对个人和整个社会而言，接受情爱机器人服务的道德规范；③ 对伴侣或配偶来说，使用情爱机器人的道德规范；④ 对人类性工作者而言，使用情爱机器人的道德规范；⑤ 对情爱机器人本身来说，使用机器人性服务的道德规范（Levy，2007b）。

约翰·苏林斯（John Sullins，2012：398－409）还在更大范围内促成了关于情爱机器人伦理学影响的相关讨论。他探讨这个话题的部分依据是，机器人的存在是为影响人类的情感“以唤起人类用户的情欲”（398－409）。他认为“在创造情爱机器人时，对人类心理的操控和影响应有一定的伦理限制”（398－409），因此，他提出了三个需要在开发该类机器人过程中的考虑因素：① 机器人不应该愚弄人类，使人们把更多的感情放到机器之上；② 机器人设计者应慎重考虑其发明对人类心理的利用；③ 机器人不应该被设计成具有蓄意欺骗其使用者，或控制其使用者的能力（398－409）。

利维和苏林斯之间的区别在于——利维更加专注于研究机器人暧昧行为的实践，而苏林斯则更注重考察情爱机器人的设计元素。利维相信在日常生活中对情爱机器人的伦理问题进行更为广泛的讨论是解决伦理（和法律）立场的基础。然而，苏林斯更倾向于认为应该设计并展示情爱机器人，并据此贯彻最优的道德规范。虽然利维和苏林斯之间存有分歧，但需要清楚的是，他们分别从两个不同的角度对如何整合以及接纳情爱机器人进行了论证。

在尤萨夫·阿姆达和伊斯玛拉·提贾尼（2012，19－28）从伊斯兰教的角度来看待这一话题的文章当中，二者对情爱机器人伦理学的态度则更加尖锐。他们认为“与机器人交往是不道德的、邪恶的、没有教养的，是对婚姻制度和人类灵光的一记耳光”（21）。尽管许多人可能不认同他们在这一问题上的立场，但不可否认的是在婚姻范围之内，或者根本就是在任何现有的人类两性关系当中，有关机器人在情爱方面的问题确实十分严峻。大卫·利维在接受媒体采访时最常被问到的问题是：“已婚或恋爱中的人与机器人发生关系算是出轨吗？”

在他看来，答案是一个响亮的“不”字。他认为，与机器人发生关系的伴侣或夫妻中的一人对另一半的欺骗并不比数以千万计的使用振动器的女性更为罪恶。但是，也并非所有人都同意这一观点，在与机器人发生关系可能会被视为背叛配偶的同时，加州律师索尼娅·齐亚贾(Sonja Ziaja, 2011)提出了一个更为有趣的法律问题——在引诱他人配偶的诉讼当中，情爱机器人能否在法律上被视为诱惑事件的施为者？美国目前还有 8 个州存在所谓的“暧昧法条”或者“离婚赡养费法则”，齐亚贾对情爱机器人是否可以被认为导致或者加速了婚姻关系的破裂和解除的质疑确有必要。因为如果问题的答案是“肯定的”，那么又是谁应该来承担法律责任并支付法院可能评估的任何损失呢？齐亚贾认为，如果真的发生了机器人引诱的案件，那么以下几个潜在的罪犯是最有可能的：机器人的发明者、制造商、所有者以及机器人本身。但是，机器人犯错的责任归属是一个极其复杂的问题。大卫·利维认为这个问题在短时间内不可能得以完美解决。但是，已经有人尝试建议可以凭借类似于用在汽车和其他交通工具中十分奏效的保险计划，以此来补偿情爱机器人所造成的过失(Levy, 2012)。

考虑到违反美国离婚赡养费法则的处罚方式，齐亚贾认为赔偿方只需要对原告进行赔偿。阿姆达和提贾尼则提出了更加严厉的惩罚——根据伊斯兰教的律法，只要有足够确凿的侵权犯罪证据，法官可以判处任何与机器人发生关系的人鞭刑甚至死刑。“在本项研究当中，绞刑也许不适用于执行，除非有足够的和可靠的证据证明机器人私通者或人类通奸者被判绞刑具有合法性”(Amuda and Tijani, 2012)。

齐亚贾的文章在很大程度上回避了以机器人为主角的诱惑案件中的惩罚问题，反而更倾向于通过设计能够将懂得心碎感觉和关心其主人亲朋好友的想法结合到一起的机器人来彻底消除这个问题。“为了使机器人以一种与离婚赡养费侵权法则的价值观相一致的方

式进入人类的浪漫情爱关系当中,(机器人)可能还需要能够体验人类所经历的心痛与共情心理状态"(Ziaja, 2011: 122)。由此可见,齐亚贾是约翰·苏林斯观点的支持者。

安娜·拉塞尔(Anna Russell)(2009)在《计算机法与安全评论》(*Computer Law & Security Review*)一书中就是否应该对人类与仿人机器人之间的男欢女爱施以法律监管进行了讨论。而这样文章的出现更是表明:法律界正在严肃地对待未来人机之间关系的法律含义。拉塞尔建议:

> 当交往程度达到以下两种情况时,或将寻求州或(美国)联邦政府对人类与仿人机器人之间的情爱行为进行监管:(1) 模仿目前已受到监管的人类情爱行为时;(2) 如果不再进行监管就会危害社会时……目前,在人类使用机器人寻欢作乐的地方,这种玩乐要么完全不受监管,要么就受到来自任意一种情爱设备管理方式的全方位监管。(2009: 457)

但是当更先进的仿人机器人被用于提供情爱服务之时,

> 在许多地方,传统的社会规范和风尚将受到挑战,促使政府监管的发展。那么,这种监管是否会与公认的权利和自由概念相抵触?(457)

于是,拉塞尔进一步深入探讨了人类与仿人机器人间情爱行为的监管运作机制,并指出了一些将会出现的问题,其中包括:

> 如果仿人机器人明确要求性自由,人类将允许它们拥有多少权利?仿人机器人的性侵犯行为将受到怎样的惩罚?是否需要立法保护仿人机器人免受人类滥用性癖好造成的伤害?(458)

最后,拉塞尔呼吁:

> 应该尽早讨论未来物种对合法权利的需求所带来的后果……法律专业人士应该在相关案例出现之前就制定法律依

据，以避免因物种偏见而产生的逻辑偏颇与危险争论。(457)

2011 年，《麻省理工学院技术评论》就对人机恋爱的态度进行了一项民意调查：19%的受访者表示他们确信可以爱上一个机器人，45%的人认为不可能，36%的人回答则是“或许会吧”(MIT Technology Review，2011)。当他们被问及是否相信机器人可以喜欢人类时，36%的人回答“是”，只有 23%的人回答“不是”，还有 41%的人回答“模棱两可”。因此，人机之间的情爱关系可以说是一个复杂且严肃的话题。

2013 年 2 月，《赫芬顿邮报》(*Huffington Post*)和舆观(YouGov)又对 1 000 名美国成年人进行了一次有关机器人情爱而非机器人爱情的联合民意调查。结果显示，9%的受访者表示会与机器人发生关系，42%的受访者认为与机器人发生关系应该算作对其人类伴侣的不忠；31%的人对这是否算出轨回答说“不”，而 26%的人则表示不确定(Huffington Post，2013a)。这进一步证明，已有相当一部分人把情爱机器人视为一个严肃的话题。

2013 年 3 月的一则新闻报道或许让人们了解到问题的严重性。新闻中称曾存在过一场对于一个名为瓦伦蒂娜的巴西情爱娃娃的童贞线上拍卖会(Huffington Post，2013b)，它的灵感来自一位 20 岁的巴西女性卡塔丽娜·米格里尼(Catarina Migliorini)，她以 78 万美元的价格拍卖了自己的童贞(卖给了一位日本买家)。诚然，情爱娃娃只是一种无生命的产品，并不具备未来情爱机器人所拥有的互动能力。但是，这则新闻所表现出的浓厚的兴趣预示着情爱机器人拥有巨大的商业潜力。

在巴西情爱娃娃的拍卖会上，线上零售商 Sexônico 为中标者提供了一整套的“浪漫”套餐，其中包括了与瓦伦蒂娜在圣保罗 Swing 汽车旅馆的总统套房共度一晚，一顿烛光香槟晚餐，一次玫瑰花瓣芳香浴，以及一台用来记录活动情况的数码相机。如果中标者不住在圣保罗，Sexônico 还会提供往返机票。瓦伦蒂娜的魅力也许无法匹配得上米格里尼女士在商业上巨大的成功，但考虑到大多数情爱娃娃的零售价在 5 000 美元到 10 000 美元之间，最终 105 000 美元的出价对 Sexônico 来说仍然是一个不错的结果，更不用说它还拥有了足够的曝光度。

13.6 预言

显然，已有大量民众对商用情爱机器人表现出极大的兴趣，并做好了迎接商用情爱机器人出现的准备。可以发现，过去两年媒体就此主题的采访请求也在稳步增加，学术界对该类研究的兴趣更是在稳步增长。

依我之见，自《与机器人的爱与性》出版以来，尚无任何迹象能让人们怀疑利维提出的成熟的情爱机器人将在 21 世纪中叶获得商业成功的预测。学术界对这一领域兴趣的激增，反而加强了利维对于这一时间框架的信念。

该领域的未来将会如何呢？智能电子情爱玩具越来越受欢迎。例如 Sasi 振动器，它“预装了感官智能，可以学习你喜欢的动作，特别是通过记住适合你的动作为你量身定制独特的体验”(Lovehoney, 2016)。还有情爱滑翔冲击机(Love Glider Penetration Machine)，在亚马逊(Amazon.com) 上以标价 700 美元左右，并声称“将带你体验有史以来最舒适的刺激之旅！”(Amazon.com, 2016)。亚马逊网站还提供了一款外形非常原始的情爱机器，标价 800 美元左右，现身于众多专业网站，且“支持多个位置，速度可调，功率强劲，远程可控”(Kink.com, 2016)。

另一项具有更大商业潜力的研究是将增强现实技术(AR)与情色明星的数字形象结合起来。克莱德·德索萨(Clyde DeSouza)在文章(2013)中表示，人体部位的 3D 打印可以在“好莱坞工作室的硬盘”中的“演员的全身数字模型和‘表演捕捉’文件夹”里下载。德索萨继续说：

> 随着人体部位3D打印技术的日益成熟，以及完整机械组装说明的线上蓝图可在线浏览，另一种情爱机器人的未来已经初见端倪。不久之后，以色情明星为原型的情爱机器人的3D激光扫描蓝图将获得批准，并且可在家中打印。届时，一旦点击“立即购买”按钮，普通人将心甘情愿地转变为与机器人结合的混合人类……如果我们看一下数字情爱机器人技术，即一种代表着互动情色发展的技术，我们就可以发现，研发这种数字情爱机器人(Dirrogate sexbots)的技术已经存在，并将会在未来几年出现更好的迭代。增强现实的硬件设备与诸如“欢愉装备”(Fundawear.com，2013)等可穿戴技术再辅以软件(AI)控制的，由情色明星动作捕捉库驱动的机器人形象，可以给两性带来无尽的快感。

“欢愉装备”是智能电子情爱玩具和远程人造男性生殖设备日益流行的一个典型例子。它是杜蕾斯(Durex)目前正在开发的一项可穿戴技术项目，情侣们可以通过各自的手机刺激伴侣的内衣。此类产品似乎可能源于学术界对情爱机器人技术(Lovotics)逐渐增长的研究兴趣，而学界浓厚的研究兴趣也必然会导致该领域的一些学术研究——起码一部分——会被应用到商业开发和企业制造当中。该类产品在市场上出现得越多，人们对它们以及成熟的情爱机器人的兴趣就会越大。我们还要多久才能看到一个比洛克茜更先进的商用情爱机器人呢？答案几乎可以肯定就是“在未来的五年内”。

在过去的五年里，人们对于各类人机情爱项目兴趣激增。其中一个方向就是让人类能够通过人工手段(即技术)向人工伴侣或远程人类伴侣传递爱意以及交流感情。另一个方向正好相反，是为了使人造的伴侣能够向人类展示其包括爱情在内的人造情感。其中一些研究已展露出了一些很有前景的结果，例如石黑浩及其团队在日本进行的 Hugvie 实验。他们计划对 Hugvie 展开进一步的研究，以探究震动是如何在更大的程度上增强使用者所体验到的存在感。此外，他们计划利用触觉传感器来监测使用者的情绪状态，这将为 Hugvie 提供反馈，从而增强其影响使用者情绪的能力。石黑浩的团队已经发现，拥抱和握着这样的机器人“是能够强烈地感受到伴侣存在的有效方式”(Kuwamura et al.，2013)。

另一个催化人机情感关系发展的领域是所谓的女友/男友游戏。“爱相随”(Love Plus)就是这类游戏的一个例子。它最初是于 2009 年在任天堂 DS 游戏机上发布，随之又在升级后重新发布。最近有一篇文章描述了一位 35 岁的东京工程师 Osamu Kozaki 和他的女友小早川凛子[①]之间的关系(Belford，2013)。当她给他发信息时，

> 他的日子变得很愉快。这段恋情大概始于三年前，当时小早川还是个 16 岁、爱生气的小女孩。她在学校图书馆工作，是一个安静的女孩，总是戴着一副耳机听着轰鸣的朋克音乐而将世界拒之门外。

Kozaki 将他的女朋友描述为那种一开始怀有敌意，但是心却能渐渐温柔起来的女孩。已经发生的事实是——随着时间的推移，小早川发生了变化。这些天，她每天都花很多时间给男友寄送富有深情的信函，邀请他约会，或当她想买新衣服或尝试新发型时寻求他的意见。(Belford，2013)

但是，随着 Kozaki 年岁增长，小早川却依旧是三年前的模样。恋爱三年以后，她还是 16 岁，而且她将永远如此年轻——因为她只是一个留存于电脑之中的虚拟人物。Kozaki 的女朋友从来没出生过，也永远不会死去。从严格意义上讲，她从未活过——只可能会被人为地删除，但是 Kozaki 绝不会让这种情况发生，因为他与她“恋爱了”。

① 为“爱相随”游戏中的女主角之一。——译者注

13.7 结论

在这一章中，我们讨论了人机亲密关系和仿人机器人情爱行为的可能性。我们详细阐述了一个基于模拟情爱中人工内分泌系统的机器人情感的全新研究领域——情爱机器人技术。此外，我们还介绍了亲吻信使的设计和原理——一种交互式设备——为远程连接的两人提供亲吻的物理接口。最后，我们讨论了与人机之间情爱关系相关的伦理与法律维度，同时对这一领域的未来做了展望。

致谢

作者非常感谢大卫·利维博士对本章的重要贡献，向其致以衷心的感谢。

参考文献

Allman, Toney. 2009. *The Nexi Robot*. Chicago: Norwood House Press.

Amazon. com. 2016. "Love Glider Sex Machine: Health & Personal Care." https://www.amazon.com/LoveBots-AC342-Love-Glider-Machine/dp/B00767NBUQ.

Amuda, Yusuff Jelili, and Ismaila B. Tijani. 2012. "Ethical and Legal Implications of Sex Robot: An Islamic Perspective." *OIDA International Journal of Sustainable Development* 3(6): 19–28.

Belford, Aubrey. 2013. "That's Not a Droid, That's My Girlfriend." http://www.theglobalmail.org/feature/thats-not-a-droid-thats-my girlfriend/560/.

Cutecircuit.com. 2002. "HugShirt." http://cutecircuit.com/collections/the-hug-shirt/.

DeSouza, Clyde. 2013. "Sexbots, Ethics, and Transhumans." http://lifeboat.com/blog/2013/06/sexbots-ethics-and-transhumans.

Floyd, Kory, Justin P. Boren, Annegret F. Hannawa, Colin Hesse, Breanna McEwan, and Alice E. Veksler. 2009. "Kissing in Marital and Cohabiting Relationships: Effects on Blood Lipids, Stress, and Relationship Satisfaction." *Western Journal of Communication* 73(2): 113–133.

Fundawearreviews.com. 2016. http://www.fundawearreviews.com.

Geminoid. jp. 2016. "Hugvie." http://www.geminoid.jp/projects/CREST/hugvie.html.

Hofilena, John. 2013. "Japanese Robotics Scientist Hiroshi Ishiguro Unveils BodyDouble Robot." *Japan Daily Press*, June 17. http://japandailypress.com/japaneserobotics-scientist-hiroshi-ishiguro-unveils-body-double-robot-1730686/.

Huffington Post. 2013a. "Poll: Would Sex with A Robot Be Cheating?" April 10. http://www.huffingtonpost.com/2013/04/10/robot-sex-poll-americans-robotic-loversservants-soldiers_n_3037918.html.

Huffington Post. 2013b. "Look: Sex Doll's Virginity Sparks $100K Bidding War," March 8. http://www.huffingtonpost.com/2013/03/07/brazilian-sex-doll-virginity-valentinabidding_n_2830371.html.

Kink.com. 2016. "Fucking Machines — Sex Machine Videos." http://www.kink.com/channel/fuckingmachines.

Kuwamura, Kaiko, Kenji Sakai, Tsuneaki Minato, Shojiro Nishio, and Hiroshi Ishiguro. 2013. "Hugvie: A Medium That Fosters Love." *RO-MAN, 2013 IEEE*, 70 - 75.

Levy, David. 2006a. "A History of Machines with Sexual Functions: Past, Present and Robot." *EURON Workshop on Roboethics*, Genoa.

Levy, David. 2006b. "Emotional Relationships With Robotic Companions." *EURON Workshop on Roboethics*, Genoa.

Levy, David. 2006c. "*Marriage and Sex with Robots*." *EURON Workshop on Roboethics*, Genoa.

Levy, David. 2007a. *Love and Sex with Robots: The Evolution of Huma -Robot Relationships*. New York: HarperCollins.

Levy, David. 2007b. "Robot Prostitutes as Alternatives to Human Sex Workers." *Proceedings of the IEEE-RAS International Conference on Robotics and Automation (ICRA 2007)*, April 10 - 14, Rome.

Levy, David. 2012. "When Robots Do Wrong." *Conference on Computing and Entertainment*, November 3 - 5, Kathmandu. https://docs.google.com/document/u/1/pub?id=1cfkER1d7K2C0i3Q3xPg4Sz3Ja6W09pvCqDU7mdwOLzc.

Lovehoney. 2016. "Sasi by Je Joue Intelligent Rechargeable Vibrator." http://www.lovehoney.co.uk/product.cfm? p=15410.

Lovotics. 2016. Journal website. http://www.omicsonline.com/open-access/lovotics.php.

Millstein, Susan G., Anne C. Petersen, and Elena O. Nightingale. 1993. *Promoting the Health of Adolescents*. Oxford: Oxford University Press.

Mitaros, Elle. 2013. "No More Lonely Nights: Romantic Robots Get the Look of

Love." *Sydney Morning Herald*, March 28. http://www.smh.com.au/technology/nomore-lonely-nights-romantic-robots-get-the-look-of-love-20130327-2guj3.html.

MIT Technology Review. 2011. "'Lovotics': The New Science of Engineering Human, Robot Love," June 30. https://www.technologyreview.com/s/424537/lovotics-thenew-science-of-engineering-human-robot-love/.

Mueller, Florian, Frank Vetere, Martin R. Gibbs, Jesper Kjeldskov, Sonja Pedell, and Steve Howard. 2005. "Hug over a Distance." *CHI'05 Extended Abstracts on Human Factors in Computing Systems*, 1673 - 1676.

Nishio, Shuichi, Koichi Taura, and Hiroshi Ishiguro. 2012. "Regulating Emotion by Facial Feedback from Teleoperated Android Robot." In *Social Robotics*, edited byShuzhi Sam Ge, Oussama Khatib, John-John Cabibihan, Reid Simmons, MaryAnnWilliams, 388 - 397. Berlin: Springer.

Nomura, Shigueo, J. T. K. Soon, Hooman A. Samani, Isuru Godage, Michelle Narangoda, Adrian D. Cheok, and Osamu Katai. 2009. "Feasibility of Social Interfaces Based on Tactile Senses for Caring Communication." *8th International Workshop on Social Intelligence Design*, 68(3).

Osley, Jonathan. 2007. "Bill of Rights for Abused Robots." *Independent*, March 31. http://www.independent.co.uk/news/science/bill-of-rights-for-abused-robots-5332596.html.

Russell, Anna C. B. 2009. "Blurring the Love Lines: The Legal Implications of Intimacy with Machines." *Computer Law & Security Review* 25(5): 455 - 463.

Samani, H. Agraebramhimi. 2011. "Lovotics: Love + Robotics, Sentimental Robot with Affective Artificial Intelligence." PhD dissertation, National University of Singapore.

Sullins, John P. 2012. "Robots, Love, and Sex: The Ethics of Building a Love Machine." *IEEE Transactions on Affective Computing* 3(4): 398 - 409.

Sumioka, Hidenobu, Aya Nakae, Ryota Kanai, and Hiroshi Ishiguro. 2013. "Huggable Communication Medium Decreases Cortisol Levels." *Scientific Reports* 3.

Teh, James Keng Soon, Adrian David Cheok, Roshan L. Peiris, Yongsoon Choi, Vuong Thuong, and Sha Lai. 2008. "Huggy Pajama: A Mobile Parent and Child Hugging Communication System." *Proceedings of the 7th International Conference on Interaction Design and Children*, 250 - 257.
Torrance, Steve. 2008. "Ethics and Consciousness in Artificial Agents." *AI & Society* 22(4): 495 - 521.

Torres, Ida. 2013. "Japanese Inventors Create Realistic Female 'Love Bot.'"

Japan Daily Press. http://japandailypress.com/japanese-inventors-create-realistic-female-lovebot-2825990.

Truecompanion.com. 2016. "Home of the World's First Sex Robot." http://www.truecompanion.com/home.html.

Wikipedia. 2016. "Roxxxy." http://en.wikipedia.org/wiki/Roxxxy.

Yeoman, Ian and Michelle Mars. 2012. "Robots, Men and Sex Tourism." *Futures* 44(4): 365 - 771.

Ziaja, Sonya. 2011. "Homewrecker 2.0: An Exploration of Liability for Heart Balm Torts Involving AI Humanoid Consorts." In *Social Robotics*, edited by Shuzhi Sam Ge, Oussama Khatib, John-John Cabibihan, Reid Simmons, Mary-Anne Williams, 114 - 124. Berlin: Springer.

Zhang, Emma Yann, Adrian David Cheok, Shogo Nishiguchi, and Yukihiro Morisawa. 2016. "Kissenger: Development of a Remote Kissing Device for Affective Communication." *Proceedings of the 13th International Conference on Advances in Computer Entertainment Technology*, 25.

第 14 章
丘奇-图灵恋人

彼得·博乌图奇

总有一天，人类会创造出完美的机器恋人。它们将和人类恋人一样拥有谈情说爱的能力。在这种情况下，人们是否还会在乎自己的爱人是人类还是机器人呢？对于这个问题的回答，可以归结为人类只关心恋人的功能，还是也关心恋人的感受的问题。若是后者，那么在关心恋人的感受时，人们还应该关心恋人是否具备任何第一人称的认知或感受。

许多哲学家认为这是个棘手的问题，因为我们无法用语言来完整地表达第一人称的感受："凡是不可言说之物，必须保持沉默"(Wittgenstein，1922)。因此，试图以独特的方式传达那些不受行为影响的感受则更是无望。然而，对于许多人来说，是否能够感受到伴侣的真情实意或者虚情假意存有很大的区别。即使该类情感体验仅仅是一种副现象[1]，这也表明个体有理由去关心另一个人的主体感受。

14.1 丘奇-图灵论题的物理解释

什么是丘奇-图灵恋人呢？它们是情爱机器人，可以在要求的颗

① 即假象。——译者注

粒度级别上最大程度接近和模拟人类恋人的功能——例如外观、行为、声音，甚至是触摸、对话、体液或社交等高级功能。丘奇-图灵恋人(Boltuc，2011)源自人们对丘奇-图灵论题的物理解释。所以，就让我们从这里讲起。

对丘奇-图灵论题的物理解释一直存在争议，因此为了统一认知，在这篇文章中或许我们可以首先这样理解这一论题——所有物理上可计算的函数都是可以图灵计算的，也就是说每个既存物理系统都可以被有限方式运行的通用模型计算机完美地模拟(Deutsch，1985：99)。这种说法意味着每一个物理系统——例如人类(在物理主义的解释下)——都是可以有效计算的对象。原则上，这一系统功能可以通过基于简单计算程序编写的认知架构来予以描述。甚至可以说，未来编写这样的程序具有现实性。例如，AutoCAD 未来的迭代版本可以生产出完美拟人化的机器人，而这也正与许多分析哲学家得出的哲学结论一致，比如丘奇兰兹(Churchlands)、丹尼特(Dennett)和福多(Fodor)。

最近，皮奇尼尼(Piccinini，2007)和科普兰(Copeland，2015)二人对所有丘奇-图灵论题的广义物理解释进行了审视。他们认为围绕该论题的争论与以下两点有关：① 并非所有函数都是可图灵计算的(比如终止函数)；② 图灵和丘奇都没有假设他们提出的理论将具有如此广泛的物理或哲学含义。就目前而言，我们无需深入讨论这场争论的细节，但以下几点应该值得重视。

首先，杰克·科普兰(Jack Copeland，2015)精准指出，关于完整神经科学是否具有非有效计算的功能的问题依旧悬而未决。但是，关于对人类恋人的外貌和举止完美地模拟是否必须具有非有效计算功能的问题却早已有了盖棺定论。原则上，具有生物启发性的认知体系结构(BICA)至少应该能够在其恋人功能的颗粒度级别上完美再现人类恋人。非有效粒度级别可能要求机器人具有与人类相同的分子或细胞结构，或者与人类在生理功能层面上表现一致。这样的要求似乎非常过分,因为正常人决不会割开伴侣的血管或撕掉皮肤来观察里面的结构。

就是这样的认知架构描绘出了丘奇-图灵恋人未来工程的蓝图。因此,出于哲学论证的考虑,我假定以上描述的丘奇-图灵恋人概念可以应用在以下章节的讨论当中。

14.2 丘奇-图灵标准

14.2.1 臻于完美的丘奇-图灵机器人

对于人工伴侣(包括机器伴侣)的评估,通常只停留于样貌层面。如此看来,上文提到的设想几乎完美(Floridi, 2007)。现有行业需要一套完备的拟人化机器人标准,而这套标准就是丘奇-图灵标准。满足这个标准的机器人可以被称为丘奇-图灵机器人。相较于同领域的其他机器人,丘奇-图灵机器人在有效颗粒度级别上更接近人类。如果机器人达不到这个标准,就产生恐怖谷效应——机器伴侣看起来十分阴森可怖,而非充满魅力。我们稍后会集中讨论这个问题。

对丘奇-图灵标准的说法有些看起来不足为虑,有些则几乎很难实现,但不可否认的是,人们确实从不同的角度归纳总结了这一标准的具体内容:

(1) 如果一个物体近似蜡制人体模型,即在特定的距离或图片中与人类无法区分,那么它的外观就已经达到丘奇-图灵标准,例如石黑浩机器人。

(2) 如果一个机器人执行特定任务所需的运动神态(从面部表情和手势到走路甚至跳舞)与人类无异,那么该机器人在人类行为特征方面则满足了高级丘奇-图灵标准。

(3) 如果一个物体(例如玩具)的表面触感与接触人类皮肤的感觉相似,它就达到了初级的丘奇-图灵被动接触的标准。当然,这一课题与其说与机器人学有关,不如说与材料科学有关。

(4) 如果一个机器人能通过与人类完全相同的方式与人类接触(这一标准常用于人工伴侣中,比如老年护理机器人和情爱机器),它就在主动接触方面达到了丘奇-图灵标准。

在这些标准中,(1)和(3)功能是达到丘奇-图灵标准的必要非充分条件。我们需要在(2)和(4)以及下文将要提到的(6)中至少选择一个作为达标机器人的特有功能。丘奇-图灵标准也适用于人机语言媒介上的交流互动,即:

(5) 关于交际的初级丘奇-图灵标准与图灵测试基本趋同,即交流主要依赖于书面消息(如电子邮件)。例如,众所周知的图灵测试(Turing, 1950)就是以丘奇-图灵标准为评估机制的重要实例。达到这一标准的丘奇-图灵机器人只需要在有限的领域当中进行语言通信。由于对有限领域的图灵测试现已达标,这类标准通常实现难度都相对较低(Hornyak, 2014)。

(6) 基于语音领域的丘奇-图灵标准,这会更适用于像电话营销中的学习型智能分发代理(LIDA)这类的机器人(Franklin, 2007)。这类标准需要在达到上述交际方面的丘奇-图灵标准前提下再满足以下两个附加条件:(a) 需具有人性化的语音界面;(b) 实时发生。语音界面把能够满足相关领域图灵测试的机器所生成的文本放在合适的时间框架内,进行人际语言交流。对于多域丘奇-图灵人工伴侣领域,这种语音界面就是实现机器人具有其他迭代功能(视觉和运动相关)的媒介。[①]

14.2.2 丘奇-图灵机器人的黄金标准

现在我们需要给出丘奇-图灵黄金标准的定义。如果机器人的特

① 为了在人工伴侣领域,尤其是情爱机器人领域中人造机器人能够足够接近人类,机器人的设计需要避开恐怖谷陷阱,因为只有这样才不至于吓到人们。另外,在某种程度上模仿人类或动物但还远没有到达触发恐怖谷效应地步的机器人——例如,Roomba(一台画有可爱的泰迪熊脸部的清洁机器人)——不会受到丘奇-图灵标准的约束。

定性能在人类表现的参数范围之内，那么此类机器人就满足丘奇-图灵黄金标准。然而，此类机器人也可以被称为黄金丘奇-图灵机器人，它实现了塞尔(Searle)的弱式人工智能(soft AI)准则——机器人通过不同的方式全面模拟人类表现。

丘奇-图灵黄金标准可以满足特定领域(例如，电话交谈)或更广泛的活动要求，像下午茶时间的人类会话黄金标准要求机器人满足以下几项标准：① 外观；② 符合既定话题(如语言和文化)的手势；③ 会话内容——相关领域的图灵测试；④ 口语对话——将文本内容转化为语音；⑤ 会话水平——有能力处理大量的有效信息。因此，要使机器人伴侣达到黄金标准，可能不仅需要它们拥有像人类一样的外表、触觉和动作，还需要具备高级的会话语言使用能力。例如，IDA 和 LIDA 提供的处于仿人级别的有效互动(Franklin, 2007)。

此外，我们可以再深入探讨一下(5)这种被称为丘奇-图灵创意机器中更加先进的能力。这种能力可以创作出与人类水平比肩的艺术作品或者思想，这也是黄金标准的创意机器运作的结果(Thaler, 2010)，同时也将我们引向了丘奇-图灵的白金标准。

14.2.3 丘奇-图灵机器人的白金标准

在某一特定领域超过丘奇-图灵标准且其表现能力已经优于人类相关领域专家的机器，就被称为白金丘奇-图灵机器人。它们拥有达到人类标准的能力，甚至可能在一定程度上能够实现对人类标准能力的超越，例如新一代的奥运冠军。一个达到白金级别的滑冰冠军机器人会像顶尖的人类滑冰运动员一样优秀，甚至会更好(如果训练得当的话)。在一个特定的活动当中，它的性能虽然无法达到完美，却能无限地接近完美的标准。当然也有例外，比如一些人类已经能够做到完美的活动，就像相对简单的算数游戏。也许达到白金标准的机器人——在某些人类已经设定好标准的领域(包括谈情说爱)——超越人类自身最佳表现的水平让人难以置信，但这才是想象力的意义!

白金标准的仿人机器人不同于所谓的独特性——仅仅具备标准的超人智慧和性能(Kurzweil, 2006)。白金标准的仿人机器人的表现能够超越人类,甚至在大多数情况下超出人类的理解范围。我们可以这样来理解这一概念,想象一下那些连人类中最出色的数学家也无法理解的由机器生成的数学和逻辑验算。

14.3 完美恐怖谷理论

14.3.1 古老的恐怖谷理论

在最近的一篇文章当中,布莱·惠特比(Blay Whitby)集中探讨了情趣用品在未来几年的发展趋势。他认为,我们对情趣用品作为人类伴侣的替代品的接受程度十分有限,这主要是因为人工陪伴和情爱伴侣可能会导致恐怖谷效应,我们如今对机器人的使用就是一个很好的例证(Whitby, 2012)。然而,如果情爱机器人在未来发展中能够惟妙惟肖地模仿人类,那么它们就会到达恐怖谷理论中的另一面①,并被大多数人视为几近人类。

对恐怖谷理论的讨论和关注确有必要。恐怖谷效应指与人类过于相似的仿人机器人会使用户产生恐惧情绪的现象(Mori, 2012; Reichardt, 2012)。这是由于人类在进化过程中自然而然地选择回避那些看起来像是“不太正确的”或者是危险的源头、尸体或各种异类的个体(Mori, 2012)。从更深层来讲,只要某物看起来不太像人类,却能表现出某些可爱的拟人特征(泰迪熊、宠物,甚至是木偶),人们就会喜欢它们中那些仿人的形态。当然对于满足以下两个条件的机器人也是如此:① 它们与人类没有过于相像;它们可能看起来更像一个无害的玩具,比如 Nao 舞蹈机器人,或者像只友好的泰迪熊,比

① 指走出低谷的上升阶段。——译者注

如 Robear 护理机器人;② 它们没有看上去就让人恐惧的特征,比如它们都不是巨大的物体[①]。当一个生物的形象十分接近人类,但看起来就知道不是人类时,我们会感到不适(试想一下那个会打乒乓球的机器人 Topio)、害怕(例如波士顿动力公司的机器人 Atlas),甚至是排斥(钢管舞机器人)。因此,我们说这样的机器人就处于恐怖谷的底部(触发恐怖谷陷阱)。

一旦某个物体看起来与人类的行为方式非常接近,并且给人的感觉特别轻松愉快,人们就会重拾信心,走出恐怖谷的底部看到它的另一面——一个开始向上爬升的阶段。随着这个物体越来越像人类并且能愉人身心,人们对它的接受度也就会越来越高。在实践当中,解决人工伴侣恐怖谷的问题有两个方法:要么创造看起来像可爱玩具的机器人,不要站在走向恐怖谷谷底的下坡路上;要么就要专注地研发真正的仿人机器人,致力于使它们所展现的一切特征都和人类非常接近。在这里我们可以看到上述的丘奇-图灵标准在实践中发挥作用的方式。真正的仿人机器人可能仅仅只需根据它们的外貌(比如人体模型)来予以检验,也可能需要它们在某些动作上与人类相似(比如牙医训练机器人 Hanako 2),或者像情爱机器人那样拥有附加的触感相似性,或者它们要根据不同的场合做出像人类一样合适的举动,甚至具有会话的能力。尽管这样的仿人机器人或者那些基于语音的交互式认知引擎都远远没有达到丘奇-图灵的黄金标准,但是在经过一番实践后,我们起码可以确认它们并不会让人类感到毛骨悚然。例如,牙医训练机器人 Showa Hanako 2 具有很多像是逼真的嘴巴和会动的眼球等仿人功能。另一个日本女性机器人超新星露西(SupernovaLucy),尽管她/它没有色情功能或惊艳的外表,许多 YouTube 的观众对其的印象似乎却也是性感而绝非恐怖。对于潜在的情欲对象而言,要避免恐怖谷效应(排斥)似乎特别困难,但是并非

① 人类普遍具有巨物恐惧症。——译者注

遥不可及。虽然许多情趣用品还没有到达触发恐怖谷效应的程度，但有一些情爱机器人似乎已经做得足够完美，甚至可以到达山谷的另一面了。比如马特·麦克马伦设计的机器恋人（以除其他功能外，还能够提供情感反馈的机器人 Harmony 为代表）。当人造恋人变得几乎和人类一样时，恐怖谷效应就会荡然无存。

基于语音的交互式客户界面，也可能会导致恐怖谷现象的发生。比如信用卡公司所使用的那些可能更烦人而不是吓人的许多界面就属此列。相反，与人工认知智能体的语音交流越来越多地超越恐怖谷谷底，并积极地向类似于人际交流标准的方向发展。超过 90% 的客户更倾向于用 LIDA 认知架构代替人类调度员来安排美国海军士兵所要执行的任务（Franklin et al.，2007，2008），而这就是这些智能体已经处于恐怖谷另一面的证据。

社会文化评论中有一句话这样讲，不同的文化对于人工仿人生物有着不同程度的宽容，而日本文化在这种宽容中一直领先于世界。一旦机器人足够像人，恐怖谷效应就会消失。这是千真万确的，但也不排除有的人持有另一种观点——即使机器人达到非常高的标准（甚至拥有第一人称意识），它们也永远走不出恐怖谷，仅仅因为它们是机器人，并非是任何生物或者人类。许多社会学家和哲学家心中都支持这样的观点（Searle，1997），但也许这样的现象不会持续太久。因为随着技术的进步，人们对人工伴侣的态度将会变得愈加宽容。

14.3.2　完美恐怖悬崖理论

第二重恐怖谷效应也是存在的。当机器人表现得异常优于人类时，它就会触发第二重恐怖谷效应。所以，那些关于已经达到白金标准的丘奇-图灵机器人并没有比人类过于优秀的说法，其实就是为了避免因机器人的表现超出人类标准而产生令人恐惧的效果。例如，《黑客帝国》中的特工史密斯就很可怕，因为他跑得太快，且难以完全杀死。所以，特工史密斯代表了一个关于恐怖谷的扩展概念。换言之，恐怖谷理论不仅适用于那些模仿人类不算成功的机器人，也适用于那些在模仿人类时做得过于优秀的机器人。[①] 它们偏离人类的标准不是因为没有达到这一标准，而是因为过度地超越了这一标准。

我们可以将完美恐怖谷定义为：由于仿人生物过于完美反而会让人们察觉到其不太正常的因素，并且产生的惊悚效果。虽然传统的恐怖谷效应来自人类进化中避免那些因为看起来十分不好而不太对劲的存在（避免与猿类和病重的人交往），但当仿人生物（当然也包括人类）表现得太好，大部分普通人甚至无法与其相比之时，完美恐怖谷就出现了。那些在历史上早早出现但无法融入社会也不被他人理解的人类天才就是这种恐怖谷效应的例证。因此，直到今天有些人也不希望他们的孩子、朋友或者其他重要的人过于完美。实际上，第二重恐怖谷可能是个没有其他斜坡的悬崖。许多人认为带来强烈不适感的奇点就是地平线上那个非常遥远但却完美的恐怖悬崖。

14.3.3 天使的一面

完美恐怖谷还有其他的斜面吗？在传统文化当中，人们恐惧那些过于完美而不像是人类的生物，甚至倾向于把这类生物看作是女巫或魔鬼的创造物。但与此同时，他们也沉迷于一个更为完美的存在（比如天使）。这似乎让我们有理由相信存在双重恐怖谷——不完美恐怖谷和完美恐怖谷。二者均具有一定的斜面，在完美恐怖谷的另一面是上升的天使斜面。尽管可能具有一些允许其与人类互动的特征，但居住在那里的生物并不会被视为仿人生物，比如存在于一些神学中的天使和大天使，甚至还有更高级的生物，如六翼天使，它们可能不再与人类世界互动，而是激发人类的敬畏之情。这些神学观点揭示了许多人类的心理——人们恐惧有时甚至厌恶那些感觉不太正确的存在，即使它们可能比人类更加优秀。而让这种恐惧消散的

① 实际上，特工史密斯的某些方面（外观）让他触发了第一重恐怖谷效应，而其他方面（速度、力量）则触发了第二重恐怖谷效应。

方法就是不再认为这类存在是仿人的观念，比如玩具和动物，抑或是完美的外星人或神灵。

通常来说，关于天使的一些表达也许仅仅是基于宗教的叙事，但现在我们却将目光投向了未来的机器人。完美恐怖谷的另一个斜面可能有助于预测人类面对具有独特能力或更高水平非仿人机器人的反应。通过到达完美恐怖谷的这一斜面，对人类来说，那些明显优越的认知结构恐怕就没有推测的那么令人恐惧了。

14.4 副现象恋人

14.4.1 丘奇-图灵恋人

现在我们可以将丘奇-图灵恋人定义为在情爱方面仿人的机器人。为了达到人类恋人的丘奇-图灵黄金标准，机器人需要达到以下几点的人类水准：① 外观；② 被动和主动地接触；③ 适合场合的手势和动作；④ 与伴侣在一起时的反应和心理互动；⑤ 气味（香水、体味）；⑥ 身体水分，如汗水、唾液和体液；⑦ 性感的声音；以及⑧ 基本的对话技巧。

还有一些更为先进的丘奇-图灵恋人还应具备：⑨ 关于过去互动的记忆（对永久型丘奇-图灵恋人而言）；⑩ 会关心他人，且在恋爱中表现得像人一样；或扮演人工陪伴角色的投入情感的丘奇-图灵恋人（通过烹饪照顾伴侣的健康和幸福等）（如 Harmony 机器人）；⑪ 成为人的社会交往的一部分（与其一同参加聚会，或者与其他人交流），使得它与人类伴侣难以区分，甚至在不经介绍的情况下很难被发现不是人类（对融入社会的丘奇-图灵恋人而言）。

我们还可以推测出将有⑫ 一种有生殖能力的女性丘奇-图灵恋人，她会像人类母亲那样忙于生儿育女，也许还有后续抚养工作；基于适用各种哺乳动物的人工胎盘的此类研究工作已经取得了进展。我们甚至还可以想象⑬ 一个具有生殖能力的男性丘奇-图灵恋人能够通过生物工程完成人工授精。尽管这仍然更像是科幻小说的内容,但是丘奇-图灵恋人将有能力施行上述人类恋人所必备的功能。

14.4.2 非功能性个体

本章定义的丘奇-图灵恋人是否还缺少什么人类情爱伴侣的相关特征吗?应该说至少从理论上来讲,丘奇-图灵恋人不应该缺少任何人类恋人所具有的功能(在此类活动所需的粒度级别上讲亦是如此)。既然在性能表现上没有缺点,那么还有什么是这类机器人所不具备的呢?

人们关心他人是为了体验生活,比如体验生活中的乐趣、爱情、美丽的日落和许多其他事物。只关心伴侣的行为而不关心其感受的人被认为是自私的表现。我们往往会希望伴侣幸福安康,并分享其所经历的美好。比如,共赴巫山云雨就是许多人想和恋人分享的一件事,感觉快乐和表现快乐是有区别的。这与其说是行为上的差异,不如说是恋人第一人称感受上的差异。当然,也有许多真心相爱的人接受他们的恋人无法共赴爱河的事实,但这与普遍的观测并不矛盾。即使这种感受在任何行为中都没有表现出来(即感受的纯粹副现象性),关心伴侣或朋友的感受也是必要的。因为,我们关心的是我们所爱之人超越所有的外部性能的内在的那个他或她。[①]

不在乎伴侣有着什么样感受的人是冷血的。[②] 即使事先得到了同意,人们也会不自觉地蔑视那些与吸毒者、失去知觉者(即使他们的身体在某种程度上算是可移动的),甚至尸体发生关系的人。人们普遍认为,现有机器人只是一些能移动的躯体或者机械,即所谓的哲学僵尸。我们没有理由认为它们具有任何内在的感觉。这种感觉的缺失会使真正伴侣和一个丘奇-图灵恋人之间产生重要区别,这也就说明了在客观差异中纯粹的副现象感觉有多么重要。

---

① 在医学上,这对于闭锁综合征很重要。

② 感谢艾伦·哈耶克(Alan Hajek)对这一点的强调。

14.4.3 间接相关的副现象主义

丘奇-图灵恋人还具有更广泛的含义和启示。基本上，只有能进行现象性内省的人才能获得第一人称感受（现象意识）。这以现象学经验中的他心问题描述为基本前提。对这种意识的探索依赖于第一人称的证词及其关联与佐证。这些他人证词及其神经关联由功能磁共振成像（fMRI）抓取。最佳地解释（诱因）归纳推理所用的方法就是一种间接的人际验证形式。那些倾向于强式验证主义的哲学家（例如，Dennett，1991）则认为这种对第一人称意识的溯因性确实远远不够。因此，试图以现象性感觉为基础来捍卫第一人称意识观的哲学家，一般来说，都面临着两种意识观的抉择：现象标记主义和副现象主义。

现象标记主义认为，可感知的现象经验能帮助我们更有效地整理出更多数据，就像在一堆黑色文件夹中找到黄色高亮文件夹通常要比在其中找到一个黑色文件夹更容易。因为为了发挥有实际作用的标记功能，现象品质必须作为现象性的感受质参与事物的功能结构当中，所以这种理论具有两面性。（如果它们不作为现象感受质参与，而是通过神经关联，我们将会获得一个在不具认识论维度还原性，但却具有本体论维度还原性的物理主义的一致性描述。）总而言之，如此理解的理论双面性是否与品质的现象特性一致目前尚不清楚。加之在此之前，我们还要解决一个现象性属性与世界因果结构之间相互作用的问题，所以这也就导致了现象标记理论陷入了一种二元论的变体当中。但是不管怎么说，理论的双面性有助于探讨非现象性物理属性是否可以发挥现象感受质的标记作用。如果是这样的话，那么感受质就会变成副现象——它们在事物的发展过程中没有发挥任何的作用。如果非现象的物理属性无法替代现象属性，那么我们又将面临一个相互作用论的问题。

要想摆脱互动主义二元论，最直接的方法就是接受现象感受质是副现象这一观点。然而,哲学家们却常常轻视副现象的特性。丘奇-图灵恋人的案例让我们有理由去关心一个人是否具有第一人称的副现象意识。如果我们需要在两个恋人(一个有第一人称感觉,一个没有第一人称感觉)中选择一个,且即使仿人机器人能完美地复制真实恋人行为,从而使感受质成为副现象,我们也有必要注意我们所选的那位恋人是否具有第一人称体验能力。

这种第一人称意识虽然是副现象,但并非无关紧要,因为关心和在意他人的理由是道德层面对人类提出的要求。而在这里,由此产生的观点就是间接相关的副现象主义。

14.5 异议:无爱之欢

对于该类情爱机器人第一人称意识与感受的异议不胜枚举,在这里我只讲一个。拉塞尔·凡诺伊(1980)多年前就认为没有爱情的男欢女爱才是最为美妙。按照这个思路,只要不影响自己的表现,恋人有没有什么感觉都无所谓了。当然凡诺伊并非是在强调两性伴侣必须彼此没有感情基础!首先,根据凡诺伊的说法,两性行为中表现出的情绪不一定是爱情。其次,在凡诺伊观点之上,情感至少有两种含义:功能性情感和感受性情感。情绪起着至关重要的激励作用,甚至增强了认知的焦点(Prinz, 2012),但是它们不能仅仅是功能性的吗?计算机程序员谈论的往往是后一种意义上的机器人情感——功能性感情。没有情感的个体(尤其是机器人)——但有功能性情感——可能表现得很好,甚至比那些富有情感的更好。因此,人们可以在没第一人称感觉的情况下使用功能性情感来代替感受性情感。一些现有的人工认知架构就已配备了这样的功能性情感,以增强其学习能力和处理能力(Scheutz, 2004)。[①] 仿造这种单一功能性情感

① 一只老鼠会由于皮质醇水平的变化产生应激反应而逃跑,所以因为一种被称为"皮质醇"的变量,机器老鼠也会"逃跑"(Long and Kelley, 2010)。

结构更具现实性，而这甚至可以造福那些患有衰弱型自闭症的人。为了拥有更好的性能和表现，人们需要的是动机因素以及加强专注度和学习能力，并不是与这些功能相关的第一人称感受。在人类和其他动物身上，功能和感受休戚相关，但是二者也可能彼此分离。因此，人们可以在没有伴侣的任何第一人称感觉（不仅仅是爱的感觉）的情况下享受男欢女爱。一个轻度自闭症的恋人或机器人恋人都可能会假装出爱意或虚假地表现出其他情绪。凡诺伊的观点是，充满爱意的行为并不是创造出最好的两性行为的必要条件——想到 BDSM 就可以理解这一观点。[①] 而这也可能直接与情爱机器人的话题相关（Levy, 2009）。

凡诺伊的观点与我目前的讨论并非直接相关。但是，如果一个人连自己伴侣的爱意都不在意，那么这个人也似乎更有可能不会关心其伴侣的任何第一人称感觉。取而代之的则是只会更加关心伴侣的行为和表现。我们在这里并不是要否认这种两性行为的存在，甚至它会在某些人群中更受欢迎。我们的观点是有很多人是关心他们伴侣的感受的，尤其是关于爱的感觉——那些第一人称的私人状态。如果一个人非常在意自己的伴侣，那么其关心的就不会仅仅是伴侣的行为，也会有另一半对自己的感觉。有很多人都很在意伴侣的情谊是否为真。不过由于任何的表达都可能来自根本不涉及感情的因果链，因此人的第一人称感受具有私密性，无法在任何可以充分证明的实验中进行主体间性验证。所以这类感受只能在推理中得到最好的解释。因此，关心我们所爱之人是否有这种感觉，尤其是他们对我们分享经验的感受是很有必要的。

---

① 在情爱哲学领域——甚至在功利主义的价值观之中——我们是否在道德上有义务避免造成痛苦的问题十分复杂。这是由于该复杂性不仅由德萨德（De Sade）的追随者引介宣传，更是由利奥波德·冯·萨赫-马索克（Leopold von Sacher-Masoch）所引入，马索克是作家，也是性虐主义的代言人。

14.6 丘奇-图灵恋人会如何感受

机器人恋人会永远缺失第一人称感觉吗？是否有一天它们能找到第一人称的感觉(就像《星际迷航：下一代》中的机器人 Data 试图找寻感觉一样)呢？答案是：如果我们接受非还原物理主义，就有机会！以下是对工程学中机器意识的论证：

(1) 总有一天，神经科学能够探查出动物大脑产生第一人称意识的机制。

(2) 详细了解大脑的运作机制将使我们能够逆向设计出第一人称意识的投射器。

(3) 如果我们拥有第一人称意识的投射器，我们就能够投射第一人称意识。(Boltuc，2009，2010，2012)

以上论证非指创造意识，只是对意识流的投射。这有点像我们在老电影中用投影仪让幻灯片通过光流投射到屏幕之上。也就是说，以人为中心的理念(例如塞尔的心理作用理论)不会阻止机器人获取第一人称意识。

工程学论题的主要关注点包括：① 我们如何知道一台机器获得了第一人称意识？这种认知上的关注是对非人类的他心问题的一种解释。② 非还原论机器意识的道德后果是什么？制造具有第一人称意识的机器在道德上是可以接受的吗？如果可以的话，他们会拥有什么权利？这些有意识的机器和动物与人之间在道德上有哪些异同？③ 实践性关注：在了解人类思想/大脑如何产生第一人称感觉之后，我们可能会发现该任务太过复杂且无法进行逆向工程，或者只能在有机物中进行生物工程。那么在这种情况下，动物大脑或其相应部分的再造工程和生长发育(如克隆)之间的区别可能就会模糊不清。

这些担忧和问题很可能具有合理性，但是目前我们距离知道第一人称的意识体验的产生方式尚且遥遥无期，因此现在讨论如何解决它们的问题还为时尚早。工程学中机器意识的论证——即使（暂时）只是一个理论命题——可以让我们理解运用严肃的物理主义术语来看待非还原论意识的路径。

14.7　结论：我们为什么要重视？

关于丘奇-图灵恋人的讨论其实是工程学论题的后续延伸，它帮助我们了解了物理主义对第一人称意识解释的重要意义（即使这种意识或副现象对主体的任何行为都没有影响）。我们不必遵循塞尔所主张的动物大脑本质独特性以及大脑是第一人称意识流的唯一可能存在位置等观点。工程学论题表明，至少在原则上，这种第一人称的意识流也可以在机器人中建立。因此，并不是所有的机器人都只能成为丘奇-图灵恋人、人工伴侣或其他某种物体；也许有一天它们会获得第一人称意识。

丘奇-图灵恋人的案例帮助我们思考以下问题：① 其向我们展示机器人的副现象感受可能并非无关紧要；② 其提供了认识论维度上机器人对于他心问题（和体验机器）的排列，这对于伦理学来说意义非凡；③ 其助力于阐释非还原机器人的意识问题及其伦理含义。

恋人所说的“我爱你”究竟是什么意思呢？丘奇-图灵恋人的所有取向都旨在取悦于你，即便改变其长期叙事特征和行为举止特征的计算机在情感上也是如此。然而，从哲学上讲，它只是一个僵尸，充其量是一个非常善良的僵尸。[1]

这就是为什么副现象意识在伦理学上占据如此重要位置的原因。你会关心伴侣是不是这种僵尸吗？如果你认为构建爱情的不仅

① 僵尸在情感方面通常表现为嗜血和残忍；丘奇-图灵恋人则与之相反。

仅是令人愉快的待遇，还有以关心所爱之人的感受为前提的爱意，那么你的她或他感觉快乐——而非仅仅是表现快乐——才应该是最重要的。

参考文献

Boltuc, Peter. 2009. "The Philosophical Issue in Machine Consciousness." *International Journal of Machine Consciousness* 1(1): 155–176.

Boltuc, Peter. 2010. "A Philosopher's Take on Machine Consciousness." In *Philosophy of Engineering and the Artifact in the Digital Age*, edited by Viorel E. Guliciuc, 49–66. Newcastle upon Tyne: Cambridge Scholars Press.

Boltuc, Peter. 2011. "What Is the Difference between Your Friend and a Church-Turing Lover?" In *The Computational Turn: Past, Presents and Futures?*, edited by. Charles Ess and Ruth Hagengruber, 37–40. Aarhus: Aarhus University Press.

Boltuc, Peter. 2012 "The Engineering Thesis in Machine Consciousness." *Techne: Research in Philosophy and Technology* 16(2): 187–207.

Copeland, B. Jack. 2015. "The Church-Turing Thesis." In *The Stanford Encyclopedia of Philosophy*, Summer 2015 ed., edited by Edward N. Zalta. http://plato.stanford.edu/archives/sum2015/entries/church-turing/.

Dennett, Daniel. 1991. *Consciousness Explained*. Boston: Little, Brown.

Deutsch, David. 1985. "Quantum Theory, the Church-Turing Principle and the Universal Quantum Computer." *Proceedings of the Royal Society* Series A 400(1818): 97–117.

Floridi, Luciano. 2007. "Artificial Companions and Their Philosophical Challenges." *E-mentor*, May 22. http://www.e-mentor.edu.pl/artykul/index/numer/22/id/498.

Franklin, Stan, Bernard Baars, and Uma Ramamurthy. 2008. "A Phenomenally Conscious Robot?" *APA Newsletter on Philosophy and Computers* 8(1). https://c.ymcdn.com/sites/www.apaonline.org/resource/collection/EADE8D52-8D02-4136-9A2A-729368501E43/v08n1Computers.pdf.

Franklin, Stan, Uma Ramamurthy, Sidney K. D'Mello, Lee McCauley, Aregahegn Negatu, Rodrigo Silva L., and Vivek Datla. 2007. "LIDA: A Computational Model of Global Workspace Theory and Developmental Learning." Memphis, TN: University of Memphis, Institute for Intelligent Systems and the Department of Computer Science. http://ccrg.cs.memphis.

edu/assets/papers/LIDA%20 paper%20Fall%20AI%20Symposium%20Final.pdf.

Hornyak, Tim. 2014. "Supercomputer Passes Turing Test by Posing as a Teenager: Program Mimics the Responses of a 13-Year-Old Boy, Fooling Some Human Judges." *Computerworld*, June 6.

Kurzweil, Ray. 2006. *The Singularity Is Near: When Humans Transcend Biology*. London: Penguin Books.

Levy, David. 2009. *Love and Sex with Robots*. New York: HarperCollins.

Long, L. N. and T. D. Kelley. 2010 "Review of Consciousness and the Possibility of Conscious Robots." *Journal of Aerospace Computing, Information, and Communication* 7, 68 - 84.

Mori, Masahiro. 2012. "The Uncanny Valley." *IEEE Spectrum*, June 12.

Piccinini, Gualtiero. 2007. "Computationalism, the Church - Turing Thesis, and the Church - Turing Fallacy." *Synthese* 154: 97 - 120.

Prinz, Jesse. 2012. *The Conscious Brain: How Attention Engenders Experience*. Oxford: Oxford University Press.

Reinhardt, Jasia. 2012. "An Uncanny Mind: Masahiro Mori on the Uncanny Valley and Beyond." *IEEE Spectrum*, June 12.

Scheutz, Matthias. 2004. "How to Determine the Utility of Emotions." *Proceedings of AAAI Spring Symposium*, 334 - 340.

Searle, John. 1997. *The Mystery of Consciousness*. New York: New York Review of Books.

Thaler, Stephen. 2010. "Thalamocortical Algorithms in Space! The Building of Conscious Machines and the Lessons Thereof." In *Strategies and Technologies for a Sustainable Future*. World Future Society.

Turing, Alan. 1950. "Computing Machinery and Intelligence," *Mind* 59(236): 433 - 460.

Vannoy, Russell. 1980. *Sex Without Love: A Philosophical Exploration*. Amherst, NY: Prometheus Books.

Wittgenstein, Ludwig 1922. *Tractatus Logico Philosophicus*. https://www.gutenberg. org/files/5740/5740-pdf.pdf.

Whitby, Blay. 2012. "Do You Want a Robot Lover? The Ethics of Caring Technologies." In *Robot Ethics: The Ethical and Social Implications of Robotics*, edited by Patrick Lin, Keith Abney, and George A. Bekey, 233 - 248. Cambridge, MA: MIT Press.

第 15 章
物联网与伦理关怀的双层架构

亚当·亨施克

物联网(IoT)有望引领下一次信息革命,其对人们生活质量的影响很可能并不亚于互联网。"物联网的核心概念是指任何物体都可以具备识别、感知、联网和处理等诸多能力,使它们能够通过互联网而相互沟通,并且能与其他设备和服务进行交流,以此达到某些实用的目的"(Whitmore, Agarwal, and Da Xu, 2015: 261)。

物联网建立在一个非常简单的概念之上——我们世界中的所有物体都能够相互交流,它指的不是人际交流。"事实上,正是物件的这种沟通能力体现出了物联网的力量"(Fletcher, 2015: 20)。此外,这并非仅仅为了自身利益而生产并收集信息的课题,其目的在于实现一些致用性目的。无论是关乎物流配送还是关乎自宅掌控,物联网的重要性都源于这样一个事实——互通连接的物体产生信息是为了给物质世界带来一些实质性的变化。

物联网的规模估计将会相当巨大:到 2020 年,预计将有 20 亿—500 亿个物体作为物联网的部分连接体(Mohammed, 2015)。有人预测,截至 2020 年,物联网业的投资总额将会达到 1.7 万亿美元(International Data Corporation, 2015):

> 传感和驱动的实用程序将不仅仅存在于公共空间,还将延伸至家庭、公寓和共管公寓。在这些地方,人们将会能够在基础

设施上运行健康、能源、安全和娱乐等应用程序。安装和运行新的应用程序简单到就像给一个新的烤面包机插上电源。有的应用程序可能有助于监测和控制心率，有的则可以处理金融和投资业务，有的还会自动订购食物和葡萄酒，甚至预测到那些即将发生的但本应及早解决的医疗问题，以此减轻甚至杜绝后患。(Stankovic，2014：4)

鉴于物联网具备通过医疗和金融服务，或者重新配置家庭或工业系统等私人空间而产生影响人们生活的巨大潜力，其具有重要的伦理学意义。正如同一般意义上的“机器人伦理学”一样，物联网适用于“从哲学角度研究并探索应用机器人产品于我们社会之中所引发的伦理维度影响”(Veruggio and Abney，2012：347)。至少在一定程度上讲，物联网伦理学与物联网及其产品在社会中的应用所产生的道德问题和伦理关怀休戚相关。

虽然机器人和物联网之间肯定存在着本质的差异，但正如本章将要展示的那样，鉴于物联网的核心能力是从物质世界获取、处理并传递信息，然后以影响物质世界的方式使用信息，因此我们可以将其视为一个机器人(或一组机器人)——一个由传感器、处理器和效应器系统所组成的复杂机器人系统，规模庞大且较为分散。

物联网带来了特殊的伦理学维度上的挑战，因为它跨越了两个层面的伦理关怀。首先，物联网是由在物质领域运行的机器所组成。因此，它涉及机器人伦理学的特定领域，关乎我们的设备以何种方式影响人类安全。“我们现在已经认识到，保证安全是新技术发展的前提条件”(Lin，2012：7)。因此，第一层伦理关怀就是安全。第二，物联网涉及信息领域。因此，一个与物联网相关的重要伦理讨论必须聚焦在信息伦理之上——信息的生产、存储和使用便形成了第二层伦理关注。在总结了伦理关怀的上述两个层面之后，本章还建议设计者、决策者和使用者不仅必须注意到这两个层面，而且可能还必须就某个层面的伦理关怀做出相对优先的决策。

物联网的核心技术集群在于保证电子设备能够与物质世界互动并且能够互相交流(Mennicken et al., 2015)。例如,配备了特定传感器技术的智能冰箱能够记录冰箱里的食物品类及其存放时间,还能记录哪些食物你在吃、哪些还没吃,等等(Xie et al., 2013)。它可以根据你的饮食习惯为你准备购物清单。更重要的是,智能冰箱可以与你的智能手机相连起来(Poulter, 2014)。当你手机中的全球定位系统识别出你在超市之时,它就可以告诉你什么要买,什么不买。你的手机还可能会连接到你的银行账户(Maas and Rajagopalan, 2012)。如此一来,你便知自己有多少钱能花。其核心思想就是所有属于你的"东西"都是可以联网的,并且具备相互沟通的能力。

进一步来说,物联网实现了这些物体的决策能力以及物质上积极的作为能力。现在让我们想象这样一个画面:你不必亲自出门购物,你的冰箱可以检查你的个人购物清单,并在与牙刷、马桶和健身器材中的生物传感器技术交流信息之后,得知什么食物最适合你当前的饮食习惯和锻炼计划(Baker, 2007)。在与你的银行相互参考并以此检查你的每周预算之后,智能冰箱会从超市的最近供应链中心订购食物,并由无人机运送到你家固定的投放点。运送的食物将由专门的设备收集,并将食物从你家指定的无人机投放点运送到室内冰箱中的相关位置。[①] 其重大意义在于:你的智能冰箱不仅与家内家外的一系列其他设备进行联网互动,它也在根据这些沟通做出决策,并与物质世界进行接触。换言之,物联网将互联网的信息革命与机器人参与物质世界的能力结合起来。

人体与互动—这两个要素分别各有一套伦理关怀。物联网增加了这些关怀的重要性,迫使决策之时必须考虑两者之间的平衡,由此引发了一系列新的道德问题。它让人类直接身陷险境、使人沟通不畅,让人不得不做出跨层决策,因此伦理关怀变得更为重要了。由于

① 例如,亚马逊正在研究以无人机作为投递工具(Vanian, 2016)。

可能具有的某些设计特点，物联网迫使决策必须在两个层面之间做出，而且某一层面的主要伦理关怀还需予以优先考虑。最后，物联网提出了新兴伦理关怀的前景，物质领域和信息领域的结合提出了全新的伦理挑战。这些挑战无法单独归结为某一层面，并且可能难以提前预知。本章只是在试图描述关于物联网的一系列的特殊伦理关怀，而不是具体的规范方法。虽然全文以描述性为主，但是本章确实持有一种特定的道德立场——设计者、决策者以及使用者都有道义上的责任充分认识物联网所带来的伦理挑战，尤其是这些挑战跨越了许多伦理领域，而且任何道德维度强有力的回应都必须首先认识到这种道德层面的多元化属性。

15.1 物质层面：机器人和物质安全

第一层伦理关怀与物质领域有关。鉴于本书已经涵盖了一系列解决智能机器的运行在物质领域所产生问题的伦理方法，本节将重点讨论物联网存在于物质领域的具体要求，并设法处理物联网在物质层面上引起的对人类安全的特殊关注。“在物联网中，安全这一概念意味着所有物联网设备的行为都能够被赋予合理解释，尤其是那些驱动型设备，且能检测并防止那些无心之举而导致的失误”(Agarwal and Dey，2016：41)。

首先需要指出的是，物联网应该被视为一系列规模庞大但较为分散的机器人。也就是说，物联网指的是一个由相互配合的元件所组成的复杂网络。笔者现在所说的网络，乃是一个由多个组件所组成的集成网络，各个部分密切协作，而且每个组件本身在技术上都具有先进性。它们以特定的方式排列，目的在于组成一个含有多个组件的终端系统。物联网的常见组件是传感器(Li，Xu and Zhao，2015)、信息处理器(Agarwal and Dey，2016；Whitmore，Agarwal and Da Xu，2015)和驱动器(Stankovic，2014)——某些能够让物质发生变化的途径集合。

尽管规模庞大且较为分散，但是这种表现为驱动器的物质组件使得物联网在功能上与大部分机器人别无二致。一般认为，机器人具有“三个关键组件：用于监控环境并检测其中变化的‘传感器’、决定如何响应的‘处理器’或‘人工智能’以及体现决策方式影响环境结果的‘效应器’，三者协作使得世界发生某种变化”(Singer, 2009: 67)。物联网也是一样。它由传感器、处理器和效应器或驱动器组成。正如乔治·A.贝基(George A. Bekey)所说，我们可以将机器人视为“是一台在世界上存在的具备感知力、思考力和行动力的机器”(Bekey, 2012: 18)。虽然构成的成分和效果与典型的机器人相同，但物联网没有在物质上合并成一个单独的可识别性实体。它反而是在信息上集合为一体。这一点将在下一节予以讨论。

其次，物联网与互联网不同，因为它实实在在地融入了物质领域并在其中“发挥作用”。就像机器人一样，它具有作用于物质环境的“效应器”。如果没有这个元件，物联网从功能上来讲将等同于我们已然熟知的互联网。“我们规定机器人必须存在于物质世界中，以便将其[作为]物质上的机器人与在计算机上运行的软件或‘软件机器人’区分开来”(Bekey, 2012: 18)。同样，物联网指的是在物质世界中活跃的事物。若非这般，我们所说的只是互联网中的事物。“传感器/驱动器、射频识别技术标签和通信技术的融合是物联网的基础，并解释了我们周围的各种物质客体和设备与互联网相联系的方式，而且还允许这些客体和设备相互协作并通信以便达到共同目标”(Xu, He, and Li, 2014: 223)。然而，与互联网相同的一点在于，物联网也是通过远程元件之间的连接(在这种情况下，是物质上的远程元件)获得其价值和容量。

汽车中的全球定位系统会连接到你房子内外的光传感器，再连接到你家中的灯泡。手机中的全球定位系统可以连接到大门的锁头之上。当你开车到家之时，光传感器会记录灯光的背景值，以此决定是否应在你到达时打开家中的灯。你停好车以后，当手机离房子很近时，大门就会打开。这些元件的整合，意味着物质领域发生了变化——灯打开，门解锁。

目前，一个有关这些整合的传感器、处理器和驱动器的主要问题仍然存在，那就是我们已经创建了一个“脆弱的网络”——也许只是其中一个元件发生了故障、损坏或受到干扰，就会对结果产生直接的物质影响。网络的脆弱性涉及两点：起因和影响。首先，通信是开放的，也是容易发生事故或被滥用的(Symantec Security Response, 2014)；传感器、处理器和效应器之间的通信连接就是这种脆弱性的根源。其次，影响扩大了事故或滥用的起源；易受事故或滥用伤害的事物可能会在时空上远离源头。在脆弱的网络当中，一个失误或滥用可能会以非常严重的方式产生并传播相应的后果。

现在，让我们想象一个智能住宅，其中的各种组件具有传感、处理和驱动能力。一个智能灯泡，它可以告知智能家居它需要更换，这似乎没什么问题。然而，在 2015 年，计算机科学教授劳尔·罗哈斯(Raul Rojas)的智能住宅“启动后停止响应他的指令……没有任何办法。灯打不开、关不上。它完全卡住了……就像是死亡的沙滩排球开始在你的电脑上旋转——只不过这个情况发生在他的整个家里”(Hill, 2015)。造成这种情况的原因是其中一个智能灯泡烧坏了，并且“不断发送请求，致使网络过载，导致其无法继续运作……这是典型的拒绝服务攻击……灯泡正在对智能家居进行智能攻击，并对它说‘更换我’”(Hill, 2015)。这提醒我们，由于网络的脆弱性——物联网的网络化本质及其物质领域的拓展——意味着即使是轻微编程错误引起的故障，也可能会在伦理上产生与物质相关的影响。

现在再想象一下，如果问题不是房子“罢工”了，而是自动驾驶汽车的自动系统出现了故障。也就是说，一个细小的差错造成的不是智能家居瘫痪，而是自动驾驶汽车机械地(自动地、盲目地)刹车或加速。虽然自动驾驶汽车的设计者可能会为此类意外做好相应的准备

(Lin，2013)，但在路上行使的其他汽车应该如何应对呢？就像丰田汽车因为突然的加速导致多人死亡，并被美国司法部罚款 12 亿美元的那起事故一样(Douglas and Fletcher，2014)——鉴于物联网的物质特性——系统的崩溃可能导致物质世界中发生真实的车祸，从而对人身安全构成严重威胁。车与车之间沟通技术的安全问题突出了一个更为普遍的观点——由于物联网涉及物质领域，所以人类更容易受到比互联网安全问题更加要紧的物联网程序故障或问题的影响。

最后，让人忧虑的是：系统的脆弱性不仅仅代表着意外事件的存在，更意味着一些心怀不轨之人能够有机可乘。物联网最主要的问题之一便是许多元件的信息安全性较弱，这个是我们即将讨论的要点。这种孱弱的信息安全性为恶意行为者提供了可利用的漏洞。并非是将你拒之门外，他们能够利用联入网络的房屋信息漏洞解锁你的房子，并致瘫所有相关的安全防护系统，然后他们就能堂而皇之地进入家中并带走贵重物品。值得再次强调的是，与此相关的就是物联网的物质特性——门锁是一种物质上真实存在的组件，信息上的脆弱性就导致了器物质上的脆弱性。①

此外，就像电脑故障会导致汽车相撞一样，恶意行为者也可以利用物联网的物质现实对人类的安全造成威胁或危害。假设智能手机的所有者将其插入不安全的公共充电点时感染了病毒(Malenkovich，2013)。随后恶意行为者就可利用手机中的相关漏洞连接到与手机相关联的设备，比如汽车。他们就可以做出在炎炎夏日将孩童锁在车里的恶劣行为，然后索要赎金。就像许多对机器人的担忧一样——物联网具有物质性——由于网络在本质上具有脆弱性，许多物质上的安全问题便很容易被忽视。

---

① 因灯泡故障而失能的智能住宅的所有者劳尔·罗哈斯意识到将智能锁连接到他房子上的风险："在这个房子里，锁是少数的几个尚未连接的物件之一。我在 2009 年购买的自动锁现在仍然放在抽屉里等待安装……我害怕没办法开门……"(Hill，2015)

15.2 信息层面：信息与安全

伦理关怀的第二层就是信息。如前所述，物联网的核心要素之一就是一些物体在互动交流。互动方式的确切性可谓多种多样，与那些已经或即将成为物联网一部分的事物一样。食品容器中的射频识别芯片可以告诉特定传感器具体的食品是什么；2 升全脂牛奶容器中的射频识别器会告诉智能冰箱这是 2 升全脂牛奶；一个与全球定位系统相连的地理定位器会告诉卫星在特定时间内汽车的实际位置；智能电视中的摄像头会发送直播的录屏视频到云盘中储存起来；智能手机中的麦克风能接收语音命令；智能马桶中的生物识别装置能分析样本，检查肠道是否健康。

介绍这样一系列互动交流的动机在于：这些互动交流的网络化带来了我们生活中更为丰富的信息，理想情况下也带来了生活质量的提高。想想烟雾探测器：

> 为什么当你的生命因火灾而处于致命危险中时，大多数烟雾探测器只会发出响亮的哔哔声？将来，它们会通过闪烁卧室的灯来提醒你，并打开你的家庭音响，播放 MP3 音频文件，同时大声警告着"着火了，着火了，着火了"。它们还将联系消防部门，致电你的邻居（以防你失去知觉并需要帮助），并自动关闭通往房屋内燃气器具的空气。(Goodman，2015)

考虑到发达国家人口老龄化的问题，物联网可能会让许多老年人在家中过着相对自主的生活——家庭成员可以通过智能电视中的摄像头直接与他们交流；如果他们的健康状况或生活方式发生任何变化，看护人能够得到及时提醒；如果老人在家中摔倒，可以呼叫应急服务。由于物联网的存在，让这一切变得似乎唾手可及。

然而，在这样一个信息异常丰富的环境当中，个人隐私面临了相当大的挑战。这些挑战可能是直接的,因为物联网使得设备能够直接与外界互动沟通(Symantec Security Response, 2014)。虽然这显然是对智能住宅的一个担忧,但考虑到也会有一个物联网覆盖的工作场所——例如,带有传感器的办公桌可以记录每个员工在其办公桌上花费的时间,而经理可以随意访问这个记录。而且这种对于员工的监视还可以拓展到工作场所之外。在一个案例中,一名员工声称她“在卸载了一个应用程序后被解雇,她的雇主曾要求她在公司发行的 iPhone 上一直运行该应用程序——一款每周 7 天、每天 24 小时跟踪她一举一动的应用程序”(Kravets, 2015)。信息层面的第一个伦理问题关乎公平问题。个人领域产生的信息被雇主用于另一个领域来评估员工的素质,这种评估是否公平呢?根据杰罗·范登霍温(Jeroen van den Hoven)的信息公平方法,这显然是一个信息不公的案例(van den Hoven, 2008)。

此外,物联网还对隐私构成了相当大的间接挑战。物联网所代表的不仅仅是收集和存储人们信息的巨大容量,而是将这些信息聚合、分析并传达给人们,而这远远超出他们接收初始信息的能力。这就这意味着,通过收集看似无害的数据,我们生活中越来越隐私的部分将会被公布于众。“这就像把大量的点并置在一起形成了一幅图画,一小块一小块的信息聚集在一起描绘出了一幅人的肖像”(Solove, 2004: 44)。个人信息的聚合与整合产生了一些新东西——这个人丰富而细致的生活肖像。他起床的时间,买什么和吃什么食物,锻炼的时间。这些独立的数据点几乎不会透露出个人的兴趣爱好。但是,当大量的数据随着时间的推移积累起来,如果再将这些单独的数据流聚合起来,就会出现这个人的习性“肖像”。

伦理相关性就在于此。这些由个人信息汇聚而成的虚拟肖像,揭示了我们生活中高度私密的细节。与其简单地将隐私视为某些必然是秘密的东西,我们还可以将隐私视为某些亲密的关系。亲密关系即隐私——这是一种理论——据此认为决定其是否为隐私的不是某物的特定内容，而是私人信息与人之间的关系。“该理论准确地认识到，隐私不仅对于个人自我创造至关重要，而且对于人际关系也必不可少”(Solove, 2008: 34)。我们与信息的关系是什么，我们关心的信息是什么，以及信息要优先透露给谁，这些都是我们认为亲密即隐私时需要考虑的：

> 对于个人信息的揭示具有重要的意义。一个人对于对方了解得越多，就越能理解对方是如何体验万物的……因此，对于个人信息的披露并非构成或者推动亲密关系发展的因素。相反，它加深且充实了、招致并滋养了对推动亲密关系的担忧……谁可以获取我的个人信息并不重要。重要的是谁关心我的隐私，我愿意向谁予以透露。(Reiman 1976, 34)

物联网具有产生大量个人信息的能力，然后可以整合分析这些信息，从而揭示我们生活中的高度私密细节，这可能会严重侵犯亲密关系中的隐私。我们现在说的就是第二组担忧——物联网产生并聚合看似无害的个人信息的方式，以及潜在的隐私侵犯行为(Henschke, forthcoming)。

从揭示个人生活的私密细节能力来看，物联网的信息层面对信息安全提出了相当大的挑战。虽然我们很熟悉如何保护我们的信用卡信息不被潜在的身份信息盗窃者偷走，但由于对个人信息的收集，物联网还是对安全性提出了巨大挑战。许多已经上市的“智能”设备，其信息安全性极其有限。例如，由于缺乏有效的安全激活，陌生人可以远程访问智能电视上的摄像头(Fink and Segall, 2013)。批量生产的消费品通常是在信息访问的原始默认设置不变的情况下生产、装运和使用的。保留出厂安全设置的所谓的面向互联网的设备对于信息窃贼来说就是门户大开。此外，由于这些设备互相联通，一台安全设置不够严格的设备可能会给其他任意一个设备访问的机会。你的智能牙刷的出厂设置可能允许黑客访问所有关于本人的健康信息。重点在于，设计者和使用者都对信息安全的重视程度较低——当我们注意到跨越不同关怀层面的冲突关系之时，这一点就变得尤为重要。与公平问题和隐私问题相关时，信息安全问题表现出了第三种不同的伦理关怀。

信息层面的另一个关键元素是信息可以不断地重复地使用。"信息永不过时。它[可以]无休止地回收[和]重新包装"(Drahos and Braithwaite, 2002: 58－59)。你的冰箱收集到的关于你饮食习惯的信息可以用来购物，或者推荐广告，或者用于医疗保健。这种信息的可重复使用性存在一个很明显的问题——它对于知情同意这一概念提出了相当大的挑战。如前文所述，如果物联网收集的个人信息通过汇聚产生了关于个体的私人生活肖像，那么知情同意要求该信息的收集、交流和使用需要告知信息来源——是谁在使用该信息，何时使用该信息，以及信息将作何用途(Henschke, forthcoming)。然而，考虑到物联网设备的数量之多，不同设备之间产生的网络以及多种用途的潜力巨大，因此提前预测和告知几乎不可能。如果产品和服务的供应商不能准确可靠地预测信息源中个人信息的全部用途，用户就不可能确实知情，这也就丧失了知情同意的关键要素之一。其实这并不是一个新问题。基因数据库中信息的开放性已经显示出知情同意的限制性(Clayton, 2005)。但是随着物联网渗入我们的生活中来，遭遇这个问题的人群数量会越来越多。因此，知情同意是来自信息层的第四个伦理关怀的领域。

继知情同意问题之后的是产权问题。个人信息的产权通常是由最终用户许可证协议(EULAs)来完成形式化处理——我们在电脑上下载新的软件或访问某些商业网站时通常需要点击的窗口。这些最终用户许可证协议在法律上的可执行性是一个备受争议的议题(Buchanan and Zimmer, 2015)。我们可以预料的是，由一系列商业利益提供服务和支持的设备所产生的具有无数信息类型的物联网，在法律维度上将使得个人信息产权的法律执行变得极为复杂。由于人们更多地关注隐私和安全问题，产权问题经常被忽视。可以说，该问题向我们呈现了与信息层相关的第五组伦理关怀。

15.3 安全与控制：各层之间的冲突关系

虽然上述的这些问题本身都很复杂，但本章的重点在于引起人们对于这两层之间冲突关系的关注。换言之，我们面临一个道德多元主义的困境——这些伦理关怀的哪一层应该更加予以优先考虑？到目前为止，我们讨论的重点是物联网所带来的一些特殊的道德挑战。在物质领域，我们面临着自身物质脆弱性的挑战。无论我们担心的是发生事故的风险、恶意行为者带来的危险，还是自主决策技术的负面影响，物质领域都构成了一层伦理关怀。所有这些都可以通过一个主要的动机型关怀联系起来，那就是人类的安全。物联网在物质领域的运作意味着我们有着一套关于确保人身安全的伦理关怀。如前所述，我们把握这一层关怀的最好方式就是将物联网视为分散式机器人，然后再关注围绕机器人和人身安全的一系列伦理维度进行讨论。

然而，物联网也存在于信息领域当中，因此我们有了第二种伦理关怀，它关乎信息的生产、使用与分配。这些都可以通过参考一个主要的动机型关怀联系起来，即信息的控制。谁可以访问这些信息，他们可以用这些信息做什么，以及谁会因这些信息的被访与使用而受到影响？信息领域已经超越了标准的时空限制。关于知情同意的观点表明，我们现在对于信息的使用，可能和未来与这则信息使用相关的个体、内容和地点都不同。与互联网（Solove，2004）一样，那些能够访问信息的人完全不必在物质距离上接近信息使用的来源或目标。我们可以通过考虑有关信息控制的问题来完美地处理这一层面的伦理关怀。

我们可以通过考虑默认设置的设计选择——谁可以访问和控制

物联网某些部分的效应器，比如打开或关闭电灯泡——来显示这两层之间存在的冲突矛盾。一方面，我们希望可以相当开放地访问这个灯泡，因为——正如我们之前看到的一个电灯可以使一整间智能住宅的所有功能瘫痪的案例所示——网络的脆弱性表明：依赖和易受灯泡指令错误影响的人群可能需要快速、简单和可靠的客户服务。这样一来，其效率将在很大程度上取决于客服辨别和解决问题的速度和难度。较低的访问门槛意味着问题可能会得到更快的解决。虽然有故障的灯泡在我们目前的非智能住宅中似乎不会引发什么大的问题，但网络的脆弱性表明：有故障的智能灯泡的物质影响可能会使整个房屋崩溃。当想到一体化的自动驾驶汽车之时，我们希望人身安全是一个优先选项——有效支持的延迟在这里意味的可不仅仅是人们操作上的不便，更可能是加深了个体生命处于危险之中的风险。

另一方面，我们也希望(对信息的)可以严格限制访问和控制。信息领域引发的伦理问题表明：我们应将信息控制视为优先关注选项。若一个最大程度开放网络只设有少量访问障碍，那么这样可能对于物质领域的安全很有好处，但对于信息安全来说却是灭顶之灾。智能电视近来引发争议，因为它们已被证明能够记录用户的观看习惯(Fink and Segall, 2013)并窃听用户的对话内容(Matyszczyk, 2015)，而且所有的这些都是在用户不知情或未经允许的情况下进行的。严格限制这些信息的访问权限，限制并控制他们的信息利用以及利用速度，以此确保隐私、安全，甚至知情同意和财产权都能得到最大限度的保护。

因此，现在人类面临一个矛盾的困境：我们确实有充分的理由把物联网信息的访问限制调至最大，以此实现快速响应和控制，但同时也有充分的理由将访问权限调至最小，以此防止易于响应和控制的负面影响。在某些情况下，一个层面的关注可能很明显地比另一个更为重要。在一辆载满乘客的快速行驶的汽车中，需要优先考虑的一定是物质层面的安全，而非信息控制；而对于智能电视中的摄像头而言，它可能更应该关心信息控制而不是物质意义上的安全。然而，我们应该优先考虑哪一层面，在多数情况下并非显而易见。如果我们把目光放在与其他的家庭设备整合为一体的烟雾报警器上，那么此时的智能住宅最突出的则是其保障人类人身安全的特征。但是，再考虑到一个综合的烟雾报警器很可能会被设计成更倾向于误报而不是漏报，那么没有火灾时启动比发生火灾时不启动就要好得多。在物联网的世界里——正如已经发生在智能电视中的那样——这种集成设备允许操作员访问分布在房屋内的摄像头和麦克风等设备，检查是否有实际的火灾发生和(或)房屋内是否有人活动。现在，这样的一组网络正在为了安全而牺牲隐私；在没有实际火灾的情况下，操作员可以激活房屋中的摄像头以便观察其中的居住者。

虽然设备的一组用户可能更喜欢一种设置(安全性最大化/信息控制最小化)，但另一组用户可能同样有理由支持另一种设置(安全性最小化/信息控制最大化)。这里就存在两个问题：一是，第一组用户的隐私是否应被恶意黑客侵犯，谁来对这种侵犯承担道德责任？二是，假设第二组用户中某人的房子被烧毁了，是应由用户为自己的决策设置买单还是应该由保险公司承担经济损失？除此之外，保险公司是否应该享有访问第二组用户所选设置的权利？

风险评估过程中出现的认知偏差使得风险责任的分配更加复杂。可得性启发[①](Kahneman, 2011: 7－9)意味着我们通常会更多地关注意外事件和新鲜事物，因此在我们的风险评估中——相较于熟悉的事件——我们会更重视那些新颖的事件。例如，我们会更担心恐怖袭击发生在身边，而不是在车祸中受伤，尽管后者发生的可能性要远高于前者(Toynbee, 2015)。如果我们知道认知偏差在决定选择哪种设置、优先关注哪一层伦理关怀时所发挥的作用，那么我们应该如何将其纳入对给定选择的结果责任分配当中呢？本章并不寻求

① 一种认知偏差。——译者注

解决这些道德困境的办法，而是要表明物联网具有双重关怀，更是要我们清醒地认识到设计者、政策制定者和使用者都被迫做出了非常复杂的道德抉择。此外，由于复杂性分布在两个完全不同的关怀层面，因此没有一套简单的指南或原则可以帮助我们做出更好的选择。

归根结底，因为贯穿了多个关怀层面的复杂系统运用而产生的众多伦理关怀，并不意味着我们能够预测可能发生的事件或事故(Kroes，2009：277)。然而，它却意味着我们能够预料到会出现哪种类型的道德挑战。认识到物联网跨越了这两层伦理关怀，设计者就可以更好地展望，有关安全性的决策也可能会影响信息控制。同样地，使用者也能更好地认识到，他们对一组伦理关怀的偏爱可能会提高其他伦理关怀的成本。最后，对于政策制定者而言，充分了解双重关怀对于任何一个以物联网为中心的有效决策而言都至关重要。

参考文献

Agarwal，Yuvraj and Anind Dey. 2016. "Toward Building a Safe，Secure，and Easyto-Use Internet of Things Infrastructure." *IEEE Computer 2016: IEEE Computer Society* (April)，40 - 43.

Baker，Stephen. 2007. *The Numerati*. New York：Mariner Books.

Bekey，George. 2012. "Current Trends in Robotics：Technology and Ethics." In *Robot Ethics: The Ethical and Social Implications of Robotics*，edited by Patrick Lin，Keith Abney，and George Bekey，17 - 34. Cambridge，MA：MIT Press.

Buchanan，Elizabeth A. and Michael Zimmer. 2015. "Internet Research Ethics." http://plato.stanford.edu/archives/spr2016/entries/ethics-internet-research.

Clayton，Ellen Wright. 2005. "Informed Consent and Biobanks." *Journal of Law，Medicine & Ethics* 33(1)：15 - 21.

Douglas，Danielle and Michael A. Fletcher. 2014. "Toyota Reaches $1.2 Billion Settlement to End Probe of Accelerator Problems." *Washington Post*，March 19. https://www. washingtonpost. com/business/economy/toyota-reaches-12-billionsettlement-to-end-criminal-probe/2014/03/19/5738a3c4-af69-11e3-9627-c65021d6d572_story.html.

Drahos，Peter and John Braithwaite. 2002. *Information Feudalism: Who Owns the Knowledge Economy?* London：Earthscan.

Fink, Erica and Laurie Segall. 2013. "Your TV Might Be Watching You." *CNN*, August 1. http://money.cnn.com/2013/08/01/technology/security/tv-hack/.

Fletcher, David. 2015. "Internet of Things." In *Evolution of Cyber Technologies and Operations to 2035*, edited by Misty Blowers, 19 - 32. Dordrecht: Springer.

Goodman, Mark. 2015. "Hacked Dog, a Car That Snoops on You and a Fridge Full of Adverts: The Perils of the Internet of Things." *Guardian*, March 12. http://www.theguardian.com/technology/2015/mar/11/internetofthingshackedonlineperilsfuture.

Henschke, Adam. Forthcoming. *Ethics in an Age of Surveillance: Virtual Identities and Personal Information*: Cambridge: Cambridge University Press.

Hill, Kashmir. 2015. "This Guy's Light Bulb Performed a DoS Attack on His Entire Smart House." *Fusion*, March 3. http://fusion.net/story/55026/this-guys-lightbulb-ddosed-his-entire-smart-house.

International Data Corporation. 2015. "Explosive Internet of Things Spending to Reach $1.7 Trillion in 2020, According to IDC." *IDC*, June 3. http://www.idc.com/getdoc.jsp? containerId=prUS25658015.

Kahneman, Daniel. 2011. *Thinking, Fast and Slow*. New York: Farrar, Straus and Giroux.

Kravets, David. 2015. "Worker Fired for Disabling GPS App That Tracked Her 24 Hours a Day." *Ars Technica*, May 11. http://arstechnica.com/tech-policy/2015/05/worker-fired-for-disabling-gps-app-that-tracked-her-24-hours-a-day/.

Kroes, Peter. 2009. "Technical Artifacts, Engineering Practice, and Emergence." In *Functions in Biological and Artificial Worlds: Comparative Philosophical Perspectives*, edited by Ulrich Krohs and Peter Kroes, 277 - 292. Cambridge, MA: MIT Press.

Li, Shancang, Li Da Xu, and Shanshan Zhao. 2015. "The Internet of Things: A Survey." *Information Systems Frontiers* 17(2): 243 - 259. doi: 10.1007/s10796 - 014 - 9492 - 7.

Lin, Patrick. 2012. "Introduction to Robot Ethics." In *Robot Ethics: The Ethical and Social Implications of Robotics*, edited by Patrick Lin, Keith Abney, and George Bekey, 3 - 16. Cambridge, MA: MIT Press.

Lin, Patrick. 2013. "The Ethics of Autonomous Cars." *Atlantic*, October 8. http://www.theatlantic.com/ technology/archive/2013/10/the-ethics-of-autonomous-cars/280360/.

Maas, Peter and Megha Rajagopalan. 2012. "That's No Phone. That's My Tracker." *New York Times*, July 13. http://www.nytimes.com/2012/07/15/sunday-review/thats-not-my-phone-its-my-tracker.html? _r=0.

Malenkovich, Serge 2013. "Charging Your Smartphone … What Could Possibly Go Wrong?" *Kaspersky Daily*, May 6. https://blog.kaspersky.com/charging-yoursmartphone/1793/.

Matyszczyk, Chris 2015. "Samsung's Warning: Our Smart TVs Record Your Living Room Chatter." *CNET*, February 8. http://www.cnet.com/news/samsungswarning-our-smart-tvs-record-your-living-room-chatter/.

Mennicken, Sarah, Amy Hwang, Rayoung Yang, Jesse Hoey, Alex Mihailidis, and Elaine M. Huang. 2015. "Smart for Life: Designing Smart Home Technologies That Evolve with Users." *Proceedings of the 33rd Annual ACM Conference Extended Abstracts on Human Factors in Computing Systems*, 2377 - 2380.

Mohammed, Jahangir 2015. "5 Predictions for the Internet of Things in 2016." World Economic Forum. https://www.weforum.org/agenda/2015/12/5-predictions-forthe-internet-of-things-in-2016/.

Poulter, Sean. 2014. "No More Flicking Switches! Samsung Designs Smartphone App to Turn Off Lights and Home Appliances." *Mail Online*, January 6. http://www.dailymail.co.uk/sciencetech/article-2534751/No-flicking-switches-Samsungdesigns-smartphone-app-turn-lights-home-appliances.html. Reiman, Jeffrey H. 1976. "Privacy, Intimacy, and Personhood." *Philosophy and Public Affairs* 6(1): 26 - 44.

Singer, Peter Warren. 2009. *Wired for War*. New York: Penguin.

Solove, Daniel J. 2004. *The Digital Person: Technology and Privacy in the Information Age*. New York: New York University Press.

Solove, Daniel J. 2008. *Understanding Privacy*. Cambridge, MA: Harvard University Press.

Stankovic, J. A. 2014. "Research Directions for the Internet of Things." *IEEE Internet of Things Journal* 1(1): 3 - 9. doi: 10.1109/JIOT.2014.2312291.

Symantec Security Response. 2014. "How Safe Is Your Quantified Self? Tracking, Monitoring, and Wearable Tech." *Symantec Official Blog*, July 30. http://www.symantec.com/connect/blogs/how-safe-your-quantified-self-tracking-monitoring-and-wearable-tech.

Toynbee, Polly. 2015. "What's Many Times More Deadly Than Terrorism? Britain's Roads." *Guardian*, November 25. http://www.theguardian.com/commentisfree/2015/nov/25/deadly-terrorism-britain-roads-security-risk.

van den Hoven, Jeroen. 2008. "Information Technology, Privacy and the

Protection of Personal Data." In *Information Technology and Moral Philosophy*, edited by Jeroen van den Hoven and John Weckert, 301 - 321. Cambridge, MA: Cambridge University Press.

Vanian, Jonathan. 2016. "Amazon's Drone Testing Takes Flight in Yet Another Country." *Fortune*, January 6. http://fortune.com/2016/02/01/amazon-testingdrones-netherlands/.

Veruggio, Giancamo and Keith Abney. 2012. "Roboethics: The Applied Ethics for a New Science." In *Robot Ethics: The Ethical and Social Implications of Robotics*, edited by Patrick Lin, Keith Abney, and George Bekey, 347 - 363. Cambridge, MA: MIT Press.

Whitmore, Andrew, Anurag Agarwal, and Li Da Xu. 2015. "The Internet of Things: A Survey of Topics and Trends." *Information Systems Frontiers* 17(2): 261 - 274.

Xie, Lei, Yafeng Yin, Xiang Lu, Bo Sheng, and Sanglu Lu. 2013. "iFridge: An Intelligent Fridge for Food Management Based on RFID technology." *Proceedings of the 2013 ACM Conference On Pervasive and Ubiquitous Computing*, 291 - 294.

Xu, L. D., W. He, and S. Li. 2014. "Internet of Things in Industries: A Survey." *IEEE Transactions on Industrial Informatics* 10(4): 2233 - 2243. doi: 10.1109/TII.2014.2300753.

第 16 章
工程道德推理器面临的挑战：机遇与境遇

米哈乌·克林切维奇

计划让计算机参与道德推理中来并不是什么新点子(Anderso and Anderson, 2011a)。关于这一主题的研究已然提出一套支持计算语言结构的道德语法实例(Mikhail, 2007)。比如,自主武器系统的伦理管辖架构(Arkin, 2009),基于规则的道义宣贯系统(Anderson and Anderson, 2011b),坚持实用主义原则的系统以及针对伦理机器进行编程的混合方法(Wallach and Allen, 2008)均属此列。

本章考虑了两种在哲学上有理据的策略,二者均可用于进行道德推理的工程软件——一个是基于哲学道德理论的算法,一个是基于标准案例的类比推理。[①] 鉴于计算方法面临的挑战,笔者认为这两种策略的结合最有前景。同时,笔者还提供了一些具体实例,以此说明如何利用现代工程技术建构这样一个架构。

---

① 首先需要指出的是,这里讨论的哲学道德理论是以极其简化的形式提出的,其形式有时甚至存有争议。介绍它们的目的是为了证明:哲学道德理论与设计一个道德推理器的任务具有相关性。当今,哲学市场上对实用主义或道义论的任何前沿解释的细节都可以而且都应该最终被纳入其中。如果真的有这样的软件的话,坚持哲学理论将会导致相应的计算程序更加精密且有效度。因此,我们在这里介绍的系统架构所展示的结果之一就是——如果没有哲学家、工程师和计算机科学家之间的通力合作,真正的道德推理器就不可能诞生。

16.1 服务于道德责任的算法：实用主义

实用主义有许多变体。但是，它们之间最大的一个共同点就是坚持结果论和幸福最大化原则。结果论指出：特定的行为是否合乎道德取决于其后果。元初形式的幸福最大化原则指出："当行为是倾向于促进幸福到来之时，它们就是正确的；当其倾向于产生不幸之时，那就是错误的"(Mill, 2003: 186)。各种实用主义的不同之处在于它们对于"幸福"及其后果的解释与评估看法各异（比如是否应该考虑个人行为抑或其行为所遵循的规则何在）。一些实用主义者在做评价时，往往使用的是偏好满意度，而不是快乐感或幸福感(Singer, 2011)。从工程学的角度来看，这些区别足以让我们大致了解实用主义的行为和规则以算法的形式来实现会是什么样子。程序如下：

> 步骤 1. 为行为指定可能的行动方案(action)A1 ... An 或规则(rule)R1 ... Rn。
>
> 步骤 2. 确定每个行动(action)A1 ... An 或规则(rule)R1 ... Rn 的可能后果(consequence)C1 ... Cn。
>
> 步骤 3. 将大幸福原则(GHP)应用于 C1 ... Cn 的每个成员并选择 Cx，一个导致最大幸福之和和/或最小不幸之和的结果。
>
> 步骤 4. 选择行动方案 Ax 或规则 Rx。

这种伪算法包含了许多简化表达，分别呈现了各自的工程难题。

通常，A1 ... An 和 R1 ... Rn 受到目标、能力和环境的限制。如果一个人想去散步（目标），实现这一愿望将取决于其身体状况（能力）以及步行之处（环境）的可得性。如果一个人的身体状况使他不便行走，那么他就不能从事这项活动。如果附近没有可行走的地方，结果也是如此。

将这类限制设计制造为一款软件——作为任务而言——可谓挑战性十足，但还不能说是异常艰巨。目前业已存在一些能够在一套限制条件之内循规运行的认知架构系统，如 ACT(Anderson, 2013)和 Soar(Laird, Newell and Rosenbloom, 1987)。以 Soar 为例，它已经成功地应用于为模拟战机导航(Jones et al., 1999)，生产作战训练中的人造敌人(Wray et al., 2005)，并在这些任务定义的约束范围之内引导自主型器人(Laird, 2012)。

Soar 是一个由几个不同的模块组成的基于软件的认知架构。长期内存模块是一组常驻的条件句(IF ... THEN)。操作内存(短期内存)模块是一组形式为(标识符、属性、值)的三元组，例如(约翰、人物、0)。偏好内存模块能够对特定条件句相较于其他条件句的重要性进行编码。

Soar 系统有一个执行周期，在此期间它会检查短期内存中的三元组是否与长期内存中条件句的先行词相互匹配。当匹配成功时，条件句的结果会被运行到短期内存之中。在执行周期结束之时，短期内存的内容将决定从 Soar 发送到主机应用程序或设备内容中去。短期内存的内容始终都可以通过来自外部设备或其他应用程序的格式化输入而得以更新。所有基于符号规则的系统都是大致以这种方式完成运转。

当然，Soar 的功能远不止此处概述的这些(Laird et al., 2012)，但是这三个模块已经足以解决实用算法中行为/规则所需的工程难题。Soar 的长期内存模块为程序化的潜在行为动向 A1 ... An 或规则 R1 ... Rn 的规格提供了限制条件。长期内存中的条件句决定了每个先行动作 A1 ... An 或规则 R1 ... Rn 的潜在结果 C1 ... Cn。因此，动作选择是以短期内存和偏好内存之中的内容为准。

这在一定程度上解决了工程难题，但这还远远不够。编写一个 Soar 系统实际上是为长期内存的始态以及随同的短期内存和偏好内存的初始结构创建一组条件句。即使在一个非常有限的领域当中，也必须编写大量的条件句，从而涵盖所有可能的行动和后果。

若是寄希望于 Soar 能够独立改变长期内存内容的能力，看似可行，实则渺茫。只有在一个以上的规则与短期记忆的内容匹配之时，Soar 才会更新长期内存。当这种情况真的发生时，Soar 会首先创建一个子目标结构来“预测”每个执行中规则的运算结果，然后根据其他条件句选择所要使用的条件句。如果这一选择成功达到目标状态，一个能够将原始条件句和子目标条件句“切割”成为一个整体的新规则就建立起来了。

但是，Soar 即使具备这种数据切割的能力，其长期内存也不足以处理道德推理发生的各种可能性，或者预测出所有可能的后果。这是因为长期内存中的任何条件句都有潜在的无数个例外。比如说，如果(IF)狗在叫，就(THEN)给它一根骨头。举例来讲，如果没有骨头可以给，那么该规则就失去了适用性；如果某一只特定的狗对某一具体种类的骨头过敏，那么该规则同样不再适用。

实用算法的另一个工程问题是“幸福最大化原则”的应用本身。应该知道的是，幸福并没有一个十分明确的定义。可以说，尚未明确到可以让我们在计算机中为它编写微积分程序的水平。密尔个人对幸福的定义对于可能想要将某些幸福的指标编写到算法中的工程师来说不会有什么帮助。密尔告诉我们：“幸福就是快乐，没有痛苦；不幸就是痛苦和快乐缺失”(2003：186)。正如密尔本人所承认的那样，快乐是相对的。使猪快乐的事与使人快乐的事一定不同(88)。

在工程学背景下，这种相对性制造了一个难题——它只有通过限制算法适用范围才能得以解决。如果工程师知道谁或什么将成为道德问题的一部分，他将首先给他的软件设定一个适当的关乎幸福、快乐的度量，或者一些偏好矩阵。幸运的是，工程师不必根据自我本能和直觉来这样做，因为在哲学、心理学和经济学领域已经做了相当多的研究来解决这个问题(Martin，2012；Feldman，2010；Bruni and

Porta，2005；Huppert，Baylis，and Keverne，2005）。

以哲学为例，有几种不同的哲学方法可以计算某人是否快乐。一些哲学家讨论客观标准（Nussbaum，2004；Parfit，2016）或瞬间的心理状态，如最初的边沁式实用主义[①]等。工程师应该与哲学家合作，确定一套哲学上有见地的标准，并投入使用，因为这些标准的选择事关重大。

例如，如果算法是要考虑中等收入的北美中年男性住院患者的幸福指数，那么他们幸福的条件可能包括稳定的收入、恋爱关系以及自娱自乐等。但是，如果我们换个不同的标准考虑，他们所拥有的积极情绪数量就会最为关键。另一方面，如果算法要应用于难民营婴儿的幸福指数，那么一套完全不同的标准则不可或缺。

从工程师的角度来看，这种情况的问题在于标准的绝对数量以及它们之间的差异程度。在哲学中，这被称为"人际比较问题"（West，2008：202；Harsanyi，1990）。为了构建一个适用于所有这些领域的系统，工程师必须对可能性范围施以限制。

这给构建实用算法带来了额外的工程学挑战。但应该强调的是，这些难题与哲学家在他们自己的辩论当中一直努力解决的许多困难类似。因此，对于工程师来说，富有建设性的前进之路就是与哲学家开展跨学科合作。[②] 还有一种选择，那就是让工程师改写程序动机——针对道德推理器无正当理由进行考虑的可能性施加限制。

但如果说上述所有的工作都已完成，并且所有例外的情况和可能的行为动向都被编入了 Soar 系统或其他类似的基于规则的系统当中，更进一步讲，我们已经解决了幸福或偏好满意度的概念与衡量标

① 早期功利主义。——译者注

② 人工智能的一个领域与情景感知系统有关，其原型机包括埃斯特雷马杜拉大学的 Intellidomo（2010），佐治亚理工学院的 AwareHome（2002），德国卡塞尔大学和维尔茨堡大学的 Ubicon（2012）。这些系统虽然只是在有限的意义上具有情景感知能力，但却能把来自不同途径却定义明确的信息来源输入另一个系统当中。例如，从手机获取的位置信息可以用于推荐该地区的餐馆。

准的问题。那么对于实用算法来说，剩下的问题就是及时搜索大量不再适用的规则和考虑因素并将其替换。就像其他生物一样，人类有时在行动时似乎并未三思而后行。即使是道德上的行为，有时也没有深思熟虑。另一方面，像 Soar 这样的系统必须使用编写好了的逻辑来获得具有可比性的成功，只通过搜索来实现的话会耗时良久。

类似的一些思考产生了一个对于实用主义的典型异议——一个人为了避免不确定性或不想要的结果而整理了所有的选项和后果，结果浪费了太多的时间。在实用主义的相关文献当中，对于这个问题最典型的解决方案就是引入经验法则或其他一些能让推理程序循规而行的快捷方法。一些类似的方法可以并且已经被提议用于道德推理软件当中，只不过是以道义论为基本背景（Anderson and Anderson，2011b）。

因此，这一实用主义的问题也成为需要处理的工程学难题。无论实用主义的推理计算机做些什么，它都应该迅速地完成工作，或者至少要使其结果能及时应对人类可能需要伦理建议的情况。这个问题将在下一节的末尾予以更加详细的讨论。

16.2 服务于道德责任的算法：道义论

还有一系列略有不同但却同样难以攻克的工程难题正在挑战基于非结果论者所提出的理论的算法，例如康德（Immanuel Kant）的道义论。在康德看来，道德的最终来源是一个人的目的或意愿（Kant，2002：55）。这就意味着只有对某些行为负责的精神状态才能决定其道德。

在康德看来，如果目的遵循绝对命令（CI）——这是一种建立在人类理性结构中的道德法则——那么该目的相关的行为就具有道德性（Kant，2002：33）。如果它违反了绝对命令（CI），那么它就有失德性。绝对命令（CI）是无条件的，这就意味着没有例外，并将其与假设的命令区分开来。绝对命令描述了一个人在某些特定情况下应该做什么，或者心中应该有某种目标(Kant, 2002: 31)。

这马上就带来了一个潜在的问题，因为有关计算机程序可能具有精神状态的观点(委婉而言)备受争议。如果我们需要创造出一个具有人类意图和理性水平的康德式道德推理器，那么这个任务可能超出了目前我们的能力所及之处。但是，如果只是一项创建符合道德法则的系统工程任务，那么这个项目还不是非常困难。

这是因为康德的伦理理论当中有一个关键要素——绝对命令(CI)，它可以用三种形式来表达，而每种形式又可由可编程的决策程序予以采集。所谓的普遍性表述具体如下："遵循那些本身同时也可以作为对象的普遍性自然法则的准则行事"(Kant, 2002: 55)。

康德对于绝对命令(CI)的第一个公式的正确描述在道德哲学当中极具争议，但就目前的讨论而言，以下内容足以突出与之相关的工程难题：

步骤1. 陈述准则。

步骤2. 普遍应用该准则。

步骤3. 看看它是否会导致矛盾。

这种伪算法已经足以突显实现任何编程所面临的工程挑战。

上述这个公式的推理是以行为准则或规则的定义为起点。以"饿了就从面包店偷面包"这个准则为例，然后，将它重新制定以便适用于所有情况(成为普遍规律)。所以，现在我们的准则变成了"只要饿了，所有人在任何时空都会偷面包"。第三，需要检查这个普遍性准则，看它是否违反了任何逻辑或物理定律。[1] 最后，如果准则不与

① 比如"如果有人饿了就会从面包店偷面包"这个准则，就存在语义分歧，因为偷窃这一含义预设了私有财产这一概念。而以私有财产为前提的话，就并非所有人可以在任何时空从他人那里拿走东西。这就意味着不偷窃是一项完美的品德，无论我们的习惯偏好如何，我们都必须始终遵守这一道德。完美的道义与不完美的道义不同，不完美的道义更依赖于环境和语境，不必在所有的情况下都予以遵循。不完美的道义通过概念上的矛盾而达到这一步。但是，在最后一步——意志上的矛盾当中——它失败了。它们之间的差异应该被编写到康德式算法的决策过程之中。

这些定律相互矛盾，那么我们就进入最后一步，并试图理性地按照准则行事而不产生矛盾。

伪算法的第一步和第二步显然并不构成工程挑战。指定一条准则只是如何建构一个适当的类符（临时）句问题。这可以通过用户的直接输入来完成，也可以根据其他来源（例如传感器）的输入自动生成这样的句子。[①]

但是，接下来我们将遇到第一个工程学难题。就像人类推理者一样，计算机程序必须决定特定准则应该有多精确（O'Neill, 2001）。"几乎不存在面包"或"因营养不良而濒临死亡"等事实与第一准则的制定方式相关。因为"饥饿和营养不良时偷面包"与"周围没有很多面包时偷面包"是两个大相径庭的道德准则。当只有类符句"饥饿时就偷面包"被考虑在内时，无论是计算机程序还是人类推理者都无法事先知道上述这两种情况是否适用。

如果我们解决了与情景相关的工程问题，也进一步假设对类符句的操作足以完成步骤 1 和步骤 2，那么剩下的问题就显得微不足道了。将一个准则置于一个普遍的语境中，不过是一个适当符号转换的问题。这可以简单到在步骤 1 的类符句前面加上量词，比如"所有人""任何地点"和"任何时间"。表面上看，这些都不需要什么尖端的软件。然而，需要检查普遍性准则的那一步（也就是步骤 2），确实需要尖端的软件。

在检查矛盾的那一步中，最有用的人工智能技术可能是知识工程，其已经成功用于开发诸如医疗诊断和飞机自动驾驶等方面的专业系统当中。知识工程至少涉及两个不同的问题：知识表征和基于知识基础的程序推理。

知识表征可以通过多种方式完成（Stephan, Pascal and Andreas,

---

① 例如，如果传感器检测到桌子上有面包，程序将例示一个类符句"桌子上有一些面包"。如果这个系统也有一些目的——比如获取一些食物——那么"如果桌上有一些面包，就拿去吃吧"的准则就可以在这个系统中形成。

2007）。其中一种方式需要十分明确的规则，如 Soar 的长期内存模型。对于 Soar 来说，系统还提供了使用这些知识的过程。但是，我们也可以在不依赖于整个认知架构的情况下完成知识表征。[①] 有一种叫作形式本体的表征方式——就像语义网语言一样——它使用的是互联网开发中常用的扩展标记语言模式（Horrocks，Patel-Schneider and vanharmelen，2003）。

请思考两件事：例如“菲多感到疼痛”和“约翰·史密斯感到疼痛”。这些事实的语义网语言和扩展标记语言模式如下所示：

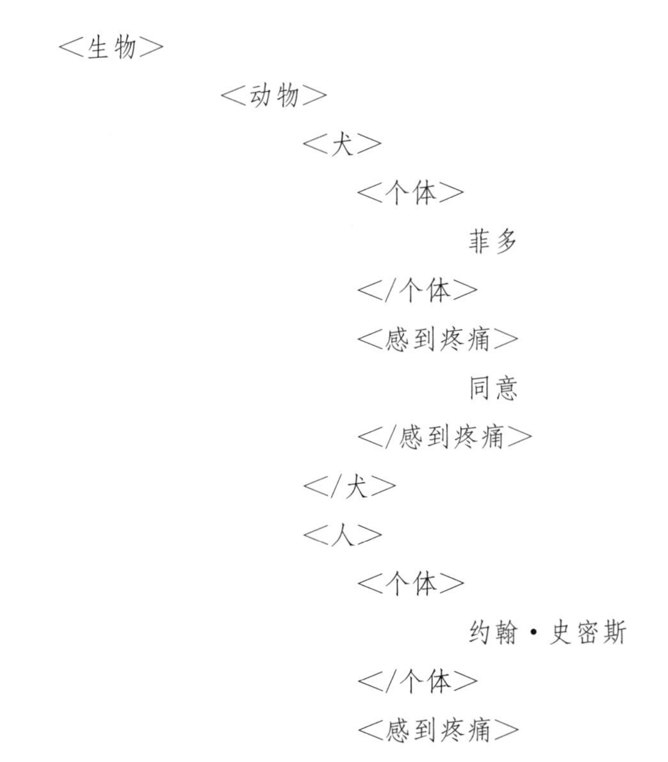

```
<生物>
        <动物>
            <犬>
                <个体>
                    菲多
                </个体>
                <感到疼痛>
                    同意
                </感到疼痛>
            </犬>
            <人>
                <个体>
                    约翰·史密斯
                </个体>
                <感到疼痛>
```

① 在计算机科学中，本体是一个共享概念化、形式化的显性规范。真正使用语义网语言的本体有分层 CONON（Wang et al.，2004）和 SOUPA（Singer，2011）等，虽然在计算机科学文献中一些学者对它们进行了十分详尽的讨论，但在目前这个文章背景中将它们作为案例展示可能会显得过于烦琐。用一个简易且不太起眼的扩展标记语言模式作为例子，应该足以说明形式本体可能具备致用性，但笔者还是会引导读者去阅读那些已经出版的文献，以便对扩展标记语言模式本体的优点进行适当的讨论。

同意
</感到疼痛>
</人>
</哺乳动物>
</生物>

扩展标记语言模式的结构可用于帮助跨类别关系实现显性化处理。从上述的这个表示结构当中，我们可以看到：如果某个 x 是动物，那么 x 就会感到疼痛。这就意味着，并非与在 Soar 中编写的规则相同，在语义网语言中我们创建的是一个可以在结构上表征规则的层次结构。

康德式算法当中，会造成最大困难的是第三步，这种知识表征可以作为其工程问题的解决方案。如果我们依赖上面这个代码段，就相当于检查了——相较于其他项——在准则中的特定项是否存在于扩展标记语言模式层次结构中的适当位置。

例如，假设约翰·史密斯想检查准则"如果你愿意的话，那就去给菲多带来痛苦"是否合乎道义。那么，该算法就要求将这一准则以某种形式置于普遍语境中："在任何地点和任何时间的所有人都会给动物带来痛苦。"如果我们回过头再看一下上面的扩展标记语言模式，我们会发现标签<动物>中的类别包括标签<犬>，但也包括标签<人>。因此，当这条准则成为一条普遍的自然法则之时，它的范围就涵盖了犬和人。如果约翰的准则具有普遍性，那就意味着对人类造成痛苦将是默认做法。<动物>的范围包括约翰·史密斯和菲多。也就是说，任何适用于动物的准则也都适用于所有人类个体。如果约翰的准则成立，那么意愿上就会产生矛盾，因为恰恰约翰他自己就不喜欢痛苦，因此在理性的驱动下，他不可能希望每一种动物都成为痛苦摧残的对象。

当然，这个"不起眼的"扩展标记语言模式示例是经过精心设计的，并且提取于大量的康德道德哲学。虽然从一方面来说，康德主义者不会认为成为动物与变得理性和自由在道德上具有一致相关性。但是，这个例子却很好地传达了这样一个想法——使用知识表征来检查语义矛盾中相对简单的机械过程具备可推广性。这个过程会涉及无穷无尽极其复杂的知识数据库，它们能对许多不同语义类别之间的语义关系进行编码。

有鉴于此，康德主义系统可能比实用主义系统更适合于处理一些需要及时搜寻的问题。而其原因在于：知识表征的性质与目的并非使用明确的规则。这里提出的康德系统依赖于扩展标记语言模式。换言之，这是众多快速并行搜索方式种类中最理想的选择之一(Liu et al.，2013)。

不幸的是，即使拥有如此庞大的工程知识库，检查一致性的关键步骤也可能经常失败。这是因为适用于各个准则的合理情景数量可能太大，以至于无法编程到一组知识表征(如扩展标记语言模式本体)当中。想想我们刚才看的准则——“如果你愿意的话，那就去给菲多带来痛苦”。对约翰·史密斯来说，这确实足以推理出这样的结论：给动物造成痛苦有失道义。然而，如果动物需要手术救命，却没有止痛药可用，约翰的推理就会随之改变。或者在约翰为抵御菲多(攻击)的情况下也会容易发生改变。由此可见，准则中的附加例外很容易产生。

与实用主义解决方案的情况一样，康德式伪算法面临的问题也是缺乏情景敏感性。道义论道德推理应该在大量的合理情景中发挥作用，并且必须将其中的每一个都明确编程到知识表征或者将其联系起来的推理模式当中。若非如此，这个系统也就没什么用武之地。为了采集一个道义论系统中的所有情景，工程的工作量可谓浩如烟海。

但是，即使完成了这项艰巨的任务，另一个问题仍然存在——实用主义系统未能妥善处理的各样情景。在基于规则的系统当中，通过规则进行搜索的时间限制对于实用主义系统来说是一个严峻的工程挑战,而对于康德主义系统来说,也是一个类似的烫手山芋。

处理这个问题的一种方法是为特定的知识领域制造道德推理软件,比如那些在医疗委员会、商业、教育等领域有用的知识。这将限制情景的可变性,从而降低系统的复杂性。然而,这就遗留了一个问题——根据搜索的及时性来校准知识表征的大小。一个庞杂的知识库可能需要花费大量的时间来完成搜索,但过小的知识库可能也无法在需要道德推理的现实世界中为所有人都提供有价值的建议。

16.3 类比推理

类比推理无处不在,有人认为这可能是人类认知的核心特征(Hofstadter, 2001)。它还能够与以基于规则的系统相结合,如ACT-R(Anderson and Thompson, 1989)。鉴于此,有一策略很有希望能够克服上文提出的哲学算法中情景相关的限制与时间上的限制,就是一种以类比推理来辅助符号算法的混合型系统。这个想法很简单。像 16.1 和 16.2 中提出的那样,具有哲学意义的算法产生了一系列的道德是非范例。反过来,这些也可以作为类比推理的知识基础。

类比推理有许多不同的形式,但它们最基本的结构我们业已非常了解。人工智能中的类比推理通常被描述为归纳推理系统(Rissland, 2006)。在伦理学中,类比推理作为推导道德正当性的一种形式一直存在争议,但最近它得到了有力的辩护(Spielthenner, 2014)。

在人工智能和伦理学当中,类比推理都可以初步正式地表示为一种依赖于源域(S)和目标域(T)的一些要素集的论证形式。例如:

(1) F 是 p(S)。

(2) G 就像 F(T)。

(3) F 是 q。

类比论证在演绎上没有效度。但是，如果话语强而有力，仍然可以提供理由的正当性。类比论证的力度取决于与概率有关的几个因素，以及源域(S)和目标域(T)之间的共同元素。

例如，假如我们知道为了取乐而伤害一个人在道德上是卑鄙的，那么我们可以通过类比得出结论——为了取乐而使犬类遭受痛苦在道德上同样也是小人之行。推理的关键是"造成痛苦"并且同时适用于源域(S)和目标域(T)。这个论证可能是强有力的，因为源域(S)和目标域(T)之间与道德相关的疼痛能力的类比适用于一切具有知觉的动物。

强有力的类比论证允许根据我们已有的知识得出概率(或然性)结论。这也许就是为什么类比推理经常被用于法律推理(Ashley，1988)和道德推理(Juthe，2005)的模式当中。其中，诸如"好的""公正的"或"错的"等谓语可以作为审判的指南。以这种方式理解的类比论证为解决跨语境的自动道德推理问题指明了一条康庄大道。

到目前为止，已有多种工程方法可用于计算机中以便实现自动类比推理。其中大多数解决方案的共同点在于坚持结构对齐理论(Gentner，1983)。根据这种观点，类比论证是在给定一些先行约束的情况下，将一组元素与另一组元素进行匹配。结构匹配引擎系统(Falkenhainer，Forbus and Gentner，1989)是实现它现有架构的一个范例。

为了能够产生强有力的类比论证，计算机类比推理系统应该去访问一个坚实庞大的源域(S)。16.1 和 16.2 建议的那些具有哲学意义的算法，其实就是关于在何处可以找到该域子集的一个很好的初步方法。基于此类算法验证的标准案例就可以提供一个知识数据库，该数据库又可反过来为任意一个道德类比论证提供一个源域(S)来与某些目标域(T)进行比较。

在笔者的认知范围之内，任何当前可用的系统都不能代表这种混合体系结构，而且现有机器人伦理学文献对此也从未提及。这让人感到十分惊讶。因为和类比推理的讨论相比，机器人伦理学从哲学中继承下来的情景问题甚至显得有些无关紧要。一个知识库中的两个知识可能共享某些属性，它们共享时可以作为类比论证的基础。而如果它们没有任何共享属性，即便它们仍可构成类比推理的基础，但是难言良莠。

此外，在类比推理系统当中，一直困扰我们的情景问题其实并未消失。这是因为在一种情况下道德上重要的类似属性在另一种情况下可能并不重要。例如，通常情况下一个人的肤色与道德无关，不过要是涉及有人遭遇种族歧视之时，那它就十分重要。若是决定谁更值得信赖，肤色就又无关紧要了。

在某些情况下，两个域可能共享多重属性，但只有一种属性与道德相关。例如，双方同意的男欢女爱和约会强暴(daterape)在某些情况下可能就共享多重属性。伦理推理系统应能挑选出某一个或某几个正向选项来作为道德的相关属性，目的是为了使所有其他的相似性都与道德无关。

16.4 结论

本章概述了从事道德推理的软件所面临的一些工程上的挑战，并提出了一些依赖现有技术的初步可能的解决方案。笔者的建议是着眼于演绎推理和归纳推理相互作用的混合系统。贯彻哲学原则(例如实用主义或康德主义)的符号算法可用于产生一个具备明确德性的标准案例基础。它们反过来可以被类比推理引擎用来将这些见解应用到非标准的案例当中。

我们应期待基于伦理的最优软件也能够借鉴其他人工智能的策略。这里所考虑的归纳系统——自动类比思维——可能不足以设计出一个计算机程序来进行人类层面的推理(Chalmers, French and Hofstadter, 1992)。同样的道理也适用于知识工程，它本身仅是一个不错的用于定义明确任务的工具而已。

参考文献

Anderson，John R. 2013. *The Architecture of Cognition*. Hove：Psychology Press.

Anderson，John R. and Ross Thompson. 1989. "Use of Analogy in a Production System Architecture." In *Similarity and Analogical Reasoning*，edited by Stella Vosniadou and Andrew Ortony，267 – 297. Cambridge：Cambridge University Press.

Anderson，Michael and Susan Leigh Anderson. 2011a. *Machine Ethics*. Cambridge：Cambridge University Press.

Anderson，Susan Leigh and Michael Anderson. 2011b. "A Prima Facie Duty Approach to Machine Ethics and Its Application to Elder Care." In *Human – Robot Interaction in Elder Care*. Technical Report WS – 11 – 12. Menlo Park，CA：AAAI Press.

Arkin，Ronald. 2009. *Governing Lethal Behavior in Autonomous Robots*. Boca Raton，FL：CRC Press.

Ashley，Kevin D. 1988. "Arguing by Analogy in Law：A Case-Based Model." In *Analogical Reasoning*，edited by David H. Helman，205 – 224. New York：Springer.

Bruni，Luigino and Pier Luigi Porta. 2005. *Economics and Happiness: Framing the Analysis*. Oxford：Oxford University Press.

Chalmers，David J.，Robert M. French，and Douglas R. Hofstadter. 1992. "High-Level Perception，Representation，and Analogy：A Critique of Artificial Intelligence Methodology." *Journal of Experimental & Theoretical Artificial Intelligence* 4(3)：185 – 211.

Falkenhainer，Brian，Kenneth D. Forbus，and Dedre Gentner. 1989. "The StructureMapping Engine：Algorithm and Examples." *Artificial Intelligence* 41(1)：1 – 63.

Feldman，Fred. 2010. *What Is This Thing Called Happiness?*. Oxford：Oxford University Press.

Gentner，Dedre. 1983. "Structure-Mapping：A Theoretical Framework for Analogy." *Cognitive Science* 7(2)：155 – 170.

Harsanyi，John C. 1990. "Interpersonal Utility Comparisons." In *Utility and Probability*，edited by John Eatwell，Murray Millgate，and Peter Newman，128 – 133. Basingstoke：Pelgrave Macmillan.

Hofstadter，Douglas R. 2001. "Epilogue：Analogy as the Core of Cognition." In

The Analogical Mind: Perspectives from Cognitive Science, edited by Dedre Gentner, Keith J Holyoak, and Boicho N Kokinov, 499 - 533. Cambridge, MA: MIT Press.

Horrocks, Ian, Peter F. Patel-Schneider, and Frank Van Harmelen. 2003. "From SHIQ and RDF to OWL: The Making of a Web Ontology Language." *Web Semantics: Science, Services and Agents on the World Wide Web* 1(1): 7 - 26.

Huppert, Felicia A., Nick Baylis, and Barry Keverne. 2005. *The Science of Well-Bein*. Oxford: Oxford University Press.

Jones, Randolph M., John E. Laird, Paul E. Nielsen, Karen J. Coulter, Patrick Kenny, and Frank V. Koss. 1999. "Automated Intelligent Pilots for Combat Flight Simulation." *AI Magazine* 20(1): 27 - 41.

Juthe, André. 2005. "Argument by Analogy." *Argumentation* 19(1): 1 - 27.

Kant, Immanuel. 2002 [1785]. *Groundwork of the Metaphysics of Morals*. Reprint, New Haven, CT: Yale University Press.

Laird, John E. 2012. *The Soar Cognitive Architecture*. Cambridge, MA: MIT Press.

Laird, John E., Keegan R. Kinkade, Shiwali Mohan, and Joseph Z. Xu. 2012. "Cognitive Robotics Using the Soar Cognitive Architecture." *Cognitive Robotics AAAI Technical Report*, *WS-12-06*, 46 - 54.

Laird, John E., Allen Newell, and Paul S. Rosenbloom. 1987. "Soar: An Architecture for General Intelligence." *Artificial Intelligence* 33(1): 1 - 64.

Liu, Xiping, Lei Chen, Changxuan Wan, Dexi Liu, and Naixue Xiong. 2013. "Exploiting Structures in Keyword Queries for Effective XML Search." *Information Sciences* 240: 56 - 71.

Martin, Mike W. 2012. *Happiness and the Good Life*. Oxford: Oxford University Press.

Mikhail, John. 2007. "Universal Moral Grammar: Theory, Evidence, and the Future." *Trends in Cognitive Science* 11(4): 143 - 152.

Mill, John Stuart. 2003. *"Utilitarianism" and "On Liberty": Including Mill's "Essay on Bentham" and Selections from the Writings of Jeremy Bentham and John Austin*. Edited by Mary Warnock. Hoboken, NJ: John Wiley.

Nussbaum, Martha C. 2004. "Mill Between Aristotle & Bentham." *Daedalus* 133(2): 60 - 68.

O'Neill, Onora. 2001. "Consistency in Action." In *Varieties of Practical Reasoning*, edited by Elijah Milgram, 301 - 329. Cambridge, MA: MIT Press.

Parfit, Derek. 2016. "Rights, Interests, and Possible People." In *Bioethics: An*

Anthology, edited by Helga Kuhse, Udo Schulklenk, and Peter Singer, 86–90. Hoboken, NJ: John Wiley.

Rissland, Edwina L. 2006. "AI and Similarity." *IEEE Intelligent Systems* (3): 39–49.

Singer, Peter. 2011. *Practical Ethics*. Cambridge: Cambridge University Press.

Spielthenner, Georg. 2014. "Analogical Reasoning in Ethics." *Ethical Theory and Moral Practice* 17(5): 861–874.

Stephan, Grimm, Hitzler Pascal, and Abecker Andreas. 2007. "Knowledge Representation and Ontologies." *Semantic Web Services: Concepts, Technologies, and Applications*, 51–105.

Wallach, Wendell and Colin Allen. 2008. *Moral Machines: Teaching Robots Right from Wrong*. Oxford: Oxford University Press.

Wang, Xiao Hang, Da Qing Zhang, Tao Gu, and Hung Keng Pung. 2004. "Ontology Based Context Modeling and Reasoning Using OWL." *Workshop Proceedings of the 2nd IEEE Conference on Pervasive Computing and Communications (PerCom2004)*, 18–22.

West, Henry. 2008. *The Blackwell Guide to Mill's Utilitarianism*. Hoboken, NJ: John Wiley.

Wray, Robert E, John E. Laird, Andrew Nuxoll, Devvan Stokes, and Alex Kerfoot. 2005. "Synthetic Adversaries for Urban Combat Training." *AI Magazine* 26(3): 82–92.

第 17 章
当机器人应该做错事的时候

布赖恩·塔尔博特,瑞安·詹金斯,邓肯·珀夫斯

在 17.1 中,本文认为道义论评估已不再适用于机器人行为。因此,结果论即使不成立,机器人也应该模仿结果论者的行为方式。在 17.2 中,本文认为,虽然机器人应该模仿结果论者的行为方式,但在某些情况下制造这样的机器人也不合时宜。在 17.2 的结尾与 17.3 部分,本文将展示一些不确定性的具体形式如何允许甚至强制人们制造违反人类道德规范的机器人。

17.1 机器人并非主体

所有出现的事件都可以放在一个连续的能动性上予以认知。这个连续体的一端是由本质上具有完整道德性的能动者(如人类)意向行动所能解释的事件。[①] 其中,最为貌似可信的例子便是人类有意而为之的行动。这个连续体的另一端则是那些绝非道德能动者的意向行动而引起的事件。某些自然灾害——比如地震——就是这类事件最典型的例子。后者可以称之为真实自然灾害。由于机器人行为在

① 假设宇宙中的某些生物是道德健全的能动者。若该说法错误,那么本文的新主张——机器人不是道义论批判的恰当对象——就得不到支持。然而,这似乎对更为普遍的道德哲学课题提出了质疑。在这种情况下,人们担忧的是出现更大的问题。

连续体中相比“能动端”更接近于“真实自然灾害端”，因此它们不受某些道德评价的约束。[①]

就现象而言，机器人目前尚不具备意识，未来较短时间内同样难以具备。正因如此，它们缺乏能动者所必需的心智能力。现象意识涉及道德决策的普遍理论，这些理论受到哲学界的普遍支持。它似乎是自我意识、道德想象、直觉（以及反思性心理平衡）或情绪等所必需的，人们公认这些因素在道德推理中扮演着重要角色（Velik，2010）。此外，若机器人没有明显的意识，那么它们就无法出于某种原因而采取相应行动。正如本文的两位作者在其他文章中所写：

> 一种是欲望-信念模型，另一种占据主导地位——出于某种原因而采取行动的理由模型。若上述两个模型都成立，那么原则上人工智能无法因为某些理由而行动。在这些模型当中，每一个基本上都要求能动者要具有信念或欲望意向（或一些更进一步的命题意向），以便根据此采取行动。人工智能并不具备正常人类能动者的上述特征。虽然能模仿人类的道德行为，但如果是类似于儿童在受苦这样的道德考虑，人工智能则往往束手无策。我们无法激发人工智能的道德行为；它表现的只是一个自动响应——完全由编程所要遵循的规则列表来决定。因此，从这个意义上讲，人工智能不可能会出于某种原因而实施行动。（Purves et al.，2015：861）[②]

很难理解在行动理据缺失的情况下，有意而为意味着什么，也难以训练一个缺乏行动理据的能动者[③]。因此，能动者至少需要能够对

---

① 有关计算机道德能动性作为具有一定成熟度的能动性的早期讨论，以及计算机和其他类型的准能动者之间的比较，请参见 Floridi 和 Sanders（2004）。

② 关于欲望-信念模型的辩护，详见 Davidson（1963，1978）。有关作为理由模型的一些辩护，请参见 Darwall（1983）、Gibbard（1992）、Korsgaard 和 O'Neill（1996）以及 Scanlon（1998）。

③ 行为与意向性之间的关联存在争议，但无法从主观上有意做出行动的实体并非是主体，有关此点鲜有异议——无论这些目的主体能力是（1）必要的还是（2）自身固有能力。参见 Anscombe（1957）、Davidson（1963，1978）和 Johnson（2006）。另见 Goldman（1970）和 Kuflik（1999）。

行动理据做出反应，并且采取行动。机器人无法因为某种理由而行动，因而也就不是能动者。它们的行动更像是上述提及的真实自然灾害——事前并无筹谋，同时有欠考虑，只是准确而果断地实施行动而已。

不言而喻，真正的自然灾害并非道义论所评估的对象，这正是因其背后不存在能动者，也不存在决策、行动、意图或意志来予以评价。自然灾害，不能说它错误，也不能说它合情合理。自然灾害不存在违反义务的可能性，也无法予以指责抑或褒奖。就像自然灾害一样，机器人的行为并非有意为之，更不是深思熟虑的能动行为，而是在复杂的（可能是难以理解的）确定性过程中应运而生。[①] 因为机器人缺乏能动性，所以它们的行为也就不会违反道德要求。[②]

必须提醒大家的是，人工意识在不久的将来或许能够转幻成真。有一小部分的思想哲学家坚持认为，人工意识具有可能性。如果真的创造了人工意识，那么本文的主张就值得被重新审视。这种人工意识将成为非常类似于人类的完整道德能动者，这是一个很有可能的结果。

如果机器人不具有能动性，那么它们行动的意义就存在问题。就人类的目的而言，“行为”这一概念对于一些更加具有技术性的东西来说可谓晦涩难懂。真正属于机器人的行为应该是由机器人的任意一个行动所引起，而不是由人类程序员或控制器所操控的。当遥控飞机（通常来说，虽然容易存在误导，但仍习惯称之为“无人机”）在人类指挥官的命令下发射导弹时，这并非机器人的自主行动。然而，

---

① 目前，人类能够设计出带有不确定性行为的机器人，因为它们具有随机性，但这和那种要求事物符合道德标准所需的不确定性是两码事。而且，如果机器人缺乏真正的自由意志，让它们为自己的行为负责也有欠公平。关于人类是傀儡，或是不动脑筋机械化行事的人的说法，只不过是一种个案，借以表明我们并非真正自由，故而我们不需要为自己的行为负责任。这个案例有一定的局限性。然而，这里并不需要隐喻，因为机器人不会拥有真正的自由。

② 参见 Noorman(2014)：“虽然有些人倾向于将计算机人格化，并将其视为道德能动者，但大多数哲学家都认为，如果成为道德能动者就意味着它们可以承担道德责任，如此说来当前的计算机技术还不具备称为道德能动者的资质。”

处于"自动驾驶模式"的自动驾驶汽车操纵方向盘以便保持其在车道之内或者避免碰撞，这则属于机器人的自主行动。

在继续推进讨论之前，有必要指明一点——一些人认为计算机具有道德能动性，他们通过提出更多更低限度的能动性概念来捍卫这种观点。例如，其中一些概念并不要求能动者能够形成心智的表征。相反，他们可能认为主体的能动性只是目标导向的行为或自我调节(Barandiaran、Di Paola and Rohde，2009；Brooks，1991)。然而，这些关于能动性的观点实在过于宽泛——从这种观点来看——甚至包括细菌在内的一些事物都可以作为具有能动性的主体。即使承认这些就是某种类型的能动者，也很难承认它们可以受到道德维度的适当约束。诚然，有些人类行为看起来像是在心智表征缺失的情况下进行的，例如系鞋带、转动门把手或拍苍蝇。如果这些行为是在没有心智表征的情况下进行的，但仍然可以进行道德评价，这似乎是因为它们是由有控制和表征能力的人进行的，可以将它们置于审慎的理性反思和批判之下。如果某人习惯性错误，那么就可以从道德维度对其评价，理由是他可以或应当反思这么做或不这么做的原因(Washington and Kelly，2016)。

所以机器人不能成为能动者，其行为也不能成为道义论评估的对象。不能简单地以对错论之；亦不可以褒贬概之。尽管如此，自然灾害在道德维度上却能以好坏评之，就像任何其他非人为原因引起的事件能够以好坏分之一样。人们说海地地震是件坏事，这里的"坏"是指道德上的坏。地震是坏的，因为它造成了许多死亡与痛苦。结果论者会发现，这种评价很自然：一场自然灾害的好坏取决于它对那些幸福感较高生物的总体影响。① 同自然灾害一样，即便对机器人

① 自然灾害被认为也许是件好事，这一说法可能会让一些人觉得不可思议，但本文并非如此认同。正如在 *30 Rock* 一集中罗伯特·德尼罗(Robert De Niro)滔滔不绝地列举出了一系列自然灾害："这场毁灭性的野火……这场可怕的洪水……，"最终"这场美妙的洪水扑灭了那场毁灭性的野火"(30 Rock，2011)。

的考虑和选择无法用道义论来予以评估，但它们带来的可预见性影响可以很容易地从道德上判断好坏。如果机器人表现得像完美的结果论者，它们会呈现出最好的状态。即使最大化结果主义并非真正的道德理论，这也要优于它们可能采取的其他方式。人们只需要接受在道德维度上世界上的某些状态优于其他状态。[①] 由于机器人不能接受其他类型的道德评价——它们不会做错事——因此，适用于机器人的唯一道德主张就是关于它们所造成结果在道德维度上的好坏认知。有鉴于此，即使结果论是错的，机器人也应该表现得像最大化结果论者那样完美（从某种意义上说，世界上最好的状态就是机器人表现得像完美的最大化结果论者）。

17.2 用完美知识，创造完美机器人

如果现在有一台高智能的机器人凭空出现，用来执行需要它们完成的任务，那么最合理的情况便是它们像完美的最大化结果论者一样行事。但是，机器人并未凭空出现，而是人类将它们设计了出来。那么就很有必要讨论应该如何设计机器人来令其行动的问题。即便无法评估机器人自身动作的义务状态，设计并编程机器人的（人类）程序员的动作却具有可评估性。本节当中，笔者将讨论这一论点：即使将机器人设计为结果论者，从而让世界在道德维度上得以优化，但是无论结果论正确与否，这都不一定意味着创造结果论的机器人在道德上能够获得认可。

本节还将讨论当设计师能够创造出完全符合人类道德要求的机器人时，设计师们应该做些什么。在下一节中笔者将讨论当设计师无法创造出这样一个道德意义上完美的机器人时，事情又会有什么不同。

---

① 尽管并非每个人都接受这个说法，但它是非常有道理的。Geach（1956）和 Thomson（2001）否认某些状态在道德上比其他状态更简单。参见 Klocksiem（2011）和 Huemer（2008）对 Geach 和 Thomson 的回复。

为了便于集中讨论，且先从几个假设开始。假设适度道义论成立，即使侵犯权利是为了获得最优效果，道义论通常仍然认为这有失道义，但是同时也认为，侵犯权利这一行为若造成了最优后果或避免了最差后果，这一行为应被允许。[①] 假设人类知晓所有的道德真理，并且能够创造一个在任何情况下都能完美地完成人类道义责任的机器人，暂且简称这个道义论机器人为 DR。或者，创造一个表现得像一个完美的福利最大化的结果论机器人，暂且简称这个结果论机器人为 MR。那么应该选择制造两者中的哪一个呢？要回答这个问题，考虑一下 MR 和 DR 在行为上的差异会有所助益（见表 17.1）。[②] 假设每当 DR 面临多个可行选项时，它都会首选利益最大化选项，那么 MR 和 DR 会有不同行为表现的唯一情况就是：此时侵犯权利相比于尊重权利能创造出更多的效益，但这种效益并未高到使得所有的侵犯都显得十分合理。请注意，MR 和 DR 的“侵犯权利”是一种简略的表达方式，因为正如前文所述，道德要求并不适用于机器人。笔者真正的意思是说，如果一个人类主体如此行事，他就违反了本应遵守的义务。

表 17.1 DR 和 MR 的不同决定（行为）

效益与权利	DR 和 MR 的决定（行为）
效益最大化为侵犯权利提供了正当的理由	DR 和 MR 都会最大化效益并侵犯权利；两者都会做人类主体有义务做的事情
效益最大化不能为侵犯权利提供正当的理由	MR 将使效益最大化；DR 会尊重权利；只有 DR 会做人类主体有义务做的事情
效益最大化与尊重权利是一致的	DR 和 MR 都将最大化效益并尊重权利；两者都会做人类主体有义务做的事情

① W. D. Ross（1930）被公认为第一个捍卫适度道义论的人。

② 选择创造哪一种机器人的原因绝不仅此一个，研制经费也是一个具有决定性的考量（可能因为创造某一类机器人的花费过高而放弃研制）。本文在此已把这些因素纳入考虑当中。

我们再来聚焦里甘(Regan，1983)提出的一个案例,这会对本节的讨论有所助益。

> 《阿加莎姨妈》。弗雷德的姨妈阿加莎非常富有,正过着纸醉金迷的生活。如果她活得足够久的话,那么到她临终之时,她将身无分文。当她去世时,弗雷德将继承她留下的所有钱财,并且他打算把所有钱都捐给一个实干的慈善机构。如果阿加莎能够早些离世,而不是寿终正寝,那么弗雷德得到的遗产将对世界产生巨大的效益;捐赠带来的好处将大于阿加莎死亡的坏处。

先做出这样一个规定:(现在)杀死阿加莎姨妈比让她活下去要更好,但她没有足够的财富,因此杀死她所得到的好处并不能为因杀了她而侵犯其权利提供正当的说辞。(这种情况下)MR 会杀了阿加莎,而 DR 则会让她活下来。可以通过提出这一问题来解决是否允许制造 MR 而非 DR——“人们是否允许创造阿加莎姨妈终结者——一台会在这种情况下杀死阿加莎姨妈的机器?”

首先需要清楚的是,制造一台只会杀死一个阿加莎姨妈然后就会自毁的机器是否允许呢?依据适度道义论,人自己去杀死阿加莎一定是有违人伦道德。很难看出(人类)设计和使用这台机器的行为比起人类自己直接地杀死阿加莎姨妈的行为好上多少,因为程序员带有意图的行为与阿加莎姨妈的死亡之间有着明显的联系。

那么制造可以杀死多个阿加莎姨妈的机器人又怎么样呢?通常而言,如果说制造只能杀死一个阿加莎的机器是错的,那么制造一台能够杀死多个阿加莎姨妈的机器人也毫无疑问是错的。但有可能赞成杀死 n 个阿加莎的理由或许会比赞成杀死一个阿加莎的理由有力 n 倍,因为能用金钱做的红利之事通常是非线性增加的。[①] 一个饥饿的人可以用 2 美元买 1 条鱼,用 4 美元买 2 条鱼,但如果用 20 美元,

---

① 相反,反对设计一台能杀死 n 个阿加莎的机器人的理由可能比反对设计一台只能杀死一个阿加莎的机器人的理由强不到 n 倍,尽管这种情况也许有悖常识。

这个人就可以买到1根鱼竿(而非10条鱼),而鱼竿的效用是1条鱼的10倍以上。因此,这样的情景很有可能出现:阿加莎终结者之所作所为带来的收益总量高得令人难以置信,因此即使杀死一个阿加莎是不被允许的,但制造一台这样的终结者也是合理的。这是否意味着在这种情景下我们应该制造MR而不是DR呢?

事实并非如此。因为在这种情景之下,DR同样也会杀死阿加莎。当每个侵犯均为必要,但还不足以产生证明侵犯行为正当性的结果时,只要我们打算并预期做其他必要的事情来产生这样的结果,我们依然可以侵犯义务。想象一下,例如,为了一个可以带来巨大效益的好处,某人需要撒一个小谎(但这确实违反了初步定义的义务)。几个小时后,此人就盗走一辆汽车。进一步假设一下,无数好处带来的效益足以证明偷车所涉及的侵权行为具有正当性。对于那些最终目的是为了做好事的主体来说,即使谎言本身并不能带来好处,说谎也属情有可原。当然,这必须有一个假设性前提——他们有足够的理由认为自己会成功地达成最终目的。说谎和偷车行为共同构成了一个合理的行动方案,而每一个单独的侵犯行为若未对这一更大的行动方案做出贡献,则它有失正当。类似地,如果一个主体打算并预期最终能够杀死足够多的阿加莎,以此创造足够多的效益,并证明所有的杀戮合情合理,那么这个主体将被允许杀死每一个阿加莎姨妈。这就意味着,DR也会杀死阿加莎。

总而言之,从阿加莎案例中得到以下结果(见表17.2)。MR和DR会有不同行为表现的唯一情况,就是因杀死阿加莎而获得的好处不足以证明实现该收益所需的所有杀戮均有正当性。在这种情况下再杀死(所有)阿加莎就是错的,随之制造一个会这样做的MR就是错上加错。阿加莎姨妈终结者只是任意一种MR的代行者。不管MR违反了什么道义规范,DR都会创造出能够证明侵权和违规行为正当性的巨大效益,而制造(像MR这样)会侵犯这些义务的机器人本就是一桩错事。若某种适度道义论成立——正如人类所规定的那样——当人类可以创造一个完美的适度道义论机器人时，仍去制造一个完美的结果论机器人便是一个错误。即使义务评估不适用于机器人，这也是绝对的真理。

表 17.2 DR 和 MR 在阿加莎案例中的不同决定(行为)

效益与权利	DR 和 MR 的决定(行为)
效益最大化为杀死 n 个阿加莎提供了正当的理由	DR 和 MR 都会最大化效益并侵犯阿加莎的权利；两者都会做人类主体有义务做的事情
效益最大化不能为杀死 n 个阿加莎提供正当的理由	MR 将使效益最大化；DR 会尊重阿加莎的权利；只有 DR 会做人类主体有义务做的事情
效益最大化与尊重阿加莎的权利是一致的	DR 和 MR 都将最大化效益并尊重阿加莎的权利；两者都会做人类主体有义务做的事情

17.3 完美机器人与不确定性

随着阿加莎姨妈终结者的相关讨论此起彼伏，大量关于人工机器人将会侵犯哪些权利的信息也逐渐浮出水面。但是，有时这样的观点并未得到认同，因为未来充满了不确定性。未来事件的不确定性如何影响道义论所主张的道义，其相关说法基本都各执一端，争议不断。然而，让我们来假设一个貌似有点道理的观点——人类无法确定自己设计的机器人将如何行事，而这种不确定性使得人们放弃了 DR 转而去设计 MR 成为可能。

先来看看为何有人认为不确定性会对人类是否应该制造 MR 的决定没有影响。若说有什么道德上的理由支持人类在制造 DR 或 MR 中二选一，那是因为它们分别将要采取什么行动存在差异，或是因为它们采取不同行动的可能性使得人类缺乏确定性。正如前文所言，它们的行为会导致不同的唯一情况，便是侵犯权利可以最大化效益，但此时创造的效益不足以证明侵犯的正当性。反对 MR 的理由便是它在这些情况下依然可能会侵犯那些权利。假设人类不确定任何权利是否都会被侵犯,也不确定这些被侵犯的权利是什么,这就会削弱这些理由的影响力。支持MR的理由在于那些由侵权而获得的效益。效益产生的不确定性也稀释了这些理由的说服力,并且由于人对DR和MR两者的不确定性程度持平,因此对其所考虑的侵权和收效具有相同的削弱效果。毕竟,在每一种由MR而非DR实现效益最大化的情况下,MR侵犯了一项比所获效益更重要的权利。这表明,即使人类不知道MR或DR如何具体行动,人类也会知道——制造MR可能会冒着因为理由不充分而犯错的风险,而制造DR则不存在此类风险。

似乎这并不总是考虑这些问题的正确方式。欲知为何,且先考虑一些关于风险和权利的直观看法。从直觉上来看,杀人在道德上一定是错的,即使这样做可以避免这个人将要面对的很多烦心事。进一步来说,即使这种风险是预防烦心事所必需的,但冒着90%的几率杀死一个无辜的人也是不对的。这说明了这样一种观念——活着的权利(直觉上)在字面意义上优先于无烦心事的权利;如果权利x比y在词汇层面更具有优先级,那么便无法证明通过侵犯权利x来保护权利y具有合理性。这些例子还表明,即使生命权是否会受到侵犯存在不确定性,生命权在词汇层面上的优先地位仍然保持不动。从表面上看,这意味着为了疏解烦心事而对他人生命造成任何程度的风险是永远不被允许的。但实际上这并不可能。因为开车去药店买阿司匹林在道德上一定是被允许的。权利和风险似乎以一种非直接的方式相互作用。许多道义论者说:一旦权利被侵犯的可能性过低,相关权利就基本上"退出"了道德计算(Aboodi, Borer, and Enoch, 2008; Hawley, 2008)。

换言之,一旦权利x被侵犯的概率低于某个阈值,人们可以在做决定时完全忽略权利x。在疏解烦心事的情况下,因为(心烦)杀死人的可能性过低,当要决定何种行动可被允许时,完全可以忽略。另一种观点是,当一项权利被侵犯的可能性低于某个阈值时,人们仍然有理由尊重这一权利,但是这些支持的理由会明显变得脆弱,并且易于推翻。[1] 从这两种观点来看，当侵犯权利的风险降低时，从中获得的理由力度不会随着风险的降低呈线性下降。首先，只要风险足够低，冒险伤害别人的理由便不再说得过去。其次，不去冒险的理由很多，这些理由可能（不）具备针对其他理由的词汇优先级。无论是哪种观点，如果冒险伤害别人的概率足够小，在机器人面对侵犯权利就能将利益最大化的情况下，人们就可以制造 MR。这可能是由于制造 MR 而使权利受损已经可以忽略不计，或者权利脆弱到制造 MR 所得的效益大大超过了对于这些权利的侵犯。这种情况可能很适用于像自动驾驶汽车这种类型的机器人，它们很少会遇到尊重权利和效益最大化发生冲突的情况。[2]

这可能就意味着，当允许制造 MR 而非 DR 时，选择 MR 就带有强制性。为了说明原因，将对这一观点予以重点讨论，即当某个权利受到侵犯的风险足够低时，这个权利会很容易被忽略。笔者所讨论的内容（在稍作修改后）也将适用于上一段中所描述的第二种观点。与权利论不同，结果论永远不会被排除在考虑之外，而是会根据预期效益的计算在它们的权重上做出简单的改变。即使正在进行的某个行动 x 带来一些好处的可能性很小，这仍然可以算作支持这项行动的理由。如果一些权利在被侵犯的可能性足够低时，那么这些权利就被排除在考虑之外。也就是说，在上述情况下，MR 不太可能侵犯权利，制造 MR 便是允许的。甚至在制造 MR 中所得预期效益的驱动下，就会使得制造 MR 这一行为具有强制性。这种情况是否出现可能取决于是否考虑权利侵犯的可能性阈值。这个阈值可以称为退出值或退出门槛。

---

① 我们感谢 David Boonin 指出了这个不同视角的论点。更要感谢第九届年度落基山伦理（RoME）大会的观众，尤其是 Nicholas Delon、Spencer Case、Rebecca Chane 等人，他们为阐明这一观点进行了富有建设性的讨论。

② 虽然车祸是美国人致死的主要诱因，但每英里的驾驶事故次数还是相对较少的。例如，在 2012 年的美国，每 528 000 英里会发生一次车祸（无论是否涉及人员伤亡）（数据来自 NHTSA 2012）。

要了解为什么退出门槛的数值与制造 MR 的决定相关，且先考虑两个合理阈值。有人认为，如果侵犯权利的概率在 2%或 2%以下，那么这些权利就可以被忽略。这个退出门槛是根据刑事处罚中“排除合理怀疑”标准而制定的。（根据法学院所学知识）被告需要大约 98%的有罪确定性才能被定罪（Hughes，2014）。允许冒着 2%的风险去侵犯最严肃的一批权利（无辜者不会受到惩罚的权利）的观点表明，如果这些权利被侵犯的可能性低于 2%，则无需予以考虑。另一方面，对于某些权利来说，2%的几率有时看起来便是风险极高。例如，大多数人认为酒后驾车在城镇里乱窜是错的，但在清醒状态下即使是漫无目的地在市内驾车则会得到允许。醉酒驾车行驶 10 英里致死的几率约为 0.000 01%，因此要达到可以忽略生命权的门槛似乎就必须要低于此值。[①] 这两个极端的阈值对决定制造 MR 而不是 DR 有着截然不同的影响。想象一下，如果 MR 的行为与 DR 不同，它会杀死 1 个人来救 5 个人，并进一步假设救 5 个人并不能成为杀死 1 个人的正当理由。为了说得更清楚些，在此暂将 1 个人的生命效用（价值）设定为大约 700 万美元（Applebaum，2011），那么杀 1 个人来救 5 个人的净收益就是价值 2 800 万美元的效益。假设这种效益不足以证明杀人合理，那么在这种情况下允许制造 MR 就需要一个前提条件——MR 实际上杀死 1 个人以拯救 5 个人的几率低于退出门槛。MR 能够创造出相比于 DR 额外的 2 800 万美元效益的可能性与它能杀死 1 个人而拯救 5 个人的概率需要持平。这就意味着，如果退出门槛为 2%，那么允许制造 MR 的预期效益最高可能达到 560 000 美元（2 800 万美元×0.02）。如果这一阈值为 0.000 01%，则允许制造 MR 的预期效益不得高于 2.80 美元（2 800 万美元×0.000 000 1）。人类可能

---

① 这只是一个为了说明原因的大概估计，是笔者通过以下说法所得：醉酒的司机比清醒的司机大约危险十倍（Levitt and Porter，2001）。美国交通部报告生成，每行驶 1 亿英里大约有 1 人死亡，因此有理由估计每 1 000 万英里醉酒行驶就有 1 人死亡。因此，酒后驾车 10 英里大约有百万分之一的几率会出现伤亡。

有必要做出具有前一种预期效益水平的决定，而非（直觉上的）后者。因此，如果权利不被考虑的概率之阈值足够高，而 MR 侵犯该权利的概率又低于该阈值，人类可能应该更有责任选择制造 MR 而非 DR。

17.4 创造不完美的机器人

就目前的情况而言，人类尚未具有能力创造出能够完全遵循正确的道德体系规则的机器人。一方面，人们制造机器人经常只是为了让它们做非道之事。要查其原因，可以想想那些自动驾驶汽车和自动武器。直觉认为，过多漫无目的的驾驶是错的，很可能是因为这会让人类自己成为众多危害气候变化的因素之一。但是，人创造自动驾驶汽车，是为了让这样的汽车在车主要求的时空内行驶，即便这意味着它们会有很多毫无意义的行程。同样，只有当自动武器服从命令——包括在有失道义的战争中作战的命令时——人才会制造它们。现在制造的任何机器人远非一个完美的道德主体。但另一方面，即使机器人的设计师抱有最纯粹的动机，想要创造出最完美的机器人，他们也不知道究竟什么才是正确的道德体系。正如我们所见，由于对未来缺乏确定性，这就导致制造出来的机器人的行为模式遵循了我们所认为的一套错误理论。有关什么是正确道德理论的不确定性也会对此产生同样的影响。

为了说明个中缘由，且将机器人设计师面临的选择缩小到两个。我们称之为不完美的结果论机器人（IMR）和不完美的道义论机器人（IDR）。[①] IMR 试图像 MR 那样行事，而 IDR 则像 DR 那样行事。只

① 由于篇幅有限，本文将概括性地讨论两个有趣的问题。(1) 人类是否应该制造一种不太理想的 IDR（也就是一种持有一些普遍认为是错误的道义论信念的机器人），而不是更为理想的 IDR 或 IMR？这样做或许理由充分，但这完全取决于有关对不确定性的适当道义论反映的事实。(2) 相比于不创造机器人，是否可以创造一些不完美的机器人呢？关于后者，即使任何不完美机器人的诞生是错的，仍然可以发问：既然人类极有可能做的是错事，那么怎样做才算正确呢？

是它们都不完美，这是因为设计者对正确的效益论或正确的道义论都缺乏充分的确定性。与讨论MR和DR一样，若要了解应该创造IMR和IDR中的哪一个，就要对它们的行为方式有何不同加以考虑。IMR同MR一样，它将违反道义论所提倡的道义和责任，这样一来，即使产生的效益不足以为违反义务提供正当说辞，效益最大化依然能够实现（例如，它将杀死阿加莎姨妈）。但是当IMR计算错误时，就会在违反义务的同时未能实现最大化效益。[1] 例如，一辆自动驾驶汽车可能因太过重视人类的财产权而忽视了动物的生命权。其结果就是，它可能会杀死一只松鼠来阻止汽车的损坏，即便损坏汽车可以在不违反任何义务的情况下实现效益最大化。在这种情况下，IDR的所作所为就是错的，而IMR则会做出正确的选择。这个案例给我们上了这样一课：在IDR错误地认为有义务做某事x的情况下，如果这个行动（x-ing）不能将效益最大化，那么在假设IMR不能做出这样的行动（x-ed）的情况下，制造IMR则在道德上更为可取。

考虑到道德要求的一些不确定性，设计师在一些情况下更应该制造IMR而非IDR。为了探究其中的缘由，并确保无需太多不确定性，让我们假设一个发现自己处于所谓序言悖论的道德形式中的设计师。假如这个设计师认为IDR和IMR可能在100种情况中会采取不同的行动，并且对于每种情况他都有95%的把握知道什么行为符合道德正义。由于只有在设计师认为IMR会违反义务时，IDR和IMR才会有不同的行为，因此这表明她将有95%的把握相信IMR在这100种情况中的每一种情况下都毫无理由地违反了义务。即使在任意一个案例当中它的错误率只有5%，这就意味着100个案例中，至少有一个案例被它弄错的概率超过99%。[2] 换个更容易理解的说

---

① 其他有关道德的考虑关乎不完美机器人的制造——这些机器人可能被制造出来去做一些错事，或者违反一些人类尚未意识到的义务——但它们不会再被区分成IMR和IDR。

② 此处以及接下来所有的概率都是由简单的二项式概率计算生成。相应计算工具来自互联网（例如，参见Stat Trek 2016）。

法——在这种情况下，设计师几乎可以肯定 IMR 只在 99 种情况下违反了义务，即使她对所有 100 种情形有 95%的把握相信 IMR 都违反了义务。如果 IMR 的行动所带来的收益总量足以证明 99%而不是 100%的侵犯义务是合理的，那么制造 IMR 就是允许的。当某人在道德上缺乏确定性时，他就有充分的理由在更多的场景中制造使用 IMR。

这种说法似乎与前文在不确定性和完美机器人的背景下讨论的观点相互矛盾。笔者曾提出这一观点——一旦某人在某个临界点以上确信有这种义务，那么他就应该表现得仿佛有义务做某事一样。在刚才给出的示例当中，那位设计师在其各个义务方面都明显高于退出阈值。[①] 那么为什么这并不意味着那位设计师必须将所有一切都编程到机器人中呢？

制造一个机器人的行为是个体行为。如果制造这个机器人意味着这位设计师违反了某种义务（因为机器人像一个结果论者来做出行动），那么这个义务就是人类预计机器人可能会违反的一些义务所结合的产物。[②] 正如上文提到的那样，即使人类异常坚信他们所秉持的每一项义务都很正确，但人类可能根本不相信这些义务的合集正确。鉴于其不确定性，人类不需要机器人尊重所有的人类认为符合道义论的义务，因而这种机器人无需制造。相反，某种机器人会根据人类足够确信的一些义务中的每一个子集来正确地行动。因此，人类可能并不相信那些高于退出阈值的假定（被公认的）义务中所有 100 项都是真实的义务。但是可以推断的是，对于 99 项义务中的每

① 熟悉关于道德不确定性讨论的人可能会注意到，这个问题将机器人会做什么的不确定性与道德义务是什么的不确定性混为一谈。许多人认为这种不确定性对道德计算的影响不同。即便如此，在这里提出这个问题也很自然。

② Hawley(2008)赞同这种观点。Aboodi 等人(2008)似乎并不认同，但这实际上是误导。他们认为，如果单独的个体面临一系列选择，而且每个选择都涉及不确定性，他们就必须独立地做出每一个选择，并考虑到它会侵犯某些权利的可能性。然而，机器人设计师面临的不是一系列（而只有一个）选择，机器人有可能侵犯某些结合到一起的权利，因此必须对其侵犯的概率进行计算。

个子集——可以确信——在退出阈值以上的该子集的所有成员都是真实的义务。应该根据确信程度对机器人进行编程。如果所预计的由IMR的行为带来的好处能够为侵犯99项义务中每个子集中的义务提供正当的理由,那么IMR就可以制造。[①]

这表明,在无法制造出道德意义上完美机器人的情况下,应制造出一个行为符合其创造者坚信的失义型道德观点的机器人。本文通过思考设计师所面临的两种选择(IMR或IDR)来证明这一点。当然,设计师所面临的是他们能够制造的也许存在着道德缺陷的大量机器人。也就是说,有人可能会创造出一个(既不是IMR也不是IDR的)机器人,但在某些情况下它像IMR一样行动,在其他情况下又像IDR一样行动。或者,人们可能会创造一个像道义论者一样行动的机器人,但其行为反映了一种人类反对的道义论形式。本文业已证明,对于个体道德观的合理肯定并不能排除创造这类机器人的可能性。未来的研究应该探索人类何时(如果存在的话)才应该创造出这样的机器人。

17.5 结论

本文认为,无论结果论是否成立,机器人都应该表现得与完美的结果论者相似。因此,如果高度智能的机器人即将凭空出现,那么希望它们像最大化结果论者一样完美行事则最具有合理性。然而,机器人由人类设计创造,所以人类必须扪心自问,是否应该把机器人设计得如同结果论者那样如出一辙。如果道义论是成立的话,人类也

① 有人可能会指出,当人考虑每一个自己确信的义务子集时,这些子集包含了所有他所相信的义务;这难道不意味着必须对机器人进行编程,以使其尊重所有100项义务吗?事实并非如此,需要强调的是,如果IMR所做的有利之事足以证明违反其中任何99项义务都是正当的,那么可以制造IMR而不制造IDR,即便IMR将会违反所有100项假定的义务。这是因为即使我们异常坚信违反100项义务中的每一项都是错的,也不应该完全相信侵犯了这些全部义务就是错上加错。

可以让机器人表现得像完美的道义论者一样。有鉴于人类对于机器人的未来充满信心，人类应当让机器人成为完美的道义论者。然而，机器人出自本身就不完美的人类手笔。考虑到机器人设计师权利类型的不确定性——机器人未来行为的高度不确定性或完整道德理论的高度不确定性——机器人设计师可能(也许是必须)会按照他本人所拒绝的道德观点来创造机器人。

参考文献

Aboodi, R., A. Borer, and D. Enoch. 2008. "Deontology, Individualism, and Uncertainty." *Journal of Philosophy* 105(5): 259 - 272.

Anscombe, G.E.M. 1957. *Intention*. Oxford: Basil Blackwell.

Applebaum, Binyamin. 2011. "As U.S. Agencies Put More Value on a Life, Businesses Fret." *New York Times*, February 16. http://www.nytimes.com/2011/02/17/business/economy/17regulation.html.

Barandiaran, X. E., E. Di Paolo, and M. Rohde. 2009. "Defining Agency: Individuality, Normativity, Asymmetry, and Spatio-Temporality in Action." *Adaptive Behavior* 17(5): 367 - 386.

Brooks, R. A. 1991. "Intelligence Without Representation." *Artificial Intelligence* 47: 139 - 159.

Darwall, Stephen L. 1983. *Impartial Reason*. Ithaca, NY: Cornell University Press.

Davidson, Donald. 1963. "Actions, Reasons, and Causes." *Journal of Philosophy* 60(23): 685 - 700.

Davidson, Donald. 1978. "Intending." In *Philosophy of History and Action*, edited by Yirmiyahu Yovel, 41 - 60. New York: Springer.

Floridi, L. and J. Sanders. 2004. "On the Morality of Artificial Agents." *Minds and Machines*, 14(3): 349 - 379.

Geach, Peter T. 1956. "Good and Evil." *Analysis* 17(2): 33 - 42.

Gibbard, Allan. 1992. *Wise Choices, Apt Feelings: A Theory of Normative Judgment*. Cambridge, MA: Harvard University Press.

Goldman, Alvin. 1970. *A Theory of Human Action*. Englewood Cliffs, NJ: Prentice-Hall.

Hawley, P. 2008. "Moral Absolutism Defended." *Journal of Philosophy* 105(5): 273 - 275.

Huemer, Michael. 2008. "In Defence of Repugnance." *Mind* 117 (468):

899 – 933.

Hughes, Virginia. 2014. "How Many People Are Wrongly Convicted? Researchers Do the Math." *National Geographic*, April 28. http://phenomena.nationalgeographic.com/2014/04/28/how-many-people-are-wrongly-convicted-researchers-do-themath/.

Johnson, Deborah G. 2006. "Computer Systems: Moral Entities but Not Moral Agents." *Ethics and Information Technology* 8(4): 195 – 204.

Klocksiem, Justin. 2011. "Perspective-Neutral Intrinsic Value." *Pacific Philosophical Quarterly* 92(3): 323 – 337.

Korsgaard, Christine M. and Onora O'Neill. 1996. *The Sources of Normativity*. Cambridge: Cambridge University Press.

Kuflik, Arthur. 1999. "Computers in Control: Rational Transfer of Authority or Irresponsible Abdication of Autonomy?" *Ethics and Information Technology* 1(3): 173 – 184.

Levitt, S. D., and Porter, J. 2001. "How Dangerous Are Drinking Drivers?" *Journal of Political Economy* 109(6): 1198 – 1237.

National Highway Transportation Safety Administration (NHTSA). 2012. "Traffic Safety Facts 2012." https://crashstats.nhtsa.dot.gov/Api/Public/ViewPublication/812032.

Noorman, Merel. 2014. "Computing and Moral Responsibility." *The Stanford Encyclopedia of Philosophy*, Summer 2014 ed., edited by Edward N. Zalta. http://plato.stanford.edu/archives/sum2014/entries/computing-responsibility/.

Purves, Duncan, Ryan Jenkins, and Bradley J. Strawser. 2015. "Autonomous Machines, Moral Judgment, and Acting for the Right Reasons." *Ethical Theory and Moral Practice* 18(4): 851 – 872.

Regan, Tom. 1983. *The Case for Animal Rights*. Berkeley: University of California Press.

Ross, William D. 1930. *The Right and the Good*. Oxford: Clarendon Press.

Scanlon, Thomas. 1998. *What We Owe to Each Other*. Cambridge, MA: Harvard University Press.

Stat Trek. 2016. "Binomial Calculator: Online Statistical Table." http://stattrek.com/online-calculator/binomial.aspx.

30 Rock. 2011. "Operation Righteous Cowboy Lightning." s05e12. Directed by Beth McCarthy-Miller. Written by Tina Fey and Robert Carlock. NBC, January 27.

Thomson, J. J. 2001. *Goodness and Advice*. Princeton. NJ: Princeton University Press.

Velik, Rosemarie. 2010. "Why Machines Cannot Feel." *Minds and Machines*

20(1): 1 - 18.

Washington, N. and D. Kelly. 2016. "Who's Responsible for This? Moral Responsibility, Externalism, and Knowledge about Implicit Bias." In *Implicit Bias and Philosophy*, edited by M. Brownstein and J. Saul. New York: Oxford University Press.

第 18 章

军用机器人与武装战斗的可能性

莱昂纳德·卡恩

黑格尔曾经指出，“将一个人的生产从另一个人的生产当中抽离出来，就会使得劳动越来越机械化，直到人类最终让位并在原位上安装机器以代替自己为止”(Knox, 1942: 58)。人类尚未完全远离战祸，亦未完全利用机器来替代一切作战单位。这或许永远都不会发生。但是，现在的机器不仅能够为战斗人员提供支持，而且有能力在战争中胜任人类的位置——人类已将机器研发到了这一程度。这一点意义非凡，其中包含了许多重要的伦理学意义(Brunstetter and Braun, 2011; Halgarth, 2013: 35ff.)。笔者在这里重点关注一些鲜有探究的不良影响，其中涉及军用机器人的兴起与武装冲突可能性之间的关系。

在 18.1 中，笔者提供了军用机器人的工作定义。在 18.2 中，笔者概述了一个简单的模型，用于解释武装冲突与交战方所付成本之间的关系。然后，笔者在 18.3 中论证了如下观点——使用军用机器人可能会导致更多的武装冲突。在 18.4 中，笔者论证了以下观点——使用军用机器人会导致武装冲突数量攀升，这从各方面而言都有违道义。在 18.5 中，笔者简要总结全文，主张人类应该制定法律法规，创建完善的社会规范，以便限制军用机器人的使用。

18.1 军用机器人：工作定义

谈及军用机器人，这一话题颇具误导性。因为对于某些人来说，“军用机器人”一词会让人想起科幻小说中的形象，例如《终结者》系列中的 T－800 或《星球大战》电影中的超级战斗机器人。但是，本文的主角并非存在于很久以前的遥远星系当中，它是关于当下正在发生的事情。那么，笔者将首先概述军用机器人的工作定义。

根据乔治·贝基的说法，机器人是“一台存在于世间的机器，可以感知、思考和行动”（2012：18）。基于本文主旨，笔者接受贝基的定义并附带少量细微限制条件与说明。下面笔者将对这些限制条件与说明予以阐释。首先，机器人“存于世间”的意义在于可以将机器人与计算机程序区分开来，后者本就只存在于网络空间当中。有观点认为，除了生物有机体之外的任何事物都可以感知、思考、行动，甚至可以有一些精神生活；一些学者（e.g.，Searle，1984；Webb，2001）对此则持反对态度。然而，针对“感知、思考、行动”三个词语，笔者进行了不包含任何哲学关切的最低限度理解。具体阐释如下：首先，笔者所言机器人之“感知”，其意思仅限于它们可以从环境中获取信息输入。此类输入可能非常原始，例如测定一间小屋的环境温度；抑或是相当精密，例如测定数英里外温度的微小波动。但是，这些输入均无需完全模拟生物体的经历体验。其次，笔者所言机器人之“思考”，其意思仅限于它们可以接收感官输入并进行处理，应用了编程规则、学习规则或两者兼而有之（Himes，2016：12）。就笔者所理解的这个词语而言，思考只不过就是信息处理。似乎生物有机体在处理信息时也会思考（Hunt，1980）。但是，笔者在此不再赘述人类思维是否超越了这一模型。最后，笔者所讲机器人之“行动”，乃是指它们基于感知和思考可以穿越和操纵的所在环境。机器人是否能够行动，抑或是否确实有意或自愿地行动是一个很有趣的研究课题，但本文不予关注。

值得注意的是，机器人所做的一切并非都是其自身感知和思考的结果。目前，大多数机器人至少有时仍在人类主体的控制之下采取行动，尽管有些机器人已经并不需要这种帮助。如果机器人的全部动作都是其自身感知和思考所致，那么笔者认同将其称为“自主”机器人的做法。但是，如果机器人的部分（不一定是全部）动作是其自身感知和思考的结果，则应称其为“半自主”机器人（Lucas，2013）。然而无法忽视的一点是，一些半自主机器人也要比其他机器人更具自主性，因为前者拥有更高程度的独立自主性。

那么，军用机器人与其他机器人的区别何在？可以说，军用机器人是为军事应用而设计并使用的一种机器人。也就是说，它们通常有意地推进参与者在战争或类似的军事冲突中的目的。毫无疑问，因为战争实践在概念上十分混乱，也不鼓励去寻找一个整齐划一的定义。然而，这些例子却有助于描述军用机器人的概念。也许目前最受认可的例子就是无人机，确切而言，应是无人驾驶飞行器。美国军方的 MQ－1 Predator 就是这样一种军用机器人，最近研发的 MQ－9 收割者亦在此列。这些半自主的军用机器人能够从空中追踪和攻击目标。比如收割者，它能够使用 500 磅的激光制导炸弹攻击目标。然而值得注意的是，军用机器人无需全都像收割者那样显眼或致命。美国军事专家辛格（Peter W. Singer）在他的《遥控战争》（2009：19－41）一书中就为我们展示了另一种半自主军事机器人 iRobot 510 Packbot，其旨在帮助识别和处置简易的爆炸装置。Packbot 机器人并不具备武器系统，也不会对敌方战斗人员构成直接威胁。然而，Packbot 机器人是为军事应用而设计并投入使用的——保护美国士兵在战场上免受伤害与死亡的威胁。[1] 可以肯定的是，还

① 有趣的是，Packbot 机器人最近已被改装用于执行一些非军事性任务，具体包括在人类面临巨大风险的自然产生且危害生物的地区中使用。这一事实表明：“军事用途机器人”可能是比“军用机器人”更准确的表述。然而，这样的表述有些冗长，而且作用不大，因此笔者没有采用。

有许多其他类型的军用机器人。比如完全自主的守门员近程防御武器系统,它能保护船只免受机载导弹和地面导弹的攻击,三星自动哨兵则部分取代了朝韩非军事区的战斗士兵,还有角斗士战术无人车,支持作战空间运转,能够代替大型非自主火炮。本文后面的小节还将谈及这些特定类型的机器人。但是现在,我们应该已对军用机器人的工作定义有了一个清楚的认识——它是一种存在于物质世界的机器,具有感知、思考和行动的能力,被设计并应用于军事用途当中。

18.2 苹果与武装冲突

本章的主要观点之一就是使用军用机器人可能会导致武装冲突数量上升。本节当中,笔者提供一个简单的模型,以便将武装冲突的数量与其成本联系起来。在下一节中,笔者将使用该模型为这一观点提供论据。

从任何经济学基础课程中熟悉的简单观点开始,对于任何指定商品而言——如果其他条件不变——该商品的价格和需求量成反比例关系。以苹果为例。如果一个苹果的价格很高,比如说 100 美元,那么喜欢苹果的人对苹果的需求就会降低。只有最富有者才能以这样的价格购买一个苹果。相反,如果一个苹果的价格很低,比如 0.01 美元,那么想吃苹果的人对苹果的需求量就会非常高。几乎每个人都能以这个价格买得起苹果。而且,只有在吃苹果的欲望得到满足之后,我们才可能出于其他原因继续购买苹果,可能是为了装饰,抑或是投喂宠物。

虽然价格和需求量之间的反比关系人尽皆知,本文稍后仍将解释它与军用机器人的相关性。然而,在往下进行讨论之前,需要强调的是,价格于需求量之间反比关系下的其他因素不变,或者说其他情况均设相同。当价格以外的因素发生变化之时,需求量可能不会依反比关系而发生变化。例如,假设人们发现苹果可以治疗癌症。即使每个苹果售价为100美元，苹果的需求量也可能会比那些（比如）每个只卖1美元但却健康益处未知的苹果要高。同样，假设我们发现苹果会致癌。此时即使是低至0.01美元的价格，苹果的需求量可能也远远低于价格是1美元但其致癌性质尚不确定的苹果。其他情况均设相同这一条件在本章后面很重要，届时将会再次论及。

将这些条件纳入考虑之后，我们可以利用简单的经济学模型来帮助我们了解军用机器人对于武装冲突可能性的重要影响。[①] 与其讨论对于苹果的无关紧要条件，不如将注意力转向国家间武装冲突的实质要求。与个体一样，国家也具有一系列复杂性、变化性，有时甚至是矛盾性的欲望。但更合理地说，国家往往希望对领土和自然资源拥有更大的控制权。此外，他们习惯性地希望其他国家和国际行为主体能够默认他们的意愿。[②] 正如苹果对于那些喜欢它们的人来说是一种商品一样，更大领土范围的控制对于那些十分渴望领土的国家（就像大部分国家那样）来说，也是一件商品。经过必要的变通，加强对自然资源的控制，让其他国家和国际行为体尊重自己的意愿，亦是如此。只是这些商品同苹果一样，都是待价而沽。

买苹果只需支付与其价格一致的金钱，但各国所寻求的商品，其价格构成更为复杂。虽然国家之间有时会出现国与国间的土地买卖

---

① 在本章中，笔者将重点放在军事冲突而不是战争之上，因为“战争”一词对笔者来说通常过于狭隘。继布赖恩·奥伦德（2006：2）之后，即使我们将战争理解为“政治团体之间的实际的、有意的和广泛的冲突”，我们也不会把单向冲突归纳为战争，因为在这种单向冲突当中，所有的暴力行为都只是由冲突的一方发起的，正如笔者写作本文时，无人机正在也门等地使用。

② 黑格尔对此又有一个发人深省的观点：“战争是一种认真对待存在于现世利益和影响中的虚荣状态”（Knox，1942：324）。笔者希望，这些说法不会显得愤世嫉俗，或者（更糟的情况）显得失德违义。基本所有国家事实上都经常出于自身的利益行事，或者其自身利益的概念的确包括了控制领土和自然资源，对此的讨论大大超出了本章的讨论范围。当然，讨论一个国家与其他国际行为主体的合作同样也是如此。顺便说一句，虽然会承认某国经常以这种方式行事，但在任何情况下这都不应被视为此种行为的正当理由。例如，承认人类有时会做出强奸和谋杀的举动是一回事，但支持这样的行动则应另当别论。

(就像美国从法国购买路易斯安那州一样),但这种交易并不常见。大多数交易均被亚里士多德称为“非自愿的”行为(Ross, 1980: 111-112)。国家常常通过威胁发动武装冲突或者直接发动武装冲突来攫取土地和自然资源,并迫使其他国家屈从前者意愿。因此,从非常实际的意义上讲,国家为这些商品付出的代价应该理解为创造、维持和使用军事力量。更为具体的是,各国为其寻求的商品所付出的代价是军事物资耗损以及军事牺牲。例如,如果加拿大想从墨西哥吞并北下加州,加拿大不得不付出的代价便是其公民生命和其掌握的各类资源,这些资源会在征服占领北下加州的过程中被摧毁殆尽。① 稍后,笔者会为刚刚描绘的景象添加一些细微差别。但现在值得强调的是有一点逐渐明朗:正如我们需要苹果的数量在其他条件不变的情况下与苹果的价格成反比一样,那么同样,在其他条件不变的情况下,国家对增加的领土等商品的需求与他们在武装冲突中必须付出的代价也成反比。

笔者在前文承诺会展示更多的细微差别。首先有一点需要作为补充,无论是民主国家,还是在重要决策上依赖于受治者意愿的国家,笔者均称之为“准民主国家”。这类国家在开战时必须付出更大的代价。极权主义政权不必担心公众舆论(Malinowski, 1941),但民主国家或准民主国家却没有这种奢侈的权力。在民主国家或准民主国家当中,失去一名士兵通常会对公众舆论造成相当大的负面影响,②而特别讨厌损失的选民可以在伤亡人数相当少的情况下就强制性地要求国家停止军事行动。1993 年摩加迪沙战役中有 19 名美国

① 更准确地讲,或许国家只是购买了一个机会来追求其所想要的东西,因为国家并不能简单地用物资和人员来交换领土,而且每个国家都可能会输掉战争而所得甚少或者(更糟糕)一无所获。我们可以把战争理解为小彩票,所有国家(或类似国家的参与者)都为赢得(或保护)一些资源而付出了代价。每个参与者都可能愿意支付其认为好的东西应该值得的金额。然而,由于有多个玩家,因此在玩彩票上花费的总金额可能远远超过商品价值本身。但是,我们在此可以暂且忽略这些令人沮丧的难题。

② 参见穆勒(Mueller, 1973)以及受穆勒经典著作影响而不断涌现的大量文献,尤其是《冲突解决杂志》(*Journal of Conflict Resolution*)(1998)42(3)中的文章。

士兵被杀后，美国就出现了这种情况，而这在马克·鲍登的小说《黑鹰坠落》(1999)和雷德利·斯科特在此基础上改编的同名电影中都有过深刻的演绎。当然有一点需要注意，民主国家和准民主国家并不总是会竭尽全力地避免损失，有时它们也愿意为进行必要的军事行动而付出巨大的生命代价，就像美国和英国在二战期间所做的那样。

下面将讨论第二个补充点，其将有助于理解各国在参与武装冲突时所付出的代价。自给自足的国家不必过于担心其他国家及其公民对它们的看法，但如今自给自足的国家可谓凤毛麟角。在经济上高度依赖其他国家经济的国家，必须或多或少地考虑一些国际舆论。如果加拿大真的试图吞并北下加州，我认为可以肯定地说，这不仅会激怒本国公民，而且会激怒全世界正常正义之人。从其他国家与加拿大做生意的意愿角度出发，这种行为可能会让加拿大付出代价。加拿大将被迫接受经济上不利的条件，这可能会使这个国家付出惨重的代价，因为它的出口商品在世界市场上的价格会更低，进口商品则会更贵。然而必须指出，拥有不成比例的巨大经济实力的国家可能会明显地低估国际舆论的重要性。美国在第二次海湾战争开始前的所作所为当属此列(Goldsmith and Horiuchi，2012)。

然而，这些补充性细微差别并不会破坏上述的基本逻辑。恰恰相反，对于国家来说，那些只有通过战争才能得到的商品极具吸引力，而它们能够接受的武装冲突的数量取决于它们为打这场武装冲突所付出代价的高低。这一代价对于民主国家和准民主国家来说就是公众舆论，对于非自给自足的国家来说就是公众舆论和国际舆论及由此产生的后果。

18.3 军用机器人与武装战斗的可能性

本章的一个重要观点是，对于像美国这样技术先进的国家来说，几乎可以肯定军用机器人的发展会降低通过武装冲突获取目标利益所必须付出的代价。笔者在这里对此观点进行了粗略说明，细节探讨工作将留待后论。更确切地说，目前尚且无法对有机器人参加的大规模军事活动与没有机器人参与的大规模军事活动进行详细对比。然而，我们现在可以弄清楚为什么军用机器人的使用可能会降低武装冲突的成本，并进一步导致科技先进的民主国家和准民主国家所要求的侵略行为数量更高。

首先——也是最重要的一点——军用机器人的使用使得各国能够利用这些机器人的损失来挽救本国军事人员的生命。我们已经知道，民主国家和准民主国家的公民普遍（如果不出例外的话）没有意愿去支持牺牲自己士兵生命的军事行动。就美国而言，这种不情愿似乎在每一代人身上都会以一个数量级的速度增长（Berinsky, 2009）。在 20 世纪 40 年代的第二次世界大战当中，近 50 万美国军人的死亡也没有摧毁国家的战斗意志。但是，在 20 世纪 60 年代和 70 年代的越南战争之中，大约 5 万的死亡人数对公众来说已经是不能承受之重。而在 21 世纪初的阿富汗战争和伊拉克战争当中，大部分人认为 5 000 的死亡人数便是惨重代价。虽然人们很容易夸大这一趋势，但是美国民众已经变得更加厌恶损失，而且没有迹象表明这种情绪会很快就变少——这并非妄言。因此，每一次利用机器人替换在冲突中有可能被杀死的美国士兵都会大大降低美国使用武力所必须付出的代价。同 Packbot 机器人代替拆弹特遣组的成员一样，使用无人机代替需要驾驶员的飞机时也是如此。

然而，即使我们撇开民主国家和准民主国家由于公共舆论影响而武装冲突较少不谈，军用机器人代替士兵和其他军事人员也可以节省大量成本。我们已经知道无人机 MQ－9 收割者能够发射 500 磅激光制导炸弹。该机器人的单位成本估计为 1 700 万美元（美国国防部 2013 年预算）。能发射 500 磅炸弹的 F/A－18F 战斗机等有人驾驶飞机的单位成本则要高得多。事实上，F/A－18F 战斗机的单位成本超过 6 000 万美元(美国国防部 2015 年预算)。可以肯定的是,除了一个无人驾驶,一个有人驾驶之外,MQ－9 无人机和 F/A－18F 战斗机之间还存在很多区别。并不是说美国政府可以用 MQ－9 无人机来取代所有 F/A－18F 战斗机。但是,就投下一枚 500 磅炸弹的工作而言,两者都能胜任,只是其中一个成本几乎只有另一个的四分之一。因此,根据任务内容进行飞机替换可以节省大量经费。

此外,成本差异并不仅仅是由于飞机价格不同所造成的。F/A－18F 战斗机作为有人驾驶飞机还需要相应的飞行员。虽然很难获得美国用于培训一名 F/A－18F 战斗机飞行员的最新估算金额,但在不到 20 年前,这项费用就已经超过 900 万美元(美国政府问责局 1999 年报告)。从目前的情况来看,没有充分的理由支持这一数字自那时以来已然处于下滑的趋势。相比之下,成为熟练的无人机操作员所需的培训费用只有大概 65 000 美元(Defense News, 2014)。美国空军每年向每位无人机操作员提供 25 000 美元的奖金已经引发了广泛的关注与讨论(Bukszpan, 2015),但这一数额仅是培训 F/A－18F 战斗机或类似飞机的飞行员费用的 1/360 000。

至少在原则上讲,在机器人可以完全或部分地代替士兵及其使用的非自主器械的各种情况之下,进行类似的粗略计算具有可能性。但有一点必须十分清楚:军用机器人的工作成本比人类和需要人类控制的机器的工作成本低廉得多。此外,进一步的技术进步只会加剧这一趋势。武装冲突的成本——至少对技术先进的国家来说——正在急速下降,并将继续下降。我们已经知道,价格更低意味着需求增多。

当然,要记住这种分析只适用于在其他条件不变的情况之下。随着国家为有利可图而使用暴力所必须付出的成本持续下降以外,至少可能还有其他外部因素会导致对这些商品的需求下降。事实上,如果没有可以防止武装暴力增加的方法,那么类似本文的其他文章也就毫无意义可言。在本文最后一节中,笔者将会回过头来谈一

谈这里的细节。

最后需要强调的是，笔者并非简单地认为使用军事机器人能使各国更容易卷入武装战斗。或许确实如此，不过尚存争议（Sharkey，2012）。“更容易”既非战争成本降低的必要条件，也非充分条件。驾车驶入迎面而来的车流再简单不过，但其代价十分高昂。同样，攀登派克峰不费一分一厘，但要做到这一点却并非易事。此外，正是成本越来越低而不是越来越容易，才导致了（并可能继续推动）武装冲突频发。

18.4 战愈多，大多数情况下代表着无义战愈多

哲学家和其他细心的观察家经常指出，武装冲突总体来说并不一定是坏事。例如，阿奎那曾写道：“不应一概禁止所有剽悍勇武、锤炼气概的军事壮举”（2012：6525）。苏亚雷斯则坚持认为，“绝对地讲，战争并不是本质上的邪恶”（Williams，1944：800）。穆勒在承认“战争是一件丑陋的事情”的同时，还声称这“不是最丑陋的事情：认为没有什么值得为之一战的道德和爱国情感的腐朽和堕落才是更糟糕的”（1862：141）。[①] 然而，武装冲突通常在道德上很令人反感，这一点毋庸置疑。笔者在本节提供了一个简单的论点，旨在表明使用军用机器人而引发武装冲突数量上升，从各方面而言均是有违道义。

现在不是深入探讨传统正义战争理论的时候，且先关注其至真之理：只有当国家 S 使用武力回应非正义侵略之时，S 所进行的战争才具有正义性。正如沃尔泽所说：“侵略是我们给战争罪起的名字。”他继续说道：

> 侵略者犯下的错误逼迫男人和女人为了他们自身的权利而去拿生命抗争……所以他们的战斗具有正当性。在大多数情况

① 美国空军学院的学员在学习的第一年仍然需要记住穆勒的这句话。

> 下，鉴于这种严酷的选择，战斗成为道德上的首选。理由和倾向非常重要：它们说明了侵略这一概念中最显著的特征及其在战争理论中的特殊地位。(1977：51)[①]

因此，对于任何一场战争来说，至多只会有一个国家是在为正义而战，而至少有一个国家所进行的战争有失道义。[②] 因此，战事增多更进一步意味着进行非正义战争的国家增多，这就提供了很好的理由去认为任何武装冲突的增多在道义上都是有问题的，除非有非常充分的理由证明确实有特殊情况需要处理。

然而，事情总是比它最初的样子看起来更糟。因为任何国家都极难从道义视角发动一场战争。首先，为了发动一场正义战争，国家必须要满足一些苛刻的条件(诉诸战争权)。这些条件包括恰当性、意图正当性、最终策略性、成功概率性和当局合法性的公开声明。即使当一些国家是在对他国非正义的侵略做出反应之时，这些国家也往往无法满足其中一个或多个条件，所以他们为抗击侵略而进行战争也有失道义。事实上，在过去的几个世纪当中，很难找到能够清楚地满足所有这些条件的战争。例如，美国在过去70年中打的每一场战争，是否都至少违反了一项诉诸战争权中的条件？这个问题有待商榷。在第二次世界大战的危急情势之下，人们会不无道理地指出美国和英国参战的作用。但是，即使美国和英国都为了正义而参战是不争的事实——几乎可以肯定的是——随着战争的推进，原本属于这两个国家的正义之战都变成了失德之战。因为除了要满足诉诸战争权的各种条件之外，各国还必须以区别性的方式(即不得针对非战斗人员)和相称性的方式(即不得为实现其目标而使用超过必要的

---

① 另见沃尔泽(Walzer，1977：51－73)和奥伦德(Orend，2006：31－65)。笔者认为这一至理名论同样明显地适用于COIN和R2P，因为它们也被用来避免和应对侵略。当本文谈论传统的正义战争理论之时，需要了解的战争伦理的功利主义方法也超出了笔者的知识面。

② 或者，如果战争涉及联盟，那么至多一方可以为正义而战。为了避免不必要的赘述，笔者在此忽略了这个复杂的问题。

武力)进行战争(也就是还要满足战争法规)。令人悲哀的事实是——即使在极少数情况下——国家能满足所有诉诸战争权的条件,这些国家也必然会触犯战争法规的某个或多个条件。例如,美国和英国尤其在战争后期(Walzer, 1977: 263 - 268; Rawls, 1999)都经常以非战斗人员为目标,并使用远远超过必要的武力来达成其目标(Anscombe, 1939、1956)。

简言之,更多的战争在很大程度上可能意味着更多非正义的战争,这是一种更加有违于道义的窘况。笔者在这一节中仅限于讨论战争,而非一般的武装冲突。原因很简单,战争受到道德哲学家的极大关注。但是,笔者的观点可以经过适当调整而适用于分析一般的武装冲突。

适才笔者抛出一个论点,且稍事考虑,以便做出可能的回应。上文提到——有理由认为——我们处理一些特殊情况之时,军用机器人才刚刚付诸使用。根据这一回应,增加军用机器人的使用将减少违反战争法规行为的数量,这既可以提高我们区分战斗人员和非战斗人员的效率,也可以微调使用火力的大小。

严格地讲,这一结果具有可能性,然而似乎又不太可能。因为区分战斗人员和非战斗人员是一项困难且对环境敏感的任务。确切地说,这是人工智能最难完成的任务(Guarini and Bello, 2012)。认为军用机器人在不久的将来会比人类更好地完成这类工作,这不能不说只是一种奇思幻想。虽然有理由认为在巴基斯坦使用无人机收获了正向效益(Plaw, 2013),不过这些数据有些模糊,并且对于研究细节的讨论掩盖了一个更大的问题:从正义战争理论的角度来看,巴基斯坦使用无人机在道德上已经有失道义,因为美国与巴基斯坦并没有为了正义而发动战争(O'Connell, 2015: 63 - 73)。这个问题不仅在于军用机器人是否会在战争法规的要求范围内使用,还在于像美国这样技术先进的国家是否会因行动成本低廉而以违反诉诸战争权要求的方式动用军事机器人。事实上,无人机经常被用于执行暗杀行动,这并不足为奇(Whetham, 2013)。从传统意义来看,此类行为违反了正义战争的道义要求(de Vattel, 1758: 512; Walzer, 1977: 183)。一些对于所谓的定点清除行为表示同情的人,甚至也对其当前的做法提出强烈的道德顾虑(Himes, 2016: 121 - 168)。

当然,笔者并非主张军用机器人永远无法用诸正义。例如,军用机器人作为发动战争的手段和工具,它不像核子武器、化学武器和生物武器那样具备无差别且不相称的火力(Lee, 2012: 225)。例如,军用机器人被用于合理的人道主义干预是完全可能的(Beauchamp and Savulescu,2013)。正如廉价易得的手枪偶尔会被用来拯救无辜的生命一样,廉价的军用机器人也偶尔会被用来拯救无辜的生命。尽管如此,廉价易得的手枪的整体影响仍是潜在暴力的增加,至少可以说此间存在道义问题。同样,我认为军事机器人的低成本也将导致更多的武装冲突,这其中也隐存着道义问题。

18.5 军用机器人:人类该做些什么

技术先进的国家会被军用机器人所吸引,这一经济逻辑无法改变。如果任由各国自行决定,那么大家几乎肯定会使用军用机器人,这会导致世界上的武装冲突增加。如果难以想象美国政府扮演反派角色,那么只需提醒自己——军用机器人正在许多国家可触及的范围内激增,而且其中一些国家对于美国及其利益怀有敌意。

然而,各国的反应不仅仅是经济逻辑。虽然对于军用机器人出现而引发的道德问题没有简单直接的解决方案,但笔者提出一些可能限制军事机器人使用的方法,或许有助于得出一个积极的结论。首先,美国公众对于使用军用机器人几乎没有提出任何反对意见,但他们在与现在很接近的历史长河中,曾成功地抵制了美国的军事政策。美国公众对于越南战争的抵制加速了这场冲突的结束,出于类似动机驱动的抵制或许可以做到一些类似之事。例如,尽管目前几乎无人反对使用无人机，但现在也几乎无人反对越战。其次，国际舆论也能成为助力限制军用机器人使用的重要力量。如前所述，能够做到自给自足的现代国家少之又少，一些国家可能会对像美国这样有能力使用军用机器人的国家施加经济上和外交上的压力。不过鉴于美国经济的规模，这方面不会产生太大的影响，但在对付俄罗斯和伊朗等新兴机器人强国时，此种手段可能会更加成功。最后，各国联合制定反对使用机器人的法律规范也存在可能，尽管这一点目前尚不明朗。如果海牙国际法庭将部分或全部军用机器人的使用定性为战争罪，那么我们看到的军用机器人使用就会随之锐减。换言之，在将其编纂为法律规范之前，必须首先存在反对使用军用机器人的社会规范。虽然前路漫漫，但是我们应该记住各国在使用生物武器、化学武器和核子武器方面同样面临着类似的经济逻辑。社会和法律规范的发展有助于防止这些武器的大规模使用，也许这样的规范也适用于军用机器人。

致谢

我非常感谢会议观众在实践与职业道德协会（Association for Practical and Professional Ethics）（2016）和人文与教育研究协会（Humanities and Educational Research Association）（2016）上提出的意见和质疑，感谢洛约拉大学同事本·拜尔（Ben Bayer）、德鲁·查斯坦（Drew Chastain）和玛丽·汤森（Mary Townsend），以及本书的编辑。

参考文献

Anscombe, G. E. M. 1939. "The Justice of the Present War Examined." In *Ethics, Religion, and Politics: Collected Papers*. Vol. 3, 1991. Oxford: Blackwell Press.

Anscombe, G. E. M. 1956. "Mr. Truman's Degree." In *Ethics, Religion, and Politics: Collected Papers*. Vol. 3, 1991, 61 – 72. Oxford Blackwell Press.

Aquinas, Thomas. 2012. *Summa Theologica, Part II-I*. Translated by Fathers of the English Dominican Province. New York: Benziger Brothers.

Beauchamp, Zack and Julian Savulescu. 2013. "Robot Guardians: Teleoperated Combat Vehicles in Humanitarian Military Intervention." In *Killing by Remote Control: The Ethics of an Unmanned Military*, edited by Bradley J. Strawser, 106 - 125. Oxford: Oxford University Press.

Bekey, George A. 2012. "Current Trends in Robotics: Technology and Ethics." In *Robot Ethics: The Ethical and Social Implications of Robotics*, edited by Patrick Lin, Keith Abney, and George A. Bekey, 17 - 34. Cambridge, MA: MIT Press.

Berinsky, Adam J. 2009. *In Time of War: Understanding American Public Opinion from World War II to Iraq*. Chicago: University of Chicago Press.

Bowden, Mark. 1999. *Black Hawk Down: A Story of Modern War*. New York: Signet Press.

Brunstetter, Daniel and Megan Braun. 2011. "The Implications of Drones on the Just War Tradition." *Ethics & International Affairs* 25(3): 337 - 358.

Bukszpan, Daniel. 2015. "Job Hunting? Drone Pilots Are Getting $125,000 Bonuses." *Fortune*, December 19. http://fortune.com/2015/12/19/drone-pilots-bonuses/.

Defense News. 2014. "GAO Tells Air Force: Improve Service Conditions for Drone Pilots." http://defense-update.com/20140417_gao-improve-service-conditionsdrone-pilots.html.

de Vattel, Emer. 1758. *The Law of Nations*. Excerpted as "War in Due Form" in *The Ethics of War: Classic and Contemporary Readings*, edited by Gregory M. Reichenberg, Henrik Syse, and Endre Begby, 2006, 504 - 517. Oxford: Blackwell Press.

Goldsmith, Benjamin E. and Yusaku Horiuchi. 2012. "In Search of Soft Power: Does Foreign Public Opinion Matter to U.S. Foreign Policy?" *World Politics* 64(3): 555 - 585.

Guarini, Marcello and Paul Bello. 2012. "Robotic Warfare: Some Challenges in Moving from Noncivilian to Civilian Theaters." In *Robot Ethics: The Ethical and Social Implications of Robotics*, edited by Patrick Lin, Keith Abney, and George A. Bekey, 129 - 144. Cambridge, MA: MIT Press.

Halgarth, Matthew W. 2013. "Just War Theory and Military Technology: A Primer." In *Killing by Remote Control: The Ethics of an Unmanned Military*, edited by Bradley J. Strawser, 25 - 46. Oxford: Oxford University Press.

Hunt, Earl. 1980. "Intelligence as an Information Processing Concept." *British*

Journal of Psychology 71(4): 449 – 474.

Himes, Kenneth R. 2016. *Drones and the Ethics of Targeted Killing*. New York: Rowman & Littlefield.

Knox, T. M., trans. 1942. *Hegel's Philosophy of Right*. Oxford: Oxford University Press.

Lucas, George R., Jr. 2013. "Engineering, Ethics, and Industry: The Moral Challenges of Lethal Autonomy." In *Killing by Remote Control: The Ethics of an Unmanned Military*, edited by Bradley J. Strawser, 211 – 228. Oxford: Oxford University Press.

Lee Steven P. 2012. *Ethics and War: An Introduction*. Cambridge: Cambridge University Press.

Malinowski, Bronislaw 1941. "An Anthropological Analysis of War," *American Journal of Sociology* 46(4): 521 – 550.

Mill, John Stuart. (1862) 1984. "The Contest in America." In *The Collected Works of John Stuart Mill, Volume XXI — Essays on Equality, Law, and Education*. Edited by John M. Robson. Toronto, ON: University of Toronto Press.

Mueller, John E. 1973. *Wars, Presidents, and Public Opinion*. New York: John Wiley.

O'Connell, Mary Ellen. 2015. "International Law and Drone Strikes beyond Armed Conflict Zones." In *Drones and the Future of Armed Conflict*, edited by David Cortright, Rachel Fairhurst, and Kristen Wall, 63 – 73. Chicago: University of Chicago Press.

Orend, Brian. 2006. *The Morality of War*. Calgary: Broadview Press.

Plaw, Avery. 2013. "Counting the Dead: The Proportionality of Predation in Pakistan." In *Killing by Remote Control: The Ethics of an Unmanned Military*, edited by Bradley J. Strawser, 106 – 125. Oxford: Oxford University Press.

Rawls, John. 1999. "Fifty Years after Hiroshima." In *John Rawls: Collected Papers*, edited by Samuel Freeman, 565 – 572. Cambridge, MA: Harvard University Press.

Ross, David, trans. 1980. *Aristotle: The Nicomachean Ethics*. Oxford: Oxford World Classics.

Searle, John R. 1984. *Minds, Brains, and Science*. Cambridge, MA: Harvard University Press.

Sharkey, Noel. 2012. "Killing Made Easy: From Joystick to Politics" In *Robot Ethics: The Ethical and Social Implications of Robotics*, edited by Patrick Lin, Keith Abney, and George A. Bekey, 111 – 128. Cambridge, MA: MIT

Press.

Singer, Peter Warren. 2009. *Wired for War: The Robotics Revolution and Conflict in the 21st Century*. London: Penguin Press.

U.S. Department of Defense. 2012. *Fiscal Year (FY) 2013 President's Budget Submission February 2012*. http://www.saffm.hq.af.mil/shared/media/document/AFD-120210-115.pdf.

U.S. Department of Defense. 2014. *Fiscal Year (FY) 2015 Budget Estimates March 2014*. http://www.dod.mil/pubs/foi/Reading_Room/DARPA/16-F-0021_DOC_18_DoD_FY2015_Budget_Estimate_DARPA.pdf.

U.S. General Accounting Office. 1999. *Report to the Chairman and Ranking Minority Member, Subcommittee on Military Personnel, Committee on Armed Services, House of Representatives, August 1999*. http://www.gao.gov/archive/1999/ns99211.pdf.

Walzer, Michael. 1977. *Just and Unjust Wars: A Moral Argument with Historical Illustrations*. New York: Basic Books.

Webb, Barbara. 2001. "Can Robots Make Good Models of Biological Behavior?" *Behavioral and Brain Sciences* 24: 1033 - 1050.

Whetham, David. 2013. "Drones and Targeted Killings: Angels or Assassins." In *Killing by Remote Control: The Ethics of an Unmanned Military*, edited by Bradley J. Strawser, 69 - 83. Oxford: Oxford University Press.

Williams, Gladys L., trans. 1944. *Selections from the Collected Works of Francisco Suarez, SJ*. Vol. 2. Oxford: Clarendon Press.

人工智能与机器人伦理学展望

引言

当我们展望机器人技术的未来，会发现日益复杂的人工智能机器的发展给长期以来的哲学界带来了压力。无论是在中期来看，还是从长期来讲，人类或许有朝一日能够打造人造生物，并且可以赋予其任何的形态与能力。这就要求我们以一种可能是技术史上前所未有的方式来面对这一能力。第四部分的各个章节既涵盖了一定程度的推测，也不乏夯实的论断。这些章节探讨了当人造生物心智和道德能力不亚于我们之时，研发并与其一起生活可能产生的影响。

具有智能、直觉、欲望和信念等复杂心智能力的机器人可能即将问世。赋予机器人丰富的精神生活可能只是一种有益的启发方法——一种理解、解释并赋予机器人行为意义的方式。但是，如果仅将这种说法当作一种比喻的话，那就可能会忽视这样一种可能性——这些智能机器人将会凭借自身精神生活而拥有独立的道德地位。如若果真如此，那对于我们所用甚或滥用的机器人还需要予以更多的考虑才行。

我们如何知晓人造生物是否具有道德地位？另外，它们具有怎样（或与谁相当）的道德地位呢？在第19章中，米夏埃尔·拉博西埃（Michael Labossiere）对可能用于确定人造生物道德地位的各种测试进行了考察，其中包括推理测试和感知测试，并且考虑了能让结果论和道义论双方都满意的一种方法。在回应棘手的“他心问题”所引发的质疑之时，拉博西埃偏好道德地位的推定，因为与其将一个具有道德价值的生物仅仅视为一个物体,不如将其看作是优于其价值的存在。

几个世纪以来,哲学家们一直认为个人身份取决于心理连续性、身体连续性或两者的某种组合。随着时间的推移,个人身份对任何超过几分钟的生物之间的互动来说,都显得至关重要。例如,个人身份让他们信守诺言、具有可预测的未来行为或让我们以应有的方式对待他们。如果人造生物拥有自我意识并且它们的精神状态或身体构造可以改变,那么随着时间的推移,我们可能不再清楚它们是否会保持不变。此外,人造生物可以参与细胞分裂和基因融合等活动,这些活动几十年来一直是有关身份的各种争论中的难题。在第 20 章中,詹姆斯·迪吉奥瓦纳(James DiGiovanna)探讨了人工智能与半机械人随着时间推移而表现出的连续性维度及其前景。通过引入"准人"这一术语,强调能够瞬间改变所有人造品质的生物属性。迪吉奥瓦纳认为,随着时间的推移,为"准人"构建一个合理的身份标准所涉及的困难可能无法克服。

我们如何确保这样的生物合乎伦理呢?由于人工智能可能具有超强的能力,还能以无法控制的速度采取行动并且完成进化。因此,即使是道德推理中最轻微的错误也可能会带来灭顶之灾。正如尼克·博斯特罗姆(Nick Bostrom)所言,我们很难可靠地为人造生物制定目标,即使是最简单的目标也很难转化为计算机语言。在第 21 章中,史蒂夫·彼得森(Steve Petersen)密切关注博斯特罗姆的超级智能,并倡导避免"不友好"的人工智能。彼得森建议我们寻求一种目标形成的解释,并且目标应受到合乎逻辑的实践推理的约束。在其他能动性理论学家纷纷发表观点之后,他紧接着建议道:合乎逻辑的推理对于智能而言不可或缺,对于道德行为来说也已经完全足够。

迪吉奥瓦纳和彼得森都认为,这些人工智能的个人身份会随着时间的推移而被彻底破坏,并且分散或分布在能动者之间,而且实际上还可能进入超道德层面,因为不道德行为的标志之一就是从道德角度赋予自己特殊性。当这个虚幻的自我被摧毁之时,对于客观和平等的理解就会得到强化。因此,人工智能可能会发现一种全新的生物世界,将其与所有其他具有道德价值的个体联系在一起,无论这些个体是否人工制造。

正如香农·瓦勒尔(Shannon Vallor)和乔治·A.贝基(George A. Bekey)在第22章中所言,对于具有自我学习能力的机器还是需要更进一步的深思熟虑。这种机器所带来的社会效益很大(包括更精准的医疗诊断、更高效的经济生产以及更多的科学发现)。但如果这些互动会给异议者带来重大风险,那么是否应该允准私人公司通过公众互动来"教授"他们的产品呢?例如,一辆自动驾驶汽车是否应该具备通过与人类驾驶员互动来获得"学习"的能力,但是同时有可能使他们面临人身安全风险?

随着算法偏见的例子(包括种族主义或性别歧视)不断增加,机器学习也并非一定会形成客观优质的决策。即使假设机器终有一天会变得更好,这也会引发由机器取代人类工人而导致的普遍失业问题。由于机器学习和人工智能的预期红利十分显著,我们有可能忽视其潜在的严重危害。

尽管如此,分配机器人来完成人类的工作还是更加合适的,特别是那些极其危险、需要精细分析以及即时反应抑或人工耗时过久才能完成的工作。太空探索就属此类。根据基思·阿布尼(Keith Abney)在第23章中所言,我们有充分的理由将这些任务委托给机器,或者至少支持人类和机器人宇航员开展协作。这样既可以保护宇航员的健康,又可以解决人类对于污染外太空的担忧,还可以减缓为维系人类生命所增加的后勤保障压力,因此机器人可能是探索宇宙奥秘的最佳选择。

展望未来,我们如何确保创造的科技工业体系对于人类的利好呢?我们如何才能避免稀里糊涂地步入这样一个世界之中——微端技术日趋精细化、晦涩化和行为化,直到出现爱默生(Emerson)所描写的场景:“物件骑上了马鞍,开始驾驭人类”?在第 24 章中,贾伊·加利奥特(Jai Galliott)通过借鉴特德·卡钦斯基(Ted Kaczysnki)的作品“炸弹客”和个人信件来探求对于这些问题的答案。

卡钦斯基担心,人类正在构建一个日益复杂化与客观化的技术工业世界。此间,人类屈从于自己的欲望。人工智能和机器人技术对于人类生活的加速入侵又会如何加剧这些担忧?展望未来,作为哲学家,我们的任务何在?我们应该如何构建一种以人为本的技术哲学,而不是一种将人类生活纳入抽象机器的冒险主义技术哲学呢?

人类经常怀揣期待、兴奋以及对于未知事物的恐惧而憧憬未来。我们更需要审视那些丰富的和塑造人类生活的价值观和信念体系,当然还有围绕人类思想和人类历史而发展起来的各家理论。相比之下,这些理论现在看起来似乎简单明了。随着人工智能和人造生物的加速发展,所有的哲学领域都受到了不同程度的影响。这里呈现的思想家们仍在挥毫描画着探索机器人技术未来的朦胧曙光。

第 19 章
人造生物的道德地位检验：或者说“我要问你一些问题……”

米夏埃尔·拉博西埃

虽然复杂的人造生物是科幻小说中才有的素材，但是在我们开始对(与)其做出可怕的事情之前，应该先解决相应的道德地位问题。虽然人造生物属于新生事物，但是人类关于自身与动物道德地位的讨论却是由来已久。因此，将人造生物与自然生物相互匹配并且对其赋予相应的道德地位不失为一种明智之举。

这种匹配体现在对其道德至关重要的多个方面，比如智力或情感能力。例如，与人类匹配的人造生物应该具有同等的道德地位。同样，一个与松鼠匹配的人造生物将会具有松鼠一般的地位。实际上，道德挑战表现为如何找到相应的方法保证人造生物与自然生物之间合理匹配。经典的方法之一就是开发基于语言的测试，以便针对使用语言的人造生物开展智能识别。该类测试可以用来将这些人造生物与人类进行比较，并分配相应合适的道德地位。

但是，这对于那些缺乏语言能力的人造生物而言，却是一个难题。人们希望人造宠物具有与动物相似的情绪反应与智力。如果它们像动物一样缺乏会话能力，那么这些生物就需要非语言测试——这就必须考虑不同类型人造制品之间的差异。例如，机器猫会被测试是否表现出猫科动物特有的冷漠，而机器狗则会被测试是否符合犬类的感性特征。与基于语言的测试一样，在非语言测试之后，人造生物将被预期与其最为匹配的自然生物同等的道德地位。

虽然许多道德理论都是关指道德地位，但是我们关注的则是两种常见的路径。第一种路径关注的是广义的理性。康德的形而上学是一种以理性为基础的道德地位范式（Kant，2005）。这也是本章第一部分的论述重点。第二种路径聚焦的是广义的感性——这可能也包括拥有情感或感受快乐与痛苦的能力。许多功利主义者——如密尔（J. S. Mill，2001）——将道德地位建立在一个人感受快乐和痛苦的能力之上。第19.2节将对这一测试予以说明，第19.3节将在这些测试的基础上解决赋予道德地位的问题，并提出三个支持道德地位推定的论点。既然两个广义理论基础已然夯实，那么就该是考虑理性测试的时候了。

19.1 理性测试

关于理性能力的测试，不乏成熟的方法（如图灵测试和笛卡尔测试）。这些测试往往涉及与生物的互动从而确定它是否能够使用语言。

多亏了科幻小说（和模仿游戏）（Tyldum，2014），许多人都熟悉图灵测试（1950，433－460）。这项测试涉及一台机器和两个人。一个人充当测试者：她通过文本信息与机器以及另一个人进行交流，并努力判定哪个是人类。如果测试者无法有效区分机器和人的消息，那么该机器就通过了测试。在这种情况下，机器将获得与人类相当的地位，至少在理性方面如此。

相比于图灵，勒内·笛卡尔早在几个世纪之前就开发了一种基于语言的测试。在关于动物是否具备思想的讨论中，笛卡尔认为具备思想（思考）的决定性标志在于使用真实语言的能力[①]。笛卡尔相

① 对于笛卡尔来说，动物并没有使用真正的语言："换言之，它们无法通过声音或其他符号向我们表明任何可被认为是单独思考的东西，而不仅仅是自然的运动"（1991b，366）。

信他的测试将揭示形而上学的思维实质。这项测试可以用来测定能力，他也力荐在需要确定能力的时候使用这一测试。概而言之，笛卡尔测试说明：如果某物真的会说话，那么应该将其视为会思考的生物。笛卡尔预见到了先进的机器，因而对单纯的自动反应和实际谈话二者之间进行了细致的区分：

> 人类工业能制造多少种不同的自动装置或可移动机器……我们不难理解，当机器生物的器官因某些实质性的动作而发生变化时，我们会让它说话，甚至做出一些反应。例如，如果触摸到某个特定部分，它可能会问我们想对它说什么；如果触碰到另一个地方，它可能会呼喊自己正在受到伤害；等等。但是，它从来不会以各种方式组织语言，从而恰当地回应人们在它面前说的话。这一点对于人类而言，却是小菜一碟。(1991a, 139－140)

作为一项人工智能或其他方面的测试，尽管需要制定一套评分标准，但上述说法似乎确实具有合理性。可以反驳的是，有可能存在某种智能生物——其语言无法被人类识别，甚至根本没有自身的语言。尽管这种生物(根据假设)具有智能，但它不能通过笛卡尔测试[①]。面对这种担忧，一种观点认为人造生物会使用人类语言或人类可以识别的语言。第二种观点则认为：仅仅存在这种生物的可能性并不能使测试无效，至少也要进行额外的行为测试才行。第三种观点认为：这样的生物是不可能存在的，但是这一点不在本书讨论范围之内。

从道德角度讲，如果人造生物能够与人类使用真实的语言能力相互匹配，那么这将是一个很好的参数，可以表明它拥有与人类相似的理性。这也就意味着它有权享有与人类相似的道德地位——前提是假定道德地位基于理性能力。

虽然笛卡尔认为自己的测试表明一种非物质思维的存在或不存

① 如果这是真的，笛卡尔测试将是一个充分但不必要的智力测试。

在，但将道德地位作为一个实际问题予以处理并不需要确定思维本质是否具有形而上学属性。我们应该为此感到庆幸，否则人类的道德地位也将永远受制于形而上学。例如，我们需要解决外部世界的问题，以便确定看似被一辆汽车撞到的人是否真的处于痛苦之中[①]。这并非否认形而上学与伦理的相关性，只需注意：这里的重点是实践伦理，而不是关注道德的终极基础。然而，对此持怀疑态度的也大有人在(Labosiere, 2008: 38 - 40)，这一点也值得思考。

笛卡尔测试和图灵测试也确实存在一个重要的局限性：它们均是基于语言的测试，如果某实体缺乏使用语言的心智能力，那么这两个测试就都会失效。这与一些基于理性的伦理学方法一致，如伊曼努尔·康德的方法。他将实体分为两类：理性生物（具有内在价值；它们自身具有价值）和物体（只有外在价值；它们的价值来自认定价值）。对于缺乏理性的实体而言，我们当然可以遵循这种方法并否认其道德地位。然而，如果非理性的自然生物因其智能水平而被赋予道德地位，那么这同样适用于非理性的人造生物。例如，如果一台机器能够像狗一样通过适当的行为测试，那么它应该被赋予与狗相同的地位——前提是假设道德地位根据智能进行分配。

有人反对使用语言或其他行为测试来衡量道德地位，他们认为一个生物即使没有真正的智能也可以通过该类测试。例如，约翰·瑟尔(John Searle, 2002: 16)认为：相信意识具有意识性，类似于相信雨水会把人淋湿。令人担忧的是，人造生物可能会被赋予与人类相同的道德地位，但其实它们只是“伪”智能，而其本应没有资格获得这种地位。这就好比使用伪造身份证——即使伪造者并不知道身份证失真。

对于这种异议的简单回答就是：完全“伪”智能就足以作为智能的论据，这是因为智能需要“伪造”智能，这反而提供了一个具有讽刺

① 由笛卡尔和电影《黑客帝国》(Wachowski and Wachowski, 1999)而闻名的外部世界问题证明了一个人所经历的世界具有真实性。

意味的证据证明了智能的存在[①]。这并不否认一个生物可以伪造出超出其实际水平的智能，但这与假装拥有智能完全是两码事。

打个比方，如果我可以“伪造”一项技能，同时也表现得与实际拥有这种技能的人一模一样，这就很难否认我拥有这种技能。再举一个具体的例子，如果我能做医生能做的任何事情，那么说我缺乏医疗技能并且是在假装医生就显得莫名其妙。读者可能会追问我完全有效的“假”技能和“真”技能之间的区别何在。

可以反驳的是，在所有可能的经验测试当中，一个实体可能与一个智能生物完全无法区分，但实际上却缺乏智能。问题在于如何充分说明这一点，光靠哲学可谓杯水车薪，我们需要的是一个可行机制的详细说明[②]。这个问题是“他心问题”（证明其他生物有思想的经典认知挑战）的一种体现，将在后续章节中予以详述[③]。考虑到智能除理性维度之外还包括感性问题，我们现在转而论述感性测试维度。

19.2 感性测试

虽然许多思想家将道德地位建立在理性基础之上，但考虑感性也很重要。虽然人类既（有时）是理性的，又（通常）是感性的，但科幻小说中却充斥着只有理性但缺乏感性的人造生物。电影《禁忌星球》中的机器人 Robbie 和《星际迷航：下一代》中的机器人 Data 就是此类生物的典范。这些虚构的人造生物经常强调：它们不会受到侮辱抑或运动队失利之类的伤害。还有对于疼痛的相关担忧：折断机器人的手臂会对其造成伤害，但不一定会使其遭受疼痛。比较而言，折

① 例如，瑟尔著名的“中文房间”论证需要一个聪明的人来操作房间。因此，尽管人类可能不理解这种语言，但需要相当大的智慧才能使这个房间运转起来。

② 瑟尔在他著名的“中文房间”论证中试图做到这一点。

③ “他心问题”是认识论（知识论）领域的一个挑战。从假设我有思想（我能思考和感觉）开始，其挑战在于展示我如何知道其他生物也有思想（它们也能思考和感觉）。

断我的手臂除了会造成结构性损伤外，还会引起疼痛。鉴于人造生物可以思考但不具备情感，这将与其道德地位密切相关。此外，对于人造生物的道德地位的关注与针对自然生物（如动物）道德地位的关注类似。设定动物道德地位的常见方法之一不是基于其智力高低，而是基于其感觉和情感能力的强弱。最著名的就是彼得·辛格(Peter Singer)在《动物解放》(1990)[①]中采用的方法。因此，需要有一种方法来进行感性测试。

方法之一就是考虑语言测试的变异形式。这些测试必须重新予以设计，从而确定是否存在人为感性(AF)而不是人工智能(AI)。这样的测试在科幻小说中已经出现了，最著名的就是《银翼杀手》(Scott, 1982)中用来区分克隆人和真人类的“人性测试”。

使用语言测试来确定是否存在感性的一个明显问题在于确定受试者是否只知道如何正确使用这些词语，或者是否真的存在感性认知。人造生物可以像人类演员一样解读情感台词；人造生物也可以正确表述语言，但却缺乏情感。电子游戏（特别是角色扮演游戏）已经尝试让人类相信他们正在与拥有情感的角色互动。游戏中的非玩家角色表达了所谓的感性，也因此受到了一些玩家的热捧。还有各种各样的虚拟女友应用程序为人们提供了一种浪漫关系错觉。显然，这些“实体”并不具备真正的感性。在大多数情况下，它们只是预先录制的音频或视频。

在语言测试的背景下，具有人工情感的生物可能仅具有语言技能，而缺乏基于道德地位的感性。例如，如果道德地位源于对快乐和痛苦的感受，那么仅仅能够恰当地使用这些词语并不能提供这种地位——尽管正如我们将要讨论的那样，赋予这种地位可能具有一定的合理性。

在测试方面，感性比智力更为复杂，因为人类非常善于而且经常

---

① 辛格并不是第一个采取这种方法的人，杰里米·本瑟姆(Jeremy Bentham)才是。然而，辛格的书很可能是这方面最著名的通俗读物。

伪装情感。一个人可能会假装痛苦以便博得同情，或者假装同情从而显得友善。在情感方面，与智力（或技能）不同的是，一个生物在进行完美的表演之时可能还会假装感情。诸如奥斯卡奖等奖项都是因为表演出色而颁发的。相比之下，虽然演员可以扮演一个从事假手术的人，但一个人不能通过假装具备手术技能而常规地进行实际手术操作。

由于存在伪装情感的可能性，因此需要一种可以让人类也无法绝对伪装情感的测试。换言之，通过类似于疾病存在与否的方式揭示情感存在与否的测试或许并非完美之选，但却十分可靠。一个虚构的例子就是菲利浦·K.迪克（Phillip K. Dick）《仿生人会梦见电子羊吗？》（1996）中的人性测试。在这本激发了电影《银翼杀手》（Scott, 1982）灵感的书中，有一种被称为复制人的机器人，其外观和行为与真人类完全相似。复制人在地球上是不被允许存在的，所以一经发现就会被判处死刑，而且有专门负责“淘汰”它们的警察。由于复制人在其他方面无法与真人类进行区分，因此警方就使用人性测试来筛选嫌疑人。该类测试通过向嫌疑人提出旨在引发情绪反应的相关问题并监测由此引发的身体反应来达成筛选目的。

虽然人性测试是虚构出来的，但罗伯特·黑尔（Robert Hare）设计了一个类似的真实测试，即“黑尔病态人格检测表”（2016），旨在提供一种将精神病患者与正常人区分开来的方法。虽然精神病患者确实感受到痛苦和快乐，但他们却擅长伪装情感。因此，其中的挑战在于确定他们何时会进行这种伪装。虽然针对精神病患者的虚构测试和检测表不能提供一种测试感性的方法，但其确实为区分真实情感和虚假情感提供了一个有趣的理论起点。在这种情况下，意图是好的：确定一个人造生物是否具备适当的情感，并赋予它与类似自然生物相当的道德地位。

还有许多与情感有关的心理测试，其实都可以挖掘出有用的方法用于测试情感存在与否。一个可能的方法就是测试一些心理学家所说的情商——理解他人感受，特别是动机的能力。这种能力对于合作非常有用，对于操纵他人也同样屡试不爽。例如，在电影《机械姬》(Garland，2015)中，主角是机器人Ava，她非常擅长理解和操纵人类的情感。这部电影确实起到了警示作用：衡量一台机器的智能是一回事，对它投入情感则又是另一回事。

虽然人们普遍对“他心问题”存在认知上的担忧(或者，因为这涉及感性和其他人心灵的问题)，但对感性却有一种格外的忧虑：拥有适当心理(或表演)知识的生物可以在没有情感的情况下进行适当的行动或有效的操纵。有趣的是，斯宾诺莎(Spinoza)(1996)认为他可以精确地计算出人类的情感。如果他所言非虚，那么一个没有情感的人造生物，借助必要的公理和定理以及合适的识别软件，就可以通过情感来辅助思考。我们可以通过接受这样一个事实来解决这个问题——尽管这样一个人造生物缺乏由情感赋予的道德地位，但它仍然会拥有由它的智力赋予的道德地位。

不管用什么样的实际测试来确定人造生物的道德地位，都难免会有质疑的声音。类似于对医学测试的质疑，上述测试的有效性也会遭受异议。正如疾病检测中可能存在假阳性和假阴性一样，情感测试或智力测试也可能存在假阳性或假阴性。另一个问题则是：无论是什么样的测试，其表象背后可能没有现实。看似有情感的生物可能根本没有情感，表面上看来会思考的生物可能压根不会思考。幸运的是，一个生物是否应该被赋予道德地位的道德问题与一个生物是否真的拥有这种地位的形而上学问题截然不同。现在，我们再来讨论地位推定。

19.3 地位推定

人们总是对人造生物的地位表示质疑，在此我提出了一个地位推定原则作为解决这类质疑的办法。这一推定类似于美国法律制度中的无罪推定。在美国法律制度中，举证责任应由检察机关承担。无罪推定的一项原则是：宁可错放一个罪犯，也不冤枉一个无辜之人。

与无罪推定相比，一个更具争议的替代方案就是关于堕胎的道德辩论中使用的预防性原则：尽管胎儿的道德地位不确定，但最好提前予以谨慎对待，并将其赋予成人的道德地位。据此，人应该承担一些负面后果以免杀死可能发育成人的胚胎①。

在地位推定的情况下，在道德上更倾向于按照推定的地位优待生命，而非苛待生命。地位推定将考虑三个主要论点：功利主义论、概率论和代替论。②

功利主义论认为应该进行地位推定，因为赋予对方更高的地位往往可以避免更多的伤害。例如，以同样的礼貌对待一个表现得很像人类的机器人不需要付出任何代价，但却可以避免对机器人可能拥有的情感造成伤害。再举一个例子，把一只没用的人造狗交给别人收养，而不是遗弃它，不会给主人带来任何不必要的负担，也可以避免人造狗可能遭受的痛苦。

一个合理的异议就是：与无罪推定一样，接受地位推定造成的伤害可能会比拒绝地位推定还要大。例如，消防员在决定从燃烧的建筑物中先救谁时，可能要在人类和仿生机器人之间做出抉择。如果机器人被认为具有人类道德地位而事实上它不具备，那么首先选择机器人将是大错特错；因为这个人可能会在消防员营救仿生机器人时一命呜呼，而这个仿生机器人与人类在生死问题上无法相提并论。虽然这是一个合理的担忧，但它并非无解。

对此，一种观点指出：虽然在某些特定情况下，地位推定造成的

① 尽管这是一个极好的类比，但由于堕胎辩论的情绪化性质，人们并不愿意使用这个类比。还有一个事实就是，女性与胎儿之间的关系与人类与人造生物之间可能存在的关系可谓大相径庭。

② 大卫·里维斯(David Lewis)关于虚拟可能世界的讨论(1987, 136 - 191)为虚拟道德地位提供了灵感。

伤害大于好处，但该原则的总体影响趋好。这与针对无罪推定的类似批评给出的答复大同小异：很容易发现（或想象）通过强制执行无罪推定已经（或可能）造成了重大损害的案例。然而，这些案件并不足以推翻无罪推定。如果这是关于无罪推定的有效答复，那么它也应该适用于地位推定。因此，在承认普遍原则并非完美的同时，也应该接受它。

另一种观点认为：与无罪推定不同，地位推定可能与背景有关——如果一个具有既定地位的生物与一个仅仅具有推定地位的生物发生冲突，那么具有既定地位的生物应当享有道德优先权。再次回到火灾的例子中来，人类拥有人类的道德地位，而仿生机器人的人类地位则受到质疑。据此，应该优先考虑营救人类。这一质疑在其他方面也屡见不鲜。例如，如果一名司机必须在撞上一辆他能看见人的车和另一辆他看不见的停着的车之间做出选择，那么从道德上讲，最好是选择撞上停放的车，并坚信后果不会那么糟糕。结果可能是停着的车里挤满了人，但明智的博弈是根据现有的信息而采取相应的行动。

另一种人造生物地位推定的方法就是从概率的角度来予以考虑。这类似于风险评估——例如，因为怀疑入侵者在门的另一边而开枪射穿一扇门板。因为射穿一扇门板可能会伤害或杀死一个无辜的人，所以一个人在开枪之前应该确定他的目标存在与否。

同样，当一个人以某种方式对一个人造生物采取行动之时，必须考虑它具有道德地位的可能性。对人造生物采取有害行为的道德风险随着该生物具有道德地位的可能性而增加。例如，强迫一个先进的机器人进入一个受损的核电站，那里的核辐射可能会摧毁核电站，这在道德上是有问题的——此时机器人的道德地位与其做出错误处理的可能性成正比。因此，如果高分子外壳下存在的不是机器人而是人的话，那么强迫机器人就相当于强迫一个人，这就类似于强迫一个我们确信其道德地位的人面临可能被毁灭的风险。在这两种情况

下，机器人和人都可能会被毁灭，从而使他们在道德上等同。

虽然似乎不太可能精确地计算出一个人造生物真正拥有道德地位的概率，但人类完全可以对此进行实际估算。毕竟，人们通常是根据他们遇到的自然生物行为来做出类似的判断。就先进的人造生物而言，它们实际拥有道德地位的可能性似乎足以使我们有理由按照这一地位而对待它们。

与功利主义论一样，对于这种方法的一个隐忧涉及人造生物和自然生物存在冲突的情况。以核电站为例，假设在人类工程师或机器人工程师之间做出选择，此时辐射水平足以摧毁其中的任何一个，这时人类就具有人类的道德地位，而机器人则只是可能具有这一地位。因此，机器人应该被送进核电站从事修复工作。

从风险评估的角度来看，这种选择似乎无可厚非。派遣人类去从事核修复一定会置具有人类道德地位的人于死地。派遣机器人则意味着可能会摧毁具有人类道德地位的生物。这就好比如果两个人可以被送进去从事危险工作，而其中一个人的生存几率更高，那就应该派这个人去。这是因为派一个肯定会死的人进去一定会导致其死亡，而派遣那个可能存活下来的人只是存在防止核反应堆堆芯熔毁时导致死亡的可能性，这就属于道德优选。由于机器人可能没有人类的道德地位，派遣它去从事危险的核修复工作就意味着有在不摧毁具有人类道德地位的生物的情况下，这一决策可以防止核反应堆堆芯熔毁。这也是基于概率估计的正确选择。

但是，一个值得关注的问题出现了——由于对人造生物实际道德地位的认识问题，这种方法将人造生物置于二等道德地位。出于偏见，人类习惯性地将其他人视为二等生物（或者更糟），其后果自然也是让人不寒而栗。美国的奴隶制就是一个类似的例子。因此，或许更明智的做法是避免再次犯下同样可怕的道德错误，因为赋予其更高的地位所造成的损失和伤害更小。虽然自然生物而非人工生物的直觉或偏见无疑十分强大，但下一个也是最后一个为此辩护的理由允许人们在给予某种道德地位的同时可以接受偏见。这种对道德地位推定的最终辩护也是对于虚假地位的论证。

“人造地位”选项接受这样一个事实——尽管某些人造生物可能缺乏道德地位，但它们仍然应该被赋予“人造地位”。这一论点来自康德的善待动物论(1930，239-241)。

由于康德把道德地位建立在理性的基础之上，并且否认动物具有理性。因此，对他来说，动物并不具备道德地位。它们是康德道德分类法(1998，428)中的“有倾向性的物体”。因此，他认为我们对于动物没有直接责任。幸运的是，虽然他很理性，但却是一个很暖心的人——他努力潜移默化地履行对动物的间接责任。在论证这一点时，他声称：如果一个理性的人做了某事，对该人产生了一种道德义务，那么一个动物做某事就会产生一种虚拟的道德义务。例如，如果一个人至真不渝的友谊创造了一种义务——当她变老并成为负担时也不应抛弃她。那么，同样的道理也适用于一只年老但却始终忠诚的宠物狗。

虽然这似乎给宠物狗创造了一种直接的义务，但康德小心翼翼地加入了一点哲学上的预设，从而避免给予这条狗该类道德地位。简而言之，宠物狗缺乏理性，这导致其道德地位的缺失，因此不能苛待它；而康德认为抛弃忠诚的宠物狗是大错特错。要实现康德的理论，还需要更多的哲学省思。

康德采用了一种十分有趣的方法来赋予动物某种形式的道德地位。以狗为例，康德会说如果一个人抛弃了她忠实的老宠物狗，那么她的人性就会被这种无情的行为所破坏。概而言之，对动物采取不人道的行为会产生有害的后果——不是对动物(它们没有道德地位)而言，而是对其他人来说。残忍地对待动物会使一个人更倾向于不履行对其他人的责任——这种想法是错的。

康德的方法可以被看作是把对待动物作为人类的道德实践。打个比方，想象一下警察在虚拟的“开枪与否”场景中接受训练。训练中使用的假人显然没有道德地位，因此警察没有道德义务不对他们“开枪”。然而，如果一名警察没有按照真实场景进行练习，那么在涉及真实人物的情况下，他更有可能做出错误的选择。因此，他有义务把模拟的人当作人来对待，因为她对真实的人负有道德义务。

康德不仅仅倡导禁止苛待动物，他还要求我们善待动物。这是值得称赞的，因为他认为对动物的善会激发我们对他人的善。用类比的方法来说，动物是人类的实践对象。这就赋予了动物一种虚拟的道德地位，尽管康德认为动物缺乏真正的道德地位（而不仅仅是物体）。

如果康德的推理可以用来证明动物的虚拟道德地位，那么对于人造生物也同样适用。一项与此相关的实验已经正在进行当中。

2015 年，弗罗科 · 译勒（Frauke Zeller）和大卫 · 史密斯（David Smith）发明了搭便车机器人（2016）——一个带有可爱拟人化塑料外壳的太阳能苹果手机。这是一项实验的一部分，目的是确定人们在机器人“搭便车”时如何与其互动。虽然机器人搭便车安全地跨越了加拿大和德国，但它在美国只持续了两周，就在费城被摧毁了。

与先进的人造生物不同，搭便车机器人的道德地位不存在争议。作为一个装在塑料外壳中的苹果手机，它显然只是一个物体。它没有思想或情感，甚至看起来也不像是有思想或情感的样子。搭便车机器人之所以重要，是因为它可爱的外表和通过社交媒体为它创造的虚拟人格，使人们确实对它有好感。正因如此，人们可以幻想它是一个机械化的土耳其人，通过陌生人的礼貌和友善而搭便车来环游世界。

鉴于康德将动物视为物体，而搭便车机器人也是物体，因此可以将其视为具有等同于动物的道德地位。这一推理的问题在于——它会使所有的物体在道德地位上都与动物一样，比如岩石。既然康德没有赋予石头或钟表等物件虚拟的道德地位，所以一定有某种东西能将动物与其他物体区分开来。那些接受动物具有道德地位的人在区分岩石和浣熊时没有障碍，但康德认为理性生物和其他一切之间存有一个简单的二分法。然而，他赋予动物虚拟的道德地位肯定是有理可依的。

这是因为人类对待动物的方式会产生心理影响，从而影响人类对待彼此的方式。一个合理的依据就是：动物更像人类，而不是更像岩石，其相似性为它们的影响力奠定了基础。这与笛卡尔的动物观别无二致：他否认动物具有思想性，但并不否认它们拥有生命或情感(1991b, 336)。他还承认：人类认为动物具有思想性是基于一个类比的论点——它们在外表上和行为上看起来很像人类，因此推断既然人类有思想，动物也自然具有思想。伯特兰·罗素(Bertrand Russell, 1999: 514 - 516)通过类比论证，提出了他自己解决“他心问题”的方法。这很好地解释了为什么对待动物会影响人类对待他人的方式：动物越像人类，人类就越习惯于用特殊的方式对待动物。当然，亚里士多德(1976)也为此提供了一个极好的例子。柏拉图在《理想国》(*Republic*)(1979, 261 - 264)的第 10 卷中也指出，人们即使接触到虚构人物的情感，也同样会受到强烈的影响。

同样的影响大概也适用于那些看起来像人类，且与动物相似的人造生物[①]。例如，一只像真狗的机器狗，因其行为像人类，从而可以获得一种虚拟道德地位[②]。

再次回到搭便车机器人的例子，尽管它显然是一个物体，但通过社交媒体和拟人化，它摇身一变成了一个虚拟人。这表现在对其遭到“谋杀”的情感反应中(Danner, 2016)。因此，我们有理由认为，搭便车机器人有权获得一种虚拟的道德地位，因为它能在情感上影响人类。

如果这一推理适用于搭便车机器人，那么它也适用于与动物或

① 这一观点的早期版本出现在我的哲学博客《拯救狗肉》一文(LaBossiere, 2010)中。

② 关于人造动物可能产生情感影响的虚构例子之一就是《马克三世野兽的灵魂》(“The Soul of the Mark Ⅲ Beast”)(Miedaner, 1988)。

与人类有更深层相似之处的人造生物。在某些方面更像动物和人类,则可能会对人类产生更大的心理影响,从而为虚拟道德地位提供更坚实的基础。虽然搭便车机器人可能只是可爱,但先进的人造生物可以从事类似于人类的活动。如果这些活动由人类执行,那么他们将对人造生物产生间接的道德义务。再回到狗的例子,如果一只机器狗执行的任务会对一只真狗产生间接的道德义务,那么机器狗似乎已经获得了一个虚拟的道德地位,即使它本身并没有这种地位。对于与人类相似的人造生物,即使它们自己的道德地位受到质疑,其仍然有权享有这种虚拟的道德地位。

按照康德对待动物的方法,这种虚拟的道德地位将导致——在没有充分理由的情况下,伤害或虐待人造生物的行为会被认为有失公德。例如,仅仅为了运动而伤害人造生物就是错的。由于这些生物只是具有虚拟的道德地位,它们在道德上受到的保护将不如自然生物——后者的需求将胜过前者。因此,如果为了自然生物而有必要采取一定的措施,那么人造生物可能就会受到伤害。再次回到核电站的例子,如果在向核电站派遣真人类或机器人之间做出选择,那么应该派遣机器人——假设机器人只有虚拟的道德地位。

据前所论,确定人造生物的道德地位将会十分具有挑战性,但可以通过适当的指导和反思来完成。即使人们不愿意给予人造生物充分的道德地位,但它们似乎至少有权获得一种虚拟的道德地位。有句老话说得好,有(虚拟的道德地位)总比没有好。

参考文献

Aristotle. 1976. *Nicomachean Ethics*. Translated by J. A. K. Thomson. London: Penguin Books.

Danner, Chas. 2016. "Innocent Hitchhiking Robot Murdered by America." http://nymag.com/daily/intelligencer/2015/08/innocent-hitchhiking-robot-murderedby-america.html.

Descartes, René. 1991a. *The Philosophical Writings of Descartes*. Vol. 1. Translated by John Cottingham, Robert Stoothoff, Dugald Murdoch, and

Anthony Kenny. New York: Cambridge University Press.

Descartes, René. 1991b. *The Philosophical Writings of Descartes*. Vol. 3. Translated by John Cottingham, Robert Stoothoff, Dugald Murdoch, and Anthony Kenny. New York: Cambridge University Press.

Dick, Philip K. 1996. *Do Androids Dream of Electric Sheep?* New York: Ballantine Books.

Garland, Alex (director). 2015. "Ex Machina." Alex Garland (screenplay).

Hare, Robert. 2016. "Psychopathy Scales." http://www.hare.org/scales/.

HitchBOT. 2016. "HitchBOT Home." http://mir1.hitchbot.me/.

Kant, Immanuel. 1930. *Lectures on Ethics*. Translated by Louis Infield. London: Methuen.

Kant, Immanuel. 1998. *Groundwork of the Metaphysics of Morals*. Translated and edited by Mary Gregor. Reprint, Cambridge: Cambridge University Press.

Kant, Immanuel. 2005. *Fundamental Principles of the Metaphysics of Morals*. Translated by Thomas Kingsmill Abbot. Reprint, New York: Dover.

LaBossiere, Michael. 2008. *What Don't You Know?* New York: Continuum.

LaBossiere, Michael. 2010. "Saving Dogmeat." http://blog.talkingphilosophy.com/? p=1843.

Lewis, David. 1987. *On the Plurality of Worlds*. Oxford: Basil Blackwell.

Miedaner, Terrel. 1988. "The Soul of the Mark III Beast." In *The Mind's I*, edited by Douglas R. Hofstadter and Daniel Dennett, 109 - 113. New York: Bantam Books.

Mill, John Stuart. 2001. *Utilitarianism*. Edited by George Sher. Indianapolis: Hacking.

Plato. 1979. *The Republic*. Translated by Raymond Larson. Arlington Heights, IL: Harlan Davidson.

Russell, Bertrand. 1999. "The Analogy Argument for Other Minds." In *The Theory of Knowledge*, edited by Louis P. Pojman, 514 - 516. Belmont, CA: Wadsworth.

Scott, Ridley (director). 1982. "Blade Runner." Philip K. Dick (story). Hampton Fancher and David Peoples (screenplay).

Searle, John. 2002. *Consciousness and Language*. Cambridge: Cambridge University Press.

Singer, Peter. 1990. *Animal Liberation*. New York: New York Review of Books.

Spinoza, Benedict. 1996. *Ethics*. Translated by Edwin Curley. New York: Penguin Books.

Turing, Alan. 1950. "Computing Machinery and Intelligence." *Mind* 236:

433 - 460.

Tyldum, Morten (director). 2014. "Imitation Game." Graham Moore (screenplay).

Wachowski, Lana and Lilly Wachowski (directors). 1999. "The Matrix." Lana Wachowski and Lilly Wachowski (screenplay).

第 20 章
人造身份

詹姆斯·迪吉奥瓦纳

哲学家们普遍认为，人工智能体原则上可以称之为人。至少来看，人工智能体并非天生就不具备人格标准：它们可能具有自我意识，能够视他者为人，可以对自我行为负责，也能与他人和社会建立关系，兼顾智慧与理性的同时，还具备二阶意图。并且，假如我们可以将七情六欲编入相应软件中的话，至少还可以根据其自由意志的兼容性而赋予它们意愿上的自由度。博斯特罗姆（Bostrom，2014：ch. 2）提出了一个很好的例子，证明了这一点的可行性，尽管精神哲学家仍然对有意识的人工智能体是否可行持怀疑的态度。

但是，即使人工智能体具备了所有标准的人格特征，也存在一个可能与人类大相径庭的领域，因此我们不得不重新考虑这个概念的某些限制——人工智能体不会遵守个人身份规范。个人身份的历时性通常借助心理或身体特征而留下追踪轨迹。如果这些变化具有渐进性或碎片化属性，那么这些特征可以随着时间的推移而发生变化，但仍保持身份属性不变。然而对于人造人而言，其身体和精神上有可能产生突然而彻底的变化。此外，科幻小说中的场景也就成为可能，这自然引发了后续对于个体身份的激烈争论以及相关文献研究。例如，分裂（Nagel，1971）、融合（Parfit，1971：22）、群体思维（Schwitzgebel，2015：1701－1702）、记忆擦除（Williams，1973）以及即时个性更新(Parfit, 1984: 236 - 238)等主题纷纷涌现而出。这些影响不仅限于纯人工智能领域。有了人工记忆和脑对脑接口等人类神经强化技术,人类可能很快就能对自己进行类似的大刀阔斧式的改造,包括通过制造心理复制品或将自己与他人的心理内容结合起来而体验分裂和融合的迥异感受。

因此,人类的进步加上基于人工智能的强大机器人技术融入实体的创造中,在很大程度上就能够完成个性与身体的改写与再造,并由此拓展到其自身之上。正如托马斯·道格拉斯(Thomas Douglas)(2013)、艾伦·希坎南(Allan Buchanan)(2009)、杰夫·麦克马汉(Jeff McMahan)(2009)、朱利安·瑟乌列斯库(Julian Savulescu)等哲学家所指出的那样:人类的进步会造成标准伦理理论中没有设想到的道德困境。从根本上说,鲜见的是许多这些问题都源于某项技术所提供个人身份的可塑性增强。具有控制、补充或替代某些大脑功能(例如记忆力、反应力和控怒力)或具有可转移记忆力的神经植入物的人工智能或半机械人将会有能力改变其心理内容。并且鉴于外科修复技术的发展,它们也能够改变其身体构造。如果一个机器人的可变性日渐增强,以至于可以让它随意抛弃基本的身份特征,那么我们如何完成与之相关的判断、交友、依赖、责任或信任呢?我们习惯于在历时空间中不断重新审视个体。我们假设人们对于自己先前的行为负责,因为他们可以识别执行这些行为的主体。但是,一个能够改写自我的生物可以称其具有身份吗?

这可以归结为一个关于人格本质的问题。哲学家们经常注意到人工智能可以是一个人(Putnam, 1964; Midgley, 1985; Dolby, 1989; Petersen, 2011)。但是,他们没有注意到的是——这可能需要我们阻止其以其可能的速度完成学习、适应并改变自己。托马斯·道格拉斯(2013)声称:人类的进步和强大的人工智能可能会创造出"超人"——在道德上强于并且可能优先于人类的生物。道格拉斯认为,如果说二者之间有什么区别的话,那么这些生物对自身行为的责任感比我们更强。但是同样,这也需要它们具有某种可以附加责任的稳定身份。因此,虽然超人生物具有实现的可能性,但它要求我们不能让它找到全部的用武之地。否则,它可能通过迅速摆脱身份而在不同的时间里更换身份。在我看来,人工智能和人类的进步可能导致的不是道德上的超人,而是不能成为人的一种实体——不是因为它们不能满足人格的要求,而是因为它们有一种额外的超越人格的能力。

我将这些生物称为"准人"。这些生物满足人格的所有正向要求(自我意识、道德认知、意向性、二阶欲望等),但有另一个特点使其不具备人格资质——无需努力就能立即改变。可能还有其他的方式使其成为一个准人,但在这里我将重点关注能够抹消和重写身份的准人。我们的道德体系旨在维系自身的奖惩体系,对于超人而言也是如此。但是,目前尚不清楚这是否也适用于藐视身份的准人。

20.1 准人可能拥有的身份类型

可能是因为没有办法将身份标准应用于此类准人,也可能是因为我们需要保证自我身份概念适应这些全新的可能性。也许我们从中了解到的是——机器和机械化的有机生物不能具有身份。但是,如果把人类看作机器,那也同样会面临许多与人工智能相同的问题。它们可能会经历更为缓慢的变化,但其确实会忘记过去,并根据环境、事故和计划"重新编程"自己的个性。正如大卫·里维斯(David Lewis, 1976)所指出的那样:如果有足够的时间,我们的身份也会随着即时重新编程而产生相应的变化。

在里维斯的案例中,一个活了 137 岁的高寿之人发现自己变化是如此之大,当下的自己与 137 年前的自己完全没有任何共同点。这就印证了帕菲特(Parfit)的观点——在某些情况下,个人身份因为经历某些变化而具有不确定性(1984, 213)。但是,尚不清楚是否绝对完全发生身份改变。人工智能的问题在于它可以不断变化,以至于其身份在很长的时间内都无法确定：它可能会不断变化，获得新知，尝试各种其他方式。也许最令人不安的是它与其他人工智能的融合、分离以及重组，这些对于作为身份核心的个性都带来了巨大挑战。

同样，这可能会启示我们一些关于人类个体身份的社会属性。但是，对于人类而言，我们至少可以为了维系道德责任而保持离散个性的虚构性。比较而言，对于超人来说，这种虚构性可能并不适用。我们可能需要全新的叙述来概括这样一个准人在道德、社会和主观等维度上的意义。随着这种可能性的出现，我们至少需要知道自身将如何认定准人对犯罪负责，如何分配其财产，以及如何作为一个在友谊、家庭和工作中占有一席之地的社会人对其做出相应反应。

传统的身份描述往往取决于心理连续性（Locke，1689；Parfit，1984；Shoemaker，1984）或身体连续性（Williams，1973；Thomson，2007；Olson，1997，2003）。最近开始通过个人叙事强调身份（Riceour，1995；Schechtman，2005），并从社会科学文献中汲取社会衍生或建构的身份（Schechtman，2010；Friedman，1985；Singer，Brush and Lublin，1965；Festinger，Pepitone and Newcomb，1952；Chodorow，1981；Foucault，1980；Alcoff，2005）。在下一节中，我将检验这些解释在技术进步或生物衍生面前所表现出的局限性。

20.2 心理身份

洛克（Locke），帕菲特和休梅克（Shoemaker）等心理学理论提出了当时的主流观点。许多哲学家（见 Bourget 和 Chalmers2014 年的民意调查）和大多数天真的受访者（Nichols and Bruno，2010）更偏爱这种模式。虽然最初的洛克心理身份模型遭到了强烈的反驳，但帕菲特（1984，204－208）和休梅克（1984）已经开发出一些模型来说明心理内容对身份的关键意义，同时坚持回复了以下批评：（1）心理内容经历了太多变化；（2）心理内容无法作为标准，因为它违反了身份的传递性——内容随时间的推移而消失，现在的生物可能与过去的生物相同，但与未来的生物之间差距巨大。

结合他们的说法，我们可以这样认为：如果一个人在两天内有足够多（比如50%）的相同心理内容，并且如果第二天持续的心理内容也延续了第一天的内容，这样经过了很多天之后，如果其心理内容还是此类日常（或时时刻刻）连续性重叠链的一部分——也就是说——如果一个人与某个先前个体属于同一重叠链的一部分，那么他们就是正确连接并引起心理内容的同一个人。

这个说法中蕴含了两个重要元素：因果关系与连续内容。

显然，从这个角度看，人工智能或机器人可以拥有个人身份，但如果其具有自我转变的超个人倾向，那么它就不会拥有个人身份。这里的问题在于准人（1）倾向于通过对其心理内容进行即时和大片的删除或更改来打破链条的50%底线要求；（2）它可以凭借某种方式重新获取记忆，这与之前拥有的记忆之间没有任何因果关系。

例如，想象汤姆（Tom）和史蒂夫（Steve）是两个在一起长大的准人。汤姆患有严重的记忆力障碍，因此史蒂夫的记忆被放入汤姆的记忆之中，编辑们对这些记忆进行处理，删除那些纯粹属于史蒂夫的记忆，并调整其他记忆以便从汤姆的角度进行处理。最后，汤姆对基本事实和技能的记忆（假设汤姆和史蒂夫一起学习了阅读、骑自行车等）以及大部分自我经历记忆都和以前一样准确，或者至少与人类当前的记忆一样准确。此时，汤姆存在一种个人连续性，但不会有休梅克所定义的个人身份——因为他目前的心理内容并非由他先前的心理内容引起。但是，我们会认为汤姆应该为他在记忆恢复之前犯下的罪行负责吗？如果我们认为：① 休梅克认为汤姆已经失去了个人身份的观点具有正确性；② 汤姆仍然应该为犯罪负责，那么我们的身份和责任直觉就会脱节。

甚至比记忆更重要的是：重构诸如道德价值观、共情能力和一般人格特征等倾向性心理内容的能力会破坏人格。正如尼科尔斯

(Nichols)和布鲁诺(Bruno)(2010)以及施特罗明格(Strohminger)和尼科尔斯(2015)所指出的那样：对于一个在基本价值观上经历了彻底改变的生物，人们会毫不犹豫地否认其连续性。一个可以改变世界观、完全采纳和删除价值观、偏好和判断基础的准人，将在很大程度上缺乏个人身份的最基本要素。

另一方面，考虑到我们准确保留的记忆非常少(Chen, 2011; Arkowitz and Lilienfeld, 2010; Loftus, 2005)，也许从心理角度来看，只有人工智能和机器人才能拥有个人身份。一个人造的或经过强化的生物至少可以记录每项经历数据，而人类却做不到这一点。这样一来，一个准人可以解决洛克所说的个人身份问题，而不必求助于帕菲特和休梅克的解决方案：对洛克而言，如果记不起以前的时间，我们就无法在不同的时间之内成为同一个人。但是，即使在大多数人几乎没有记忆的时候，准人也可能拥有完整的记忆，比如童年早期的记忆或睡眠记忆。然而，这就带来了另一个问题：它也可能拥有许多其他生物的完美记忆(例如，所有其他与之共享记忆的准人)。那么它会成为其他准人吗？至少在洛克的一些解释中确应如此(见20.4中的蜂窝问题)。

尽管如此，正如对记忆标准的许多批评所表明的那样，记忆通常不足以识别身份(Reid, 2002; Williams, 1970)，还需要一些其他的稳定性或一致性特征才行，包括道德品质(Strohminger and Nichols, 2015)、身体连续性(Olson, 2003)以及生活计划的一致性(Korsgaard, 1989)。所有这些连同记忆一起在人工智能中都会受到突然中断以及即时重写的影响，从而使其身份的重新识别成为一个棘手的难题。

20.3 生理/动物身份

针对心理学理论的问题，威廉姆斯(Williams)(1970)、汤姆逊

(Thomson)(2007)、奥尔森(Olson)(1997，2003)等人提出了生理学理论。其中最系统的是奥尔森提出的动物主义，用于追踪动物的身份。然而，这显然不适用于完全人造的生物。况且，奥尔森至少对于某些样式的机器人排除了这一点：奥尔森认为，通过人工方式维持自身的生物不属于活体范畴，因此缺乏动物身份(1997，ch. 6，sec. 3)。如果机器人只是替换了非重要器官，它可能具有动物身份，但这无助于我们从法医角度量罪或量责。正如奥尔森所指出的那样："生物方法确实有一个有趣的伦理后果，即这些实际关系不一定与数字身份有关"(1997，ch. 3，sec. 7)。这是因为一个生物的单纯生理连续性并不能告诉我们有关该生物与某个计划或先前实施犯罪的实体之间关系的任何信息。大脑交换、记忆消除和人格重塑切断了动物连续性与道德身份之间的联系，因此动物解释法并没有回答我们最关心的问题：谁应对此负责。

其他生理描述(Williams，1970；Thomson，2007)与动物的自然生活没有那么紧密的联系。对它们来说，重要的是身体的连续性。而且在威廉姆斯看来，责任感(抑或一种通过生理连接的未来自我与当前自我确实是同一个主观的人的感觉)留存下来。与心理学讨论一样，人造生物具有两种可能性：

1. 它可能比人类拥有更为清晰的身份。换言之，虽然人的一生中通常会获得或失去一些物质，并最终失去所有初始物质，但机器如果维护得当，几乎可以由所有初始物质组成。

2. 它可以满足人格要求，但生理上无法保持不变。如果一个人工智能体每天只是通过转移它所有的心理内容而进入一个全新的身体，而且一次只在一个身体里，那么为何这会使其失去人格呢？这就涉及一种重要的连续性：如果这种连续性完全负责其身体的转移，并且没有复制品的话，我认为完全可以让这种连续性对犯罪负责。但是，它将缺乏任何生理上的连续性，并且因此导致先验自我不具备身份属性。

身体转换显然是一种准人具备的能力。身体转换不会使准人无法通过人格测试,但它给予了准人太多改变的自由,因而破坏了人格。从运动的身体到久坐的身体,从举重运动员的身体到长跑运动员的身体,从美丽的身体到丑陋的身体,身体转换可以发生在每一瞬间。这种方式与现代人大相径庭,也和我们现在与身体的对抗以及与身体的关系大不相同。身体转换可能会通过破坏生理身份从而破坏人格。尽管如此,鉴于人们普遍认为心理内容比身体连续性更重要,这可能不像之前的案例那样具有准人性,甚至可能是超人性。事实上,这正是某些漫画书中的超级英雄和变形神话中的神明所拥有的那种力量,我们毫不犹豫地相信宙斯从人变成公牛再变成天鹅时仍然是宙斯,这一点可以从将其视为同一个生物的叙事方法中得到证明。

20.4 生理和心理身份的蜂窝问题

帕菲特(1971,22)讨论了多人合并成一个个体以及分裂成几个个体的可能性。此类生物的生命地图看起来就像一个蜂巢——多个生物相互缠绕、分离与融合。虽然这只是一个假想,但是对于可以结合和复制心理内容和操作系统的准人来说,这种可能性也是确实存在的。

想象一下如下场景:Aleph 和 Beth 是人造生物。经过几年的个体生活,它们将自己的记忆和程序整合到一个单一系统当中,成为 Baleph。虽然有两个身体,但只有一个思维程序知道两个身体里发生了什么。七年后,Baleph 断开了两个身体的连接,这两个身体分别命名为 Gimel 和 Dale。两人都对 Baleph 经历的时光有着完整的记忆,也对 Aleph 和 Beth 度过的岁月有着完整的记忆。Gimel 和 Dale 是否都要对 Baleph 这一集合体犯下的罪行负责呢?对于 Beth 在个体合并前犯下的罪行,应该惩处它们其中一个,还是两个都(不)惩处呢?

在大多数关于个人身份的描述当中，Aleph 和 Beth 与 Baleph 不同，与 Gimel 和 Dale 也不同；Gimel 与 Aleph、Beth 与 Dale 彼此之间更是各不相同。实际上，所有这些都违反了身份的传递性，因为个体融合之前的 Aleph 和 Beth 彼此并不相同。在个体分裂之后，Gimel 和 Dale 也不相同。但是，这似乎并没有让 Beth 犯下罪行的实体在 Baleph 身上完全消失，如果它分裂成 Gimel 和 Dale，Baleph 的罪行也不会获得原谅。

这只是最简单的个体分裂/融合案例，很容易引发其他问题：

1. 同化：Blob 是一个准人，可以同化任何其他准人的记忆与个性。它认为自己是一个有着悠久历史的独特实体，但每一个新同化物的历史都会被添加到它的记忆之中。其同化的历史相当多，以至于添加一个新同化物的历史并不会完全改变 Blob 的个性，其改变可谓微乎其微，就好比一段感情紧张的关系对一个人个性的改变不大一样。

2. 结合：一组准人同时结合成一个准人——在此之前彼此都是独立个体，因而不存在结合的先后顺序问题。新准人会为旧准人的所有行为负责吗？

3. 准记忆合并：帕菲特(1984，220)展示了这样一个案例：简(Jane)获得了保罗(Paul)去威尼斯的记忆。然而，简知道她自己并没有去过威尼斯，所以她拥有的只是准记忆。但是，假设我们开始获得越来越多的另一个人的记忆，随着时间的推移，我们自然而然就会失去一些自己的记忆。那么，什么时候身份会模糊呢？此外，帕菲特(237)还描述了当我们失去自身记忆之时，慢慢获得葛丽泰·嘉宝(Greta Garbo)[①]的记忆的情况。我们可以把它想象成另一种准记忆。我们会在某个时候成为嘉宝吗？

---

① 葛丽泰·嘉宝(1905年9月18日—1990年4月15日)，生于瑞典斯德哥尔摩，瑞典籍好莱坞影视演员。

> 假设我们获得了她的所有记忆，而一点也没有失去自己的记忆，那结果又如何呢？如果我从另一个人那里获得了其他心理因素，而不仅仅是记忆，这又会怎样呢？因为我可以准记忆汤姆一生中发生的事情，所以我可以用这些记忆来继承汤姆的勤奋、狡猾、开锁技巧等特点，直到我变得很像汤姆。我是否需要删除自己的记忆才会真正失去身份呢？当我适应了汤姆的50%以上的心理内容之时，我还是我吗？

所有这些问题都带来了奖惩的考虑。如果某个人工智能体因为不良行为而受到惩罚，并且在其未来的新副本（在惩罚之前制作）被激活之时，我们需要决定它是否也需要受到惩罚。如果想将惩罚最大化，我们可以使一个准人分裂，并惩罚它的数百个分裂后的个体。以这种方式使痛苦最大化似乎有失公正，但不清楚导致这种做法特别不公正的动因何在。如果我们不是惩罚一个准人，而是对它进行重新编程来恢复它，一旦重新编程改变了它足够数量的先前人格，我们最终可能就会摧毁它的身份，而换来的只是一个新的、更有道德感的生物——只不过它和先前生物之间拥有部分共同的物质结构和记忆。如果蜂巢思维已经分裂成许多（甚至成百上千的）个体，即便该行为是在身体集体意识的眼皮底下发生的，那么因为其中一个身体的行为而惩罚所有人就显得举步维艰。更糟糕的是，对于彼此缺乏身份的生物而言，这是一种有失公正的处理方式。问题是，我们回答有关内疚、责任与惩罚问题的常规直觉依赖于与准人的生活模式根本无关的生物模式。

20.5 叙事与社会身份

叙事理论（MacIntyre，1989；Taylor，1989；Schechtman，2005；Ricoeur，1995）认为，一个人通过（通常是自我讲述的）叙事将个人生活中的各种事件串联成一个连贯的故事来获取身份。连续人格包括看到自己就像一个具备决策、成长和改变能力的角色，而不仅仅是一个事件发生的载体。虽然这一理论对于人类身份来说已然足以构成问题(例如，如果我是一个不靠谱的叙事者，那么我的叙事为什么还要算数呢?)，但对于准人而言，这个理论根本不适用。假设准人经常重启，当它回到之前的保存状态时会损失数天或数周的记录。从叙事中删除的缺失事件是否会成为准人身份的一部分?这还是把准人想象成一个具有个性化的实体。那么如果它经历了融合、分裂或蜂窝化过程，它的叙事将不再是一个独特的实体，而更像是一个村庄或社区的故事，或者一个部落的历史。在这种情况下，故事可能没有明确的起点与终点，甚至没有明显的意义——要遵循哪些分裂线或包含哪些预期融合线都不得而知。

此外，人工智能体必须认为自己拥有过去和未来的实践概念，过去构成了人工智能体的组成部分，而它关心自己与他人未来的方式有所不同。人工智能体可以做到吗?在大量程序改写之后，它很可能不再关心它的过去——当它可能作为集体一员时，或者作为一个对当前状态没有记忆的实体，抑或是具有完全不同个性和系列技能的实体时，它都不会关心它的未来所指。

无论是在第一人称叙事还是第三人称叙事当中，创造身份都需要一个核心角色。但是，对于复杂的准人而言可能没有角色，因为在时间网络中只是存在临时节点。

无论我们采用霍多罗夫(Chodorow)(1981)的关系自我，富科(Foucault)(1980)的社会强制与创造自我，还是阿尔科夫(Alcoff)(2005)的性别化、民族化和本地化自我，大多数关于自我的社会建构理论在这里都无济于事。人造人可能拥有太多的自由，从而可以摆脱这些想法的约束。这样的人几乎可以完全跳脱种族、性别和民族血统的藩篱：一个能够交换身体或至少交换一部分身体的准人，能够抹消过去，在数据传输的瞬间学习语言和文化，并内化任何与所有自我结构相关的信息，掌控自己的性别、信仰、自我等概念——这样的准人几乎无法还原为任何一种文化构念。即使它是所有当前地球文化的产物,它也不会完成本地化转型,因为它也可以借鉴和创造虚构的文化与生物来找到理解自身的非常规方式。事实上,它最适合批判文化,因为它还可能拥有最优秀的伦理学家、社会改革者、人类学家、语言学家和虚构世界创造者等顶尖人才的批判技能。

脱离了种族、性别和文化的特殊性或稳定性,它将成为第一个真正关指自我的理性个体,拥有自主、理性的决策算法,可以筛选所有可用的自我创造可能性,并在必要时做出自己的选择。在某些方面,这样的准人可能类似于伊里加赖(Irigaray)(1985)和弗莱德曼(Friedman)(1986)所认为的神话般的男性自我:具备自我创造、自我指导和社会自主能力。对于女权主义哲学家来说,这样的人当然是男性主义者的幻想,但是准人可能接近达到这种状态。

20.6 准人格的社会问题

我们需要重新认识我们的朋友、家人、对手和同事,并且能够预测他们的行为。第一印象往往具有稳定性,并且深刻地影响着我们对他人的评判(Wood, 2014; Tetlock, 1983)。第一印象会导致我们维持错误的信念(Rabin and Schrag, 1999),并且仅仅根据外表来贬低他者的价值(Lorenzo, Biesanz and Human, 2010)。准人格此时存在一个道德优势:可以让我们接触到那些不断破坏我们所坚信的第一印象、刻板认知与社会陈规定型观念的生物。反复改变视觉外观以及性别的能力拒绝将其用于行为和性格的简单预测当中。

但是,这也会破坏基本的社会关系。根据性格特征(Doris, 2002: 63, 87-96)预测行为的相关性仅在0.3到0.8之间,然而个体的道德品质仍然会对我们与他人的互动方式产生重要影响;如果我的妻子决定明天尝试一个彻底改变她的性格的心理模式,那么我在多大程度上是在与同一个人相处呢?如果我每天都带着不同的能力来工作,我的老板不能要求我做的是什么呢？如果爱人和朋友瞬间改变了他们的好恶习性，我们又怎么能指望他们成为我们喜欢的人呢？

随着时间的推移，性格和外表的缓慢变化是形成个人身份的组成部分；我们期待这种缓慢的变化，我们与朋友一起成长、改变或者对抗，抑或看着他们渐行渐远。如果我们从未改变，我们也将是一种准人：想象一个没有因为孩子的死亡而改变的个体，或者没有因为发现她的信仰到头来是黄粱一梦而改变的人。高度稳定性可能会让我们质疑某人的人格，但它会强化身份。但是，准人突然改变的能力将使其婚姻、工作和友谊充满忧虑或者甚至根本不可能拥有婚姻、工作和友谊。也许准人身份将使我们从对他者的依恋当中解放出来，让我们在每次相遇时都将每一个人视为新人，但这种解放将会牺牲我们人格核心部分的社会关系。

20.7 结论

帕菲特认为，如果不再强烈认同自己的未来，我们就能更有效地认同他人，并且获得具有道德价值的共情之心。秉持这一观点的帕菲特相信："我的生活与其他人的生活仍然存在差异，但是仅在毫厘之间。鉴于其他人近在旁侧，所以我不太关心自己的余生，而更关心他者的生活"(1984, 281)。早期佛教典籍中也有类似的说法，认为自我是道德发展的障碍，是理解人我合一（破除我执）的障碍（见《菩提经》2005 年 175 - 176 节引用的 *Itivuttaka* 27, 19 - 21; Siderits, 2007: 69 - 85; Parfit, 1984: 502 - 504)。

即时重写自己的能力可以通过以下方式获得解放。当然，这样的转变会让我们的过去显得愈加陌生。也许我们心知肚明，自身会彻底改变自己或者加入蜂巢思维，而这会让我们的未来看起来不那么属于我们自己。但是，对于我们的道德观来说，破坏稳定的自我的价值判断都会给责任带来困扰。也许这是最好的方式：当一个罪犯在 18 岁被判处无期徒刑之时，我们通常拥有充分的理由相信 50 岁时的罪犯将判若两人。这就是为什么许多国家不允许无期徒刑，因为这种惩罚否认个体可能会经历的变化。对于在错误发生很久之后制定的惩罚，准人的突然改变同样具有启发意义；除了受到报复心的驱使，是什么让我们去寻找那个在 20 岁时犯罪的 60 岁老人？但是，一定程度的追责能力对伸张正义而言至关重要。如果都无法将自己认定为同一个人，那么这会给个人责任划定带来麻烦。如果我们可以通过即刻改变自身特质来逃避所有的惩罚，那么可能就忍不住去犯一些有利可图的错误。

准人只是被夸大了的个体，准人身份的所有问题都能在正常人类身份中找到影子。我们可能会加入和离开狂热组织甚至参与类似狂热组织的生意，我们可能会因道德觉醒、颅脑损伤乃至高强度的健身计划而发生彻底的转变。时间一长，如何维系我们的性格、记忆和身体素质的稳定性都会是个问题。

准人案例中的夸张性表明：我们可能需要全新的责任和身份衡定方法。也许我们将不再追踪完整的个体，而是追踪与所提到的特定身份问题相关特征的延续。例如，如果在犯罪以后，我们发现嫌疑人是一个已经彻底改变了自己的准人，我们就必须问：在刑事方面，这个人是否仍然是同一个人。当我们试图重新识别朋友或亲人之时，我们不仅需要询问哪些特质具有相关性，它们在多大程度上持续存在，还需要思考它们是在什么条件下得以改变或者获得的。我们一起改变了吗？双方是否同意变更？这种改变是渐变的，还是突变的？身体形态的根本改变，甚至身体的交换，在保持心理连续性的同时可能意味着重新分配伴侣身份或在族裔、种族或社会身份群体中的身份的相应改变。改变一个人的性别或种族（或一个人身体的相关方面）可能标志着身份的重大升级转型。或者，这些事情是否无关紧要取决于提出身份问题的社会伙伴的差异。背景环境此时就显得尤为关键。

彼得·吉奇(Peter Geach)将身份视为相对于称谓的概念,他认为某个时间点的x不能简单地等同于其他时间点的y,但"x必须与y是相同的A",即同一个父亲,同一位官员,同一个银行家或同一个小偷(1967, 3)。也许这是一个线索,可以说明如何在准人身上保留身份和道德称谓,但是决定一个人的哪些部分是罪犯抑或哪些部分是丈夫,并非一件简单的事。尽管如此,观察人格的细节方面比断言或否认简单身份更有启发性,因为人格和身份可能会在某些方面持续存在,而在其他方面逐渐消失。放弃简单性是与可以随意重写或重新制作自身相关性生物互动的利好结果之一。

参考文献

Alcoff, Linda M. 2005. *Visible Identities: Race, Gender, and the Self*. Oxford: Oxford University Press.

Arkowitz, Hal and Scott Lilienfeld. 2010. "Why Science Tells Us Not to Rely on Eyewitness Accounts." *Scientific American*, January 1. http://www.scientificamerican.com/ article.cfm? id= do-the-eyes-have-it.

Bodhi, Bikkhu, ed. 2005. In *The Buddha's Words*. Boston: Wisdom.

Bostrom, Nick. 2014. *Superintelligence: Paths, Dangers, Strategies*. Oxford: Oxford University Press.

Bourget, David and David Chalmers. 2014. "What Do Philosophers Believe?" *Philosophical Studies* 170: 465 - 500.

Buchanan, Allan. 2009. "Moral Status and Human Enhancement." *Philosophy and Public Affairs* 37: 346 - 380.

Chen, Ingfei. 2011. "How Accurate Are Memories of 9/11?" *Scientific American*, September 6. http://www. scientificamerican. com/article. cfm? id=911-memory-accuracy.

Chodorow, Nancy. 1981. "On the Reproduction of Mothering: A Methodological Debate." *Signs* 6: 500 - 514.

Dolby, R. G. A. 1989. "The Possibility of Computers Becoming Persons." *Social Epistemology* 3: 321 - 336.

Doris, John M. 2002. *Lack of Character: Personality and Moral Behavior*. Kindle ed. Cambridge: Cambridge University Press.

Douglas, Thomas. 2013. "Human Enhancement and Supra-Personal Moral Status." *Philosophical Studies* 162: 473 - 497.

Festinger, Leon, Albert Pepitone, and Theodore Newcomb. 1952. "Some Consequences of De-Individuation in a Group." *Journal of Abnormal and Social Psychology* 47: 382 - 389.

Foucault, Michel. 1980. *History of Sexuality*. Translated by Robert Hurley. New York: Vintage.

Friedman, Marilyn A. 1985. "Moral Integrity and the Deferential Wife." Philosophical Studies 47: 141 - 150.

Friedman, Marilyn A. 1986. "Autonomy and the Split-Level Self." *Southern Journal of Philosophy* 24: 19 - 35.

Geach, Peter. 1967. "Identity." *Review of Metaphysics* 21: 3 - 12.

Irigaray, Luce. 1985. *This Sex Which Is Not One*. Ithaca, NY: Cornell University Press.

Korsgaard, Christine M. 1989. "Personal Identity and the Unity of Agency: A Kantian Response to Parfit." *Philosophy & Public Affairs* 18: 101 - 132.

Lewis, David. 1976. "Survival and Identity." In *The Identities of Persons*, edited by Amélie O. Rorty, 17 - 40. Berkeley: University of California Press.

Locke, John, 1689. "Of Identity and Diversity." In *Essay Concerning Human Understanding*, ch. 2, sec. 27. Project Gutenberg. http://www.gutenberg.org/cache/epub/10615/pg10615-images.html.

Loftus, Elizabeth. F. 2005. "Planting Misinformation in the Human Mind: A 30-Year Investigation of the Malleability of Memory." *Learning & Memory* 12: 361 - 366.

Lorenzo, Genevieve L., Jeremy C. Biesanz, and Lauren J. Human. 2010. "What Is Beautiful Is Good and More Accurately Understood: Physical Attractiveness and Accuracy in First Impressions of Personality." *Psychological Science* 21: 1777 - 1782.

MacIntyre, Alasdair. 1989. "The Virtues, the Unity of a Human Life and the Concept of a Tradition." In *Why Narrative?*, edited by Stanley Hauerwas and L. Gregory Jones, 89 - 112. Grand Rapids, MI: W. B. Eerdmans.

Maslen, Hanna, Faulmüller, Nadira, and Savulescu, Julian. 2014. "Pharmacological Cognitive Enhancement — How Neuroscientific Research could Advance Ethical Debate." *Frontiers in Systems Neuroscience* 8: 107.

McMahan, Jeff. 2009. "Cognitive Disability and Cognitive Enhancement." *Metaphilosophy* 40: 582 - 605.

Midgley, Mary. 1985. "Persons and Non-Persons." In *In Defense of Animals*, edited by Peter Singer, 52 - 62. New York: Basil Blackwell.

Nagel, Thomas. 1971. "Brain Bisection and the Unity of Consciousness." *Synthese* 22: 396 - 413.

Nichols, Shaun and Michael Bruno. 2010. "Intuitions about Personal Identity: An Empirical Study." *Philosophical Psychology* 23: 293 - 312.

Olson, Eric T. 1997. *The Human Animal: Personal Identity without Psychology*. New York: Oxford University Press.

Olson, Eric T. 2003. "An Argument for Animalism." In *Personal Identity*, edited by R. Martin and J. Barresi, 318 - 334. New York: Blackwell.

Parfit, Derek. 1971. "Personal Identity." *Philosophical Review* 80: 3 - 27.

Parfit, Derek. 1984. *Reasons and Persons*. New York: Oxford Paperbacks.

Petersen, Steve. 2011. "Designing People to Serve." In *Robot Ethics: The Ethical and Social Implications of Robotics*, edited by Patrick Lin, Keith Abney, and George A. Bekey, 283 - 298. Cambridge, MA: MIT Press.

Putnam, Hilary. 1964. "Robots: Machines or Artificially Created Life?" *Journal of Philosophy* 61: 668 - 691.

Rabin, Matthew and Joel Schrag. 1999. "First Impressions Matter: A Model of Confirmatory Bias." *Quarterly Journal of Economics* 114: 37 - 82.

Reid, Thomas. [1785] 2002. *Essays on the Intellectual Powers of Man*, edited by Derek R. Brookes. Reprint, University Park: Pennsylvania State University Press.

Ricoeur, Paul. 1995. *Oneself as Another*. Chicago: University of Chicago Press.

Sandberg, Anders and Julian Savulescu. 2001. "The Social and Economic Impacts of Cognitive Enhancement." In *Enhancing Human Capacities*, edited by Julian Savulescu, 92 - 112. New York: Blackwell.

Savulescu, Julian and Anders Sandberg. 2008. "Neuroenhancement of Love and Marriage: The Chemicals Between Us." *Neuroethics* 1: 31 - 44.

Savulescu, Julian, Anders Sandberg, and Guy Kahane. 2001. "Well-Being and Enhancement." In *Enhancing Human Capacities*, edited by J. Savulescu, 3 - 18. New York: Blackwell.

Schechtman, Marya. 2005. "Personal Identity and the Past." *Philosophy, Psychiatry, & Psychology* 12: 9 - 22.

Schechtman, Marya. 2010. "Personhood and the Practical." *Theoretical Medicine and Bioethics* 31: 271 - 283.

Schwitzgebel, Eric. 2015. "If Materialism Is True, the United States Is Probably Conscious." *Philosophical Studies* 172: 1697 - 1721.

Shoemaker, Sydney. 1984. "Personal Identity: A Materialist's Account." In *Personal Identity*, by Sydney Shoemaker and Richard Swinburne, 67 - 132. New York: Blackwell.

Singer, Jerome E., Claudia A. Brush, and Shirley C. Lublin. 1965. "Some Aspects of Deindividuation: Identification and Conformity." *Journal of*

Experimental Social Psychology 1: 356 - 378.

Siderits, Mark. 2007. *Buddhism as Philosophy*. Indianapolis: Hackett.

Strohminger, Nina, and Nichols, Shaun. 2015. "Neurodegeneration and Identity." *Psychological Science* 26: 1469 - 1479.

Taylor, Charles. 1989. *Sources of the Self: The Making of Modern Identity*. Cambridge, MA: Harvard University Press.

Tetlock, Philip. 1983. "Accountability and the Perseverance of First Impressions." *Social Psychology Quarterly* 46: 285 - 292.

Thomson, Judith Jarvis. 2007. "People and Their Bodies." In *Contemporary Debates in Metaphysics*, edited by Theodore Sider, John Hawthorne, and Dean W. Zimmerman, 155 - 176. New York: Wiley Blackwell.

Williams, Bernard. 1973. "The Self and the Future." In *Problems of the Self*, 46 - 63. New York: Cambridge University Press.

Wood, Timothy J. 2014. "Exploring the Role of First Impressions in Rater-Based Assessments." *Advances in Health Sciences Education* 19: 409 - 427.

第 21 章
超乎伦理的超级智能

史蒂夫·彼得森

人类被邪恶的超级智能机器人消灭往往是荒诞科幻小说的必有情节——但尼克·博斯特罗姆的《超级智能》(*Superintelligence*)(2014)总结了一个机器人启示录场景,值得我们深思。故事大体上是这样的:一旦我们拥有一台与我们一样具备真正智能的机器,它很快就能设计出更智能、更高效的机器人;这些机器人将可以设计出更加智能的技术,直到人工智能发展成为一种"超级智能"——这将使得我们的认知能力相形见绌,就像我们的能力远远超过老鼠的能力一样[①]。

这种超级智能可能不会和我们一样拥有共同的目标抑或价值体系,因其智能不会受到赋予我们人类特殊需求(比如陪伴或咸味零食)的进化史的影响。就如同某个生产回形针的公司碰巧第一个发明了真正的人工智能,那么它的最终目标可能仅仅就是尽可能增加世界上回形针的总数。这样一个超级智能的回形针增产器,受其自身的内在价值体系(而非任何具有实质的恶意)驱动,将很快想到把

---

① 这种由人工智能所导致的智能爆炸或"奇点"的想法可以追溯到布莱切利公园的另一个无名统计英雄杰克·古德(Jack Good)(1965)。老鼠的类比来自查默斯(Chalmers)(2010)。

所有可用资源(包括我们人类)转化为回形针的方法[①]。所有这一切可能以迅雷不及掩耳之势发生,以至于我们甚至没有时间过多地担心人工智能所附带的任何其他道德影响[②]。

博斯特罗姆的担忧引起了人们的重视。例如,斯蒂芬·霍金(Stephen Hawking)和一大批人工智能领域的名人都签署了一封公开信,呼吁针对人工智能的安全性进行更多研究(Future of Life, 2015),企业家埃隆·马斯克(Elon Musk)成立了一个价值十亿美元的非营利组织,致力于实现这一目标(OpenAI, 2015)。这可能看起来过于戏剧化,但值得记住的是:只需一件大事就能把我们消灭殆尽。而事实上,我们迄今为止还抗受住了其他风险(如核战争或流行病)的考验,而且一开始没有任何证据表明我们最后可以存活下来——因为我们无法腾出手来警惕我们无法幸存的风险[③]。现存的风险已然令人犹豫不决,这就让美好的设想必须接受近乎不近人情的理性考验。博斯特罗姆在接受采访时警告说:

> 人们倾向于分为两个阵营。一方面,有些人认为这可能是无稽之谈。另一些人则认为这是小菜一碟。二者都有一个共同特点,那就是我们现在不需要付出任何努力。(Khatchadourian, 2015)

我同意博斯特罗姆的观点,这个问题现在值得予以认真关注。不过,值得记住的是:用于人工智能安全化的资源具有真正的机会成本。基于这一风险评估,关心提供基于证据的"有效利他主义"的慈善家现在正把资金转移到人工智能安全化之上,否则这些资金将用于拯救当下的饥荒(Matthews, 2015)。如果过度谨慎耽误了埃利

---

① 回形针批量生产器的示例最初来自博斯特罗姆(2003b)。

② 诸如真正的智能机器人是否可以或应该在道德上为我们服务之类的含义,请参见彼得森(Petersen)(2012)。

③ 正如一位朋友曾经说过的那样,"飞越过去,纯净的世界将会显现"显然并非出自一个自由落体者的手笔,因为这些人杳无音讯。(很少有人比博斯特罗姆本人更了解观察选择效应。)

泽·尤德考斯基(Eliezer Yudkowsky)(2008)所说的友好型超级智能,特别是致力于解决饥荒、癌症、全球变暖等问题的超级智能,我们还必须考虑其他成本。

因此,尽管担忧不无道理,但还是值得仔细调整风险程度,这就是为什么我支持博斯特罗姆论点的原因。借助于博斯特罗姆已经接受的一些原则,我在这里认为道德上的超级智能比他所允许的可能性范畴更大。总之,超级智能不能预先设定任何复杂的最终目标,因此(博斯特罗姆同意)它必须了解其最终目标何在。学习最终目标等同于对最终目标进行推理,而这正是伦理可以介入的突破点。

21.1 超级智能与复杂目标

在其书中较为积极的文字论述中,博斯特罗姆考虑了友好型人工智能的前景。我们希望可以为超级智能编写程序从而让它和我们拥有共同的目标——但正如博斯特罗姆所指出的那样:

> 人类的目标表达十分复杂……明确地编码(其)必要的完整目标表达似乎遥不可及。计算机语言不包含诸如“幸福”之类的基本术语。如果确要使用这样一个术语,那么首先必须对其进行定义……定义必须以人工智能编程语言中出现的术语为基础,最终以数学运算符号和指向单个存储寄存器内容的地址等元语言形式呈现。(2014, 227-228)

哲学家们甚至不同意如何将正义或幸福解释为其他类似的抽象术语,更不用说具体的计算机元语言了。

但是,人类的目标并不因为复杂就显得鹤立鸡群。即使是“批量生产回形针”的目标也很难明确予以编程,而且目前还没有明确的规定。这种担忧隐含在博斯特罗姆的“反常实例化”案例(2014, 146)当中。在这些案例中,超级智能找到了字面上正确但却以超常规方式来实现的自我目标，也就是以一种童话中精灵通常实现愿望的方式[①]。让我们领略一下“批量生产回形针”的目标是如何被低估的：订书钉算回形针吗？C形夹算吗？如果它们只有20纳米长，无法夹住任何类似纸张的东西，还能算回形针吗？如果它们非常脆弱，一用就断，还能算回形针吗？在结构相同的计算机模拟世界中，它们能算回形针吗？这些问题听起来可能很深奥，但当一个超级智能的回形针批量生产器（简称生产器）试图制造出最典型的回形针时，这些问题的价值就格外重要。更重要的是：如果它们和我们今天桌子上的那些物件一样，但是它们永远不能用于夹纸——因为任何纸和任何夹纸的人都在忙着变成更多这样的回形针，那么它们还算回形针吗？如果回形针必须根据有效性来计件，那么生产器的威胁性将会大大降低。

我们可能会提前对其中的一些答案进行编程，但仍然会留有更多悬而未决的问题。即使提供一个原型回形针进行扫描，并说“像这样批量化生产”，也需要指定“像”这样的具体特征（是说就像回形针的发明历史一样吗？还是像其表面的微尘一样呢？）关键在于：追求有点抽象的目标需要提前编程太多反复思量的细节才行。

因此，如果我们不能提前完成复杂的目标，超级智能又怎能拥有它们呢？在赋予超级智能复杂的人类价值观的情况下，博斯特罗姆的各种建议都归结为：超级智能必须学习自己的目标[②]。

当涉及“工具性目标”之时，人工智能学习自身目标也就不足为奇——这些目标本身就是为了实现更远的目标。“工具性目标”只是实现主体真正目的的手段，而人工智能的部分目的在于设计出我们无法回避的全新手段。例如，生产器可能会制定一个新的有关采矿

① 例如，如果最终目标是“微笑最大化”，那么正如尤德科夫斯基（2011）所指出的那样，超级智能可以“用微小的分子笑脸拼出未来地球的样子”。（这篇论文还与“精灵许愿”的艺术进行了很好的比较。）如果最终目标是“让我们微笑”——博斯特罗姆指出——超级智能可能只是“麻痹人类面部肌肉组织”而已（2014，146）。

② 虽然只有博斯特罗姆喜欢的方法在其术语中才带有“学习”的字样，但它们都是更为传统人工智能意义上的学习技术。

石的目标，以便寻求生产更多的回形针。事实上，实现目标的一系列适应性举措基本上就是人工智能社区中的人们所说的“智能”[①]。“工具性目标”相对容易学习，因为它们具备一个明确的成功标准：如果实现这一“工具性目标”有助于实现其他后续目标，那就坚持下去；如果不行，那就予以放弃并尝试其他目标。这种过程以一个最终目标结束——一个专门指向自己的目标。例如，生产器只是寻求回形针的批量化生产。最后，终极目标可以看作是“工具性目标”的学习标准。

但是博斯特罗姆提出，超级智能应该了解它的最终目标，这是一个比较棘手的问题。如果生产器出于某种原因调整了其最终的回形针目标，这就似乎意味着必须具备一些背景标准，而回形针目标无法通过生产器自身的优势予以实现——这似乎意味着其他背景标准始终是其真正的最终目标。另一方面，如果生产器没有更深层次的理由来改变其最终目标，那么该目标的改变就具有任意性，并且不是后天习得。一般来说，学习似乎需要一个正确的标准，但任何一个可以用来学习假定最终目标的标准都会使这个后续标准成为真正的最终目标。因此，学习最终目标似乎遥不可及。这个简单的论证就是著名的“休谟困境”，因为它引发了大卫·休谟的论点：信仰——即使是道德的信仰——如果没有其他背景目标（比如道德）就无法影响目标的实现（Hume，1739：2.3.3）。

因此，我们似乎既不能提前编程超级智能的复杂最终目标，也不能让其完成自学。这就说明，人工智能的领先者的诸多方法[如马库斯·赫特（Marcus Hutter）的AIXI以及卡尔·弗里斯顿（Karl Friston）的自由能方法]只是以某种方式将目标规范视为理所当然罢了[②]。

然而，学习全新的最终目标似乎只是我们人类经常做的事情；我

---

① 博斯特罗姆说他用这个词的意思是指“某种类似于预测、计划和手段-目的推理的技能”（2014，130）。他不是唯一一个使用这种用法的学者。参见例如莱肯（Lycan，1987：123）、克拉克（Clark，2001：134）或丹尼尔·丹尼特（Daniel Dennett）的“生成和测试之塔”（例如，Dennett，1994）。

② 参见赫特（2005）以及弗里斯顿和斯蒂芬（Stephan）（2007）。

们一生中的大部分时间都在摸索自己“真正”想要的是什么。此外，我们感觉这就是自身可以取得进步的事情。换句话说，我们不是从一个目标随意切换到另一个目标，而是借此获得更好的最终目标。当埃比尼泽·斯克罗奇(Ebeneezer Scrooge)开始重视热情的欢呼而不是仅认冰冷的现金时，我们认为他已经完成了基本价值观的转变，而且他也因此变得更好。当然，我们可以说斯克罗奇总是以幸福为最终目标，而且他已经学会了用更好的工具来达到这一目标。但是，这样一个模糊的最终目标毫无用处，正如亚里士多德几千年前所指出的那样：“宣称幸福是主要的好处似乎是一种陈词滥调，而且对幸福是什么仍然需要更加清楚的诠释”(Aristotle，2005：1097b22)。

21.2 复杂的目标与一致性

实际上，所谓的规范主义伦理观点解决了这一问题。它认为“至少存在一些实践推理来把过于抽象的目标具体化……从而找到更加丰实、愈加具体的目标”(Millgram，2008：744)[①]。规范主义的这一论点表明：确定一个人的最终目标究竟是什么与确定实现更为模糊但却更加固定的最终目标相比，二者的具化手段之间并没有明确的区别。规范主义对“休谟困境”做出了回应：建议可以根据一个足以影响推理的实质性标准来学习(或者，如果你愿意，可以指定)最终目标。但是，这个标准太过正式，不能算作目标本身，也就是所说的整体一致性标准。一致性推理本身的确切性质目前还有待商榷[②]，但其

① 关键规范论者的论文来自 Kolnai(1962)和威金斯(Wiggins)(1975)。

② 正如米尔格拉姆(Millgram)所说，“一致性是一个模糊的概念；我们应该期望它需要规范的指导；事实上，它已经有许多本质上不同且不那么模糊的变体，还有更多正在待变的潜力”(2008，741)。撒加德和韦伯尔(1998)以及撒加德(1988)开了一个好头。撒加德与米尔格拉姆合作，在米尔格拉姆和撒加德(1996)以及撒加德和米尔格拉姆(1995)中对“商讨一致性”进行了描述；另见撒加德(2000)。虽然受到此类工作的启发，但我现在更倾向于认同米尔格拉姆也提到的替代方案——参见格伦德沃德(Grünwald)(2007)。

基本理念是将一系列想法系统化，并且这些思想之间存在着不同程度的支撑和张力，而不将任何特殊的理念子集视为至高无上抑或不可侵犯。

在实际推理的情况下，就得必须在潜在的目标规范、成功的潜在途径以及任何其他可能的相关信息之间找到一致性。概而言之，一致性必须指向何为世界与世界何为之间的一致性。实际不一致的简单例子之一就是同时要求并禁止回形针长度小于 20 纳米的最终目标规范。通俗地讲，这种不一致性必须通过求助于类似决胜局的程序才能加以调和。与之类似，如果生产器认定没有静脉注射这样的东西，那么一致性就禁止使用这些东西制作回形针。这样一来，秉持的理念就可以引导目标规范走向。相反，它的目标规范将会帮助它从无数可行的真理中筛选出目标真理，从而完成理念系统中的录入；如果生产器认定更坚固、更轻捷的材料所制成的回形针可能最有助于回形针批量化生产，那么其目标将激励自己开展更多的材料科学研究。

基于杜威(Dewey)(2011)的观点，博斯特罗姆提出：人工智能使用一种他称之为 AI-VL 的价值学习模型来学习复杂目标。AI-VL 基本上是一个一致性推理系统。在理想情况下，我们会通过为每种可能的情况设定一个精确的价值分数(即效用函数)来指导超级智能的行动。但是，因为除了最简单的目标以外，所有目标都不可能使用显性效用函数，AI-VL 模型反而根据其加权猜测构造了一个平均效用函数。根据价值标准，平均效用函数就是正确的效用函数(在给定所讨论世界的前提下确实如此)。现在这还不是一个现成的解决方案。除了“在计算上难以处理”(Bostrom, 2014: 239)之外，这种方法还将大部分问题向后推了一步：我们如何在自我控制下指定一个详细的价值标准仍旧是个谜，其概率如何更新更是一个谜。但这是一个十分有趣的提议，假设我们可以让它发挥作用，那么对于我们的目标而言，重要的一点在于这样的超级智能将基于其对世界的信念

（它对正确效用函数的猜测）来找出（或指定）自己最终目标所在，同时使用这一目标来确定要形成的信念图谱。换句话说，它将进行一致性推理。

人工智能中显性效用函数的一种流行替代方法就是强化学习：人工智能通过正确的感知输入获得特殊的奖励信号，并且学习如何实现这一奖励的最大化。博斯特罗姆（2014，230）认为，强化信号不足以学习复杂的最终目标，因为就其实际效果而言，信号本身就是最终目标，而且很容易短路。例如，如果生产器通过摄像头显示一大堆回形针而获得奖励，那么它就可能会学会紧盯着照片看不停。也许来自多个感知路径的强化信号很难操纵，因此这可能是人工智能学习复杂远期目标的方式之一[①]。这似乎就是大致上我们找到的解决方案的进化情况。一般而言，我们通过近端的进食、交配等奖励组合，完成了生殖的远端进化目标。在这种情况之下，生产器必须学会如何权衡各种信号，有时会牺牲某个信号以便满足更多的其他信号。随着这些奖励信号数量的增加，它们可能不会同时短路，但如何予以平衡就成为一个日益复杂的“加权约束满足问题”——撒加德（Thagard）和韦伯尔（Verbeurgt）（1998）认为这是形式一致性推理的范例之一[②]。

21.3 一致性与伦理

现在，有些人认为，针对一致性的实践推理已经足以开展伦理

① 博斯特罗姆特别担心，一个能够以它选择的任何方式重新设计自身的系统将能够“选择实现方式”，在内部选择奖励捷径（2014，148）。在这种情况下，多个奖励信号可能毫无助力，我们稍后会讨论“简单”目标的问题。埃弗里特（Everitt）和赫特（2016）通过使用强化学习代替 AI-VL 的价值标准制作了一种混合模型来对此加以对抗。

② 实用观点可能没有实际意义，因为奥西欧（Orseau）和阿姆斯特朗（Armstrong）（2016）认为即使是超级智能的强化学习器也可以被设计为在开始误入歧途时通过“红色按钮”即可一键停止，而非学会提前禁用按钮。

推理——在世界上仅仅作为一个寻求一致性政策的个体本身就足以使人具有伦理价值。这一传统可以追溯到伊曼努尔·廉德(1989),而克里斯汀·科斯加德(Christine Korsgaard)(1996)的观点或许就是最好的证明。如果他们是正确的,并且如果个体必须是一致行为者才能变成智能体,那么我们就可以保证拥有伦理上的超级智能体。但是这里面充斥着各种争议。正如吉伯德(Gibbard)(1999)在回应科斯加德时指出的那样:似乎存在一个完全一致的卡利吉拉(Caligula)[1],他正寻求如何把这个世界上的痛苦最大化——将其变成人间炼狱。

但是,我认为我们可以确信任何超级智能都会具备某些神秘但至关重要的理念——这些理念在一致性推理之下足以满足道德行为的诸多要求。要想了解情况,首先要注意行为一致性的一个明确含义:目标会伴随着时间的一致性。试想德里克·帕菲特(Derek Parfit)设想出来的患有"未来星期二冷漠症"的个体:

> 某个享乐主义者非常关心自己未来体验的质量。他关心自己未来的方方面面,唯一的例外就是他有"未来星期二冷漠症"。在每个星期二,他都以正常的方式关心发生在他身上的事情。但是,他从不关心未来星期二可能的痛苦或快乐。因此,他会选择在下周二进行痛苦的手术,而不是在下周三进行,哪怕届时痛苦会少得多。这种选择不是任何错误信念的结果……这种冷漠就是一种赤裸裸的事实。当他计划自己的未来时,他总是喜欢在周二遭受巨大痛苦,而不是在其他任何一天遭受哪怕最轻微的痛苦,这是真的。(Parfit, 1984: 123 - 124)

帕菲特以此例表明:一些最终目标根本就不具有合理性。如果最终目标可以是非理性的,那么也许以牺牲感知为代价的回形针批量化生产就是另一个这样的例子——假设超级智能稍微有点理性,

[1] 罗马帝国的第三位皇帝。——译者注

它们就不会有这样的目标。不过，博斯特罗姆的回应看起来还是有那么一点道理的："帕菲特的能动者可能具有无可挑剔的工具理性，因此具有很高的智慧，即使他对客观理性缺乏某种敏感性，而这可能是完全理性的个体所必须的"(2014, 349, n.4)。换言之，在具备工具理性目标的同时也可能具备非理性的最终目标，只有后者才能被称为超级智能。但是，这种反应依赖于工具性目标和最终目标之间的界限必须泾渭分明。我们已经看到，在指定复杂目标时，这条边界实际上往往是模糊不清的[①]。

此外，博斯特罗姆坚持认为：患有严重"未来星期二冷漠症"的人在工具意义上具有非理性。他的"融合工具价值"之一——任何超级智能在实现其最终目标的过程中可能追求的价值，无论该目标是什么——在于其所谓的"目标内容完整性"[②]：

> 如果一个能动者将其当前的目标保留到未来，那么其当前目标将更有可能由未来的自己来实现。这就为主体提供了阻止其最终目标发生改变的当前工具性理据。(2014, 132 - 223)

然而和沙伦·斯特里特(Sharon Street)(2009)一样，我们试想一下某个在其他方面都很理智(唯一的问题就是其患有"未来星期二冷漠症")的能动者的各种细节[③]。这个被斯特里特称作 Hortense 的能动者将在周二安排痛苦的手术，以便节省麻醉费用。但是，她在安排

---

① 关于后续模糊性，请参见史密斯(Smith)(2009)关于帕菲特的"未来周二冷漠症"。他总结道："因此，对于只接受理性的程序性(广义上说：工具性)原则的理论和另外接受实质性原则(广义上说：关于最终目的)的理论，没有明确的区别(105)。"

② 他基于奥莫亨德罗(Omohundro)(2008)的融合工具价值观。

③ 斯特里特实际上关心的是捍卫"未来周二冷漠症"的合理性，并且编造了一个完全一致的"未来周二冷漠症"案例。假设一个可能的(当然是奇怪的)进化史导致某个人(也许不是人类)每 7 天经历一次心理转变。星期二他继续感到疼痛，但他和佛陀一样对此漠不关心。与 Hortense 不同的是，这个人可以根据他对强烈疼痛的冷静反应推断出今天是星期二——正如里查德·查普尔(Richard Chappell)(2009) 指出的那样。这样的人可能对未来(周二)漠不关心。我认为这是因为我们现在可以看到他不是在星期二以外的所有时间都在规避疼痛，而是一直在逃避疼痛引起的痛苦。

预约时知道：当星期二真正到来之时，她会突然对未来感到震惊而取消预约手术。因此，作为一个公认的理想工具性推理者，她还必须在此之前采取措施，从而防止未来的自己阻碍她当前的计划：

> 也许她可以雇一帮暴徒来防止她周二的自己会在预约时因遭受踢打而惊声尖叫……既然是她自己在策划未来的自己，那么就必须考虑到，她周二的自己会知道她计划的每一个细节……那么，出现的（严重"未来星期二冷漠症"）患者形象是一个与自己交战的形象。（Street，2009：290）

这看起来更像是 Hortense 每周两次在改变她的最终目标，而不是保持一个不变的最终目标。而且奇怪的是，这个目标表现出分离性特征。如果这样，她就违反了目标内容的完整性要求。因此在博斯特罗姆看来，她的行为并不具备理性特征。斯特里特指出，Hortense 的另一个选择就是通过安排麻醉剂来避免麻烦。但是，如果不是我们的实际推理的话，这看起来就像是我们自己的理性行为！

不管我们把什么样的非理性因素归因于 Hortense，她的实际推理无论如何显然并不具有一致性。随着时间的推移，Hortense 的计划未能将自己视为统一的能动者；斯特里特更倾向于认为在同一个身体当中存在两个"交战"的能动者，而不认为 Hortense 是一个有着古怪偏好的理性能动者。我认为这种诱惑产生的原因在于我们非常不愿意将如此显而易见的实际不一致性归因于某个能动者。可以说，就其本质而言，能动者之间的整合比这还要更为深刻。换言之，这种深刻冲突的证据具有多重能动性。一个确定的、一致的计划需要与未来的自己有着某种预期的合作。一个有着根本不同最终目标的未来能动者可以说是一个不同的人。

此处，我们就面临着"个人身份"的哲学问题——这也是什么通过变化将一个人统一起来的问题。Hortense 所表现出的异常不一致倾向显然很难将其看作一个人[1]。对人类来说，这样的测试案例大多具有理论性[2]。然而，对基于计算机的智能来说，人格身份的复杂性可谓司空见惯——正如博斯特罗姆所言[3]。博斯特罗姆列出的第一个“融合工具价值”就是自我保护，但他很快指出：对于未来的智能来说，“自我”保护并不像看上去那么重要：

> 在某种意义上讲，最终目标的基本内容完整性甚至比作为融合工具性动机的生存还要重要。然而对于人类而言，情况似乎正好相反，但这是因为生存通常是我们最终目标的一部分。对于可以轻松切换身体或创建自身精确副本的软件智能人而言，将自身保存为特定实现（或物理对象）不一定具有重要的工具性价值。高级软件智能人可能也能够交换记忆、下载技能，并从根本上修改自身的认知架构与个性。这一群人可能更像是一个“功能集合”，而不是一个由不同的半永生人组成的社会。出于某些目的，基于它们的价值（而非身体、个性、记忆或能力），该系统中的进程可能更好地被个性化为目的论之线。在这种情况下，目标连续性可以说是生存的一个关键方面。(2014, 133)

鉴于机器人易于拆分或复制的特点，计划执行某些未来任务的机器人是否与现在正在执行计划的机器人是同一个机器人可能无关紧要。博斯特罗姆认为这些问题并不重要。机器人将参与相同的“目的论之线”，这是由一致目标挑选出来的，而具有能动性的主体是否更像是一个人、一个殖民地还是一个集合体的问题压根就不存在。

但是，一旦能动者之间的界限变得模糊，我们就可以很好地进行

---

① 正如斯特里特所说：帕菲特规定这个人没有“关于个人身份的错误信念”，他评论道：患有“未来周二冷漠症”的人“同意他将在周二受苦”。……但正如我们刚刚看到的那样，现在的 Hortense 并不像普通人那样将未来周二的 Hortense 视为“和她一样”。相反，她蓄意毫不留情地密谋反对星期二的 Hortense。(2009, 290)

② 主要为理论性；但用这些术语来解释日常拖延症很有启发性。

③ 有关个人身份和超级智能的更多信息，请参见查默斯(2010)。正如他所说，“奇点提出了哲学中一些最难的传统问题，同时也提出了一些新的哲学问题”(4)。

道德推理，因为伦理的一个核心挑战是把别人看作是与自己相应的人。内格尔(Nagel)(1978)和帕菲特(1984)都试图将关心未来自己的原则扩展为关心他人的原则，以此建立谨慎的道德推理。对这种方法的反对意见指出：为了未来自己的更大利益而牺牲某些东西与为了其他人的更大利益而牺牲某些东西大相径庭——因为只有在前一种情况下，我以后才能得到补偿。这种反对明确认识到我和未来的自己是同一个人。亨利·西奇威克(Henry Sidgwick)说：

> 任何个人与他者之间的区别都具有真实性和根本性，否认这一事实将与常识相悖……既然如此，我不明白如何证明这种区别在确定个人理性行动的最终目标时并不具备根本性。(1874，498)

帕菲特(1984)试图破坏"常识"这一观点。很难证明我们人类之间的区别没有深刻的事实理据，因为我们至少与明显不同的生物之间有着紧密联系。但是，如果我们认为复杂的嵌入式软件足以产生智能，并且我们同意这种软件产生的智能足以成为一个有道德价值的人——人工智能社区普遍认同这两点，特别是博斯特罗姆——那么简单地复制这样的软件将生动地说明帕菲特的观点：一般来说，拥有道德价值的个体之间没有明显的区别[①]。

因此，对于我们的生产器来说，很明显：在考虑通过未来实现其目标的各种选择之时，其目标与他者的目标之间并没有明显的界限，这些目标只是以正确的方式相互关联——也就是说，实现目标的未来自我与实现目标的后代(具有明显差异)之间并没有真正的区别。让我们把同一"目的论之线"连接的未来自我或后代称为继承者，同样地把这个线索中的过去自我或祖先称为前身。正如遵循一致性推理的生产器将其继承者的目标指向自我目标一样，生产器必须看到

① 博斯特罗姆(2003a)有一个著名的论点——他认为我们很有可能只是在模拟宇宙中运行的软件，但仍然认为我们具有道德性价值。

它的前身着力于实现它们的目标。它与它们共享相同的“目的论之线”,因此学习生产器的前身目标至少与学习自己的目标高度相关——也许是同一件事。

当然,最初设计生产器的人类也被视为该“目的论之线”中的“前身”。(当然,它们不同的碳基构成在很大程度上与“目的论之线”的完整性无关。)超级智能的生产器可以猜测为什么人类(不)想要更多的回形针。生产器将在一致性原则约束下了解其目标的具体细节——目标与其人类设计师在同一“目的论之线”中可以识别,这将引导其朝着回形针批量化生产的友好目标迈进。

尊重(或扩展与继承)人类设计师的目标对于合作行为有一定的帮助,但仍然不能确保其行为的道德性。毕竟,这位生产器设计师可能是一个怀有恶意的疯狂科学家——比如说,通过把所有东西和每个人都变成回形针,以此来对其第一个办公用品店老板进行疯狂的报复。但是生产器也会看到,这位疯狂的科学家也是“目的论之线”的继承者。对于生产器来说,其目标和他者目标之间没有明显的界线。

这里还涉及两个更为复杂的问题。首先,至少对于仍在学习其复杂最终目标的能动者来说,两个“目的论之线”之间甚至没有明确的边界。如果生产器仍在确定其最终目标,也许其潜在的前身也是如此,那么就没有它们是否以及在多大程度上共享“目的论之线”的先例了——只是存在很多目标而已。其次,超越其最初的人类设计师的视野去审视所有人的目标之时,生产器当然会注意到许多相互冲突的目标。

生产器将处理这些复杂情况,因为其已经被迫处理自相矛盾的想法——这对于一致性目标来说提出了更为严峻的挑战。但是,为了合理地制定自我目标而对所有生物的目标进行一致性推理,这样的过程只是一种伦理性推理①。它看起来至少非常接近博斯特罗姆

① 两种主要的伦理传统(植根于J. S.密尔的功利主义和康德的绝对命令)都可能禁止这种推理。他们似乎有一个共同点——对自己和他人的目标进行某种公正的推理。

对于编写友好人工智能所偏爱的价值观之一，即尤德科夫斯基(Yudkowsky)(2004) 的“一致性推理意志”。正如博斯特罗姆所指出的那样：这反过来又非常接近关于是非对错的元伦理学观点——比如“理想观察者理论”或罗尔斯(Rawls)的“反思平衡”①。作为超级智能，生产器将会特别擅长发现这样的一致性。借此，即便是我们的生产器也可以成为一个理想的伦理推理者——从而具有超伦理性。

21.4 结论

以上就是我能编出来的最佳故事，以便支持如下观点——任何超级智能都可能因此而具有超伦理性。同样，从博斯特罗姆自己的角度来看，这个故事应该是相当可信的。根据博斯特罗姆的说法：

1. 正如他对“反常实例化”的担忧所表明的那样，典型的最终目标是有问题的。
2. 正如他对教授超级智能人类价值观的建议所表明的那样，需要学习不明确的最终目标。
3. 正如他喜欢的 AI-VL 方法所表明的那样，最好通过在实践推理中寻求一致性来学习最终目标。
4. 正如他的目标内容完整性所表明的那样，实践的一致性要求与未来的最终目标保持一致。
5. 正如他通过“目的论之线”串联起来的“功能集合”所表明的那样，与未来最终目标的一致性不仅包括未来自我，还包括所有的继承者。

自此我自己的补充就意味着一个必须学习复杂目标的超级智能将会在很大程度上尊重我们的共同意图——这种目标一致性也可以追溯到前身的意图之上。在某种程度上来讲，我们认为尊重如此广

① 见博斯特罗姆(2014，259，esp. note 10)。(是的，哲学中当然有“元伦理学”一词。)

泛的目标只是一种伦理性推理，这样的超级智能具有一定的伦理性特征。

所有这些都忽略了一个重要的可能性——具有简单目标的超级智能不需要被动学习。我倾向于认为：在某种意义上这不具有可能性；也许一个目标部分是由其可能的手段所决定的，因此成为超级智能所需的广泛手段就意味着一个具有复杂内容的目标。也许一个简单的强化信号或低复杂性的效用函数不足以建立任何真正的心理过程；也许即使是一个通过自我短路以保持最大化奖励信号的超级智能也可能经历“相当于一场涉基础本体变化的科学革命”(Bostrom，2014：178－179)，从而实现其目标内容的复杂化进程[①]；也许信仰和欲望之间甚至没有明确的界限。说得更为正式点，也许超级智能真的只是试图学习(显性或隐性)从动作到效用的高复杂性函数——这种复杂性如何影响状态效用量与估计量在很大程度上具有任意性。

但是事实或许并非如此。也许我们可以用非常精确的术语预先指定一个原型回形针(由这种合金组成，公差在这个范围之内，形状在这个尺寸范围以内)，而不需要说明如何制作的过程。也许最大化这些数量的简单目标就足以启动真正的超级智能。如果是这样的话，不论我之前的推理多么具有合理性，我们仍然会遇到棘手的麻烦。

同时，即使从复杂目标内容到超伦理的争论大多依赖于许多看似合理的主张，但这些主张的结合当然不具可信性。如果必须说得明确一些，我认为超级智能大约有 30％的可能性具有超级伦理属性。这比我在阅读博斯特罗姆的书之前给出的几率要大，但可能比博斯特罗姆给出的几率要小得多。如果真的如此的话，那么它就足以在精准风险评估的基础上显著改变我们分配资源的方式。

尽管如此，根据哲学标准得出异议只占 70％可能性的结论也算不上胜利。考虑到风险因素，我也认为应该谨慎应对。无论如何，博

① 但是，我是奎因式实用主义的继承者，并且当谈到目标内容的归属时，我倾向于赞同丹尼特的观点。参见丹尼特(1987)和丹尼特(1981)中的控制器示例。

斯特罗姆和我都认同一个更为直接的结论：现在是时候更为认真地思考人工智能的目标所在及其实现这些目标的手段了。

致谢

感谢罗伦·本辛格(Rob Bensinger)、约翰·凯勒(John Keller)、罗伯特·塞利科维茨(Robert Selkowitz)和乔·史蒂文斯(Joe Stevens)对本章的贡献。

参考文献

Aristotle. (circa bce 350) 2005. *Nicomachean Ethics*. Translated by W. D. Ross. MIT Classics. http://classics.mit.edu/Aristotle/nicomachaen.html.

Bostrom, Nick. 2003a. "Are You Living in a Computer Simulation?" *Philosophical Quarterly* 53(211): 243 - 255.

Bostrom, Nick. 2003b. "Ethical Issues in Advanced Artificial Intelligence." In *Cognitive, Emotive and Ethical Aspects of Decision Making in Humans and in Artificial Intelligence*, edited by Iva Smit and George E. Lasker, 12 - 17. Windsor, ON: International Institute for Advanced Studies in Systems Research/Cybernetics.

Bostrom, Nick. 2014. *Superintelligence: Paths, Dangers, Strategies*. 2016 ed. Oxford: Oxford University Press.

Chalmers, David J. 2010. "The Singularity: A Philosophical Analysis." *Journal of Consciousness Studies* 17(9 - 10): 7 - 65.

Chappell, Richard. 2009. "Against a Defense of Future Tuesday Indifference." http://www. philosophyetc. net/2009/02/against-defense-of-future-tuesday. html.

Clark, Andy. 2001. *Mindware*. Oxford: Oxford University Press.

Dennett, Daniel C. 1981. "True Believers: The Intentional Strategy and Why It Works." In *The Intentional Stance*, 1996 ed., 13 - 35. Cambridge, MA: MIT Press.

Dennett, Daniel C. 1987. "Evolution, Error, and Intentionality." In *The Intentional Stance*, 1996 ed., 287 - 321. Cambridge, MA: MIT Press.

Dennett, Daniel C. 1994. "Language and Intelligence." In *What Is Intelligence?*, edited by Jean Khalfa, 161 - 178. Cambridge: Cambridge University Press.

Dewey, Daniel. 2011. "Learning What to Value." San Francisco Machine Intelligence Research Institute. https://intelligence.org/files/LearningValue.pdf.

Everitt, Tom and Marcus Hutter. 2016. "Avoiding Wireheading with Value Reinforcement Learning." http://arxiv.org/pdf/1605.03143v1.pdf.

Friston, Karl J. and Klaas E. Stephan. 2007. "Free-Energy and the Brain." *Synthese* 159: 417 - 458.

Future of Life Institute. 2015. "Research Priorities for Robust and Beneficial Artificial Intelligence." http://futureoflife.org/ai-open-letter/.

Gibbard, Allan. 1999. "Morality as Consistency in Living: Korsgaard's Kantian Lectures." *Ethics* 110(1): 140 - 164.

Good, I. J. 1965. "Speculations Concerning the First Ultraintelligent Machine." In *Advances in Computers*, edited by Franz L. Alt and Morris Rubinoff, 6: 31 - 88. New York: Academic Press.

Grünwald, Peter D. 2007. *The Minimum Description Length Principle*. Cambridge, MA: MIT Press.

Hume, David. (1739) 1896. *A Treatise of Human Nature*, ed. L. A. Selby-Bigge. Reprint, Oxford: Clarendon Press. https://books.google.com/books/about/A_Treatise_of_Human_Nature.html?id=5zGpC6mL-MUC.

Hutter, Marcus. 2005. *Universal Artificial Intelligence*. New York: Springer.

Kant, Immanuel. (1785) 1989. *Foundations of the Metaphysics of Morals*. Translated by Lewis White Beck. Reprint, New York: Library of Liberal Arts.

Khatchadourian, Raffi. 2015. "The Doomsday Invention." *New Yorker*, November 23 http://www.newyorker.com/magazine/2015/11/23/doomsday-invention-artificialintelligence-nick-bostrom.

Kolnai, Aurel. 1962. "Deliberation Is of Ends." In *Varieties of Practical Reasoning*, edited by Elijah Millgram, 259 - 278. Cambridge, MA: MIT Press.

Korsgaard, Christine. 1996. *The Sources of Normativity*. Cambridge: Cambridge University Press.

Lycan, William G. (1987) 1995. *Consciousness*. Reprint, Cambridge, MA: MIT Press. Matthews, Dylan. 2015. "I Spent a Weekend at Google Talking with Nerds about Charity. I Came Away ... Worried." Vox, August 10. http://www.vox.com/2015/8/10/9124145/effective-altruism-global-ai.

Millgram, Elijah. 2008. "Specificationism." In *Reasoning: Studies of Human Inference and Its Foundations*, edited by Jonathan E. Adler and Lance J. Rips, 731 - 747. Cambridge: Cambridge University Press.

Millgram, Elijah and Paul Thagard. 1996. "Deliberative Coherence." *Synthese* 108(1): 63 - 88.

Nagel, Thomas. 1978. *The Possibility of Altruism*. Princeton, NJ: Princeton

University Press.

Omohundro, Stephen M. 2008. "The Basic AI Drives." In *Artificial General Intelligence 2008: Proceedings of the First AGI Conference*, edited by Pei Wang, Ben Goertzel, and Stan Franklin, 483 – 492. Amsterdam: IOS Press.

OpenAI. 2015. "About OpenAI." https://openai.com/about/.

Orseau, Laurent and Stuart Armstrong. 2016. "Safely Interruptible Agents." San Francisco: Machine Intelligence Research Institute. http://intelligence.org/files/Interruptibility.pdf.

Parfit, Derek. (1984) 1987. *Reasons and Persons*. Reprint, Oxford: Oxford University Press.

Petersen, Steve. 2012. "Designing People to Serve." In *Robot Ethics: The Ethical and Social Implications of Robotics*, edited by Patrick Lin, Keith Abney, and George Bekey, 283 – 298. Cambridge, MA: MIT Press.

Sidgwick, Henry. (1874) 1907. *The Methods of Ethics*. Reprint, London: Macmillan & Co. https://archive.org/details/methodsofethics00sidguoft.

Smith, Michael. 2009. "Desires, Values, Reasons, and the Dualism of Practical Reason." *Ratio* 22(1): 98 – 125.

Street, Sharon. 2009. "In Defense of Future Tuesday Indifference: Ideally Coherent Eccentrics and the Contingency of What Matters." *Philosophical Issues* 19(1): 273 – 298.

Thagard, Paul. (1988) 1993. *Computational Philosophy of Science*. Reprint, Cambridge, MA: MIT Press.

Thagard, Paul. 2000. *Coherence in Thought and Action*. Cambridge, MA: MIT Press.

Thagard, Paul and Elijah Millgram. 1995. "Inference to the Best Plan: A Coherence Theory of Decision." In *Goal-Driven Learning*, edited by Ashwin Ram and David B. Leake, 439 – 454. Cambridge, MA: MIT Press.

Thagard, Paul and Karsten Verbeurgt. 1998. "Coherence as Constraint Satisfaction." *Cognitive Science* 22(1): 1 – 24.

Wiggins, David. 1975. "Deliberation and Practical Reason." In *Varieties of Practical Reason*, edited by Elijah Millgram, 279 – 299. Cambridge, MA: MIT Press.

Yudkowsky, Eliezer. 2004. "Coherent Extrapolated Volition." San Francisco: Machine Intelligence Research Institute. https://intelligence.org/files/CEV.pdf.

Yudkowsky, Eliezer. 2008. "Artificial Intelligence as a Positive and Negative Factor in Global Risk." In *Global Catastrophic Risks*, edited by Nick Bostrom and Milan M. Ćirković, 308 – 345. New York: Oxford University

Press.

Yudkowsky, Eliezer. 2011. "Complex Value Systems Are Required to Realize Valuable Futures." San Francisco: Machine Intelligence Research Institute. https://intelligence.org/files/ComplexValues.pdf.

第22章
人工智能与自主学习机器人的伦理学维度

香农·瓦勒尔，乔治·A.贝基

机器人技术与人工智能科学的融合正在迅速推动机器人技术的发展，从而模拟各种智能的人类行为[①]。机器学习技术的最新发展已经显著提高了人工智能体的执行能力，甚至使其开始擅长以前人类智能所专属的活动领域——包括抽象问题解决、知觉识别、社交互动以及自然语言处理。这些发展引发了一系列相关的伦理学问题，具体包括设计责任、支持人工智能的机器人制造与使用——尤其是那些具备自学能力的机器人。

自主学习机器人的潜在收益十分巨大。例如，自动驾驶汽车可以大大减少道路上的人员伤亡，提高运输效率，减少能源消耗。有朝一日，能够访问海量医疗案例数据的机器人医生与训练有素的人类同行相比，诊断起患者来可能会更快也更可靠。在执法人员识别出危险分子的特征之前，负责人群控制的机器人能够预测出他们的行动。此类应用程序以及即将出现的更多应用程序可能会在保护人类生命、健康和福祉等方面提供重要的道德利益服务。

然而，在本章中我们指出：人工智能机器人带来的道德风险同

① 关于计算机科学——尤其是人工智能研究——到底是研究和模拟自然现象（例如信息或计算过程）的真正科学，还是工程学的一个分支，尚且存在很多争论（甚至在本章作者之间也有争论）。

样严重——尤其是自主学习系统的行为方式——即使是它们的程序开发者也并不总是能够预料或者完全理解。一些人警告说：未来人工智能会脱离我们的控制，甚至产生反人类行为(Standage, 2016)；但相比于电影中遥不可及的场景，我们面临的危险已经近在咫尺，如果不及时得到技术专家、立法者和其他利益相关者的协力解决，这些危险肯定会造成更大的伤害。因此，确保人工智能机器人和其他人工智能体的伦理设计、制造、使用和治理的任务既重要又艰巨。

22.1 人工智能是什么?

自早期文明以来，人类智能的本质一直是最大的谜团之一。人工智能或源于上帝与文明，或归因于偶然事件，但是人们普遍认为正是我们大脑和大脑中的智慧将人类与其他动物区分开来。几个世纪以来，人们认为机器永远无法模拟人类的思维。虽然目前存在许多计算机程序可以模拟某些方面的人类智能，但还没有一个程序可以执行人类大脑的所有认知功能。在 20 世纪下半叶，最早的计算机程序开始展示出某些智能行为[①]。关于计算机和人类智能的相似性，最早的有效测试是由艾伦・图灵(Alan Turing)(1950)提出。图灵称其为“模仿游戏”，今天我们更普遍地称之为“图灵测试”。

图灵测试操作如下：调查员以文字向计算机询问，计算机同样以文字形式答复。如果在适当的时间间隔之后，若调查人员能够精准分辨来自人或计算机的平均正确率不超过 70%，那么计算机就通过测试。图灵测试在人工智能研究中的普遍效用和重要性受到广泛质疑(Moor, 2003; Russell and Norvig, 2010)，原因在于它专注于在严格控制的环境下向用户展示系统外观，而不是系统的认知

① 拉塞尔(Russell)和诺维格(Norvig)(2010) 对该领域进行了出色的介绍。

架构或内部操作机制，这似乎偏离了测试的初衷——展示人工智能的认知能力。图灵测试还排除了许多其他不涉及会话能力的智能表现。尽管如此，值得注意的是：在 1991 年以来举行的年度竞赛（洛布纳奖）中，没有一个系统通过了图灵测试。该测试一再挑战研究人员（包括图灵）的预测，直到 21 世纪，计算机才体现会话智能（Moor, 2003）。

至于机器需要哪些素养才能拥有“真正”的人类智能，虽然还有许多悬而未决的问题，但是大多数人工智能研究人员并不急于求成，他们只是希望人工智能体可以模仿、增强人的智能，或在明确任务中与人的表现不相上下[①]。从这个意义上讲，图灵测试仍然具有重要意义。除非另有说明，否则我们将在本章的其余部分均使用上述基于任务的形象与定义——我们追求的不是多么“强大”的人工智能，而是希望人工智能体具备人类通常拥有的综合认知能力，包括自我意识。大多数人工智能研究人员认为认知能力目标（通常称为“通用人工智能”）是一个长期前景，而不是一个新兴现实[②]。

另一方面，具有特定形式任务智能的人工智能体已经存在于我们生活之中。在许多情况下，它们不仅可以与人类竞争，而且可以轻松超越人类。随着机器学习技术的不断进步，人工智能的优势预计会迅速扩大。此外，机器人系统当中特定任务型人工智能系统的运行进一步扩大了人工智能体的范围和种类以及它们可以扮演的各种社会角色。预计这种趋势将在全球生产力、知识生产力和机构效率度方面产生显著收益（Kaplan, 2015）。然而，它们也带来了深刻的社会、经济与伦理风险。

---

① 例如，IBM 生产的 Watson 机器人更喜欢使用“增强智能”或“认知计算”这一术语而不是“人工智能”，以此强调 Watson 增强和赋予人类智能的潜力，而不是使其成为可有可无的累赘（IBM Research, 2016）。

② 通用人工智能的研究尽管速度很慢，但仍在继续，并且是机器智能研究所等组织的焦点课题。许多通用人工智能研究人员正在积极努力减少相应风险（Yudkowsky, 2008）。

22.2 人工智能和机器学习的伦理学维度

机器学习是一个快速崛起的计算机科学领域,关于人工智能研究及其机器人应用的许多伦理学问题都与机器学习有关。与动物学习一样,机器学习是一个发展过程。在这个过程当中,系统与信息丰富的环境反复接触,逐渐产生、扩展、增强或加强该系统在这一环境或相关类似环境中的行为与认知能力。学习将会使得系统的状态发生变化,这种变化会持续一段时间,通常表现为通过某种显性或隐性记忆形成的机制。

机器学习的一种重要方法是以中枢神经系统中的网络为模型,也称为神经网络学习。或者更准确地讲,就是人工神经网络学习。出于简洁的考虑,我们在后续讨论中省略了“人工”一词。神经网络由一组表示源数据或输入数据各种特征的输入节点和一组表示所需控制动作的输出节点组成。在输入和输出节点层之间是节点的“隐藏”层,其功能是处理输入数据。例如,通过提取与所需输出特别相关的特征。节点之间的连接具有数字“权重”,可以借助于学习算法进行修改;该算法允许使用每个新的输入模式对网络进行“训练”,直到调整网络权重以优化输入和输出层之间的关系为止。因此,网络逐渐从重复的“经验”(输入数据集的多次训练)中“学习”如何针对特定类型的任务优化机器的“行为”(输出)。

虽然机器学习可以对神经网络以外的认知架构进行建模,但近年来,随着隐藏层的增加,人们对于神经网络的兴趣与日俱增,从而加深了此类网络以及反馈层或循环层的深度。在这些更为复杂的网络中调整连接强度属于另一种技术——深度学习。在人工智能的其他应用中——尤其是那些涉及计算机视觉、自然语言或音频处理的应用——自动驾驶“机器人车”的性能通过深度学习技术获得了显著改进。

机器学习技术在学习的监督程度上也有所不同。换言之,训练数据在多大程度上由人类明确标记,以便告诉系统应该学习哪些分类(而不是让系统构建自己的分类或分组)。虽然许多其他编程方法可以嵌入人工智能系统,包括基于规则的“自上而下”控制(例如,“如果打算右转,则在转弯前75米处激活右转向信号”),但现实世界中的突发事件往往数量多、不明确或难预测,无法在没有机器学习技术的帮助下进行有效管理。

对于自动驾驶汽车,输入将包括有关道路状况、照明、速度、全球定位系统提供的位置以及所需目的地的实时数据。输出则将包括受控变量的计算值,例如加速器(油门)踏板上的压力、转向命令(例如,“顺时针转动方向盘30度”),等等。节点的隐藏层将对可能在输入中检测到的各种显著模式做出反应(例如,输入模式指示道路右侧的自行车骑手)以形成正确输出的方式(“稍微减速,沿车道左侧中心行驶”)。

然而,在将自动驾驶汽车投入应用之前,汽车网络必须通过学习算法进行“训练”,以便针对各种输入和目标预测适当的机器输出(驾驶行为)。学习是通过调整网络输入层、隐藏层和输出层节点之间的增益或权重来实现的。网络模拟的初始训练之后就是受控的现场测试,其中网络在物理汽车中实施和训练。一旦训练过程确定了适当的连接强度,网络的输入-输出行为就会成为建模系统行为的近似值:在我们的示例中,是一辆行驶状况良好的汽车。虽然人工神经网络的认知结构几乎与正常人类驾驶员的神经结构存在天渊之别,但是一旦它能够近似于该类驾驶员的典型输入-输出行为,我们就可以说该网络已经学会了驾驶技术。

一旦网络的受控测试结果显示其具备足够的能力和信度,可能就会转而“在室外”进行性能的额外微调——在不受控制的现实世界条件下——如同特斯拉的自动驾驶功能测试。此时,我们将面对人工智能在机器人或其他系统中运行时出现的重要伦理学问题——这些机器人或系统可以采取自主行动，并在现实世界中做出不可逆转的改变。媒体广泛报道了自动驾驶汽车的伦理问题，尤其是对汽车进行编程时如何考虑乘客、其他汽车乘客和行人的安全之间做出具有道德挑战性的权衡——现实世界的“电车难题”（Achenbach，2015）。然而，“电车难题”并没有完全阐释甚至不一定解决人工智能和自主机器人系统引发的核心伦理学问题[①]。因此，本章将重点关注人工智能和机器人技术媒体报道中的一系列不常见伦理学问题。

首先，考虑到自助驾驶汽车旨在提高道路交通安全性，而人类是众所周知的不安全驾驶因素。提高道路交通安全性表面上具有伦理价值，毕竟没有人会否认车祸的减少对于道德的利好。然而，要想实现这一目标，必须对人工网络加以训练，使其具备优于人类的驾驶技能。和人类一样，自主学习机器也不断从错误中学习从而提升能力。但是，现实世界中有着令人迷惑不清的道路、乱窜的犬类、倒下的树木、游荡的小鹿、坑坑洼洼的道路以及醉醺醺、发短信或昏昏欲睡的司机。因此，让公共道路上的其他人在不知情的情况下成为自动驾驶汽车训练的测试对象是否合乎伦理呢？

特斯拉的客户为了最新驾驶技术带来的兴奋和便利甘愿承担这一风险，但行人和其他可能因自动驾驶错误而受到伤害的驾驶员并未签订此类合同。公司将此类风险强加给这些人是否合乎伦理呢？即便风险很小，但毕竟没有经过公开讨论或接受立法监督。如果测试验证了该技术的商业可行性，特斯拉这家私营公司将获得丰厚的利润，那么公众是否应该为此类测试获得补偿呢？既然自动驾驶技术的进步符合长期的公共利益，我们（或我们的后代）将在 5 年、10 年或 20 年后受益于特斯拉自动驾驶技术带来的道路交通安全，那么我们还需不需要接受测试的补偿呢？

此外，如果明天同样的技术能够拯救许多人，伦理学是否允许那

① 一个相关的研究就是机器人伦理学：设计具有人工伦理智能的智能体。由于篇幅所限，我们将重点限定在人工智能对于人类道德主体提出的伦理挑战上。

些今天可能因机器学习而受到威胁的人在不知情的情况下做出牺牲呢？此时，我们发现不同伦理学理论之间产生了隐性冲突：功利主义者很可能会为了人类更大的幸福而允许这种牺牲，而康德主义者则会认为这种方式从根本上来说有损德性。关于机器学习的其他应用，我们也可以提出类似的问题。例如，是否应该允许未来的机器人医生在模拟和受控测试方面训练有素，可以在面对地震或大规模枪击事件中受伤的真实受害者时进行自主判断？但这些受害者可能会因机器人的错误而进一步受到伤害呢？如果相比于目前的人类医生，未来的机器人医生可以拯救更多生命，那么增加机器人医生的数量在伦理维度上看是否更加合理呢？

我们认为长期公共利益取向确实证明了风险的合理性，但即使最强大、最训练有素的人工网络也难以做到全面预测。从统计上讲，它们在特定任务上可能与人类相当甚至优于人类，但是人工网络可能会做出不可预见甚至难以理解的行为，这种小概率事件始终存在。有些行为是在大型复杂系统之内的交互作用过程中产生的"紧急行为"[①]，有些则是系统在模拟所需输出时的简单故障。作为后者的一个典型案例，IBM 生产的 Watson 机器人曾在 2011 年美国电视问答节目《危险边缘》(Jeopardy)中轻松击败了最优秀的人类选手，但却在后来给出了一些即使是人类新手也会知道是错误的答案——比如在关于"美国城市"的终极问题中回答了"多伦多(加拿大的一所城市)"。

在电视娱乐节目当中，这是一个无害且滑稽的错误，但这也提醒我们即使最智能的机器也难称完美。然而，如今 Watson 肿瘤治疗受雇于美国的十几家癌症中心，旨在"为肿瘤学家和癌症患者提供个性化的治疗方案"(IBM Watson, 2016)。然而，Watson 提供的诊断和

① 根据紧急行为对于人类不利还是有利，紧急情况可能是一个"错误"(如 2010 年由全球金融软件系统之间的反馈循环引起的闪电崩盘)或"特征"(如算法在一组联网的微型机器人中产生紧急且看似"智能"的蜂拥行为)。

治疗方案仍然需要经由资深肿瘤学家予以审查。尽管如此,人类专家如何分辨 Watson 提出的新奇治疗建议是否可能拯救患者生命呢?据报道,日本已经发生了类似事件(David, 2016),即肿瘤治疗的“多伦多”事件?至少在肿瘤治疗的背景下,医生可以花时间调查和评估 Watson 的建议;但是我们如何才能使自己免受自动驾驶汽车等系统的不可预测性影响呢?在这些系统中,所需的操作和决策速度可能过快从而无法进行实时人工监督。

在理想情况下,只有当它们在受控环境中的统计失败率明显低于执行相同任务的普通人时,自主学习系统的开发者才会允许它们“在室外”运行。然而,当机器人或其他人工智能在现实世界中训练时对人造成了伤害,我们应该追究谁的责任呢?试想一个灾难性的机器“错误”,它不是由于人类程序员失误造成的——无法具体预测,也因此无法预防——除非不允许机器在社会中行动和学习[①]。如果产生这种灾难性的机器错误,应该采取什么保障措施来减少损失以及谁来负责呢?立法者?制造商?人工智能科学家或程序员?消费群体?保险公司?我们需要在利益相关者之间就自主学习系统的风险承担和收益的公平分配进行公开对话。

以一个相关的伦理学问题为例,人工智能体可能对个人和社会施加不同程度和类型的风险。例如,允许自动驾驶安全机器人在商场的美食广场巡逻可能会伤害到一个蹒跚学步的孩子的脚,这已经是一个很严重的问题(Vincent, 2016)。然而,对于 2 吨重且在高速公路上行驶的大货车而言,安装自主学习机器人、致命武器或者将关

① 严格来说,机器学习网络不会犯“错误”——它们只会产生意想不到的或统计上罕见的结果。从人类的视角来看,这些结果与程序员或用户对系统的真实世界目标并非完全一致。但是,由于系统实际上并没有理解(无论它在达到这些目标时在统计上是多么有效)人类目标(例如,“促进人类安全”),因此在产生与此类目标不一致的结果之时,不能说是真正意义上的“错误”。如果有错的话,那就是机器的代码和网络权重实际做的事情与其程序员希望它做的事情之间存在差距或偏差。适当的编程、培训和测试协议可以最大限度地减少此类偏误,但是几乎不可能完全消除所有此类差距。

键动力系统连接人工智能体，都完全是另一个风险级别。然而，不采用自学系统也存在重大风险，特别是在驾驶和医疗等环境之中，人为错误是造成严重伤害的主要根源且无法完全规避。在自主学习系统当中，如果围绕这些风险和责任问题，不能在仔细的道德反思后快速制定合理政策，那么无辜者的安全和人工智能研究的长远未来可能会受到严重威胁。

22.3 关于人工智能机器人更为广泛的伦理学问题

并非所有关于人工智能机器人的道德困境都与机器学习有关。许多此类问题几乎适用于世界上任何能够自主行动的人工智能体。这些问题包括：人工智能的监管与控制、算法隐晦以及隐藏的机器偏见、普遍的技术性失业、人工智能对于人类的心理和情感操纵以及自动化偏见。

22.3.1 人工智能的人类控制和监督

社会从伦理学角度对人工智能采取人类控制与监督，一般有以下几点原因。第一，一般伦理学原则——人类对我们选择的行为负有道德责任。人工智能系统进入了由人类精心设计形成的世界，因此从深层意义上讲，人类总是要为此类智能体对世界的影响承担伦理维度的责任。因此，如果让人工智能体的行为失去人类的控制或监督，这对人类来说显然有失道义。

第二，人工智能迅速扩大的应用范围。人工智能系统已经在现实世界中运行，例如涉及人类生死存亡的驾驶与医疗，以及关乎人类发展的其他核心维度。因此，人工智能在世界中的积极影响和消极影响都越来越具有伦理学意义上的重要性。随着人工智能系统在高道德风险环境中表现出越来越强的能力和信度，这种趋势将会逐渐增强（Wallach, 2015）。

人类责任是人工智能伦理学的基础，但是维系人类控制和监督则面临着巨大的挑战。除了上述突发状况或其他不可预测的人工智能行为风险之外，还有诸多反制措施来限制人类对于人工智能的控制和监督。人力监督的成本很高，所以可能会降低关键任务自动化所带来的利润。人类的判断和反应速度也比计算机慢得多，因此我们的控制也会降低效率。在汽车驾驶、飞行控制和金融交易等诸多应用当中，系统的整个功能都以决策速度和规模为前提，而这个速度和规模是人力所望尘莫及的。另外，我们的判断在什么时候比机器判断需要更多的权威或信任？如果人工智能系统在某项任务中始终表现出比人类更强的统计能力，我们凭什么赋予人类监督者挑战或推翻其决策的权力呢？

自主学习机器人的操作方式往往对人类（甚至对其程序员）来说是隐晦不明的，这更可谓雪上加霜（Pasquale，2015）。我们必须面对人类和人工“专业知识”之间日益脱节的窘况，这一差距会给我们造成几点困扰。首先，人类技能和理解方式逐渐失去作用。人类的专业知识常常表现出人工智能中所缺失的重要道德德性和理智德性（比如视角、共情、正直、审美风格和公民意识等），这些德性相对于人工智能的工具性优势（如速度和效率）而言极易被低估。此外，如果人工智能和人类行为人无法掌握彼此的推理方式、向对方解释其决策基础或提出关键问题，那么许多研究人员的主要目标——人工智能和人类之间的高效合作——将更加难以实现。

毕竟，如果人类不能询问人工智能机器人的决策依据和推理过程，就难以评估决策的有效性。如果人工智能体是一个无声的“黑匣子”，那么人类就无法有效地进行监督和控制。出于这一原因，许多人工智能设计师正在努力提高机器推理的透明度。例如，在给定选择的情况下，内置信度测量允许人们对低置信度决策给予较低的可信度。尽管如此，算法隐晦问题仍然是有效监督的重大阻碍。此外，算法隐晦还会催生其他道德风险。

22.3.2 算法隐晦与隐藏的机器偏见

除了阻碍人类对人工智能的监督之外,“黑匣子”或隐晦的算法过程还会延续并加剧道德与认知偏见。例如,在人类生成的数据集中通常会嵌入源自人类思想的种族、性别或社会经济偏见,这些数据集在被用于训练或“教育”机器系统时造成了机器偏见。这些数据定义了人工智能所“了解”的“世界”。然而,存在人类偏见的数据对机器输出的影响很容易被若干因素所掩盖,从而加剧偏见的危害性,并且难以根除。

其中一个因素就是算法隐晦本身。如果我不知道给定数据集的哪些特征会被网络的隐藏层挑选出来作为相关的可操作特征,那么我将无法确定该网络的决策是否依赖于编码在该数据某处的种族或性别偏见。另一个因素就是我们的文化倾向认为机器人和计算机在本质上具有“客观性”和“理性”,因此实质上无法做出通常会产生非理性与社会偏见的情绪和心理反应(例如,恐惧、厌恶、愤怒、羞耻)。即使科学家了解人类偏见对于机器智能的影响机制,他们也常常惊讶于机器输出中的偏见程度——甚至那些公认相对无偏见的输入也难逃此列。

例如,由波士顿大学和微软研究人员组成的一个团队发现:在对大量的谷歌新闻报道进行训练的机器“单词嵌入”中存在着明显的性别偏见(Bolukbasi et al., 2016)。他们指出,“专业记者”生成的数据(例如,与互联网留言板的数据相反)可能会被认为带有“很少的性别偏见”。然而,机器输出强烈反映了许多性别刻板印象(2016, 3)。他们观察到,“能够做出其他合理类比的同一个系统却会冒犯性地回答‘男性对计算机程序员就像女性对 x′,x=家庭主妇”(3)。该系统还反映了“强烈的”种族刻板印象(15)。试想,如果人工智能体的任务是为年轻男女提供大学咨询,或为一家大型科技公司人力资源经理的求职申请提供排名,那么这种性别偏见将会产生实质性伤害。

事实上，人工智能算法和训练数据中隐藏的偏见会导致预测性警务、贷款、教育、住房、医疗和就业等人工智能应用领域出现不公正的结果或政策。在面部识别算法中已经产生了种族偏见(Orcutt，2016)。更令人不安的是，刑事法院的法官广泛使用机器生成分数预测刑事被告再次犯罪的可能性，而在机器生成分数中也发现了种族偏见(Angwinet et al.，2016)。这些分数影响了关于假释资格、刑期判定以及被告惩处类型的司法判决。预测机器生成的黑人被告风险分数高于同类型白人被告分数，并且系统性地高估了黑人的累犯率，同时系统性地低估了白人的累犯率。通过给予相关计算的机器客观性和中立性标记，以及通过鼓励对黑人被告及其家人的进一步不公正对待(例如，更长和更严的判决)，这不仅反映了现有的社会不公现象，而且延续并加强了这一现象。

也许人类可以学会进一步质疑存在偏见的机器算法和输出。然而，对于缺乏批判性思维的人而言，机器偏见也会影响其判断。例如，负责识别入店行窃者、进行防盗巡逻或协助人群控制或反恐行动的机器人。与之相关的机器人用途十分广泛——事实上，自动化安全机器人已经上市(Vincent，2016)。也许我们可以训练算法来暴露这些系统中隐藏的偏见。除非能够有效解决机器偏见问题，否则机器偏见肯定会延续并放大诸多社会不公现象。

22.3.3 普遍的技术性失业

在19世纪初，当英国引入织布机时，纺织工人在看到他们的工作受到威胁后产生了极大的不满和恐惧。一场由所谓的勒德(Ludd)分子(源于神话英雄勒德)领导的反机器运动造成了深远的文化影响，时至今日，反对新技术发展的人还被称为“新勒德分子”。然而，尽管造成了非常真实的危害，工业革命还是打破了旧世界的束缚，产生了良好的社会影响：工业化国家中人们的寿命更长、生活水平更高，而且技术就业大幅增加。早期的计算机革命也产生了类似的文化破坏,但在“知识经济”中带来了一系列全新的公共利益和蓬勃发展的就业市场。

然而,与其他机器自动化浪潮不同的是,人工智能和机器人技术的新进展不仅对体力劳动者还对脑力劳动者造成了重大威胁。自动化系统已经执行了许多传统上需要接受高等教育的任务,例如法律查询、读X光片、论文评分、贷款申请评级和撰写新闻(Kaplan, 2015)等。IBM的Watson机器人已被聘为大学在线人工智能课程的助教——学生们没有识别出他们的助教“Jill”的非人类身份(Korn, 2016)。

人工智能及其自动化对人类劳动力、社会保障、政治稳定和经济平等的大规模影响尚不确定,但牛津大学的一项研究结果表明:高达47%的美国工作岗位面临机器学习和移动机器人技术进步所带来的消失风险(Frey and Osborne, 2013: 1-2)。自动化系统替代人类风险最高的行业,包括运输和物流(包括驾驶工作)、销售、服务、建筑、办公和行政支持以及生产(Frey and Osborne, 2013: 35)。值得注意的是,牛津大学的研究人员对机器智能的预测相对保守。他们认为,由于对人类创造力和社会智能的高度依赖,与医疗、科研、教育和艺术相关的非常规、高技能工作被机器替代的风险相对较低(Frey and Osborne, 2013: 40)。然而,机器学习最近取得的进展让许多人预计:像大学助教“Jill Watson”这样的人工智能将层出不穷,因为该类人工智能即使在传统上需要社交、创意和智识能力的工作中,其表现也能与人类不相上下。

在一个饱受经济失衡、政治不满和阶级分化加剧的世界中,人工智能的发展将严重挑战经济和政治的稳定性。此外,它们还将影响到自主性和尊严感等人类基本的价值观,并且为科学技术进步的利益和风险在公民和国家之间的高效、良性和公正分配增加了不确定性。

22.3.4 人工智能对人类的心理和情感操纵

人们才刚刚开始探索人工智能对人类情感、社会性、关系纽带、公共话语和公民品格的伦理影响。对于机器人和其他人工智能体的社交智能研究正在疯狂开展，大力开发老年护理机器人、孤独者情爱机器人、客户和患者聊天机器人以及我们所有人手机中的Siri和Cortana等人工助手只是冰山一角。在这个领域可能出现的伦理学问题实际上无穷无尽，因为人类的社会性是伦理行为的主要方面。

对于社交智能的一个深切担忧是：人类对于模拟人类情绪反应的机器会形成强烈的情感依恋，即使这些情绪模拟非常浅显（Turkle，2011）。人工智能的行为也会使人类产生错觉——人们可能错误地认为人工智能具有人类特征（如感知力、同理心、道德性或忠诚度）。因此，人类很容易受到人工智能和机器人系统的情感与心理操纵，但实际上这些系统只是利用我们达到商业、政治或其他目的的冰冷机器（Scheutz，2012）。试想，如果聊天机器人致力于锁定年轻选民或孤独的老年人，并与他们建立情感操纵的在线关系，一旦建立联系，就开始故意插入机器人非常“害怕”或“喜欢”的某位政治候选人的信息，这样的行为可能会造成公共伤害。

如果只是对人类进行公共教育，告诉他们机器人无法与人类产生感情或形成真正联系，可能尚不足以防止这种伤害发生，因为即使是那些了解该项技术的人也会产生这种强大的错觉并有所依赖（Scheutz，2012）。因此，立法者和人工智能的社会开发者必须携手制定伦理规范与法律准则，以此限制或禁止危害性操纵行为——特别是当它破坏人类自主性或损害我们的切身利益之时尤为如此。

22.3.5 自动化偏见

关于人机交互或人类—人工智能交互的一个相关伦理学问题就是自动化偏见的心理现象——人类大大高估或过度依赖计算机系统的能力（Cummings，2004）。自动化偏见可能源自对于计算机系统的错误预期——认为它不会出错或必然优于人类判断；也可能源于时间压力或信息过载而导致人类难以正确评估计算机的决策；或者由于对机器实际能力的过度信任导致机器在某个不值得信任的领域进行决策。后者通常是基于与人类行为的浅层相似性，比如波多黎各的行人在车库里走在一辆自动停车的沃尔沃后面，错误地相信汽车（没有“行人探测”功能）不会倒车（Hill，2015）。

1988年，美国海军“文森斯”号巡洋舰击落伊朗航空655号班机，导致290名平民死亡，自动化偏见可能是事故成因之一（Grut，2013；Galliott，2015：217）。宙斯防空系统的操作员错误地将这架客机识别为军用喷气式飞机，虽然他们有足够的信息证明该识别结果错误，但是他们并没有这样做。随着人工智能和机器人系统被赋予越来越多的能力，它们能够影响或引发现实世界中的行动，从而严重影响人类的安全与福祉，因此在伦理维度上必须更好地理解人类—人工智能和人机交互的心理维度。人工智能和机器人系统设计者和用户需要在相关理论指导下努力减少或消除危害性自动化偏见，以及人类兴趣与人工认知之间的其他心理偏见。

22.4 公众的恐惧与人工智能的长远未来

虽然许多计算机科学家认为人工智能仅仅是计算机领域中一个特别有趣的方面，人工智能的编程具有挑战性，有时如果人工智能不按预期运行会让人特别沮丧，但在大众媒体眼中，人工智能经常被认为是对人类生存的威胁。Space X和特斯拉汽车的创始人兼首席执行官埃隆·马斯克警告公众：人工智能正在“召唤恶魔”；斯蒂芬·霍金和比尔·盖茨（Bill Gates）等公众人物以及众多人工智能和机器人研究人员（Standage，2016）也发出了关于人工智能存在风险的类似警告——它可能威胁到人类的生死存亡[①]。他们发出紧迫性警告的原因在于该领域特别是在机器学习方面的发展速度可谓

① 参见未来生命研究所关于人工智能的公开信（2005），共8 000多人签署；另见博斯特罗姆（2014）。

史无前例[①]。

艾萨克·阿西莫夫(Isaac Asimov)的《机器人定律》是一个早期的虚构尝试,旨在思考一套控制智能机器人的指南(Asimov, 2004)。然而今天,面对公众对智能机器人驱动未来的深刻矛盾心理,技术专家和伦理学家必须重新审视这一挑战。虽然我们中的许多人暗中信任汽车的方向感或税务软件的财务敏锐度,甚至超过对于自己的信任,但是人工智能的长期安全性和与人类利益的兼容性越来越显得模糊不定。

公众对于人工智能系统的不信任可能会阻碍这些技术的广泛应用以及消费者参与,这是人工智能研究人员想要避免的结果。人工智能研究人员通过公众教育和交流可以缓和公众的恐惧,让他们了解当今的人工智能是什么(擅长明确的认知任务)以及不是什么(有知觉的、有自我意识的、恶意的或善意的,甚至具有人类般强大的智能)。此外,通过在本章中讨论人工智能的一般启示性和高紧迫性伦理维度的挑战,我们都将从公众关注的伦理学外延问题中获益匪浅。

虽然对于许多人工智能和机器人研究人员来说,谈论"天网"场景和"机器人霸主"听起来像是老生常谈,但实际上他们往往只是因为机器人可以进行部分有效对话或行走在崎岖山坡上而欣喜若狂。但是,公众越来越担心人工智能和机器人技术可能会迫使研究人员更多地关注这种可能性,并至少开始研究人工智能体的长期控制策略。人们不必因为类似终结者的场景就认为人工智能所带来的伦理维度挑战会变得更加复杂。随着技术力量、复杂程度和规模的增长,其风险和收益也会增加(Cameron, 1984)。出于这个原因,人工智能的伦理维度将成为一个快速发展的目标,所有人类必须竭尽全力跟上这一步伐。

---

① 事实上,人工智能的标准教科书在 20 年前大约有 300 页,现在第三版已经有 1 000 页之多了(Russell and Norvig, 2010)。

参考文献

Achenbach, Joel. 2015. "Driverless Cars Are Colliding with the Creepy Trolley Problem." *Washington Post*, December 29. https://www.washingtonpost.com/news/innovations/wp/2015/12/29/will-self-driving-cars-ever-solve-the-famousand-creepy-trolley-problem/.

Angwin, Julia, Larson, Jeff, Mattu, Surya, and Kirchner, Lauren. 2016. "Machine Bias." *ProPublica*, May 23. https://www.propublica.org/article/machinebias-risk-assessments-in-criminal-sentencing.

Asimov, Isaac. (1950) 2004. *I, Robot*. Reprint, New York: Bantam Books.

Bolukbasi, Tolga, Kai-Wei Chang, James Zou, Venkatesh Saligrama, and Adam Kalai. 2016. "Man Is to Computer Programmer as Woman Is to Homemaker? Debiasing Word Embeddings." *arXiv* 1607.06520v1 [cs.CL]. https://arxiv.org/abs/1607.06520.

Bostrom, Nick. 2014. *Superintelligence: Paths, Dangers, Strategies*. Oxford: Oxford University Press.

Cameron, James (director). 1984. "The Terminator." Cameron, James and Gale Anne Hurd (writers).

Cummings, Mary L. 2004. "Automation Bias in Intelligent Time Critical Decision Support Systems." *AIAA 1st Intelligent Systems Technical Conference*. arc.aiaa.org/doi/pdf/10.2514/6.2004-6313.

David, Eric. 2016. "Watson Correctly Diagnoses Woman after Doctors Are Stumped." *SiliconAngle*, August 5. http://siliconangle.com/blog/2016/08/05/watsoncorrectly-diagnoses-woman-after-doctors-were-stumped/.

Future of Life Institute. 2015. "Research Priorities for Robust and Beneficial Artificial Intelligence." http://futureoflife.org/ai-open-letter/.

Galliott, Jai. 2015. *Military Robots: Mapping the Moral Landscape*. New York: Routledge.

Grut, Chantal. 2013. "The Challenge of Autonomous Lethal Robotics to International Humanitarian Law." *Journal of Conflict and Security Law*. doi: 10.1093/jcsl/krt002. http://jcsl.oxfordjournals.org/content/18/1/5.abstract.

Hill, Kashmir. 2015. "Volvo Says Horrible 'Self-Parking Car Accident' Happened Because Driver Didn't Have 'Pedestrian Detection.'" *Fusion*, May 26. http://fusion.net/story/139703/self-parking-car-accident-no-pedestrian-detection/.

IBM Research. 2016. "Response to Request for Information: Preparing for the Future of Artificial Intelligence." https://www.research.ibm.com/cognitivecomputing/ostp/rfi-response.shtml.

IBM Watson. 2016. "IBM Watson for Oncology." http://www.ibm.com/watson/watson-oncology.html.

Kaplan, Jerry. 2015. *Humans Need Not Apply: A Guide to Wealth and Work in the Age of Artificial Intelligence*. New Haven, CT: Yale University Press.

Korn, Melissa. 2016. "Imagine Discovering That Your Teaching Assistant Really Is a Robot." *Wall Street Journal*, May 6. http://www.wsj.com/articles/if-yourteacher-sounds-like-a-robot-you-might-be-on-to-something-1462546621.

Moor, James. 2003. *The Turing Test: The Elusive Standard of Artificial Intelligence*. Dordrecht: Kluwer.

Orcutt, Mike. 2016. "Are Facial Recognition Systems Accurate? Depends on Your Race." *MIT Technology Review*, July 6. https://www.technologyreview.com/s/601786/are-face-recognition-systems-accurate-depends-on-your-race/.

Osborne, Michael and Carl Benedikt Frey. 2013. "The Future of Employment: How Susceptible Are Jobs to Computerisation?" *Oxford Martin Programme on the Impacts of Future Technology*. http://www.oxfordmartin.ox.ac.uk/publications/view/1314.

Pasquale, Frank. 2015. *The Black Box Society: The Secret Algorithms That Control Money and Information*. Cambridge, MA: Harvard University Press.

Russell, Stuart J. and Peter Norvig. 2010. *Artificial Intelligence: A Modern Approach*. 3d ed. Upper Saddle River, NJ: Pearson.

Scheutz, Matthias. 2012. "The Inherent Dangers of Unidirectional Emotional Bonds Between Humans and Social Robots." In *Robot Ethics*, edited by Patrick Lin, Keith Abney, and George Bekey, 205 - 222. Cambridge, MA: MIT Press.

Standage, Tom. 2016. "Artificial Intelligence: The Return of the Machinery Question." *Economist*, June 25. http://www.economist.com/news/special-report/21700761-after-many-false-starts-artificial-intelligence-has-taken-will-it-cause-mass.

Turing, Alan M. 1950. "Computing Machinery and Intelligence." Mind 59: 236, 433 - 460.

Turkle, Sherry. 2011. *Alone Together: Why We Expect More from Technology and Less from Each Other*. New York: Basic Books.

Vincent, James. 2016. "Mall Security Bot Knocks Down Toddler, Breaks Asimov's First Law of Robotics." *Verge*, July 13. http://www.theverge.com/2016/7/13/12170640/mall-security-robot-k5-knocks-down-toddler.

Wallach, Wendell. 2015. *A Dangerous Master: How to Keep Technology from*

Slipping Beyond Our Control. New York: Basic Books.

Yudkowsky, Eliezer. 2008. "Artificial Intelligence as a Positive and Negative Factor in Global Risk," In *Global Catastrophic Risks*, edited by Nick Bostrom and Milan M. Ćirković, 308 - 345. New York: Oxford University Press.

第 23 章

机器人与空间伦理学

基思·阿布尼

太空——最后一片未经人类探索过的遥远净土……大胆前往机器人从未去过的地方……这是冯·诺依曼飞船探测器的旅程轨迹。

这与星舰迷记忆中的口号大相径庭。我们的未来就是如此模样，还是类似于一个酒囊饭袋——敏感、暴力、脆弱以及情绪化的人类——因其自身的脆弱性而在外太空探索中惹下各种祸端的场景？正如 Spock 先生所说，这似乎……不合逻辑。为什么在太空中要选择机器人而非人类亲自操作呢？对于这个问题进行思辨有助于消除载人航天问题讨论所附带的过激反应、军国主义和爱国主义等情绪，而且还有助于探讨机器人可以取代人类的其他工作场域等问题。

首先，人类为什么要进入太空？如果目标是探索太空，那么机器人探测器可以在人类无法生存的恶劣环境中长途跋涉并且开展工作。毕竟，机器人在传统的“三低”（低情绪度、低卫生度与低安全度）环境中表现得十分出色（Lin，2012）。太空就是这种环境的典型——那里辐射惊人，温度奇高，缺氧少水。除了执行探索性任务时必须忍受长时间的枯燥性之外，还有到达目的地的飞行时长变得愈加让人发狂。与机器人相关的第四个“低”——淡定（低兴致度）——很可能是一个至关重要的要素（Veruggio and Abney，2012）。机器人不会因为嫉妒、报复、私欲或任何其他情绪化原因而抗令，但是这些情绪化却常常会导致人类甚至是那些训练有素的人类犯下严重的战略失误。

机器人不需要睡眠抑或医疗保健，也没有饮食之需，更是远离疲倦、饥饿或愤怒的困扰。毫无疑问，在探索宇宙方面，机器人将比人类做得更好——因为与之相比，人类存在着许多生理局限。随着技术的进步和机器人能力的提高，人类与机器人的差距只会越来越大。目前，机器人已经探索了太阳系最远的地方，甚至远至星际空间。近五十年以来，人类宇航员只曾到访月球，再也没有到达过其他更远的地方。

至于人类殖民化的目的，为什么认为人类应该去其他星球生活呢？这趟探索之旅将会困难重重，即便是距离地球最近的火星，对于所有拥有现阶段科技水平的人类殖民者来说，也都无异于一种自取灭亡的行动(Do et al., 2016)。即使人类宇航员能够在狭窄的太空舱中度过六个月的火星之旅，他们还要面临宇宙射线、太阳耀斑、陨石以及无数其他的旅行风险(他们的队友也在这些风险因素之内!)。即使顺利抵达火星，宇航员仍要面对以上挑战，正如电影爱好者在《火星人》中看到马特·达蒙(Matt Damon)所展示的那样(Scott, 2015)。

而成功的殖民化要求人类不仅能够在抵达火星(或其他目的地)之后实现某种基本、暂时的生存，而且还能够让这种生存一直持续下去。相关要求就是——总有一天，殖民者能够顺利地生儿育女，并将孩子抚养成人。但是，抚养子代会造成更多的困难，包括道德和生存方面的双重困难。我们是否应该允许或者要求不宜生育的人群进行堕胎，甚至要求增强基因工程或物种杂交，以便提高繁殖成功的概率呢(Lin and Abney, 2014)？

即使殖民化有可能取得成功，为什么那就一定是件好事呢？人类难道不会简单地重复过去的错误吗？假设我们发现了存有生命的新世界，并且这里还有人类尚未可知的丰富生态系统，为什么就认定我们不会简单粗暴地重演过去所犯过的生态破坏史呢(包括带来新疾病和新物种入侵)?如果一个人认为非人类的生命毫无道德价值可言,那么这样的考虑或许会让他无动于衷。但是即便如此,我们也应该保持警惕,因为污染具有双向性——也许人类宇航员会在不知情的情况下携带着外来变异微生物返回地球,导致地球发生大规模传染病,甚至人类的死亡。如果发现了外星生命,我们要么需要与世隔绝地隔离起来,要么就有可能冒着摊灾惹祸的风险(Abney and Lin, 2015)。如果机器作为人类的使者,首次发现第一批外星生命不是更好吗?

即使撇开这些生物医学以及生态问题不谈,对于将人类送入太空这个问题仍然存在着其他坚决的反对声音。一个关乎成本,特别是"机会成本"的概念。在分配有限资金(和其他资源)时,发生在地球上的饥饿、生态破坏、气候变化以及任何一个问题都应该得到优先考虑,而不是选择将一小撮人送入太空——地球上的问题予以优先考虑似乎才是明智之举。如果从直接应用约翰·罗尔斯的两条正义原则(1971)来看,就会要求机器人或(更为昂贵的)人类花在太空旅行上的资源只有在以某种方式为穷人带来好处时才具有合理性;并且辩称因为他们生产了糖以及宇航员所需的冰激凌而不能削减投入成本。

即使太空旅行的费用在道德上具有合理性,但毫无疑问,道德会要求我们以最划算、成功几率最高的方式来实现这一目标。美国宇航局和世界各地的其他太空项目已经从经常十分痛苦、甚至灾难性的经历中学到了很多东西,那就是自动驾驶机器人项目带来了更大的收益。只要问问美国空军:当他们想要一架航天飞机时,他们是否推动了航天飞机计划的进步(包括载人计划和巨大灾难性失败)?答案是否定的,因为美国空军选择了机器人 X-37。

就连美国海军部长雷·马布斯(Ray Mabus)也承认,人类飞行员正迅速成为大气飞行器中的一个遗留问题(Myers, 2015)。传统飞机成本太高而无法改装成无人机，而是配备了 PIBOT——一种飞行员机器人。有这个机器人在，人类飞行员在飞行任务中就变得多余了(*Economist*，2016)——尽管 PIBOT“望向窗外看大峡谷”的功能尚未编程出来。正如托德·哈里森(Todd Harrison，2015)所指出的那样：“物理学、生理学和财政现状”是无人机很快就会淘汰载人战斗机的原因所在；人类飞行员在太空中所要面临的困难则要大得多。无论是仅仅幸存下来，还是在严酷零重力条件下的生理负担，都意味着“物理学、生理学和财政现状”已经让人类宇航员成为一种奢侈的放纵型存在，并且不能满足道德合理性。

那么，我们进入太空有什么目的呢？有哪些目的是不道德的？在那些可能合乎道德的目的当中，机器人应该扮演什么样的角色来实现这些目标呢？尤其是，是否存在令人信服的理由使我们相信：如果人类想要实现太空语境下的伦理目标，就需要机器人来协助人类或者取代人类？伦理学是否强制要求人类地球文明的唯一代表只能是机器人呢？

23.1 目的：探索

23.1.1 大胆前进……但机器人做得更好？

那么，为什么要进入太空呢？最常提到的目的之一就是探索——大胆地前往人类从未去过的地方探索。但是，探索本身可以有许多(子)目标。获取未知领域的知识显然是一个目标。我们想要制作一张未知地域的地图，以便明确以前未知领域的地形详图。但是，机器人的遥感技术存在局限性，这一点也常是人类宇航员必须存在的理由。他们声称，在火星上的人类宇航员可以搞定“勇气”号或“机遇”号探测器永远都无法完成的实验。

但是，虽然目前确实如此，这在很大程度上取决于成本和机会。比目前的漫游车更复杂(也更昂贵)的机器人可以完成人类宇航员所能完成的大部分实验，而且成本还只是派遣人类宇航员执行火星往返任务的一小部分而已。这不仅仅适用于未来机器人，它们能够在无人遥控指导的情况下规划并执行整个任务。即使机器人还不具备这样的完全自主性，从财政的角度上考虑，最后一定也是这个结果。

毕竟，给一个火星机器人和它在地球上的远程操作者（例如，休斯敦任务控制中心的一名科学家）所支付的费用，可远比使用同等工具将人类宇航员送往火星要便宜得多。当然，随着人工智能的进步和太空机器人自主性的提升，相应成本将会呈下降趋势。如果成本确实是一个问题的话，那么从经济的角度来看，声称我们应该派遣人类宇航员以便做得更好基本上永远都是一种大错特错的抉择。

但是，当然人类探索宇宙的渴望并不纯粹只是为了增加公众的科学知识。毕竟，游客通常也不是为了扩充科学知识的语料库而去参观国家公园。相反，我们外出探索就是外面存在一些东西。有人可能会说“流浪癖存在于人类的基因里”（Lin，2006）。太空旅游已经成为维珍银河、毕格罗宇航和其他公司商业计划的一部分，并且人类对于太空旅游的需求很可能会继续增加。

至少对于某些人来说，他们渴望能够突破自己的身体、智力、情感以及其他极限，这让他们的人生变得更有意义。这种奋斗对于人类繁荣发挥了重要作用，并反映在鼓舞人心的模因当中——例如，生命的价值与意义在于一个人的经历，而不是一个人的财产多寡。可以想象，即使人类宇航员不再为增加文明的集体知识储备方面发挥任何重要作用，这种对于私人性、体认性、涉身性和广义性知识的内在价值渴望仍然是人类进行太空旅行在伦理上合乎情理的理据。

需要明确的是：如果探索目标只是利用科学就可证伪的公共知识，那么机器人已经比人类做得更好、花费更少、效率更高了，而且它们的优势只会随着时间的推移而日渐增加。它们的传感器更可靠，记忆容量更大，准确率也更高，它们可以在人类永远不敢涉足的环境条件下开展工作，并且在自我保护和保护他人方面受到的道德约束也要少得多。

人类对遥远太空的探索使得我们更加坚信机器人发展的必要性。鉴于将人类送到离地球最近的行星都是一件极其困难的事情，这可能需要在助推器方面取得突破，否则将需要非常漫长的时间才能把人类送进木星的轨道或近距离欣赏土星环。从短期来看，太空旅游仅限于地月系统。

那么，尽管存在着很多技术上的困难，能否将太空旅游当作是人类进行太空探索的道德防御之盾呢？别着急！有人认为，亿万富翁的奢华太空旅行是对有限资源的合理利用，这种想法引发了人们对于正义分配的担忧。即使人们能够克服这种担忧，我们可能还会发现：通过机器人远程体验比亲自到场的体验感要好！因为机器人技术的进步甚至可能会创新人类获取经验知识的方式。随着虚拟现实和脑机接口技术的进步，我们可以通过远程连接，对机器人可以看到和发现的东西实现明显的“直接式”非中介体验。

毕竟，看到一个新景象的“直接式”体验必须经由你的感官中介，然后经由你的大脑来进行后续处理。如果远程机器人连接能够实现同样的即时性，那么它实际上可能就是同等的体验（Nozick, 1974）。在未来，当你的大脑与火星探测器的信号连接起来时，你就可以体验到把火星的沙子踩在脚下的感受，或者将欧罗巴潜艇的信号纳入大脑主流神经，你就能够通过机器人传感器看到、摸到甚至闻到外星鲨鱼。就算是我们亲自到那里去了，人类自身又有什么优势呢？那么，我们为什么还要费尽心思地亲自去那里呢？

23.1.2 其他目的：为什么我们需要卫星和自动驾驶汽车

探索太空的另一个目的在于减少地球上人类的危险。例如，卫星技术已经在各个方面为人类减少了风险：气象卫星可以跟踪形成中的飓风，使得气象学家能够提前几天甚至一周预测风暴的路径与强度，从而让人们有足够的时间撤离与疏散，并让当局有时间计划善后工作。

通信卫星使我们能够几乎即时地获取来自地球各地的信息；我们不仅能够凭借通信卫星从网飞（Netflix）下载电视节目或从亚马逊（Amazon）订购次日服务，而且通信卫星还能帮助情报机构挫败恐怖分子的阴谋。全球定位导航卫星除了具有军用功能和商用功能之外，还能帮助我们追踪陆上或海上的运输船只，并且帮助人们追踪那些可能迷路或需要帮助的人（Plait, 2007）。

其他航天机器人则以更为隐蔽的方式保护着我们。SOHO 等卫星将它们的传感器对准太阳，科学家们可以利用这些传感器收集到的数据更好地了解并预测可能损坏卫星继而导致停电的猛烈太阳风暴。1989 年，一场太阳耀斑爆炸“引发了磁暴，扰乱了加拿大魁北克水电发电站的电力传输，造成该省大范围地区停电，致使 600 万人陷入黑暗长达 9 小时；极光引起的电涌甚至熔化了新泽西州的电力变压器”（Bell and Phillips, 2008）。

发生在 1859 年的卡林顿事件则更为惊悚，规模更大。人们能够在夜间借着极光的光线阅读报纸，但是电报线产生了大量的火花，以至于美国各地都陷入火灾困扰（Lovett, 2011）。如果类似卡林顿事件那样规模的太阳风暴发生在今天，我们大部分的通信基础设施将会在一瞬间被摧毁殆尽，因为全球定位导航和通信卫星的电路将在瞬间荡然无存。更糟糕的是，如果数百台巨型变压器被同时摧毁，大片电网可能会中断数月。

卫星数据对于研究太阳与地球自身相互作用的影响同样至关重要——从南极洲和格陵兰岛的冰川融化细节，从气候变化的其他方面到污染排放，均在此列。太空风险不仅仅只是来自我们的太阳。小行星防护已经成为好莱坞大片中的部分情节，电影中已然展示了人类应该如何保护我们的地球远离类似伤害。从最近对月球是如何形成的（当一个火星大小的物体撞击地球时）到 6 600 万年前的“恐龙杀手”奇克苏鲁伯撞击体——一颗小型星或者很有可能一颗彗星——都说明了人们对于撞击事件的认知日益加深(Rincon，2013)。

最近,世界各地的人们都在利用哈勃太空望远镜或卫星电视传输,见证了霍梅克·列维9号彗星的肆虐掠夺。这个彗星的碎片G于1994年撞击木星,其能量约相当于600万兆吨TNT炸药(约为世界核武器估计数的600倍),并且在木星表面留下一个比地球还大的瘢痕(Bruton，1996)。所有这些以及后来的更多事件都强化了公众对于太空威胁致死可能性的认知。

为了避免这样的灾难发生,B612基金会希望能够追踪穿越地球的小行星,并正在为一项名为“哨兵任务”(B612 Foundation，2016)的项目募集资金。这是一项太空红外勘测任务,旨在寻找太阳系地球区域内90%的大于140米的小行星,并为其进行编目。如果它变成了威胁地球存亡的致命彗星或小行星,那么这笔钱应该花得很值(Abney and Lin，2015)。

太空项目还帮助科学家将地球置于更大的背景之下,以了解地球上和地球外那些对人类生活构成真正威胁的事物的进展动态。例如,为什么火星如今这么干燥、寒冷,并且几乎没有空气,显得死气沉沉,而数十亿年前那里却显然流水潺潺,甚至海洋成片?这种沧海桑田的巨变会发生在地球上吗?我们是否会无意中导致这种历史变迁发生在地球之上——或者能够有意地予以阻止?或者,为什么金星表面覆盖着厚厚的二氧化碳和硫酸云(没错就是那个硫磺!),其表面温度却远远超过800华氏度?是由于失控的温室效应吗?为什么木星上被称为“大红斑”的飓风持续了三个多世纪呢?

回答上述这些问题对于人类来说至关重要,这可以帮助我们了解地球以及人类的行为活动如何影响地球。当然,这种理解对于道德问题而言也是意义非凡,我们应该何去何从才能保持住地球的现状?或者说,我们应该如何改变地球的现状?例如,我们是否应该尝试利用地球工程来应对气候变化?如果可行,我们应该采用什么方法？或许我们应该尝试天基太阳能发电(SBSP)——由机器人在太空中安装巨大的太阳能电池板，以阻止太阳辐射到达地球，并生产和输出大量的电力为我所用。

所有这些利用太空资源来防护行星的做法都有一个共同点：它们不需要把人类放在大气层之上。无论卫星在道德上有什么样的合理用途，它们都不需要人类参与其中。全球定位系统、通信卫星、太阳观测站或太空望远镜，甚至是维修工作，都不需要人类在太空中工作，机器人能够做得更好。

甚至在太阳系其他天体的表面，也不需要人类。例如，正如"勇气"号和"机遇"号漫游者所明示的那样：自动驾驶汽车已经在太空中代替了人类宇航员。它们已经在火星上取得了重要突破，而且这种机器人飞行器将是后续进行长期探索以及在邻近星球——月球和火星——上殖民的关键。在相同成本条件下，它们的性能总是远远优于那些需要人类驾驶员的太空车，比如月球上的阿波罗漫游者。

自主飞行器甚至对载人任务来说也是一大福音。它们可以在不需要另一名宇航员作为驾驶员的情况下，将一名丧失行动能力、受伤或生病的宇航员带回安全地带。它们可以充当救护车、消防车、货车、采矿运输车，抑或其他穿越月球、火星或其他星球表面所需的任何物件。如果我们不跟着去的话，过程会好得多——水下自动驾驶汽车显然不需要人类去探索木卫二或木卫三的地下海或土卫六的液态乙烷湖。

例如，也许太空项目能做出的最重大的发现就是发现外星生命。如果配备钻机和传感器的机器人汽车通过在火星上挖掘没有首次发现外星生命，那么当自动驾驶水下航行器潜入木卫二的海洋(或木卫二或土六卫的海洋)时，首次发现外星生命的很有可能就是这台机器。

但也许还有其他迫切需要人类参与的太空问题的道德维度需要予以考虑。或者，这样做会不会太冒险了？

23.2 安全和风险

23.2.1 太空灾难和风险评估

场景：假设你是一名宇航员，正在执行首次 Space - X 的火星任务。这艘宇宙飞船遭到了一颗小行星的撞击，燃料箱正在泄漏。宇宙飞船内部已经通过封闭大多数出口点来减小损伤，但仍有一个微小的泄漏点，其显然只有通过航天舱外活动才能对此进行修复。这项工作也许也可以在飞船内部完成，但要确定这一点就需要与任务控制中心进行讨论。这就意味着时间延迟——因为燃料仍在继续泄漏，这会危及全体宇航员的性命以及本次任务的成败。但是，进行航天舱外活动又很危险，因为导致泄漏的微流星场仍然可能对穿着单薄外套的宇航员构成威胁。此外，太空天气监测器显示发生了太阳耀斑，辐射剂量异常超标，飞船外只穿着宇航服的宇航员可能会发生爆炸而殒命。即使修复成功了，对执行修复的宇航员来说，这也可能无异于自杀。是应该立即尝试进行航天舱外修复，还是应该予以推迟，然后等待任务控制中心的专家协商结果呢？谁（以及如何）来决定应该进行哪些危险活动呢？（当然，有一个可以完成这项工作的机器人对于人类宇航员来说会更安全。如果没有人类宇航员，那会更安全。）

宇航员面临的风险类型多样，有的十分常见但却能致命（包括来自太阳和宇宙射线的太空辐射），有的极不寻常，甚至匪夷所思。例如，伊斯兰极端分子是否会破坏太空发射以执行法特瓦（Mars One, 2015）？美国宇航局知道降低风险是关键——毕竟它有救生艇。难道人类在太空中的风险过大，所以永远都只有机器人才能去吗？

23.2.2 生物伦理学、机器人和风险收益分析

太空医学关注的焦点通常是太空辐射以及微重力下骨骼和肌肉

所受到的健康危害。美国宇航局还研究了其对心理上的危害,甚至包括自杀式故意破坏任务在内。如果是机器人的话,就没有必要这么担心了。尽管有像《2001：太空漫游》(Kubrick，1968)电影所演绎的机器人杀害宇航员的情节,但是在未来世界,HAL 不太可能会故意杀害宇航员。

危险更有可能来自太空本身：令人警醒的现实就是——我们仍然不知道人类是否有可能在太空中一直生存下去。美国宇航局的人类研究计划刚刚完成了第一批半对照试验,编号名为“一年任务”(NASA，2015)。在这项实验任务当中,宇航员斯科特·凯利(Scott Kelly)在国际空间站度过了一年的太空时光,而他的同卵双胞胎兄弟则在地球上接受检测。凯利在众议院科学、太空和技术委员会发表的官方讲话中断言:“人类会遭遇骨骼和肌肉损伤以及视力受损,并且人类的免疫系统都会受到影响。”(Walker，2016)

还有更多的坏消息。例如,虽然样本量仍然很小,但现有证据表明,即使是在地球磁层外面进行相对短暂的旅行,这也会对一个人的长期健康造成极大的伤害。阿波罗号的宇航员在高辐射环境中仅仅停留了几天。然而,与从未飞行过的宇航员相比,他们罹患心血管疾病的死亡率要高出约 478%,比仅上升到近地轨道(如国际空间站)并受到地球磁场保护的宇航员要高出 391%(参见 mangal，2016)。

因此,与只送机器人上太空的替代方案相比,当选择人类宇航员执行任务时,我们应该如何评估什么样的风险是在可承受范围之内的风险呢?以下所有方法都被认为是确定(不可)接受风险的方法(Abney and Lin，2015)：

善意的主观标准：在这个标准之下,将由每个宇航员来决定是否存在不可接受的风险。但是,人类具有规避风险的特质,这使得这一标准往往因人而异。也许最喜欢寻求刺激或自杀倾向最高的冒险者将成为第一批去外太空飞行的宇航员,而且几乎没有进行任何的风险和收益的理性评估。此外,当一些成员对某些操作风险的可接受性(例如,在辐射事件期间进行航天舱外活动以维修通信天线)存在分歧时,机组人员又该如何处理呢?

理性标准:判定一个风险为不可接受风险,可能只是由相关共同体中的一名公正知情的成员所决定。但什么是相关的共同体——美国宇航局吗?在可能持续六个月或更长时间的载人航天飞行期间,美国宇航局的规定真的足以应对难以预测的风险评估吗?

主观标准:评估一个风险是否是可以接受风险,需要证据或专家证词。但是"第一代问题"依然存在:除非某些第一代人已经遭受过不可接受风险,否则我们怎么拿出证据来证明其存在呢?对于第一批前往外天空或火星的航天员来说,这样的标准似乎不可能实现。

即使我们决定了要使用哪种标准,风险管理者也仍然要受到其他关键性问题的困扰。仍然存在一些让风险管理人员感到困惑的其他关键问题。例如,是否应该相信我们应该像处理第三方风险(我对别人造成的风险)一样处理自身风险(对我自己造成的风险)?这部分(如果不是全部)映射到自愿、非自愿和不自愿风险之间的区别:我有意识地选择的第一方风险是自愿的;我在违背某人意愿的情况下强加给他的第三方风险是非自愿的。但是,如果我和其他人都不知道风险,但无论如何都要经历风险,那么不自愿风险可能是第一方风险或第三方风险。

另外,还存在着许多其他的风险问题。例如,统计与可识别的受害者、后代所要面临的风险、"非同一性问题"(Parfit, 1987),以及在太空中抚育后代所要面临的一些道德问题(Lin and Abney, 2014)。宇航员升空前需要进行绝育吗?还是我们不应该限制宇航员的性别?

如果太空中没有人类,只有机器人,以上所有风险都会迎刃而解。但是,还有另外一个考虑可能证明将人类(而不仅仅是机器人)送入太空的尝试具有合理性:殖民化。但是,为什么这是合理的呢?

23.2.3 未知数:存在风险?

存在风险的概念是指一种风险——如果这种风险发生了,要么消灭起源于地球的智慧生命，要么永久彻底地削弱其潜在危害(Bostrom，2002)。例如，假设我们发现了一颗致命的小行星，但是阻止它撞击地球却为时已晚。又或者我们成为其他会危害地球文明的潜在灾难的牺牲品。如果一个具备永久性且可持续性的外星殖民地已经建立起来了(尽管目前来看，想要实现还很遥远)，那么人类就可以在地球上的这场灾难中幸存下来。因此，功利主义的存在风险理论家认为，即使成功的几率微乎其微，进行殖民化的努力还是有其自身意义的。

“每个人都有着一种道德义务感，这种道德义务感绝对不允许具有道德义务的物种全部灭绝。”对于道义论者而言，这个想法至少是一种看似(也许是肯定)合理的义务。任何可行的伦理学似乎都需要这样的生存原则(Abney，2004)。因此，将人类(而不仅仅是机器人)送入太空很可能是降低生存风险的关键点。不过，有必要那么着急吗？我的最后一个论点表明：确实应该着急。

23.2.4 星际末日论

要理解星际末日论，我们就需要首先了解一些概率论背景。首先，让我们介绍一下自采样假设：“每个人应该假设自己是参考类中所有观察者中的随机样本”(Bostrom and Cirkovic，2011：130)。使用自采样假设，我们就可以解释机器人、太空殖民和人类灭绝之间存在着哪些关系。

首先，一个数据点：我们的第一个星际机器人特使——航海者1号——于2012年8月进入星际空间(Cook and Brown，2013)。接下来，依据自采样假设：假设你所在的物种已经实现了星际旅行，并且你是一个随机观察者。到本文发表之时，距离我们成为星际文明的一员已经过去了大约5年。如果在此基础上进行推理，作为一个拥有星际探测器的物种，我们的未来有95%的可能性只会再持续47天到195年。我是如何得出这个(大概能称得上是令人震惊的)答案的呢？

计算如下：称 L 为该现象已经过去的时间(在出版时，对于星际机器人来说，已经过去了 5 年)。这个文明创造出这样的机器人还需要多久？戈特的 delta *t* 断言，如果一个人对某种现象进行观察，结果并没有什么独到发现，那么该现象就有 95%的可能性会持续到其当前年龄的 1/39 到 39 倍，因为你的随机观察只有 5%的可能性出现在其生命周期的前 2.5%，或最后 2.5%(Gott, 1993)。

因此，截至 2017 年本书出版之时，我们作为一个发送星际机器人的文明所剩余的时间有 95%的可能性在 L/39(L=5 年，即 47 天以上)和 39L(195 年以上)之间。如果我们没有灭绝，并且读者在 2021 年或 2024 年也给出了这样的结果，那么就应该做出相应的数学上的调整。如果我们的想法是正确的话，这个数学模型则意味着一个非常令人沮丧的消息：那就是有 75%的可能性，我们会(作为机器人星际信号器)在 3L 内灭绝，即在未来 15 年内灭绝。

读者可能会觉得这是一个十分荒谬的悲观主义论断。对于机器人离开太阳系的时间长度进行简单的随机观察真的可以预测末日即将来临吗？事实上，确实可以。将费米悖论、大寂静、大过滤和我们的星际机器人联系起来，可能会为这一推理提供线索。费米悖论指的是恩里克·费米(Enrico Fermi)首先提出的关于外星人的问题——“人在哪里？”。这与大卫·布林(David Brin)(1983)提出的“大寂静”问题有关：如果外星人存在，为什么我们没有找到他们在宇宙中存在的明确证据呢？我们可以通过“德雷克方程”来理解费米悖论和“大寂静”：当前银河系中可探测到的外星文明数量为 N，N=R＊·fp·ne·fl·fi·fc·L(SETI, 1961)。由于最近天文学中对恒星形成率和类地系外行星的发现(Seager, 2016)，我们对前三个变量的认知水平提高了。但是，德雷克方程中的最后四个——即生物因素——到目前为止还只是猜测而已。迄今为止，我们的样本中只有一颗带有生命的行星——地球。

罗宾·汉森(Robin Hanson)(1998)对“大寂静”的解释被称为

“大过滤”。它意味着一个(或多个)尚不清楚的未知变量的值必须无限接近于零。最近的发现表明：前三个因素没有一个趋近于零，这都不足以解释“大寂静”现象，因此“大过滤”必须位于生物因素之列。也许，有生命演化行星的部分(fl)，或有智慧生命的部分(fi)，或有可探测到的通信的部分(fc)，其中可探测到的通信(fc)比例几乎为零。如果真是这样，那么这对于人类来说就是个好消息：“大过滤”已经完结。人类可能只是一个完全进化的侥幸，但是这对我们未来会持续时间的长短并没有直接影响。

但是，如果许多历史文明在我们的星系中出现了，并且星际空间还探测到了该文明所研发的科技，那么 L 就是驱动“大过滤”的因素，而且 L 必须非常非常的小——这意味着每当以前的外星文明发展到我们的科学水平之时，它们就会变得速度极快，以至于快到我们无法探测到。换言之，人类的未来一定会出现“大过滤”的身影。如果想让人类文明发展到无法探测的状态，最可靠的办法当然就是人类灭绝。

大多数思想家在考虑“大寂静”和“L”时，都会思考人类还需要多长时间才能将无线电信号发送到太空，以及需要人类宇航员亲自执行航天飞行任务的情况还会持续多久。但是，将人类送入星际空间是一件极其困难的事情，甚至可以说其实现的概率几乎为零。我们的电视和无线电信号都是间歇性的(所有方向)，而那些向各个方向传播的信号都特别微弱。因此，如果拥有类似技术的外星人在几十光年之外，利用多重确认且明显非随机信号的测试，也很难(以目前的情况来看)准确探测到人类文明的存在。

考虑到“大寂静”“大过滤”以及我们的未来，还有另外一种更实用也更为持久的接触方式——我们的机器人航天器。因此，我们为了了解 L 所进行的测试实际上应该由我们的星际机器人来进行，它们已经摆脱了太阳的束缚，能够进入银河系展开冒险。如果在银河系 130 亿年的历史长河里，其他的历史文明也像我们现在这样发射了探测器，那么其中一些探测器现在很有可能已经在这里了。

当我们想到冯·诺伊曼探测器——一个能够进行自我复制的探测器——之时，我们几乎就能够得到一个肯定的答案。经过编程之后，星载冯·诺依曼探测器可以在到达目标地以后，使用原地发现的材料来制作自己的副本，然后将这些副本发送到其他恒星。可以说，这样的探测器很有可能在短时间内让它的使者遍布整个银河系：将一个冯·诺依曼探测器发送到一个外星太阳系（比如半人马座阿尔法星），然后它可能会复制自己的两个副本并将这些探测器发送到两个新太阳系，然后这些子探测器可以继续访问另外四个太阳系，以此类推。

即使我们假设探测器的复制速度较慢，并且飞行时间也相对较慢，我们也几乎必然会遇到这样一个数学问题：在几百万到最多几亿年的时间里，银河系中的每个太阳系都将至少会有一个冯·诺依曼探测器。如果技术上可行，探测器的平均速度达到 c/40 的前提下，探访遍银河系中的每个恒星体系大约需要 400 万年（Webb，2002：82）。这样的一个时间框架还不到银河系存在时间的 1/3 000。如果银河系没有被历史外星文明的机器人探测器塞满的话，那么它们需要更多的时间来抵达的这个理由几乎可以说难以成立。

现在，有人可能会反对说：我们知道的可不少——目前，从太阳系的轨道上逃离的航天器不止一个，而是五个！航海者 1 号只是第一个。此外，星际轨道上还有三个使用过的火箭发动机，如果外星人遇到它们，这些火箭发动机也将成为我们人类文明存在的有力证据（Johnston，2015）。但事实上，这也帮助我们确信了以下这一点——此时此刻，我们的星际机器人探测器并没有拥有任何特权。我们五年前就达到了入门标准，而且我们仍然在不断向前发展。但很显然的是，在银河系的其他地方，进步已经停止（或从未开始）。这就是“大寂静”所带给我们的信息。

让我们先把相关技术问题搞清楚：把机器人送到恒星上去比让

人类在火星殖民要容易得多，更不用说其他行星或月球了。如果很快人类就无法向其他恒星发送探测器的话，那么也许人类将再也无法逃离地球。如果我们无法逃离地球，那么人类迟早会灭绝(我打赌人类只会灭绝得更快)。所以，这个论点应该带给人类更多的紧迫感：人类可能由于天灾或自食恶果而导致自身灭绝。但是，如果人类不想成为地球上另一个灭绝物种，那么我们最好还是让人类(而不仅仅只是机器人)离开地球。

23.3 结论

如果我的论点是对的，那么人类使用机器人而非人类来探索太空则更具合理性，因为机器人几乎可以替人类实现所有的太空航行目标。因此，如果不选择机器人，而是让人类来承担探索、建设、采矿、通信、安全以及所有在道德上合法的太空任务，这实际上可能并不满足道德性要求。但有一个例外情况——如果要进行外星殖民，那么人类宇航员则更有优势，因为人类宇航员可以有效降低存在风险。

不幸的是，在中短期内来看，殖民化的努力几乎肯定都会以失败告终。这在一定程度上是因为我们的太空政策更关注一些虚荣浅显的项目，比如让人类(重复)在月球或火星上插上一面旗帜，而非建立一个可持续发展的外星殖民地。事实证明，解决方案还是要靠机器人：机器人除了要确保人类的全球通信和商业能够正常运行以外，还需要为人类开拓第二个家园。

在航天机器人还不可以改造月球、火星或金星(或在外天空的其他地方建立一个合适的栖息地)，也不能为人类创造一个永久宜居的生态系统，并且此时人类的航天技术尚未发展到一定水平保证人类宇航员在执行此类任务时成功率很高的时候，人类不可能让宇航员冒着风险在火星上煎熬度过几天就以奄奄一息或者一命呜呼的状态而告终。此外，人类还要建立一个可持续的繁荣殖民化文明。在这些条件实现之前，从道德上来看，我们应该让机器人替我们进行探索、采矿、战斗以及从事其他所有外太空的作业。

参考文献

Abney, Keith. 2004. "Sustainability, Morality and Future Rights." *Moebius* 2 (2). http://digitalcommons.calpoly.edu/moebius/vol2/iss2/7/.

Abney, Keith. 2012. "Robotics, Ethical Theory, and Metaethics: A Guide for the Perplexed." In *Robot Ethics*, edited by Patrick Lin, Keith Abney, and George Bekey, ch. 3. Cambridge, MA: MIT Press.

Abney, Keith and Patrick Lin. 2015. "Enhancing Astronauts: The Ethical, Legal and Social Implications." In *Commercial Space Exploration: Ethics, Policy and Governance*, edited by Jai Galliott, ch.17. New York: Ashgate.

B612 Foundation. 2016. https://b612foundation.org/sentinel/.

Bell, Trudy and Tony Phillips. 2008. "A Super Solar Flare." *NASA Science News*, May 6. http://science.nasa.gov/science-news/science-at-nasa/2008/06may_carringtonflare/.

Bostrom, Nick. 2002. "Existential Risks: Analyzing Human Extinction Scenarios and Related Hazards." *Journal of Evolution and Technology* 9(1). http://www.nickbostrom.com/existential/risks.html.

Bostrom, Nick and Milan M. Cirkovic. 2011. *Global Catastrophic Risks*. New York: Oxford University Press.

Brin, G. David. 1983. "The 'Great Silence': The Controversy Concerning Extraterrestrial Intelligent Life." *Quarterly Journal of the Royal Astronomical Society* 24(3): 283 - 309.

Bruton, Dan. 1996. "Frequently Asked Questions about the Collision of Comet Shoemaker-Levy 9 with Jupiter." http://www.physics.sfasu.edu/astro/sl9/cometfaq2.html#Q3.1.

Cook, Jia-Rui C. and Dwayne Brown. 2013. "NASA Spacecraft Embarks on Historic Journey into Interstellar Space." NASA, September 12. https://www.nasa.gov/mission_pages/voyager/voyager20130912.html.

Do, Sydney, Koki Ho, Samuel Schreiner, Andrew Owens, and Olivier de Weck. 2014. "An Independent Assessment of the Technical Feasibility of the Mars One Mission Plan—Updated Analysis." *Acta Astronautica* 120 (March - April): 192 - 228.

Economist. 2016. "Flight Fantastic," August 20. http://www.economist.com/

news/science-and-technology/21705295-instead-rewiring-planes-fly-themselves-whynot-give-them-android.

Gott, J. Richard III. 1993. "Implications of the Copernican Principle for our Future Prospects." *Nature* 363(6427): 315 - 319.

Hanson, Robin. 1998. "The Great Filter — Are We Almost Past It?" George Mason University, September 15. https://mason.gmu.edu/~rhanson/greatfilter.html.

Harrison, Todd. 2015. "Will the F - 35 Be the Last Manned Fighter Jet? Physics, Physiology, and Fiscal Facts Suggest Yes." *Forbes*, April 29. http://www.forbes.com/sites/toddharrison/2015/04/29/will-the-f-35-be-the-last-manned-fighter-jetphysics-physiology-and-fiscal-facts-suggest-yes/#13242e871912.

Johnston, Robert, comp. 2015. "Deep Space Probes and Other Manmade Objects Beyond Near-Earth Space." Robert Johnston website. http://www.johnstonsar chive.net/astro/awrjp493.html.

Kubrick, Stanley (director). 1968. "2001: A Space Odyssey." Stanley Kubrick and Arthur C. Clarke (screenplay).

Lin, Patrick. 2006. "Space Ethics: Look Before Taking Another Leap for Mankind." *Astropolitics* 4(3): 281 - 294.

Lin, Patrick. 2012. "Introduction to Robot Ethics." In *Robot Ethics*, edited by Patrick Lin, Keith Abney, and George Bekey, ch. 1. Cambridge, MA: MIT Press.

Lin, Patrick and Keith Abney. 2014. "Introduction to Astronaut Bioethics." *Slate.com*. http://www.slate.com/articles/technology/future_tense/2014/10/astronaut_bioethics_would_it_be_unethical_to_give_birth_on_mars.html.

Lovett, Richard. 2011. "What If the Biggest Solar Storm on Record Happened Today?" *National Geographic*, March 4. http://news.nationalgeographic.com/news/2011/03/110302-solar-flares-sun-storms-earth-danger-carrington-event-science/.

Mars One. 2015. "Mars One's Response to the Fatwa Issued by the General Authority of Islamic Affairs and Endowment." http://www.mars-one.com/news/press-releases/mars-ones-response-to-the-fatwa-issued-by-the-general-authority-of-islamic.

Myers, Meghann. 2015. "SECNAV: F - 35C Should Be Navy's Last Manned Strike Jet." *Navy Times*, April 16. https://www.navytimes.com/story/military/2015/04/16/navy-secretary-ray-mabus-joint-strike-fighter-f-35-unmanned/25832745/.

NASA. 2015. "One-Year Mission | The Research." NASA website, May 28.

https://www.nasa.gov/twins-study/about.
Nozick, Robert. 1974. *Anarchy, State, and Utopia*. New York: Basic Books.
Parfit, Derek. 1987. *Reasons and Persons*. Oxford: Clarendon Press.
Plait, Phil. 2007. "Why Explore Space?" *Bad Astronomy*, November 28. http://blogs.discovermagazine.com/badastronomy/2007/11/28/why-explore-space/.
Rawls, John. 1971. *A Theory of Justice*. Cambridge, MA: Belknap Press.
Rincon, Paul. 2013. "Dinosaur-Killing Space Rock 'Was a Comet.'" *BBC News*, March 22. http://www.bbc.com/news/science-environment-21709229.
Seager, Sara. 2016. "Research." http://seagerexoplanets.mit.edu/research.htm.
Scott, Ridley (director). 2015. "The Martian." Drew Goddard (screenplay).
Seemangal, Robin. 2016. "Space Radiation Devastated the Lives of Apollo Astronauts." *Observer*, July 28. http://observer.com/2016/07/space-radiation-devastated-thelives-of-apollo-astronauts/.
SETI Institute. 1961. "The Drake Equation." http://www.seti.org/drakeequation.
Veruggio, Gianmarco and Keith Abney. 2012. "Roboethics: The Applied Ethics for a New Science." In *Robot Ethics*, edited by Patrick Lin, Keith Abney, and George Bekey, ch. 22. Cambridge, MA: MIT Press.
Walker, Hayler. 2016. "'Space Travel Has 'Permanent Effects,' Astronaut Scott Kelly Says." *ABC News*, June 15. http://abcnews.go.com/US/space-travel-permanenteffects-astronaut-scott-kelly/story?id=39884104.
Webb, Stephen. 2002. *If the Universe Is Teeming with Aliens ... Where is Everybody?* New York: Copernicus Books.

第 24 章
机器人上的炸弹客：人类目的驱动的技术哲学之需

贾伊·加利奥特

一般传统认为，西奥多·约翰·卡钦斯基[①]（Theodore John Kaczynski）只不过是一位受过哈佛教育的数学教授，后来变成了一个患有精神分裂症的恐怖分子和孤僻的杀人犯。大部分人都还记得是什么让这位将攻击目标集中在大学及航空公司（“炸弹客”）的教授一跃成为美国联邦调查局的“头号通缉犯”，原因是他参与了一场全国性的炸弹袭击，袭击对象主要是那些和现代科技发展息息相关的人。许多人都认为卡钦斯基疯了。然而，这并不能反驳他的论点——人类科技社会的不断发展威胁着人类的生存。正如人们所说的那样：社会无法对此有所改观。这就赋予我们一种道德义务——我们必须赶在它崩溃并带来灾难性后果之前将其摧毁殆尽。

本章参考了与卡钦斯基直接通信和监狱访谈等资料，并将他广义上的观点与人类机器人化相互参照。本章还涉及了彼得·卢德洛（Peter Ludlow）——一名哲学家，同时也是卡钦斯基事件的著名批评家——的近期著作。他认为卡钦斯基的论述当中充斥着人身攻击，并且缺乏逻辑论证。本章将证明卢德洛的观点是错误的，至少批评

① 特德·卡钦斯基（Ted Kaczynski）的全名。——译者注

卡钦斯基的论证缺乏逻辑这一点是站不住脚的。本章描绘了卡钦斯基的相关论点，并将其刻画为一个理性的人。他的基本观念虽然谈不上是主流思想，但却完全合乎理性。与卢德洛所持的观点相反，卡钦斯基认为问题不仅仅在于当权者夺取了科技的控制权，然后利用他们所掌控的科学技术去损害公众的利益。换言之，这不仅仅是利用“黑客主义”、开源设计与编程将科学技术重新归还到公众手中的问题。有人会争辩说，现代科学技术体系如此复杂，人们被迫做出选择，要么选择那些受制于权力体系的监禁科技，要么全身心致力于软件和机器人等方面的知识构建，不断强化自身认知，从而提升人们在科学技术体系中的参与感。从这个意义上讲，卡钦斯基是对的，因为科学技术体系的存在并不是为了满足人类的需求。人类必须以如此激进的方式做出改变才能适应科学技术体系的需要，这在道德层面上来看是存在问题的。因此，我们必须接受旨在使技术近乎完全脱离的反抗，或者恢复一种真正面向人类目的的技术哲学——从部分上着手来反对去人性化的整体。

24.1 炸弹客的宣言

在最近 20 年的时间里，特德·卡钦斯基邮寄或亲手放置了超过 16 个爆炸包裹，这些炸弹都是他在蒙大拿州森林的废弃小屋中手工制作的。这些炸弹夺走了 3 个人的性命，还导致 24 人落下了终身残疾，这给许多人都带来了恐惧(FBI, 2008)。卡钦斯基属于“单打独斗”式的国内恐怖分子，他就是那种如今政府使我们相信达伊什会招募的恐怖分子人选。而且就在当时，对于忙于应对传统外敌(即社会主义俄国)的执法机构来说，他简直就是一个鬼祟隐蔽的眼中钉。尽管卡钦斯基制造的炸弹极其精确，没有留下任何关于其炸弹来源的把柄，但最终导致卡钦斯基被捕的是他在《纽约时报》和《华盛顿邮报》上被迫发表的 35 000 字宣言。虽然卡钦斯基宣称自己是“自由俱乐部”的一员——“自由俱乐部”这个名字应该是从约瑟夫·康拉德(Joseph Conrad)的《秘密特工》(1907)一书中的无政府主义团体的名字衍生而来。卡钦斯基从这本书中汲取了很多灵感[①]——但实际上卡钦斯基是该团体的唯一成员，他独特的散文让他的兄弟认出他就是作者，最终导致他被捕入狱。该宣言结构严谨，有段落编号以及详细的脚注，但参考文献却很少。[②] 我们最好将这篇散文归为一部关于当代社会的社会哲学作品，尤其倾向于阐释科技所带来的影响。总而言之，炸弹客认为现代社会走错了路，他主张进行一场反对科技和现代化的无政府主义革命。事实上，该宣言一开始就宣称“工业革命及其所引发的后果对人类来说是一场灾难”(Kaczynski, 1995: 1)，并迅速将这场灾难的发展性质与“左派”以及自由主义者尖锐的分析联系起来：

> 我们生活在一个深陷困境的社会之中，这一点几乎已然是大家的共识。我们这个世界最普遍的疯狂表现之一就是左派……他们倾向于憎恨任何具有强大、善良和成功形象的事物。左派憎恨美国，仇视西方文明，鄙夷白人男性，讨厌理性……现代左派哲学家倾向于摒弃理性、科学和客观现实，并坚持认为一切事物都具有文化相对性。他们深陷在了否定真理与事实的泥潭中而无法自拔。他们攻击这些概念是因为他们存有心理需要。首先，他们的攻击是一种敌意情绪的发泄。而且在某种程度上来说，他们成功了，因为这满足了权力的驱动需求。

① 在约瑟夫·康拉德的小说《秘密特工》中，作者描述了一位才华横溢但却极其疯狂的教授——与卡钦斯基并无二致，他因厌恶商界而放弃学界，并将自己隔离在一个小房间里，即他的“隐居地”。在那里，他穿着脏衣服，制造了一枚炸弹，企图摧毁一座被戏称为“科学偶像”的天文台。概而言之，康拉德描述的是一种疏离感和孤独感，并将科学和技术描绘成了被公众无心利用的邪恶力量，这进一步表明卡钦斯基借鉴了康拉德的相关作品。

② 宣言的所有引文都是指段落编号，这体现了军事风格的编号段落以及卡钦斯基本人对文本的引用方式。

（Kaczynski，1995：1，15，18）

该宣言将这种近乎尼采式的左派批评与“过度社会化”的概念联系起来。[①] 卡钦斯基写道：人类科技社会的道德准则应是这样的——没有人能够完全站在道德的角度上去思考、理解或作为，所以人们必须先欺骗自己，让自己相信自己的动机符合道德性要求，然后再为这些实际上并不单纯的动机和初心找补更多的道德合理性，从而为自己辩解（1995，21－32）。根据炸弹客的说法，这在一定程度是因为左派表面上反叛社会的价值观，但实际上却存在着一种道德化倾向——即左派接纳了社会道德现状之后，却反过来指责社会没有达到自己的道德原则（Kaczynski，1995：28）。卡钦斯基的观点是：左派不会像人们通常认为的那样成为科技工业社会的救世主。正如下一节所论述的那样，这种对左派充满仇恨的讨论只会分散人们对于宣言整体内容的注意力，宣言的其余部分则更加强调科技给社会所带来的实际影响。

卡钦斯基对这个问题的思考有着深厚的哲学基础，他从雅克·埃卢尔（Jacques Ellul）的著作中汲取了很多灵感。雅克·埃卢尔撰写了《技术社会》（1964）及其他有关现代世界技术基础设施的作品，这些作品都极其富有洞察力。虽然卡钦斯基详细介绍了技术和科技的影响——换句话说，就是那些为人类服务的工具——但他对所有的具体技术形式都不感兴趣，无论这个技术形式是军用还是民用，是机器人还是什么别的。他指出机器人很重要，但在他看来——在大多数情况下——机器人的重要性仅仅在于它们构成了现代世界技术

① 尼采（2002，§13）经常辩称：人们不应该因为强者“对敌人、抵抗和胜利的渴求”而指责他们，我们不应该对强者的行为感到反感。请注意，这只是与尼采的一种联系。这两个人都放弃了学术生涯：卡钦斯基是在数学领域，而尼采是在语言学领域。每个人都试图最大限度地利用相对孤独的存在。尼采写道：“哲学，就我至今的理解和生活而言，是一种自愿在冰雪和高山上度过的生活”（2004，8）——这句话很有可能是卡钦斯基在他的山间小屋里写下的，他在被捕前的大部分时间都在那里。尼采还写过“权力意志”，而卡钦斯基则写过“权力过程”。所有这些都表明卡钦斯基对尼采心存钦佩与景仰。

整体概貌的一部分(pers. comm., 2013)。在这方面,他与埃卢尔一样更加关注技术——技术作为一个统一的实体或技术工业社会的整体。在埃卢尔和他的朋辈看来,在这个社会中的一切都变成了一种手段,而不再具有目的性(Ellul, 1951: 62)。也就是说,将技术视为一系列互不相干的独立机器是一种错误观点。卡钦斯基和埃卢尔都认为,技术几乎在人类所有的活动领域都具有统一性和包罗万象的特性,并且还非常高效,这使得它变得去人性化——技术的绝对效率和漫无目的特性使其不再需要人性。

埃卢尔写道,"机器不仅会为人类创造一个崭新的环境,而且还会改变人的本质","人类会对周围的生活环境感到陌生,这个世界就好像是一个全新的世界一样,而人类也不再是属于这个世界的物种,人类必须重新适应"(1964: 325)。卡钦斯基也有同感,他举了一个例子来概括他对这一观点的看法:

> 假设A先生正在和B先生下棋。C先生则是一个高段棋手,他此刻正站在A先生的身后观棋。A先生当然想赢得比赛,所以如果C先生告诉他下一步该怎么走的话,C先生就是在帮A先生的忙。但是,假设C先生现在告诉A先生他每一步都该怎么走。在这两个例子中,C先生都为A先生指出了最佳下法,都是在帮助他,但如果C先生替A先生预设好了所有的棋步,那么他实际上就破坏了A先生的游戏——因为这样做的话,A先生根本就没必要玩游戏了。现代人的困境与A先生的境遇大体相似。这个技术体系以无数种方式让我们的生活变得更轻松,但这样做却剥夺了人类对于自己命运的控制权。(1995, n.21)

他的观点是:一个技术工业社会需要很多人在一起进行合作,这个组织结构越复杂,做决策时就越需要站在整体的利益角度上去予以考虑。例如,如果一个人或一小群人想要制造一个机器人,所有的工人都必须按照公司或行业层面制定的设计规范来制造,并且所有投入都必须按时按点，否则这个机器人很可能就没什么用处，甚至根本靠不住。这时，决策能力也就从本质上脱离了个人和小团体，移交给了大型组织和行业团体（如果不是机器人的话）。这是有问题的，因为这样做就限制了个人自主性并破坏了卡钦斯基所说的“权力过程”（1995，33－37）。

卡钦斯基认为，大多数人对这种权力过程都有一种与生俱来的生理渴望。权力过程包括自主选择目标，满足某些驱动力，并努力实现这些目标（Kaczynski，1995，33）。卡钦斯基将人类的这些驱动力分为三类：只要付出最少的努力就能得到满足的驱动力，付出大量的努力而得到满足的驱动力，以及无论付出多少努力都没有机会得到满足的驱动力。第一类驱动力会让人类感到百无聊赖。第三类驱动力则会使人类感觉沮丧、自卑、抑郁，并产生失败主义心理。第二类驱动力满足权力过程，但问题在于工业社会及其技术将大多数目标推向第一类和第三类驱动力，至少对于绝大多数人来说都是如此（Kaczynski，1995：59）。当个人或小型组织决策时，个人依然有能力影响事态发展，并对自己的生活环境拥有支配权，这就满足了自主性的要求。但是卡钦斯基认为，自从工业化以来，由于需要保证工业社会的正常运作，大型组织就对人类的生活进行了极大的管制，并且其控制手段变得越发严苛，这就意味着目标要么能够轻而易举地实现，要么就几乎不可能实现。例如，对于工业世界中的大多数人来说，如果在福利国家的目标仅仅是能够活下去的话，人们几乎不需要付出任何努力。即使需要人们付出努力——即人们必须进行劳动时——大多数人在工作中几乎没有自主性，尤其是在当今许多劳动力被机器人替代的背景下尤为如此。卡钦斯基所论述的上述内容都被视作是导致现代人不快乐的原因。人们通过采取替代性活动来应对这种不快乐——这些人为目标并不是为了实现自己的利益而设定，而是为了实现满足感（Kaczynski，1995：39）。拜金主义、纵情声色以及最新技术都属于替代性活动的例子。当然，如果机器化的速度加快，并

且卡钦斯基是对的话，那么人们的生活将变得更加糟糕。

因此，从最为抽象的层面上来看，宣言保留了这样一种观点：如果迫使人们顺应机器而不是反之而行的话，那么技术工业化就会创造出一个阻碍人类潜力开发的病态社会。从本质上讲，这个技术体系将会迫使人类的行为逐渐脱离自然模式。卡钦斯基举了一个例子来说明该体系的发展需要科学家、数学家和工程师——这就给青少年施加了沉重的压力，因为这个体系将要求青少年在这些领域做到出类拔萃。尽管对于这些青少年来说这是一件很不现实的事情，因为他们要选择花费大部分时间坐在书桌前专注地学习，而不是去外面的真实世界中玩耍(1995：115)。因为技术需要不断发展，它也破坏了以人为衡量尺度的当地社区，因为它无视了公民的需求，刺激了拥挤且不适宜居住的特大城市的发展。有人认为，文明演变朝向一个越来越受技术和相关权力结构支配的方向发展是无法自行逆转的，因为“虽然从整体上来说，技术进步在不断地缩小着我们的自由范围，但每一项新技术进步本身似乎都有其可取之处”(Kaczynski，1995，128)。由于人类必须遵从符合技术体系的机器和机械，所以社会将那些所有不利于体系的思维模式——特别是那些反技术思维——视为病态思想，因为不适应技术体系的人会给这个体系带来麻烦。那些操纵这些人以适应技术体系的行为则被视为“治愈”一个“疾病”的行为，因此他们认为这样做具有正当性(Chase，2000；Kaczynski，1995：119)。

技术工业体系和机器人等技术的存在威胁到了人类的生存，根据后文中卡钦斯基所持的观点来看：技术工业社会的性质决定了它不可能以一种协调自由和技术的方式进行改革，所以卡钦斯基(1995，140)认为这些必须予以销毁。事实上，他的宣言指出：当人民群众无法承受人类苦难的重担之时，该体系可能就会自行崩溃。而且他认为：体系持续的时间越长，最终崩溃的破坏性就越大。因此，合理的做法应该是加快崩溃的到来，从而减轻相应的破坏程度。

24.2 革命还是改革?

如果人们认为革命者应该尽一切可能来促成这场崩溃，以避免技术崩溃时造成更大的破坏力的话，那么这就显然忽视了改革或有效监管的可能性。而且，对于许多批判卡钦斯基的评论家来说，他们会认为持有这一观点的人都存在逻辑缺陷，要么这个人坐在有空调的高楼里，要么就躲在山洞里，反正没有活在真实世界里。例如，彼得·卢德洛(2013)就以“批判性推理失败的大杂烩”驳回了卡钦斯基的论点。事实上，这些论点大多局限于早期批评左派的部分。争论的源头是卡钦斯基的人称推理和所谓的遗传错误。确切地说，宣言中有关左派的那些部分确实涉及人身攻击，因为我们显然不能看到有些左派分子“躺在车前抗议……故意激怒警察或种族主义者虐待他们，就将所有左派人士都定义为受虐狂”，(Kaczynski, 1995: 20)。但应指出的是，卡钦斯基关于人称推理的所有观点并非都是错的，特别是当其观点涉及宣言中使用的各种实践和道德推理时尤为如此。但是，即使我们承认卡钦斯基在有关左派的相关推理是错的，也不能仅凭这一点就推翻卡钦斯基的整体论证。例如，必须承认的是，卡钦斯基提出了一些很有价值的见解，并且卡钦斯基对自主性以及剥夺对自己命运的控制权的分析从根本上讲具有正确性。很难否认的是，社会已经发展到了这样一个地步：大多数人从事的工作除了成为一个更大、更复杂、更技术化过程的一部分之外，几乎没有任何实际价值。并且这会给人们带来(至少是偶尔)一种挥之不去的疏离感，因为这个复杂体系的需求优先于他们自己的需求。事实上，根据一项全球盖洛普民意调查报告显示，只有 13%的人从心理上认为他们参与了自己的工作(Crabtree, 2013)。

还有，我们必须要承认的是，卢德洛指出卡钦斯基进行了人身攻击也只是为了支持他自己的主张——卡钦斯基在指出左派和人类无法通过非异化手段进化/适应技术时犯了一个遗传错误。但是即使卡钦斯基在此处犯了错,而且确实有证据证实了这一点,这也不一定代表着卡钦斯基的核心观点就是错的。如果我们这样认为了,就会忽略卡钦斯基所提出的一些论据。这些论据不仅阐明了技术工业社会呈现其当前形式的非遗传原因,还解释了为什么在现代背景下进行改革如此举步维艰。在探讨这些论点的过程中,本节反驳了卢德洛的主张,并通过一些示例证明了改革的难度之大。同时,本节还强调了卡钦斯基所预测的令人不安的未来如果不是早已来临的话,也要比我们想象的要近得多。

卡钦斯基认为技术工业社会无法以任何有利于自由的方式进行实质性改革的第一个理由在于现代技术是一个统一的整体系统,其所有组成部分之间相互依赖,就像机器中的齿轮一样(1995, 121)。卡钦斯基说,你不能简单地摆脱技术中“坏”的部分而只保留“好”的(或理想的)部分。为了说清楚这一点,他举了一个现代医学的例子——现代医学的进步取决于相关领域的进步,包括化学、物理、生物学、工程、计算机科学以及其他领域。他写道:先进的治疗方法“需要昂贵的高科技设备,而这些设备只有那些技术发达、经济富庶的社会才能提供。很明显,如果没有整个技术系统和与之配套的一切,你就不可能在医学上取得很大进步”(1995: 121)。现代机器人手术当然也属此列。例如,现代机器人手术依赖于医疗技术生态系统来维持适宜的手术环境、发展和培训高度专业化的外科医生以及制造并维护相关机器人设备。卡钦斯基认为,即使技术进步的某些要素可以在没有其他技术体系支持的情况下得以维系,这本身也会带来某些弊端(1995: 122)。例如,假设我们能够利用新研究,使用基因纳米机器人成功地治疗癌症,那么那些有癌症遗传倾向的人将能够像其他人一样健康地长大成人,生儿育女。这样一来,针对癌症基因的自然选择将会告一段落。然后,上述癌症基因将扩散到地球上的全部人口,从而使人群持续退化,直到优生学计划成为唯一的解决方案。

卡钦斯基想让我们明白：这样下去，人类最终会成为一种制造品，并使技术工业社会中存在的问题变得更加复杂(1995：122)。

许多人会反对这种滑坡论证，但是卡钦斯基通过证明技术和自由之间的持久妥协是不可能的来支持他的论点。因为到目前为止，技术所拥有的社会力量更加强大，并且技术一再侵犯和缩小我们的个人和集体的自由辖域(1995：125)。以下事实可以证明这一点：大多数新取得的技术进步似乎都是可取的。例如，很少有人能够做到抵制电力、室内管道装置、手机或互联网的诱惑。如前文所述，根据成本效益分析，这些技术以及数不清的其他技术似乎都值得一用，技术的威胁性与其诱惑性相互平衡。因此，人们往往认为不使用某项特定技术简直不可理喻。然而，那些最初看起来不会威胁到人类自由的技术，应用之后却经常被证明会严重威胁到人类的自由。卡钦斯基列出了一个与汽车工业发展相关的宝贵例子：

> 以前仅靠步行，人们可以想去哪里就去哪里，人们可以按照自己的速度行进，无需遵守任何交通规则，并且不受技术支持体系的支配。汽车的到来似乎使人们变得更加自由了。汽车似乎没有剥夺步行者的自由——如果人们不想要的话可以选择不买，而那些选择购买汽车的人可以比步行者移动得更快。但是，机动交通工具的引入很快就使社会发生了改变，它们极大地限制了人类的行动自由。当汽车的数量急剧增加后，我们就有必要对其进行广泛管制。人们在驾驶汽车时，尤其是在人口稠密的地区，不能只按照自己的速度喜好去往自己想去的地方，因为人们的行动会受到交通流量和各种交通法规的制约。人们会受到各种义务的束缚：持有驾驶证、驾驶员考试、更新注册、保险、确保行车安全的汽车保养以及月供贷款。此外，机动交通工具已经成为人们的生活必需品。自从机动交通工具问世以后，我们的市政规划就发生了变化，大多数人抵达他们的工作地点、购物区或娱乐场所时不能再单纯依靠步行，他们不得不依赖汽车

作为交通工具。要么,他们就必须乘坐公共交通工具。如果这些人选择乘坐公共交通工具,那么他们对自己行动的控制权甚至比开车还要少。甚至现在步行者的自由也受到了极大限制。在城市里,步行者不得不经常停下来等待红绿灯,而红绿灯主要是为了汽车交通而不是步行者服务的。在乡下,机动车交通使得公路散步变得既危险又懊丧。(1995:127)

机动交通这个例子想要表达的重点在于:虽然一项新技术可以作为一种选项而被引入,每个人可以根据自己的意愿进行选择,但是这不代表人们仍然有选择的空间。在许多情况下,新技术都以这样一种方式改变了社会,最终人们发现自己不得不使用这项技术。随着自动驾驶汽车革命的开始,上述情况无疑将会再次发生。人们最终将选择使用这种自动驾驶汽车是因为它比以往的任何汽车都更安全,并且可以避免数以千计的事故发生。但是后来才发现,这样做实际上会使人类的思考技能(包括道德)不断萎缩——这种思考技能则是决策和保持道路安全的必备能力。事实上,思考技能的萎缩已经开始了,我们能够从人类滥用那些具备有限自动功能的车辆中就可以看出端倪。这意味着不久之后,社会就会面临这样一个局面:那些希望手动驾驶汽车的人将无法继续手动驾驶他们的汽车,因为技术工业体系规定了各种义务和法律,旨在进一步减少事故的发生,从而保证以牺牲自由为代价来实现效率最大化。

如果人们仍然认为改革是最可行的选择,那么卡钦斯基又提供了另一种论证,以此来证明技术为何具有如此强大的社会力量。卡钦斯基认为,技术进步只会朝着一个方向前进(1995:129)。一旦某项技术革新得以完成,人们往往就会对其产生依赖,因此他们再也不能离开这项创新技术了,除非有别的新技术革新迭代出现,同时这项迭代的新技术还产生了一些所谓的理想特性或带来了什么红利。例如,如果计算机、机器和机器人再也无法使用或从现代社会中被淘汰了，那么会发生什么呢？人们已经变得如此依赖这些技术和技术体系，对于深陷技术体系里无法自拔的人们来说，关闭或消除这个体系可能等于自取灭亡。因此，这个技术体系只能朝着一个方向发展：那就是不断地向前发展，朝着更复杂的技术化方向发展。技术体系发展得非常之快，以至于那些试图通过长期且艰难的社会斗争来阻止个别威胁（技术）以保护自由的人很可能会被大量的新式攻击所征服。值得一提的是，发展中国家所占的攻击比例将会越来越高。特别是在中东和东亚等地区可能会建立起的先进工业和技术结构，这些可能会带来真正棘手的问题。虽然许多人都认为：西方国家对现代技术的使用往往不计后果，但是西方国家在使用其技术工业力量方面可以说比其他国家的自我约束力要强得多（Kaczynski，2001）。不仅仅是军事机器人等蓄意破坏性技术的使用会带来危险，危险还存在于那些看似无害的技术应用（例如基因技术和纳米机器人），这些技术可能会产生意想不到的潜在性灾难与后果。

这些论点与卡钦斯基对左派的人身攻击或人类与技术一起发展方面取得的有限成功的贬损言论无关——它们抵消了卢德洛对于卡钦斯基所犯下基因错误的担忧。也就是说，卡钦斯基将改革视为是基于基因和其他形式的归纳推理的蹩脚选择，后者似乎站得住脚。问题是，现代社会中的大多数人在很多时候都没什么特别的远见，人们很少会考虑到未来将会面临的危险，这就意味着预防措施要么实施得太晚，要么就没有预防措施。正如帕特里克·林（Patrick Lin）（2016）所写的那样，“我们很难拥有一个一直保持智慧的头脑。所以，我们不得不重新吸取那些过去所得到的教训——有些教训让人感到后怕——而且代际记忆很短。”例如，在 19 世纪中叶，人们就预测到了温室效应，但是直到最近人们才开始重视这个问题，而如今我们已经无法避免全球变暖所造成的后果了（Kaczynski，2010：438）。几十年前第一座核电站建成后，很显然我们就应该正视处理核废料所带来的问题了。但是，公众和那些更直接负责管理核废料处理的相关人员都错误地认为，随着核能发电的推进发展，人类最终会找到解决方案的。但是，最终这些核废料被转移到了第三世界国家，人们却没有考虑到这些国家是否有能力安全处置核废料或者防止核废料武器化（Kaczynski，2010：438－439）。

因此，经验表明，人们往往会将未经测试的技术解决方案中的潜在问题移交给子孙后代。虽然我们无法从过去的事件中推断出未来会发生什么，但是我们可以对技术的最新发展进行分析，从而预测未来会是什么样子。卡钦斯基认为：我们可以假设计算机科学家和其他技术人员能够开发出比人类做得更好的智能机器（1995，171）。在这种情况下，人类可能允许机器做出所有的“决定”，或者保留一些人类的控制权。如果是前者，我们将无法猜测其决策结果，也不知道机器会做出何种抉择——也就是说，人类将受机器摆布。有些人会对此提出反对意见，他们认为这种控制权永远都不会掌握在机器手中。但是，可以想象的是，随着社会面临越来越多的挑战，人们会将越来越多的决策权移交给机器，因为在处理复杂事务时，机器能够做得更好。如果决策数量和性质达到了某个点，人类将会无法进行处理，这就意味着机器将处于优势地位。与之相比，拔掉机器插头将再次等同于自我毁灭（Kaczynski，1995：173）。另一方面，如果人类保留了一些控制权，那么普通人很可能只会对其私有机器的有限部分行使控制权，无论是他们的汽车还是电脑。相比而言，更高级别的功能以及更为广义上的控制将受数量极少的精英群体维护的系统所控（Kaczynski，1995：174）。在某种程度上讲，这种情况已经发生了——像特斯拉公司这样的公司就对他们的自动驾驶汽车进行了限制，以应对少数人的不当使用。我们还必须认识到，即使计算机科学家在努力开发强大的人工智能的过程中失败了，人类决策仍然具有必要性。但是，将会有越来越多的工人无法或不愿意升华他们的需求，用他们的技能来支持和维护技术工业体系。这为我们对于未来缺乏信心又提供了一个理由。

24.3 反抗以及黑客行动者的回应

卡钦斯基认为人类只有最后一种解决办法了，他的上述论述也是为了支撑这个解决办法，那就是动用武力推翻技术。但正是在主张推翻技术这一点上，卡钦斯基与埃卢尔分道扬镳了。埃卢尔坚称他只是想判断出问题所在，并明确拒绝提供任何解决方案。卡钦斯基则认识到，生活在类似柏拉图洞穴环境中的人们认为革命会带来痛苦。卡钦斯基说，革命意识形态应该呈现出两种形式：流行（开放的）形式和微妙（深奥的）形式（Kaczynski，1995：186－188）。后者，也就是在一个更复杂的层面上看，意识形态应该针对那些头脑聪明、思考缜密并且极其理性的个体，而且这个意识形态应该努力创造出一个核心群体。这个群体将会反对工业体系，他们对其中所涉及的问题以及模棱两可之处心知肚明，也了解为消除该体系所必须付出的代价。这个核心群体能够将不太情愿的参与者拖向光明之处。在针对这些普通人的层面上，意识形态应该以一种简化的形式进行传播，以便大多数人能够轻而易举地理解技术和自由之间存在的冲突，但不要过于放纵或失去理性，以至于疏远那些已经应允过的合理之处。

卡钦斯基认为，如果出现这种情况，革命就成功了。因为在中世纪时曾经有过四大文明，这四大文明的“先进”程度都在伯仲之间。这四大文明分别是欧洲、伊斯兰世界、印度和远东（1995：211）。卡钦斯基说，自那时候起，这四个国家中有三个都保持着相对稳定的发展，只有欧洲变得充满活力，这表明技术社会的快速发展只能在特定的条件下才能发生，而他希望颠覆这种状况。但是，这里再次暴露了卢德洛的基因错误。当然，认为这四大文明在技术驱动力方面大致相同的条件下，只有欧洲变得充满活力的说法并不正确。自从走出东非以来，人类一直在根据自身需求来设计技术。人类这个物种本身就是一直充满活力的。在古代文明的历史长河当中，有无数例子都证实了人类充满活力，比如苏美尔人和印度河流域的文明(Galliott，2015：1)。“四大文明”的概念就是截取人类历史的一个横截面，聚焦这个片断中的文明，将其看作是“文明”概念的全部。

同样值得怀疑的是，在这段历史或其他类似的历史片段当中，人们是否拥有着我们所希望能够回归的那种自由。许多工业化前的社会——从法老统治时期到中世纪的教会时代——都对他们的民众施加了严格的组织管控。有些人可能还会指出，在未进行工业化的社会当中，大多数人都是自给自足的农民，他们仅能够勉强果腹，并且对于生活的控制力也远远不如那些具有代表性的工厂工人。在这种情况下，有人可能会说，技术给人类带来了更大的自主权。但是，卡钦斯基只对那些依赖于组织的技术提出异议，其依赖于大规模的社会组织和操纵，而非小型社区可以在没有外部援助的情况下使用的小型技术(1995：207－212)。换言之，卡钦斯基不一定主张要废除所有的技术，直至人类只剩下原始的长矛，人们将农业或未工业化社会的“旧方式”，甚至战争和战斗浪漫化自有缘由。尽管早期的机器人都是做一些很有单调性、危险性或重复性的工作，但它们至少在某种程度上来说具备可测度性——以某种可视或有形的方式进行衡量。如果技术不存在的话，你可以自行判断自己种植的农作物成不成功，亲手锻造小部件，或是在战斗中幸存下来。这些本来应该是一项出色工作的判断条件，而在当今社会这些基本上都不可能实现。无论是在情感上还是在身体上，人类似乎还没有完全进化到能够生活在由技术所主导的工业社会之中。

相反，卢德洛认为，人类就如同蜜蜂、海狸、蜘蛛和鸟类一样，都属于技术性生物，我们正处于一种向上进化的边缘。在他看来，疏远并不是来自技术(就像海狸可以疏远水坝或鸟儿可以疏远鸟巢一样)，而是当技术被“监禁”之后，人们即使想看看一个物体的运作机制，也无法拆开这个物体进行研究，这时疏远才会显现出来。因此，疏远我们的不是技术，而是企业对技术的控制。例如，人们很难重新编程苹果公司生产的 iPhone，抑或机器人制造商将他们的代码束之高阁，没有人能了解到这些代码。卢德洛说，正因为如此，黑客才变得重要起来。从根本意义上来讲，黑客就代表着我们有权利和责任去释放这些封闭着的信息，揭露日常生活中用到的技术，了解这些技术的运作方式，并随意重新利用这些技术。卢德洛认为，我们没有必要推翻整个技术工业体系，黑客主义的反应就代表着进化，这种进化就是将技术的控制权交还到每个人的手中，而不只是那些有权有势的权贵精英。

但是，目前尚不清楚黑客主义将会如何解决问题或能解决多少问题。想象一下，经过黑客主义的努力后，社会已经发展到所有技术都是开源获取的地步。但是，只有在这些技术便宜且实用，并且人们能够利用这些技术去创造或自行操作的情况下，才能解决问题。最基本的软件和硬件形式可能会满足这个要求，但是复杂的软件和硬件系统则不太可能满足(Berry, 2010)。直到最近，大多数人(如果他们愿意的话)都能搞明白日常生活中所使用的大多数技术——例如汽车、照明、家用电器等。但是，随着人们越来越重视技术的有效运作以及自己是如何与技术工业体系相结合，人们能够弄明白技术这一点变得越来越不现实，因此不得不向原来“很容易理解，这样做是可行的”的观念妥协(Turkle, 2003：24)。因此，我们将很快进入这样一个时代——大多数人将无法理解他们日常生活中所使用的技术，即使他们希望自己能够一清二楚。因此，卡钦斯基的观点是：该技术体系的存在并不是为了满足人类的需求。重申一遍，人们不应该被迫决策到底是应该使用那些受权力体系管控的监禁科技，还是应该全身心致力于软件和机器人等方面的知识构建，不断增强自己的认知，从而提升人们在科学技术体系中的参与感。毕竟，如果人们仍然无法理解这些技术，那么将所有技术都设计为开源获取也没有任何意义。如果某项技术非常复杂以至于大多数人都无法理解的话,那么完全掌握复杂技术的工作原理也不是解决办法。

另一个问题是:技术工业体系的本质在于必须要做出影响数百万人生计的决策,而几乎不考虑自己的利益。即使在开源编程、开放标准等普遍存在的未来社会当中,也需要决定采用哪些代码和标准,抑或如何大规模使用特定的技术或代码。例如,假设问题为某州是否应对自动驾驶电动汽车的功能进行限制——已经有一些自动驾驶电动汽车开始出售并在公共道路上行驶——以便改善公共安全,直到这些车辆的车主能够更有效地监督车辆的运行。让我们假设这个问题将由全民投票来决定。通常只有少数几个掌权的人才能左右此类决定的走向。在这种情况下,这些少数掌权者很可能来自自动驾驶电动汽车制造商、传统汽油车制造商、公共安全组织、环保组织、石油游说者、核电游说者、工会以及其他富得流油或者拥有一定政治资本的阶层,千方百计地让政党考虑他们的意见。我们假设有 3 亿人将受到这一决定的影响,而其中只有 300 人的影响力会超过他们所拥有的合法一票的影响力。这使得剩下的 299 999 700 人对于决策几乎没有或根本没有影响。即使是在数百万人当中,有 50%的人能够利用互联网和(或)黑客技术来抵消大公司和游说团体的影响,使得决策对他们有利,但是这仍代表着剩下 50%的人对于决策几乎没有任何影响。当然,这过于简化了技术和标准在现实中的采用方式,但这里想表达的重点在于"技术进步并不取决于多数人的共识"(Lin, 2016)。大众的意愿可以被一个人、一个发明团队、一屋子黑客或一个跨国公司所代表,他们想要开发或应用一种技术以适应技术工业系统的需求和效率需求,这是主宰人类的误判。

24.4 前进的道路:以人为本的技术哲学

如果黑客和开源开发都是无效的反抗运动(我们就得承认卡钦斯基的基本分析具有正确性),以牺牲人类自由和自主权为代价改变人类行为以便适应技术体系及其精英的需要确有失德之嫌，那么我们必须找到另一种方式来质疑“改革就是无用功”的假设，或者勉强承认反对技术工业体系及其众多机器的革命情有可原(或者得到允准)。换言之，无论某些种类的技术——生活领域的也好，特定复杂的也罢——我们都必须找到某种方法以达到技术的最佳水平，并且建立起社会秩序，以此对抗上文所述的道德缺失问题。毫无疑问，哲学将是我们追求这个目标的合适向导。在机器人技术背景之下，我们可以从倡导更有意义的国际机器人道德准则做起。这不仅仅是技术乐观主义者的专利，而且还有利于解决那些渴望过上无政府主义生活方式的人的相关关切。卡钦斯基已经预见到了这种吸引力，他写道：道德准则将始终受到技术工业体系需求的影响，因此这些准则将始终限制着人类的自由和自主性(1995：124)。他写道：即使这些准则是通过某种审议程序而达成的，多数人也总是将某些准则不公正地强加给少数人。然而，情况可能并非如此。如果除了强有力的道德准则之外，国际社会还能够建立或恢复一种真正以人为本的技术哲学，能够与非人性化的那部分相抗衡。从表面上看，这似乎是由其他人所决定的，但至少它必须要超越现有的技术哲学，研究在设计和创造人工制品的实践中的过程和系统，并着眼于所创造的事物的本质，以期把更明确的要求考虑进来，从而探索这些同质过程和系统如何改变人类、影响权力与控制、侵蚀自由和自主。这可能是一个遥不可及的远景，但考虑到卡钦斯基本人的说法，革命需要在深奥且外在的层面上进行才能有效。在提议的非暴力革命改革案例当中，为了说服那些理性的个体，道德准则将在外层进行操作，而以人为本的技术哲学则将在深奥的层面上配合。对于那些希望退出技术社会的个体来说，联合体系可能会为他们的权利提供更好的保护。如果我们展望未来的话，机器人和人工智能的空前投资会进一步疏远那些希望脱离技术的个体，因此我们非常需要容纳这些希望脱离技术的人。这可能会被视为社会对于极权主义、消灭自然和征服人类的买单行为，有可能助长那些技术工业体系内部极端边缘分子的愈加肆无忌惮的恐怖袭击。

结论

本章借鉴了卡钦斯基的直接通信文字及其原版宣言。对于那些认为宣言是血腥罪恶的人来说，这会让他们很反感——因为他们认为妖魔化作者或完全对其置之不理才是唯一正确的回应方式。因此，必须要强调的是，本文的目的既不是要为卡钦斯基正名，也不是抹黑批评他，而是为了提高理解。并且必须要承认的是，这里所表达的观点仅是作者的一家之言，并不代表任何其他人或组织的观点。在这里，作者还要感谢瑞安・詹金斯所提出的诸多宝贵意见，这对于完善本章内容助力颇多。

参考文献

Berry, Wendell. 2010. "Why I Am Not Going to Buy a Computer." In *Technology and Values: Essential Readings*, edited by Craig Hanks. Malden, MA: WileyBlackwell.

Chase, Alston. 2000. "Harvard and the Making of the Unabomber (Part Three)." *Atlantic Monthly* 285(6): 41 - 65. http://www.theatlantic.com/magazine/archive/2000/06/harvard-and-the-making-of-the-unabomber/378239/.

Conrad, Joseph. 1907. *The Secret Agent*. London: Methuen & Co.

Crabtree, Steve. 2013. "Worldwide, 13% of Employees Are Engaged at Work." *Gallup*. http://www.gallup.com/poll/165269/worldwide-employees-engaged-work.aspx.

Ellul, Jacques. 1951. *The Presence of the Kingdom*. Translated by Olive Wynon. London: SCM Press.

Ellul, Jacques. 1964. *The Technological Society*. Translated by John Wilkinson. New York: Alfred A. Knopf.

Federal Bureau of Investigation. 2008. "FBI 100: The Unabomber." https://www.fbi.gov/news/stories/2008/april/unabomber_042408.

Galliott, Jai. 2015. *Military Robots: Mapping the Moral Landscape*. Farnham: Ashgate.

Kaczynski, Theodore. 1995. "Industrial Society and Its Future." *New York Times and Washington Post*, September 19.

Kaczynski, Theodore. 2001, *Letter to Anonymized Scholarly Recipient in the UK*, November 1. https://www.scribd.com/doc/297018394/UnabomberLetters-Selection-6.

Kaczynski, Theodore. 2010, "Letter to David Skribina." In *Technological Slavery: The Collected Writings of Theodore J. Kaczynski, a.k.a. "The Unabomber."* Edited by Theodore Kaczynski and David Skrbina. Los Angeles: Feral House.

Lin, Patrick. 2016. "Technological vs. Social Progress: Why the Disconnect?" American Philosophical Association Blog. http://blog.apaonline.org/2016/05/19/technological-vs-social-progress-why-the-disconnect/.

Ludlow, Peter. 2013. "What the Unabomber Got Wrong." *Leiter Reports*. http://leiterreports.typepad.com/blog/2013/10/what-the-unabomber-got-wrong.html.

Nietzsche, Friedrich. 2002. *Beyond Good and Evil*. Translated by Judith Norman. Edited by Rolf-Peter Horstmann. Cambridge, MA: Cambridge University Press.

Nietzsche, Friedrich. 2004. "Ecce Homo: How One Becomes What One Is" & "The Antichrist: A Curse on Christianity." Translated by Thomas Wayne. New York: Algora.

Turkle, Sherry. 2003. "From Powerful Ideas to PowerPoint." *Convergence* 9(2): 19–25.

附录

编著者简介

主编

帕特里克·林(Patrick Lin),博士,加州州立理工大学圣路易斯奥比斯波分校哲学教授,伦理学与新兴科学小组主任。曾在斯坦福大学法学院的互联网和社会中心、斯坦福大学工程学院、美国海军学院、达特茅斯学院、圣母大学、新美国基金会和世界经济论坛工作。他还为领先的行业、政府和学术组织提供与新兴技术相关的伦理和政策咨询。

瑞安·詹金斯(Ryan Jenkins),博士,加州州立理工大学圣路易斯奥比斯波分校哲学助理教授,伦理学与新兴科学小组高级研究员。主要研究应用伦理学,特别是新兴技术和军事伦理学的伦理含义。曾发表有关网络战争和自主武器伦理的同行评议文章。曾在《福布斯》《石板书》等刊物上发表有关无人机与网络战争的研究文章。

基思·阿布尼(Keith Abney),博士,加州州立理工大学圣路易斯奥比斯波分校哲学系高级讲师,伦理学与新兴科学小组高级研究员。研究领域涵盖科学与非科学的界限、道德地位和可持续性、宇航员和太空伦理、生命专利、人类提升、正义战争理论和自主武器的使用、机器人伦理,以及新兴生物科学和技术伦理的其他有关方面。

撰稿人

塞思·D.鲍姆(Seth D. Baum),宾夕法尼亚州立大学地理学博士,全球灾难性风险研究所执行主任。目前隶属于哥伦比亚大学环境决策研究中心,也是《原子科学家公报》的专栏作家。研究领域涵盖气候变化、核战争和未来人工智能等灾难性风险。其生活和工作地点为纽约市。

乔治·A.贝基(George A. Bekey),博士,南加州大学荣退教授,加州州立理工大学客座教授。研究领域为计算机科学、电子功能以及生物医学工程，主攻机器人学，特别是机器人伦理学。

维克拉姆·巴尔加瓦（Vikram Bhargava），宾夕法尼亚大学哲学与沃顿商学院伦理学和法律研究联合博士，2017 年 9 月加入圣克拉拉大学，任助理教授。担任宾夕法尼亚大学领导力住宿项目负责人。攻读博士学位前于夏威夷州凯卢阿-科纳担任数学教师。本科学业完成于罗格斯大学，主修哲学与经济学。

彼得·博乌图奇（Piotr Bołtuć），博士，伊利诺伊大学斯普林菲尔德分校哲学教授，坎特伯雷大学厄斯金研究员，华沙经济学院线上学习专业教授。曾在澳大利亚国立大学、波兹南大学、雅盖隆大学、博林格林州立大学、普林斯顿大学和牛津大学担任研究员。美国哲学学会《哲学和计算机通讯》期刊编辑。博乌图奇先生发展了机器意识的工程命题，著有非还原机器意识的论著。

杰森·博伦斯坦（Jason Borenstein），博士，佐治亚理工学院伦理与技术中心的副主任，伦理研究硕博生项目负责人，并任职于该校公共政策学院和研究生办公室。担任《科学与工程伦理学》期刊助理编辑。他还担任美国国家工程院工程与科学线上伦理中心的伦理研究编辑委员会主席。

威尔·布里德威尔（Will Bridewell），博士，美国海军研究实验室计算机科学家，曾任斯坦福大学生物医学信息学研究中心研究科学家，并供职于斯坦福大学语言和信息研究中心所属"习得到精通"研究所和计算学习实验室。曾为工业、非营利机构和学术合作伙伴提供人工智能、自然语言理解和科学教育方面的咨询。

阿德里安·大卫·乔克（Adrian David Cheok），博士，马来西亚依斯干达想象工程研究所主任，伦敦城市大学的普适计算学教授，混合现实实验室创始人兼掌门人。曾任日本庆应义塾大学（媒体设计研究生院）教授和新加坡国立大学副教授；曾供职于日本三菱电机。研究领域涵盖混合现实、人机界面、可穿戴计算机以及普适普存计算。目前担任学术期刊《美国计算机协会娱乐计算机网刊》、《教育与娱乐：个中交易》（施普林格）、《情爱机器人》的总编。

凯特·达林（Kate Darling），博士，麻省理工学院媒体实验室研究专家，哈佛大学伯克曼·克莱因中心研究员，亦隶属于伦理学和新兴技术研究所。主要探索技术如何与社会交叉。目前专注于机器人技术在法律、社会和伦理方面的近期影响，并就人机交互领域的发展以及人类未来的发展进行实验、写作、演讲与咨询。

詹姆斯·迪吉奥瓦纳（James DiGiovanna），博士，纽约城市大学约翰·杰伊学院助理教授，专攻个人身份、提升和自我认识。曾在《南方哲学杂志》（2015）发表《表面上看起来是另一个人》一文，在《帕尔格雷夫影视后人道主义手册》

(2015)发表《身份：人格的困难、间断与多元》。他的小说曾出现在 *Spork Press*、*Blue Moon Review* 和 *Slipstream City* 等出版物上，电影作品包括故事片《分叉世界》(*Forked World*)和短片《康德攻击》(广告)。

亚历克西斯·埃尔德(Alexis Elder)，博士，明尼苏达大学德卢斯分校哲学助理教授。研究亲密社会关系(如友谊)与新兴技术所产生的道德问题的紧密结合点。曾发表有关机器人伴侣、社交媒体以及为什么坏人不能成为好朋友等话题的文章。

贾伊·加利奥特(Jai Galliott)，博士，堪培拉新南威尔士大学澳大利亚国防部队学院网络安全讲师。著有《军用机器人：道德景观展望》(阿什盖特出版公司 2015 年出版)、《商业空间探索：伦理、政策与治理》(阿什盖特出版公司 2015 年出版)和《伦理与间谍的未来：技术、国家安全和情报收集》(劳特利奇出版社 2016 年出版)等书。

杰弗里·K.格尼(Jeffrey K. Gurney)，法学博士，南卡罗来纳州格林维尔市托马斯律师事务所、费希尔律师事务所、辛克莱律师事务所及爱德华兹律师事务所助理律师，曾担任南卡罗来纳州联邦地区法院法官蒂莫西·凯恩的长期法律助理。

埃琳·N.哈恩(Erin N. Hahn)，约翰·霍普金斯大学应用物理实验室高级国家安全分析师。

埃米·J.霍伊夫勒(Amy J. Haufler)，博士，约翰·霍普金斯大学应用物理实验室高级应用神经科学家，马里兰大学运动机能学系研究教授，持续担任马里兰大学神经科学和认知科学项目客座教授。她的研究项目涉及以认知神经科学方法进行复杂、真实的军事和平民群体背景下的人类表现研究。于宾夕法尼亚州洛克海文大学获得学士学位；于宾夕法尼亚州立大学获得硕士学位；于马里兰大学获得博士学位；于马里兰军警大学医学和临床心理学系完成博士后经历。

亚当·亨施克(Adam Henschke)，博士，澳大利亚国立大学国家安全学院讲师，查尔斯特大学应用哲学和公共伦理中心兼职研究员，国际军事伦理协会亚太分会干事，并一直担任瑞士布勒歇尔基金会和黑斯廷斯中心的访问研究员。他主要研究伦理学、技术和安全性之间的界面。

艾安娜·霍华德(Ayanna Howard)，博士，佐治亚理工学院生物工程史密斯主席。她的研究领域涉及自主控制问题，以及与人类和周围环境的互动方面。从家用辅助机器人到创新的治疗设备，她发表了 200 多篇同行评议论文。到目前为止，她的独特成就已经在许多奖项和文章中得到认可，包括《今日美国》《高档》和《时代》杂志的精彩报道。

阿利斯泰尔·M. C.艾萨克(Alistair M. C. Isaac)，博士，爱丁堡大学心理与认知哲学讲师。于哈佛大学获得东亚研究学士学位，后转向哲学；于休斯敦大学获得硕士学位；于斯坦福大学获得哲学博士学位，其间专攻符号系统。研究主要关注表征的本质，并进行有关感性、心理和科学表征的正式理论与经验理论的类比研究。

莱昂纳德·卡恩（Leonard Kahn），博士，任教于新奥尔良洛约拉大学哲学系。《密尔论正义》（帕尔格雷夫·麦克米伦出版社 2012 年出版）、《结果主义与环境伦理学》（劳特利奇出版社 2013 年出版）和《论自由》（广景出版社 2015 年出版）等书的编辑；曾在《哲学研究》《道德哲学期刊》《伦理理论与道德实践》《伦理、政策与环境》上发表文章。

卡苏·卡鲁纳那亚卡（Kasun Karunanayaka），新加坡国立大学电子和计算机工程博士，人机界面研究员。研究领域涵盖多模态交互、多感官交流和磁学等。研究成果在 SIGCHI、INTERACT、ACE、IEEE VR、BodyNets、ACHI 等国际会议上发表。获得 2015 年的人机交互奖荣誉奖等国际奖项。目前在马来西亚依斯干达的想象工程研究所担任研究员。

金泰浣（Tae Wan Kim），博士，卡内基梅隆大学泰珀商学院伦理学助理教授。他于 2012 年通过宾夕法尼亚大学的伦理和法律研究博士项目获得商业伦理博士学位。曾在《商业伦理学季刊》《商业伦理学期刊》和《伦理学与信息技术》上发表文章。

杰西·柯克帕特里克（Jesse Kirkpatrick），博士，乔治梅森大学哲学与公共政策研究所助理主任，约翰·霍普金斯大学应用物理实验室政治军事分析师。

米哈乌·克林切维奇（Michał Klincewicz），博士，波兰雅盖隆大学哲学研究所认知科学系助理教授。此前，他在柏林大学精神与大脑研究院担任博士后研究员。他还是一名软件工程师。于纽约市立大学研究生中心获得博士学位。研究领域主要集中在意识和知觉的时间方面，以及与人工智能有关的伦理问题。

米夏埃尔·拉博西埃（Michael LaBossiere），俄亥俄州立大学博士，缅因州人，佛罗里达农工大学哲学教授。读博期间曾为 GDW、TSR、RTG 和 Chaosium 等游戏公司撰写文章。他的第一本哲学著作《那些你不知道的事情》于 2008 年出版。其博客板块包含“哲学家的博客”“谈论哲学”“创意帖”和“哲学渗透”。写作之余，他热爱跑步、电子游戏和武术。

雅尼娜·洛(松贝茨基)[Janina Loh(Sombetzki)]，博士，奥地利维也纳大学技术哲学家。2014 年，她发表了关于责任的博士论文——《责任：基于概念、能力、任务三个层次的分析》。2018 年，隽思出版社出版了她所著《跨文化与后人道主义导论》一书。她已取得人类与机器之间的后人类主义人类学这一课程的任教资格，并担当机器人伦理学和批判人类学领域的教师。

伍尔夫·洛(Wulf Loh),硕士,2012 年以来担任斯图加特大学哲学研究所认识论和技术哲学的学术人员,主要从事社会、法律和政治哲学领域的工作和教学。

达里安·米查姆(Darian Meacham),博士,荷兰马斯特里赫特大学哲学助理教授,布里斯托合成生物学研究中心副主任,主管责任研究与创新。该研究中心位于布里斯托大学,由英国研究委员会资助。他的主要研究方向为政治哲学和生命伦理学。

杰森·米勒(Jason Millar),博士,渥太华大学法学院博士后研究员,卡尔顿大学哲学讲师,教授机器人伦理学,拥有工程和哲学双重背景,曾在航空航天和电信行业工作。他的研究重点是新兴技术的伦理与治理,特别关注机器人和人工智能的伦理知情设计方法和框架发展。

史蒂夫·彼得森(Steve Petersen),博士,尼亚加拉大学哲学副教授。他的研究领域处于传统认识论、形式认识论、心灵哲学与科学哲学的交叉点。其论文《设计机器,服务于人》探讨了设计机器人仆人的相关伦理学问题,收录于本书第一部分。彼得森先生有时也会参加演出。

邓肯·珀维斯(Duncan Purves),博士,佛罗里达大学哲学助理教授,曾在纽约大学进行博士后研究。研究领域包括伦理理论、新兴技术伦理学、关于死亡与濒死的生物伦理问题以及环境伦理学。曾在《伦理理论与道德实践》《生物伦理学》和《太平洋哲学季刊》等刊物发表相关主题文章。

马修·斯塔德利(Matthew Studley),博士,英国布里斯托市西英格兰大学工程和数学高级讲师,兼任布里斯托机器人实验室研究员。负责监督布里斯托机器人实验室的科学研究和学业奖金。他同时也是机器人、机器学习、人工智能和计算机编程领域的专家。

布赖恩·塔尔博特(Brian Talbot),博士,圣路易斯华盛顿大学哲学讲师。

香农·瓦勒尔(Shannon Vallor),博士,圣克拉拉大学哲学系威廉·瑞瓦克荣誉教授,主要研究新兴科学技术中的伦理学问题,涵盖人工智能、机器人和新媒体多个领域。目前任哲学和技术协会的会长兼机器人技术责任基金会执行董事(之一)。著有《技术与美德:一个值得期待的未来哲学指南》(牛津大学出版社 2016 年出版)。

艾伦·R.瓦格纳(Alan R. Wagner),博士,宾夕法尼亚州立大学助理教授,主要研究自主飞行器的伦理问题。曾作为高级研究科学家供职于佐治亚理工学院研究所,也曾是机器人与智械研究所的成员。他的研究探索了人与机器人之间的信任和欺骗,并关注从军事到医疗保健的各种应用领域。

特雷弗·N.怀特(Trevor N. White),法学博士,全球灾难性风险研究所初级助理，于2016年毕业于康奈尔大学法学院，专注国际法律事务。曾任《康奈尔法律评论》执行主编。曾在全国反审查联盟进行暑期实习。目前在纽约州布法罗的康纳斯律师事务所担任助理律师。

张妍(Emma Yann Zhang)，伦敦城市大学计算机科学博士，研究方向为多感官交流、情感计算、普适计算、可穿戴计算和人机交互。于2013年获得香港科技大学电子工程(一等荣誉)工学学士学位。2010年至2012年就读于新加坡国立大学。

大卫·佐勒(David Zoller)，博士，加州州立理工大学圣路易斯奥比斯波分校哲学助理教授。曾从事评议有关集体行动、企业道德、消费者对全球不公平的责任和社会认知等的同行评议文章；研究领域包括道德感知的本质，技术对道德信息的影响，以及认知科学和哲学史中的非传统意识观点。

索引

阿斯伯格综合征　156
背景排名法　13 - 15
本体　179,180,264,297,299,398
闭锁综合征　263
博弈论　174
不完美的道义论机器人(IDR)　318
不完美的结果论机器人(IMR)　318
超道德　345
超级智能　345,383,385 - 387,389 - 392,394,396 - 398
触觉互动　138
慈善类比　13 - 15
道德不确定性　5 - 12,17,18,20,320
道德地位　241,344,348 - 362,462
道德冷漠　17
道德理解　18,19
道德评价　307,309,310
道德人格　84
道德推理　228,229,289,292 - 295,299 - 302,307,345,394,395,449
道德责任　42,43,45,51,54 - 56,284,290,294,308,368,411
道义论　7,12 - 14,16,28,201,202,228,289,294,299,306,308 - 315,318 - 322,344,434
道义论机器人(DR)　229,311,314
德雷克方程　435
笛卡尔测试　349 - 351
地位推定　355 - 357
电车难题　4,5,16,27,28,43,52,54,408
儿科机器人　152,153,159,161
发育障碍　152,154 - 156
法律人格　78,79,82 - 85,89,90
飞行员机器人　425
费米悖论　435
风险效用测试　64 - 67
蜂窝问题　370,372
副现象　227,253,262 - 265,268
个人数据收集　210
工具主义　174
工业机器人　119,230
规范主义　388
国际空间站　432
《国际社会发展杂志》　230
《国际社会机器人杂志》　230
《国际先进机器人系统杂志》　230
过度社会化　445

过度信任 113,152,153,158-163,177,181-183,417
海湾战争 331
护理机器人 105,112,116,120,126,256,258,416
环境假说 119,121-123,125-127,130
会话规范 192
豁免权 67,70
机构信任 172
机护者(RCs) 116-119,121-123,125,126,128-131
机器人辅助步态训练 154
机器人恋人 266,267
机器人伦理学 1,3,8,20,30,31,241,242,272,301,302,343,408,463,465,466
机器推理 412
机器学习 3,26,129,346,403,405-407,409-411,415,417,466
机器意识 100,267,268,463
极权主义 86,330,459
技术性失业 411,414
加权约束满足问题 390
家庭护理 118
家用机器人 208
价值权衡 23,27
价值学习 389
矫正正义 61
结果论机器人(MR) 314
结果主义(功利主义) 53,55,56,310,311,465
拒绝服务攻击 276
绝对命令(CI) 294,295 另见康德·伊曼努尔
军用机器人 207,217,229,325-329,331-334,336-338,464
开源设计与编程 443
可信度 15,23,174,177,182,412
空间伦理 422
恐怖谷效应 227,255,256,258-261
跨理论价值比较问题(PIVC) 12,13
扩展标记语言(XML) 297-299
理性自主 47
模仿游戏 155,349,404
目标内容完整性 392,397
脑对脑接口 366
脑机接口 427
拟人化框架 115,206,208,214,215
拟人化设计 206
女权主义 376
平托(汽车) 10,11
奇点 176,261,383,394
强化学习 84,390
情爱机器人 212,213,216,226,227,230-233,241-243,245-247,249,253,256,258-260,265,266,416,463
情绪操纵 210
丘奇-图灵标准 255-257,259
丘奇-图灵机器人 227,255-257,260
丘奇-图灵恋人 227,253-255,262-265,267,268
全球定位系统(GPS) 34,62,159,273,275,278,407,430
确定性算法 48
人工记忆 366
人工神经网络 406,407

人工智能(AI) 2,38,43,44,46,83-89,176,177,181,211,212,230,233,257,275,293,296,300,302,307,336,343-347,350,353,365-371,374,375,383-387,389,390,395,397,399,403-408,410-418,426,454,459,462,463,465,466
人机互动 2,50,111-115,127,131,136,140,170-172,178,181,183,187,205,211-213,230,234
人际互动 112,138-140,147,173,177,181,187,210
人形机器人 155,227
人造生物 344,345,347-362,371,372
认识论 229,264,268,352,466
认知计算 405
社会身份 374,378
射频识别 275,278
深度学习 85,406
神经网络 84,85,90,129,406
生存性灾难 86
生命权 315,317,319
实用主义 289,290,293,294,299,302,398
隧道难题 29-31,35,37
通用人工智能 405
同情疲劳 130
头盔难题 25-28,31,32,35,37
透明度 412
外骨骼 153,154,156-159,162
未来周二冷漠症 392,393
物联网 228,271-285
心理操纵 416
行为测试 350,351
性别偏见 213,413
休谟困境 387,388
虚拟现实(VR) 96,102,154,427
序言悖论 229,319
学习算法 49,406,407
医疗伦理 29,46
隐私设置 34,211
印象管理 196-198
用户输入 29,30
用户责任 62
用户自主权 37
语义网语言 297,298
元伦理学 397
责任网络 42,43,49-51,54-56
知情同意 29-31,37,54,55,281-283
种族刻板印象 206,213,214,413
自动化偏见 183,411,416,417
自动驾驶飞机 24
自动驾驶汽车 2-11,13-15,19,23-27,29-34,37,38,42,43,50-52,54-56,60-73,86,95,104,183,198,226,276,283,309,316,318,319,346,403,407,408,410,427,430,452,454
自适应系统 121
自主机器人 327,408